数值计算方法

（第2版）

吕同富 康兆敏 方秀男 编著

清华大学出版社
北京

内 容 简 介

本本书介绍了数值计算方法. 内容涉及数值计算方法的数学基础, 数值计算方法在工程、科学和数学问题中的应用以及MATLAB程序, 涵盖了经典数值分析的全部内容: 包括非线性方程的数值解法; 线性方程组的数值解法; 矩阵特征值与特征向量的数值算法; 插值方法; 函数最佳逼近; 数值积分; 数值微分; 常微分方程数值解法等. 基于MATLAB是本书的特色, 对书中所有的数值方法都给出了MATLAB程序, 有大量翔实的应用实例可供参考, 有相当数量的习题可供练习.

本书可作为理工科本科生、研究生数值计算方法课程教材或参考书, 也可作为科技人员使用数值计算方法和MATLAB的参考手册.

版权所有, 侵权必究. 举报: 010-62782989, beiqinquan@tup.tsinghua.edu.cn。

图书在版编目(CIP)数据

数值计算方法/吕同富, 康兆敏, 方秀男编著. --2版. --北京: 清华大学出版社, 2013(2025.2重印)
ISBN 978-7-302-32699-1

I.①数… II.①吕… ②康… ③方… III.①数值计算—计算方法 IV.①O241

中国版本图书馆 CIP 数据核字(2013)第 125551 号

责任编辑: 佟丽霞
封面设计: 常雪影
责任校对: 刘玉霞
责任印制: 曹婉颖

出版发行: 清华大学出版社
网　　址: https://www.tup.com.cn, https://www.wqxuetang.com
地　　址: 北京清华大学学研大厦 A 座　　邮　编: 100084
社 总 机: 010-83470000　　邮　购: 010-62786544
投稿与读者服务: 010-62776969, c-service@tup.tsinghua.edu.cn
质量反馈: 010-62772015, zhiliang@tup.tsinghua.edu.cn

印装者: 三河市君旺印务有限公司
经　　销: 全国新华书店
开　　本: 185mm×230mm　　印　张: 22　　字　数: 500 千字
版　　次: 2008 年 10 月第 1 版　　2013 年 8 月第 2 版　　印　次: 2025 年 2 月第15次印刷
定　　价: 63.00 元

产品编号: 052116-05

序

在全国大学生数学建模的活动中,我认识了吕同富老师.在多次交往中,我发现吕老师是个非常勤奋的人,闲暇时,他总是在编辑自己的图书.去年 4 月,他送我一本他的书《数值计算方法》,我翻翻目录,内容正是学生实践活动中对建立的数学模型需要应用数值方法和数学软件,尤其 MATLAB 进行验证时所需要的,正好成为我带领学生们学习其中的内容并利用这些知识解决实际问题的教材和参考书.通过使用,我和研究生们对这本书有共同的印象:不仅内容翔实、全面,而且实用;既有数学理论的抽象性和严谨性,又有实用性和实验性的技术特征,是一本理论性和实践性都很强的书籍.去年 9 月,他给我这本书的第 2 版电子版本,希望我看后能为本书写序.坦率地说我很犹豫,这本书,尽管我们使用起来非常好,但我毕竟不是这方面的专家,序写得不好会给本书带来不好的影响,所以一直拖着.但我无论如何也无法拒绝吕老师的请求,相反我很想为他和他的书叫好.一个在高校很有影响的教授,放弃休息时间,执着地著书立说、传播知识,对这样一位教授的请求,似乎谁也没有理由拒绝!

我是从事偏微分方程理论研究的,由于近十年参加数学建模的培训、指导,越来越喜欢数学建模,逐步地将数学建模与自己的科学研究结合起来,越来越感到科学研究仅有纯粹的理论研究部分是不够的,完成理论分析后必须进行数值计算和模拟,这样才算是一个完整的研究过程。实际上,现代科学都在走向定量化和精确化,并形成了一系列计算性的学科分支,如计算物理、计算化学、计算生物学、计算地质学、计算气象学和计算材料学等.计算能力是计算工具和计算方法的效率的乘积,提高计算方法的效率与提高计算机硬件的效率同样重要.数值计算方法是一种研究和求解数学问题数值近似解的方法,是在计算机上使用的解数学问题的方法.在科学研究和工程技术中要用到各种计算方法.例如:在航空航天、地质勘探、汽车制造、桥梁设计、天气预报和汉字字样设计等都有数值计算方法的应用,科学计算已用到科学技术和社会生活的各个领域中.如今,随着计算机技术的迅速发展和普及,数值计算方法课程已经成为所有理工科和经济管理学科学生的必修课程.

随着计算机的不断发展和进步,优秀的数学软件 MATLAB 应运而生,MATLAB 一问世就以它强大的功能,被广大科技工作者公认为科学计算最好的软件之一.为使数值计算方法与计算机更好地结合,吕同富教授编写了《数值计算方法》.一年来,我带领研究生们应用本书,发现这本书与国内外同类教材相比有以下特点:

(1)内容相对系统完整而简捷,精练的论述几乎涵盖了经典数值分析的全部内容:包括非线性方程的数值解法;线性方程组的数值解法;矩阵特征值与特征向量的数值算法;插值方法;函数逼近;数值积分;数值微分;常微分方程数值解等.

(2)本书重点讲述了数值计算方法的思想和原理,尽可能避免了过深的数学理论和过于繁杂的算法细节的描述，便于理解、阅读与应用.

(3)本书对所有经典的数值计算方法都给出了 MATLAB 程序，这在国内外同类教材中是少见的，也是本书的亮点. 这不仅有助于读者利用 MATLAB 的超强功能解决科学计算问题，更有助于避免那种学过数值计算方法但不能上机解决实际问题的现象发生.

以上就是我对吕老师的看法以及我和同学们对本书的看法，姑且当作本书第 2 版的序，相信同仁们看了用了本书后一定赞成我的观点.

谭忠

厦门大学

2013 年 6 月

前　　言

从 2008 年《数值计算方法》出版以来,得到了很多老师的关注,收到了很多读者的 E-mail,给了很多的肯定和鼓励,同时也对书中的内容、体系、讲法等方面提出了很多宝贵的修改意见,借此再版之机,向关心和支持作者工作的广大读者朋友表示深切谢意. 此次再版,根据广大读者的建议,对原《数值计算方法》的内容作了适当的增删,在保持原《数值计算方法》特色的前提下,对体例、格式、叙述、内容等方面作了较大的修改,力求使原《数值计算方法》的优点得到发展,缺点得到克服. 书中很多章节和例题都重写了,修改后的内容更符合现代《数值计算方法》教学改革实际,既便于教学,又有利于培养学生解决实际问题的能力. 此次再版包括:非线性方程的数值解法;线性方程组的数值解法;矩阵特征值与特征向量的数值算法;插值方法;函数最佳逼近;数值积分;数值微分;常微分方程数值解等内容. 由于课时体系等原因,删除了一些过时的内容,还有对部分过难的例题和习题作了修改和替换,新增了数字教学资源电子教案 (PPT 版由方秀男制作,PDF 版由吕同富制作),MATLAB 实验等内容供师生参考 (相关数字教学资源可到清华大学出版社网站上下载,也可以给作者发 E-mail 索取). 本次再版由吕同富教授执笔. 另外还有康兆敏副教授、方秀男副教授编写了部分内容及习题和答案. 全书由吕同富教授统稿. 清华大学出版社佟丽霞编辑,几年来自始至终给作者以支持和鼓励,这次再版又认真编辑审校了书稿,纠正了书中的很多不妥和疏漏. 厦门大学谭忠教授百忙之中抽出时间为本书作序推荐. 这里向他们及本书所列参考文献的作者们,以及为本书再版给予热心支持和帮助的朋友们,表示衷心的感谢.

本书可作为理工科本科生、研究生数值计算方法课程教材或参考书,也可作为科技人员使用数值计算方法和 MATLAB 的参考手册.

吕同富
ltongfu@126.com
2013 年 7 月

第 1 版前言

数值计算方法与计算机相结合是本书的特点，也是科学计算发展的需要．随着计算机的不断发展和进步，优秀的数学软件 MATLAB 应运而生，MATLAB 一问世就以它强大的功能，被广大科技工作者公认为科学计算最好的软件之一．为使数值分析与 MATLAB 更好地结合，我们以最新版 MATLAB 为平台，编写了新版《数值计算方法》，这也是数值计算方法教材发展进步的必然结果．

本书介绍了数值计算方法．内容涉及数值计算方法的数学基础、数值计算方法在工程、科学和数学问题中的应用以及 MATLAB 程序等，涵盖了经典数值分析的全部内容：非线性方程的数值解法；线性方程组的数值解法；矩阵特征值与特征向量的数值算法；插值方法；函数逼近；数值积分；数值微分；常微分方程数值解等．重点讲述数值分析方法的思想和原理，尽可能避免过深的数学理论和过于繁杂的算法细节．基于 MATLAB 是本书的特色．数值计算方法与科学计算软件 MATLAB 相结合，有助于读者更有效地利用 MATLAB 的超强功能，来处理科学计算问题，有助于避免那种学过数值计算方法但不能上机解决实际问题的现象发生．

在编写过程中，参考了国内已出版的同类教材 (参考文献 [1 ~ 25])，吸收了他们的许多精华和优点，在题材的选取上作了一些变动，适当地增加了一些新内容，对书中所有的数值方法都给出了 MATLAB 程序，有大量翔实的应用实例可供参考，有相当数量的习题可供练习．

本书取材新颖、阐述严谨、内容丰富、重点突出、推导详尽、思路清晰、深入浅出、富有启发性，便于教学与自学．

全书内容由吕同富教授主持编写．具体分工：方秀男编写第 1 章和第 2 章；康兆敏编写第 3 章；吕同富编写第 4 章至第 9 章．吉林大学周蕴时教授、哈尔滨工业大学吴勃英教授认真地阅读了本书，纠正了书中很多错误，并提出了许多宝贵的修改意见；吉林大学马富明教授审定了书稿．这里向他们及本书所列参考文献的作者们，清华大学出版社的佟丽霞和王海燕，以及为本书出版给予热心支持和帮助的朋友们，表示衷心的感谢．

本书可作为理工科本科生研究生数值计算方法课程教材或参考书，也可作为科技人员使用数值计算方法和 MATLAB 的参考手册．

出好书，使千百万莘莘学子受益，一直是作者追求的目标．但由于水平所限，尽管作了很大努力，可能还会有很多不妥甚至是错误，望广大读者给予批评指正，谢谢．

吕同富

2008 年 3 月

目 录

第 1 章 绪论 1
  1.1 科学计算的一般过程 1
    1.1.1 对实际工程问题进行数学建模 1
    1.1.2 对数学问题给出数值计算方法 1
    1.1.3 对数值计算方法进行程序设计 2
    1.1.4 上机计算并分析结果 2
  1.2 数值计算方法的研究内容与特点 2
    1.2.1 数值计算方法的研究内容 2
    1.2.2 数值计算方法的特点 2
  1.3 计算过程中的误差及其控制 5
    1.3.1 误差的来源与分类 5
    1.3.2 误差与有效数字 6
    1.3.3 误差的传播 8
    1.3.4 误差的控制 9
    1.3.5 数值算法的稳定性 11
    1.3.6 病态问题与条件数 11
  习题 1 12

第 2 章 非线性方程的数值解法 14
  2.1 二分法 14
    2.1.1 二分法的基本思想 14
    2.1.2 二分法及 MATLAB 程序 15
  2.2 非线性方程求解的迭代法 18
    2.2.1 迭代法的基本思想 18
    2.2.2 不动点迭代法及收敛性 18
    2.2.3 迭代过程的加速方法 24
    2.2.4 Newton-Raphson 方法 32
    2.2.5 割线法与抛物线法 42

2.3 非线性方程求解的 MATLAB 函数 ... 46
 2.3.1 MATLAB 中求方程根的函数 ... 46
 2.3.2 用 MATLAB 中函数求方程的根 ... 46
习题 2 ... 47

第 3 章 线性方程组的数值解法 ... 50
3.1 向量与矩阵的范数 ... 50
 3.1.1 向量的范数 ... 50
 3.1.2 矩阵的范数 ... 53
 3.1.3 方程组的性态条件数与摄动理论 ... 56
3.2 直接法 ... 58
 3.2.1 Gauss 消去法及 MATLAB 程序 ... 58
 3.2.2 矩阵的三角 (LU) 分解法 ... 70
 3.2.3 矩阵的 Doolittle 分解法及 MATLAB 程序 ... 74
 3.2.4 矩阵的 Crout 分解法 ... 79
 3.2.5 对称正定矩阵的 Cholesky 分解及 MATLAB 程序 ... 80
 3.2.6 解三对角方程组的追赶法及 MATLAB 程序 ... 86
3.3 迭代法 ... 88
 3.3.1 迭代法的一般形式 ... 88
 3.3.2 Jacobi 迭代法及 MATLAB 程序 ... 89
 3.3.3 Gauss-Seidel 迭代法及 MATLAB 程序 ... 92
 3.3.4 超松弛迭代法及 MATLAB 程序 ... 96
 3.3.5 共轭梯度法及 MATLAB 程序 ... 99
3.4 迭代法的收敛性分析 ... 104
 3.4.1 迭代法的收敛性 ... 104
 3.4.2 迭代法的收敛速度与误差分析 ... 105
习题 3 ... 107

第 4 章 矩阵特征值与特征向量的数值算法 ... 111
4.1 预备知识 ... 112
 4.1.1 Householder 变换和 Givens 变换 ... 112
 4.1.2 Gershgorin 圆盘定理 ... 114
 4.1.3 QR 分解 ... 115

4.2 乘幂法和反幂法 ... 116
4.2.1 乘幂法及 MATLAB 程序 ... 117
4.2.2 乘幂法的加速 ... 122
4.2.3 反幂法及 MATLAB 程序 ... 124
4.3 Jacobi 方法 (对称矩阵) ... 125
4.3.1 Jacobi 方法及 MATLAB 程序 ... 125
4.3.2 Jacobi 方法的收敛性 ... 129
4.4 Householder 方法 ... 130
4.4.1 一般实矩阵约化为 Hessenberg 矩阵 ... 130
4.4.2 实对称矩阵的三对角化 ... 133
4.4.3 求三对角矩阵特征值的二分法 ... 133
4.4.4 三对角矩阵特征向量的计算 ... 135
4.5 QR 方法 ... 135
4.5.1 基本的 QR 方法 ... 136
4.5.2 QR 方法的收敛性 ... 137
4.5.3 带原点位移的 QR 方法 ... 139
4.5.4 单步 QR 方法计算上 Hessenberg 矩阵特征值 ... 140
4.5.5 双步 QR 方法 ... 141
4.6 基于 MATLAB 的 QR 分解 ... 141
习题 4 ... 142

第 5 章 插值方法 ... 144
5.1 插值多项式及存在唯一性 ... 145
5.1.1 插值多项式的一般提法 ... 145
5.1.2 插值多项式存在唯一性 ... 145
5.2 Lagrange 插值 ... 146
5.2.1 Lagrange 插值多项式 ... 146
5.2.2 线性插值与抛物线插值 ... 148
5.2.3 Lagrange 插值的 MATLAB 程序 ... 149
5.2.4 Lagrange 插值余项与误差估计 ... 150
5.3 Aitken 和 Neville 插值 ... 153
5.3.1 Aitken 逐步线性插值 ... 153
5.3.2 Neville 逐步线性插值 ... 153

5.4 差商与 Newton 插值 154
  5.4.1 差商及其性质 154
  5.4.2 Newton 插值多项式 156
  5.4.3 Newton 插值余项与误差估计 157
  5.4.4 Newton 插值的 MATLAB 程序 158
5.5 差分与等距节点的 Newton 插值 159
  5.5.1 差分及其性质 159
  5.5.2 等距节点 Newton 插值多项式 161
  5.5.3 等距节点 Newton 插值的 MATLAB 程序 162
5.6 Hermite 插值 164
5.7 分段低次插值 166
  5.7.1 高次插值的 Runge 现象及 MATLAB 程序 166
  5.7.2 分段线性插值及 MATLAB 程序 167
  5.7.3 分段三次 Hermite 插值及 MATLAB 程序 170
5.8 三次样条插值 172
  5.8.1 三次样条函数 173
  5.8.2 三转角插值函数 (方程)及 MATLAB 程序 175
  5.8.3 三弯矩插值函数 (方程)及 MATLAB 程序 179
  5.8.4 三次样条插值函数的收敛性 182
5.9 B-样条插值 183
  5.9.1 m 次样条函数 183
  5.9.2 B-样条函数 184
  5.9.3 B-样条函数的性质 185
习题 5 186

第 6 章 函数最佳逼近 189
6.1 正交多项式 189
  6.1.1 正交函数族 189
  6.1.2 几个常用的正交多项式 191
6.2 最佳一致逼近 197
  6.2.1 一致逼近的概念 197
  6.2.2 最佳一致逼近多项式 201
  6.2.3 最佳一致逼近多项式的计算 206
  6.2.4 最佳一致逼近三角多项式 208

- 6.3 最佳平方逼近 211
  - 6.3.1 平方度量与平方逼近 211
  - 6.3.2 最佳平方逼近 212
- 6.4 正交多项式的逼近性质 214
  - 6.4.1 用正交多项式作最佳平方逼近 215
  - 6.4.2 用正交多项式作最佳一致逼近 216
- 6.5 Fourier 级数的逼近性质 218
  - 6.5.1 最佳平方三角逼近 219
  - 6.5.2 最佳一致三角逼近 219
  - 6.5.3 快速 Fourier 变换 223
- 6.6 有理函数逼近 227
  - 6.6.1 连分式逼近 227
  - 6.6.2 Padé 逼近 228
- 6.7 曲线拟合的最小二乘法及 MATLAB 程序 230
  - 6.7.1 曲线拟合的最小二乘法 230
  - 6.7.2 曲线拟合最小二乘法的 MATLAB 程序 231
- 习题 6 232

第7章 数值积分 235
- 7.1 机械求积公式 235
  - 7.1.1 数值积分的基本思想 235
  - 7.1.2 待定系数法 236
  - 7.1.3 插值型求积公式 237
  - 7.1.4 求积公式的收敛性与稳定性 239
- 7.2 Newton-Cotes 求积公式 240
  - 7.2.1 Newton-Cotes 求积公式的一般形式 240
  - 7.2.2 两种低阶的 Newton-Cotes 求积公式 240
  - 7.2.3 误差估计 241
  - 7.2.4 Newton-Cotes 求积公式 MATLAB 程序 243
- 7.3 复合求积公式 244
  - 7.3.1 复合梯形求积公式及 MATLAB 程序 244
  - 7.3.2 复合 Simpson 求积公式及 MATLAB 程序 245
  - 7.3.3 复合 Cotes 求积公式及 MATLAB 程序 247

7.4 变步长求积公式 248
   7.4.1 变步长梯形求积公式及 MATLAB 程序 248
   7.4.2 自适应 Simpson 求积公式及 MATLAB 程序 250
7.5 Romberg 求积算法 252
   7.5.1 Romberg 求积公式 252
   7.5.2 Romberg 求积算法的 MATLAB 程序 254
7.6 Gauss 求积公式 256
   7.6.1 Gauss 求积公式的构造 257
   7.6.2 5 种 Gauss 型求积公式 259
   7.6.3 Gauss 求积公式及 MATLAB 程序 264
7.7 MATLAB 中的数值积分函数 267
   7.7.1 MATLAB 数值积分函数 267
   7.7.2 应用实例 268
习题 7 269

第 8 章 数值微分 272
8.1 中点方法 272
   8.1.1 微分中点数值算法 272
   8.1.2 微分中点数值算法误差分析 273
8.2 利用插值方法求微分 273
   8.2.1 插值型求导方法 273
   8.2.2 常用插值型求数值微分公式 274
8.3 利用数值积分求微分 276
   8.3.1 矩形积分方法 276
   8.3.2 Simpson 积分方法 276
8.4 利用三次样条求微分 277
8.5 外推法在数值微分中的应用 278
习题 8 279

第 9 章 常微分方程数值解法 280
9.1 数值解法的构造途径 280
   9.1.1 数值解法的基本思想 280
   9.1.2 差商逼近法 281

  9.1.3 数值积分法 282
  9.1.4 Taylor 展开法 282
 9.2 Euler 方法及其改进 284
  9.2.1 Euler 方法及 MATLAB 程序 284
  9.2.2 改进的 Euler 方法及 MATLAB 程序 285
  9.2.3 预估-校正方法 292
  9.2.4 公式的截断误差 292
 9.3 Runge-Kutta 方法 293
  9.3.1 Runge-Kutta 方法的基本思想 293
  9.3.2 二阶 Runge-Kutta 方法 294
  9.3.3 三阶与四阶 Runge-Kutta 方法及 MATLAB 程序 296
  9.3.4 变步长的 Runge-Kutta 方法及 MATLAB 程序 299
 9.4 单步法的相容性、收敛性与稳定性 302
  9.4.1 相容性 302
  9.4.2 收敛性 303
  9.4.3 稳定性 307
 9.5 线性多步法 309
  9.5.1 线性多步法的一般公式 309
  9.5.2 Adams 公式及 MATLAB 程序 311
  9.5.3 Milne 方法与 Simpson 方法及 MATLAB 程序 315
  9.5.4 Hamming 方法及 MATLAB 程序 317
  9.5.5 预估校正方法 318
 9.6 微分方程组与高阶微分方程数值解 320
  9.6.1 一阶微分方程组 320
  9.6.2 高阶微分方程及 MATLAB 程序 322
  9.6.3 刚性方程 324
 9.7 求微分方程数值解的 MATLAB 函数 326
  9.7.1 MATLAB 中微分方程数值解函数 326
  9.7.2 应用实例 326
 习题 9 327

部分习题答案 330

参考文献 336

第 1 章 绪 论

> **学习目标与要求**
> 1. 了解科学计算的一般过程.
> 2. 了解数值计算方法的研究内容和特点.
> 3. 理解数值计算误差的有关概念.
> 4. 掌握数值计算误差的控制方法.

1.1 科学计算的一般过程

科学计算是人类从事科学研究和工程技术活动不可缺少的手段之一,在科学计算与计算机飞速发展的今天,为使计算机能更好地应用于科学研究和工程技术领域,必须按照下面的步骤进行:实际问题 → 数学模型 → 数值方法 → 程序设计 → 上机计算 → 分析结果.

1.1.1 对实际工程问题进行数学建模

应用有关学科知识和数学理论,将实际工程问题,用精练准确的数学语言对其核心部分进行描述并给出数学模型,这一过程常称为数学建模. 一个好的数学模型须符合以下两方面要求:一是数学模型要能真实而准确地反映实际工程问题的本质;二是数学模型所用的数学算法能在计算机上实现,这两者缺一不可. 工程中的数学模型,按数学性质,可分为确定型与随机型;按表达形式,可分为连续型与离散型. 这些数学模型,有的能用确定的数学解析式描述,有的不能用确定的数学解析式描述,数值计算方法,主要讨论能用确定的数学解析式描述的实际工程计算问题.

1.1.2 对数学问题给出数值计算方法

计算机无论如何先进,它所能执行的计算也不过是简单的算术运算和逻辑运算,要想使计算机能够解决科学和工程计算问题,需把从科学和工程实际问题中建立的数学模型数值化,也就是根据不同的数学问题,寻求不同的数值计算方法. 数值计算方法只能用算术运算和逻辑运算,否则计算机将无法计算,这将直接关系到能否把计算机用于实际问题. 可见,数值计算方法在现代科学研究和工程技术计算中具有重要地位. 数值计算方法的优劣,显然速度和精度是两个重要的指标,一个好的数值计算方法不仅精度高而且速度快. 速度快,尽管就适当规模的问题而言,这一优势因计算机的能力而被削弱殆尽,但对于规模大的问题,速度仍是重要的因素，慢的数值计算方法由于不实用而被淘汰.

1.1.3 对数值计算方法进行程序设计

一个好的数值计算方法要通过程序设计才能在计算机上实现. 程序设计要求用最简练的计算机语言、最快的速度、最少的存储空间来实现某种要求的计算结果. 要达到这样的要求，程序设计者不仅要掌握数值计算方法，而且要熟悉并能熟练使用计算机语言，准确无误地描述每一个算法，并能以最快的速度发现和解决计算过程中出现的各种问题.

1.1.4 上机计算并分析结果

前面三个阶段工作的结果如何？还需上机实验后才能得出结论. 上机计算的结果是否与工程实际相符合？所做研究是否具有推广价值？都是必须关注的问题. 若与工程实际不相符合，则需找出原因，回到前面三个阶段，继续研究，直到得出正确结论为止.

1.2 数值计算方法的研究内容与特点

1.2.1 数值计算方法的研究内容

科学技术发展到今天，计算机的应用已渗透到社会生活的各个领域. 而数值计算方法是计算机处理实际问题的一种重要手段，从宏观天体运动学到微观分子细胞学，从工程系统到非工程系统，无一能离开数值计算方法. 数值计算方法这门学科的诞生，使科学发展产生了巨大飞跃，它使各学科领域从定性分析阶段走向定量分析阶段，从粗糙走向精密.

数值计算方法是数学的一个分支，它以计算机为工具，以数值代数(线性方程组、矩阵特征值特征向量、非线性方程与方程组的数值解法)，数值逼近(各种函数逼近问题数值解、数值积分、数值微分)，常微分方程数值解，偏微分方程数值解、最优化理论与方法等为研究内容.

1.2.2 数值计算方法的特点

先来看几个实例.

例 1.1 线性方程组 $Ax = b$ 的行列式解法 Cramer 法则，理论上可用来求解线性方程组，用这种方法解一个 n 元线性方程组，要计算 $n+1$ 个 n 阶行列式的值，按 Laplace 展开法计算 n 阶行列式，总共要计算

$$n!\left(1 + \frac{1}{2!} + \frac{1}{3!} + \cdots + \frac{1}{(n-1)!}\right)$$

次乘法，不计加法，解一个 n 元线性方程组，需计算 $n!(n+1)$ 次乘法. 当 n 充分大时，计算量是很大的，如一个 20 元的线性方程组，大约要算 $21! \approx 5.1 \times 10^{19}$ 次以上的乘法，每秒可做百万次乘法的计算机，每年可做 $365 \times 24 \times 3600 \times 10^6 \approx 3.15 \times 10^{13}$ 次乘法，所以，在每秒可做上百万次乘法的计算机上，用 Cramer 法则解 20 元的线性方程组，所需的计算时间是 $(5.11 \times 10^{19}) \div (3.15 \times 10^{13}) = 1.62 \times 10^6 \approx 162$ 万年，这当然是没有实际意义的. 其实解线性方程组有很多方法，如 Gauss 消去法，一个 20 元的线性方程组乘法次数不超过 3 000 次，即使

用一台微型计算机,只需几秒钟就能完成计算,这个例子说明研究数值计算方法很有必要,因为数值计算方法所研究的正是在计算效率上最佳的或近似最佳的方法,而不是像 Cramer 法则这样的方法.

例 1.2 计算积分 $I_n = \int_0^1 \dfrac{x^n}{x+5}\mathrm{d}x$.

解 通过直接计算可产生递推公式

$$I_n = -5I_{n-1} + \frac{1}{n}, I_0 = \ln\frac{6}{5} \approx 0.182\,322. \tag{1.1}$$

由经典积分知识可推得 I_n 具有如下性质:

(1) $I_n > 0$;

(2) I_n 单调递减;

(3) $\lim\limits_{n\to\infty} I_n = 0$;

(4) $\dfrac{1}{6n} < I_n < \dfrac{1}{5n}(n>1)$.

下面用两种算法计算 I_n.

算法 A:递推关系,$I_n = -5I_{n-1} + \dfrac{1}{n}, I_0 = \ln\dfrac{6}{5} \approx 0.182\,322.$

MATLAB 程序 1.1 计算定积分

```
x=0.182 322 2
for n=1:20    n    x=-5*x+1/n    end
```

按算法 A 自 $n=1$ 计算到 $n=20$ 产生如下计算结果 (见表1.1).

表 1.1 计算结果

n	I_n	n	I_n	n	I_n	n	I_n
1	0.088 4	6	0.034 4	11	$-31.392\,5$	16	$9.814\,5\mathrm{e}+4$
2	0.581 0	7	$-0.029\,0$	12	$157.045\,7$	17	$-4.907\,3\mathrm{e}+5$
3	0.043 1	8	0.270 1	13	$-785.151\,6$	18	$2.453\,6\mathrm{e}+6$
4	0.347 0	9	$-1.239\,3$	14	$3.925\,8\mathrm{e}+3$	19	$-1.226\,8\mathrm{e}+7$
5	0.026 5	10	0.296 7	15	$-1.962\,9\mathrm{e}+4$	20	$6.134\,1\mathrm{e}+7$

由表1.1可见,该算法产生的数值解自 $n=7$ 开始出现负值,且绝对值逐渐增加,这显然与 I_n 固有的性质相矛盾,因此本算法所得的数值解不符合问题的要求.究其原因,在构造算法时未能充分考虑原积分模型的性态,即由式 (1.1),其计算从 I_{n-1} 到 I_n 每向前推进一步,其计算值的舍入误差 (见 1.3 节内容)便增长 5 倍,误差由此积蓄传播导致最终数值解与原问题相悖的结果.为了克服这一缺点改进算法 A 为算法 B:

算法 B:递推关系:$I_{n-1} = -\dfrac{1}{5}I_n + \dfrac{1}{5n}, I_{20} \approx \dfrac{\dfrac{1}{6\times 21}+\dfrac{1}{5\times 21}}{2} = 0.008\,730\,16.$

MATLAB 程序 1.2 计算定积分

```
x=0.008 730 16
for n=20:-1:1  n-1  x=-(1/5)*x+1/(5*n)    end
```

第二步用递推公式

$$I_{n-1} = -\frac{1}{5}I_n + \frac{1}{5n}, \tag{1.2}$$

自 $n = 20$ 计算到 $n = 1$. 由于该算法每向后推一步,其舍入误差便减少 5 倍,因此获得符合原积分模型性态的数值结果 (见表1.2).

表 1.2 计算结果

n	I_n	n	I_n	n	I_n	n	I_n
19	0.008 3	14	0.011 2	9	0.016 9	4	0.034 3
18	0.008 9	13	0.012 0	8	0.018 8	3	0.043 1
17	0.009 3	12	0.013 0	7	0.021 2	2	0.058 0
16	0.009 9	11	0.014 1	6	0.024 3	1	0.088 4
15	0.010 5	10	0.015 4	5	0.028 5	0	0.182 3

对例 1.2 采用的是由原模型解的递推关系来实现计算机求解,这种方法称为**直接法**. 在大多数情况下,只能获得原模型的近似关系,即将连续系统离散化,这种解法称为**离散变量法**.

上面两个例子表明,数值计算方法与纯数学有明显不同,这种不同主要是由于数值计算方法是纯数学与科学工程实际以及计算机相结合而形成的一门数学分支. 它既有纯数学高度抽象性、严密科学性的特点,又有应用的广泛性与实际实验的高度技术性的特点,是一门与计算机使用密切结合的实用性很强的学科. 一个好的数值计算方法,概括起来有以下特点:

第一,面向计算机数值计算方法理论的发展,与计算机技术的发展密切相关. 要根据计算机的特点,提供行之有效的数值计算方法. 算法只能包括算术运算和逻辑运算,这些运算是计算机能直接处理的运算. 在数值计算方法中,评价一种算法会随着计算机技术的发展而改变. 比如,人们普遍认为解线性方程组的超松弛迭代法 (SOR) 优于 Jacobi 迭代,这是因为 SOR 法有更高的收敛速度. 但在并行计算发展起来之后,人们发现 Jacobi 迭代法有很好的并行性,而 SOR 法却不具备可并行性,从而在使用并行计算机解大规模线性方程组时,经典的 SOR 法不及 Jacobi 法优越.

第二,数值计算方法的理论分析. 所设计的数值计算方法应能任意逼近并达到精度要求,对近似算法要保证收敛性和数值稳定性,还要对误差进行分析,这些都是建立在相应的数学理论基础之上.

第三,一个好的数值算法不仅要节省运算时间,而且要节省计算机的存储空间. 这是建立数值算法所要研究的内容,也是数值算法在计算机上实现必须满足的条件. 也可以称之为数值计算方法的可行性.

有时，所研究的问题，数学上有明确的求解的方法，像前面提到的用 Cramer 法则解线性方程组的例子，Cramer 法则不仅给出了解的存在性，而且给出了求解的数学公式，似乎只要在计算机上实现这个公式即可得方程组的解，但实际上，既使一个规模不大的线性方程组，用 Cramer 法则求解，其计算量仍然是大得惊人，使用一般的计算机在人们可以接受的时间内，几乎不可能得到方程组的解．因此，如何使用合理的计算量，求解一个线性方程组的解，就成了数值计算方法的一个重要课题．除此之外还有方法的稳定性问题．有些数学方法对于计算过程中误差太敏感，使其无法在计算机上实现．这些问题的研究是数值计算方法理论区别一般数学理论的重要特征．

第四，实际验证数值计算方法．任何一个好的数值计算方法除了理论上要满足上述三点之外，还要通过数值计算实际验证，看是否行之有效．

根据数值计算方法的上述特点，在学习数值计算方法课程时，首先要掌握构造方法的原理、思想，注意算法的技巧与计算机的实现相结合，也要注重数值计算方法基础和数学理论的学习，其次要重视实践，通过实例和动手计算，学会怎样使用数值计算方法在计算机上解决各类科学工程技术计算问题，避免那种学过数值计算方法，但不能上机解决实际问题的现象发生．为了掌握本课程的内容，需要做一定量的习题和上机计算题．

另外，由于本课程内容涉及微积分、线性代数、常微分方程、偏微分方程、泛函分析等内容，因此需要读者了解这几门课程的基本内容．

1.3 计算过程中的误差及其控制

1.3.1 误差的来源与分类

从科学研究和实际工程技术问题计算的全过程看，误差的来源主要有四个方面．

(1) 模型误差

对实际工程技术问题建立数学模型时，总是在一定条件下抓主要因素，忽略次要因素，这样得到的数学模型是理想化的数学模型，它包含了对实际问题进行近似的数学描述时所引起的误差，这种误差称为**模型误差**．

(2) 观测误差

在数学模型或计算公式中包含着一些已知数据 (称为原始数据)，这些数据往往是由观测实验得到，它们和实际的数据大小之间有误差，这种误差称为**观测误差**．

(3) 截断误差

许多数学运算理论上的精确值往往需用无限的过程才能求出，如微分、积分、无穷级数求和等都是通过无限的极限过程来定义的，然而实际问题的计算在计算机上只能用有限次的算术运算和逻辑运算来完成，因此需要将问题的解决方案加工成算术运算和逻辑运算的有限序列，这种加工常常表现为无穷过程的截断，由此产生的误差称为**截断误差**．

例 1.3 计算函数 e^x 在某点的值时，由于 e^x 的幂级数展开式为

$$e^x = 1 + x + \frac{x^2}{2!} + \frac{x^3}{3!} + \cdots + \frac{x^n}{n!} + \cdots, \tag{1.3}$$

但是用计算机求解时，不能直接得出无穷项的和，只能截取有限项，求出

$$S_n(x) = 1 + x + \frac{x^2}{2!} + \frac{x^3}{3!} + \cdots + \frac{x^n}{n!}. \tag{1.4}$$

用 $S_n(x)$ 作为 e^x 的值必然会有误差，根据 Taylor 展开式得其截断误差为

$$e^x - S_n(x) = \frac{x^{n+1}}{n+1!} e^{\theta x}, \quad 0 < \theta < 1. \tag{1.5}$$

(4) 舍入误差

由于计算机数系是离散的有限集，计算机在接收和运算数据时，总是将位数较多的数舍入成一定位数的机器数，这样产生的误差称为**舍入误差**。每一步的舍入误差是微不足道的，但是经过计算过程的传播和积累，舍入误差甚至可能会"湮没"所要的真解，如例 1.2 就是这种情况.

模型误差和观测误差也称**固有误差**，一般来讲不是计算工作者所能独立解决的；截断误差和舍入误差也称**计算误差**，是数值计算方法要讨论的内容.

1.3.2 误差与有效数字

在数值计算中，误差是不可避免的，但人们总希望计算结果能足够准确，这就需要对误差进行估计，为了从不同的侧面表示近似数的精确程度，通常运用绝对误差、相对误差和有效数字的概念.

> **定义 1.1 绝对误差**
>
> 设 x^* 是某量的精确值，x 是 x^* 的近似值，则称差 $e = x^* - x$ 为近似值 x 的**绝对误差**，简称**误差**.

由于精确值 x^* 在实际中未知，因而误差 e 通常是无法确定的，人们只能通过测量工具或计算过程，设法估计出它们的取值范围，即误差绝对值的一个上界.

> **定义 1.2 绝对误差限**
>
> 设存在一个 $\varepsilon > 0$ 使
>
> $$|e| = |x^* - x| \leqslant \varepsilon, \tag{1.6}$$
>
> 则称 ε 是近似值 x 的绝对误差限，简称**误差限**或**精度**.

若近似值 x 的误差限为 ε，则 $x - \varepsilon \leqslant x^* \leqslant x + \varepsilon$，这表明 x^* 落在 $[x - \varepsilon, x + \varepsilon]$ 上，在实际应用中常采用 $x = x^* \pm \varepsilon$ 的写法，来表示 x 近似的精度或精确值 x^* 所在的范围. 例如：$x = 15 \pm 2, y = 1\,000 \pm 5$.

绝对误差限的大小不能完全刻画近似值的精确程度. 例如, 某量的精确值为 $x^* = 1\,000$, 其近似值为 $x_1 = 999$, 另一个量的精确值为 $x^* = 10$, 相应的近似值为 $x_2 = 9$, 这两个量的绝对误差限都是 $\varepsilon = 1$, 显然 x_1 的精度比 x_2 的精度好, 为反映这种近似程度, 引入相对误差的概念.

定义 1.3 相对误差

称 $e_r = \dfrac{e}{x^*} = \dfrac{x^* - x}{x^*}$ 为近似值 x 的**相对误差**.

相对误差是一个无量纲量, 通常用百分数表示, 相对误差的绝对值越小, 近似值的精度越高. 例如前面两个量 x_1 和 x_2, 它们的相对误差分别为 $e_r(x_1) = 0.1\%$ 和 $e_r(x_2) = 10\%$, 所以近似值 x_1 的精度比 x_2 的精度好. 同样由于精确值 x^* 通常是未知的, 一般不能给出 e_r 的精确值, 只能估计它的大小范围.

定义 1.4 相对误差限

相对误差可正可负, 它的绝对值上界叫做**相对误差限**, 记作 ε_r, 即

$$|e_r| = \left|\frac{x^* - x}{x^*}\right| = \left|\frac{e}{x^*}\right| \leqslant \varepsilon_r. \tag{1.7}$$

相对误差限 ε_r 不如绝对误差限 ε 容易得到, 在实际计算应用中常用式 $\varepsilon_r = \left|\dfrac{\varepsilon}{x}\right|$ 计算相对误差限.

为了给出一种近似数的表示方法, 使之既能表示其大小又能表示其精确程度, 引进有效数字的概念. 例如: 设

$$x^* = \pi = 3.141\,592\,6\cdots,$$

经四舍五入取其三位近似值得 $\pi \approx 3.14, \pi$ 的绝对误差限为 $\pi \pm 0.002$; 若取其五位近似值得 $\pi \approx 3.141\,6, \pi \pm 0.000\,008$. 它们的绝对误差限都不超过末位数字的半个单位, 即

$$|\pi - 3.14| \leqslant \frac{1}{2} \times 10^{-2}, \quad |\pi - 3.141\,6| \leqslant \frac{1}{2} \times 10^{-4},$$

称它们精确到了末位.

定义 1.5 有效数字

设精确值 x^* 的近似值 $x = \pm 0.a_1 a_2 \cdots a_n \times 10^m$, 其中 $a_1 \neq 0$, 诸 $a_i \in \{0, 1, 2, \cdots, 9\}, m$ 为整数, 如果

$$|e| = |x^* - x| < \frac{1}{2} \times 10^{m-n}, \tag{1.8}$$

则称近似值 x 具有 n 位**有效数字**或称 x 精确到 10^{m-n} 位, 其中, $a_1, a_2, \cdots, a_n$ 都是 x 的有效数字, 也称 x 为有 n 位有效数字的近似值.

由定义 1.5 知 $\pi = 3.14$ 和 $\pi = 3.1416$ 分别有 3 位和 5 位有效数字. 由式 (1.8)知, 有效数字越多, 绝对误差越小, 至于有效数字与相对误差的关系有如下结论.

定理 1.1 设近似值 $x = \pm 0.a_1 a_2 \cdots a_n \times 10^m$(其中 $a_1 \neq 0$), 有 n 位有效数字, 则 x 相对误差限为 $\varepsilon_r \leqslant \dfrac{1}{2a_1} \times 10^{-n+1}$.

证明 由 x 有 n 位有效数字知 $|e| = |x^* - x| < \dfrac{1}{2} \times 10^{m-n}$, 而 $|x| > a_1 \times 10^{m-1}$, 故有

$$|e_r| = \left|\frac{x^* - x}{x}\right| \leqslant \frac{\frac{1}{2} \times 10^{m-n}}{a_1 \times 10^{m-1}} = \frac{1}{2a_1} \times 10^{-n+1} = \varepsilon_r,$$

即相对误差限为 $\varepsilon_r = \dfrac{1}{2a_1} \times 10^{-n+1}$. 证毕.

定理 1.2 设近似值 $x = \pm 0.a_1 a_2 \cdots a_n \times 10^m$(其中 $a_1 \neq 0$), 相对误差限为 $\varepsilon_r = \dfrac{1}{2(a_1+1)} \times 10^{-n+1}$, 则 x 至少有 n 位有效数字.

证明 由于 $\varepsilon = |x|\varepsilon_r$, 而 $|x| \leqslant (a_1 + 1) \times 10^{m-1}$, 所以,

$$\varepsilon \leqslant (a_1 + 1) \times 10^{m-1} \times \frac{1}{2(a_1+1)} \times 10^{-n+1} = \frac{1}{2} \times 10^{m-n},$$

因此, x 至少有 n 位有效数字. 证毕.

例 1.4 设 $x = 2.72$ 表示 e 具有 3 位有效数字的近似值, 求此近似值的相对误差限.

解 $x = 2.72 = 0.272 \times 10^1, a_1 = 2, n = 3$, 由定理 1.1 有

$$\varepsilon_r \leqslant \frac{1}{2a_1} \times 10^{-(n-1)}$$

$$= \frac{1}{2 \times 2} \times 10^{-(3-1)} = 0.25 \times 10^{-2}.$$

例 1.5 要使 $\sqrt{20}$ 的近似值的相对误差限小于 0.1%, 要取几位有效数字?

解 $\sqrt{20}$ 的首位数字是 4, 设近似数 x 有 n 位有效数字. 由定理 1.1 知相对误差限 $\varepsilon_r = \dfrac{1}{2 \times 4} 10^{1-n}$, 令 $\dfrac{1}{2 \times 4} 10^{1-n} \leqslant 0.1\%$, 解得 $n \geqslant 3.097$, 即取 4 位有效数字, 近似数的相对误差限不超过 0.1%.

1.3.3 误差的传播

在科学研究和工程计算中每步都可能产生误差, 而一个问题的解决往往要经过成千上万次的运算, 不可能每一步都加以分析. 只能通过对误差的某些传播规律进行分析, 指出在数值计算中应遵循的几条原则, 这将有助于鉴别计算结果的可靠性并防止误差危害现象的产生.

(1) 误差分析的重要性

在例 1.2 中, 算法 A 用精确的计算公式却产生了一个错误的结果, 分析原因如下: 初值 I_0

有误差 $e(I_0)$，由此引起以后各步计算的误差 $e(I_n)$，满足关系

$$e(I_n) = -5e(I_{n-1}), \quad n = 1, 2, \cdots,$$

从而有

$$e(I_n) = (-5)^n e(I_0), \quad n = 1, 2, \cdots,$$

这说明 I_0 有误差 $e(I_0)$，则 $e(I_n)$ 就有误差 $e(I_0)$ 的 $(-5)^n$ 倍.

例 1.2 算法 B 是将递推公式倒过来使用，由式 (1.2) 得 $e(I_{n-1}) = -\frac{1}{5}e(I_n)(n = 20, 19, \cdots, 1)$ 尽管初值 $I_{20} = 0.0087$ 误差 $e(I_{20})$ 很大，但因为误差传播逐渐缩小，I_n 的误差为 $e(I_n)$，则 I_0 的误差是 $e(I_{20})$ 的 $\left(-\frac{1}{5}\right)^{20}$ 倍. 也就是每计算一步，误差就会比前一步缩小 $-\frac{1}{5}$，故计算结果可靠. 此例说明，在数值计算中不注意误差分析，用了类似于例 1.2 算法 A 的公式，就会出现"差之毫厘，谬之千里"的错误结果.

(2) 误差的传播

计算机的数值运算主要是加、减、乘、除四则运算，带有误差的数据经过四则运算后误差怎样变化，用微分可以描述. 由于精确值与近似值通常很接近，其差可以认为是较小的增量，即可以把误差看作微分，由此可得误差的微分近似关系

$$e = x^* - x = \mathrm{d}x,$$

$$e_r = \frac{e}{x^*} = \frac{\mathrm{d}x}{x} = \mathrm{d}\ln x.$$

即 x 的微分表示 x 的绝对误差，$\ln x$ 的微分表示它的相对误差. 利用这两个关系式及微分运算可以得到一系列有关四则运算的误差结果，例如：

由 $\mathrm{d}(x \pm y) = \mathrm{d}x \pm \mathrm{d}y$ 可得两数之和 (差) 的误差等于两数的误差之和 (差)；

由 $\mathrm{d}(\ln xy) = \mathrm{d}\ln x + \mathrm{d}\ln y$ 可得两数之积的相对误差等于两数相对误差之和；

由 $\mathrm{d}\left(\ln \frac{x}{y}\right) = \mathrm{d}\ln x - \mathrm{d}\ln y$ 可得两数商的相对误差等于两数相对误差之差.

一般地，设变量 u 由变量 $x_1, x_2, \cdots, x_n$ 经某种运算得到，可设 $u = f(x_1, x_2, \cdots, x_n)$，则绝对误差为

$$\mathrm{d}u = \sum_{i=1}^{n} \frac{\partial f}{\partial x_i} \mathrm{d}x_i.$$

要得到更准确的误差估计，一般可利用函数的 Taylor 展开式进行估计.

1.3.4 误差的控制

(1) 简化计算步骤，减少运算次数

同一个计算问题，如果能减少运算次数不但可节省计算时间，提高计算速度，而且还能减少误差的积累.

计算 x^{255} 的值,如果逐个乘要做 254 次乘法,但若写成

$$x^{255} = x \cdot x^2 \cdot x^4 \cdot x^8 \cdot x^{16} \cdot x^{32} \cdot x^{64} \cdot x^{128},$$

只要做 14 次乘法运算即可. 又如计算多项式

$$P(x) = a_n x^n + a_{n-1} x^{n-1} + \cdots + a_1 x + a_0$$

的值,若直接计算 $a_k x^k$ 再逐次相加,一共要做

$$n + (n-1) + \cdots + 1 = \frac{1}{2} n(n+1)$$

次乘法和 n 次加法,若采用秦九韶算法

$$\begin{cases} S_n = a_n, \\ S_k = x S_{k+1} + a_k, \quad k = n-1, n-2, \cdots, 1, 0, \\ P_n(x) = S_0, \end{cases}$$

只要 n 次乘法和 n 次加法即可算出 $P_n(x)$ 的值.

(2) 避免两相近数相减

在数值计算中两相近数相减有效数字会严重损失.

例如 $x = 618.45$ 和 $y = 618.32$ 都是 5 位有效数字,但 $x - y = 0.13$ 只有两位有效数字,所以最好改变计算方法,避免这类运算的发生.

如当 x_1 和 x_2 较接近时,则

$$\ln x_1 - \ln x_2 = \ln \frac{x_1}{x_2},$$

右端算式有效数字不损失. 当 x 很大时,按

$$\sqrt{x+a} - \sqrt{x} = \frac{a}{\sqrt{x+a} + \sqrt{x}},$$

计算结果较好. 当计算 $f(x) - f(x_0)$ 的近似值时,可用 Taylor 展开式

$$f(x) - f(x_0) = f'(x_0)(x - x_0) + \frac{1}{2} f''(x_0)(x - x_0)^2 + \cdots$$

取右端有限项近似左端. 如果无法改变算式,则可增加有效位数进行运算.

(3) 防止大数吃掉小数

在数值运算中有时数量级相差很大,而计算机字长有限,如不注意运算次序就有可能出现大数吃掉小数的现象,影响计算结果的可靠性. 例如在 8 位 10 进制计算机上计算 $x = 54\,272\,401 + 0.6$,由于在计算机内计算时,要写成浮点形式,且要先对阶,对阶时 $x = 54\,272\,401 = 0.542\,724\,01 \times 10^8$,$0.6 = 0.000\,000\,006 \times 10^8$ 在 8 位机上表示 0,因此

$$x = 54\,272\,401 + 0.6 = 0.542\,724\,01 \times 10^8 + 0.000\,000\,00 \times 10^8$$
$$= 0.542\,724\,01 \times 10^8 = 54\,272\,401.$$

(4) 绝对值太小的数不宜作除数

绝对值很小的数作除数也会影响数值计算结果的精度,由

$$\mathrm{d}\left(\frac{x}{y}\right) = \frac{y\mathrm{d}x - x\mathrm{d}y}{y^2},$$

可得商的误差关系式

$$e\left(\frac{x}{y}\right) = \frac{ye(x) - xe(y)}{y^2},$$

其中 $e\left(\dfrac{x}{y}\right), e(x), e(y)$ 分别表示 $\dfrac{x}{y}, x, y$ 的绝对误差.

显然当 $|y|$ 充分小时,$e\left(\dfrac{x}{y}\right)$ 会很大. 避免这种情况发生的方法也是将其化为其他等价的形式来处理.

例如,当 x 接近于 0 时,$\dfrac{1-\cos x}{\sin x}$ 的分子、分母都接近于 0,为了避免绝对值较小的数作除数,也为了避免分子两个相近数相减,可将原式变为

$$\frac{1-\cos x}{\sin x} = \frac{\sin x}{1+\cos x}.$$

(5) 控制误差的传播积累,选取数值稳定的计算公式

利用递推公式进行计算时,运算过程比较规律化,但大多数递推公式必须注意误差的积累. 如果递推过程中误差积累增大,多次递推会产生错误结果;如果递推过程中误差减少,则得到的结果比较可靠.

1.3.5 数值算法的稳定性

所谓**数值算法**是指利用计算机,按着某数学计算公式规定的运算次序,对已知数据进行有限次四则算术运算和逻辑运算,求出所关心数学问题近似解的方法. 一个数值算法,在计算过程中,如果误差的传播对计算结果的影响很小,或者说,在计算过程中,误差传播是可控的,则称这个算法**数值稳定**,否则一个数值算法,在计算过程中,如果误差的传播对计算结果的影响很大,或者说,在计算过程中,误差传播是不可控的,则说这个数值算法**数值不稳定**.

例如例 1.2 中的算法 A,在计算过程中误差逐渐增大,是不稳定的,而算法 B 在计算过程中误差逐渐减少,是稳定的.

1.3.6 病态问题与条件数

在实际数值计算过程中,有些问题对数值扰动非常敏感,有些问题对数值扰动不敏感,为了区别和研究这些问题,定义问题的条件数和病态问题的概念.

> **定义 1.6 条件数**
> 问题输出变量的相对误差与输入变量的相对误差的商称为该问题的**条件数** cond(condition number).

例 1.6 对给定的 x, 计算函数值 $y = f(x)$ 时, 若有扰动 $\Delta x = x - x^*$, 其相对误差为 $\dfrac{\Delta x}{x}$, 函数值 $f(x^*)$ 的相对误差为 $\dfrac{f(x) - f(x^*)}{f(x)}$, 则问题的条件数为

$$\text{cond} = \left| \frac{f(x) - f(x^*)}{f(x)} \right| \Big/ \left| \frac{\Delta x}{x} \right| \approx \left| \frac{x f'(x)}{f(x)} \right|. \tag{1.9}$$

> **定义 1.7 数值问题的性态**
> 对于一个数值问题, 如果输入数据有微小扰动 (误差), 则引起输出数据的相对误差 (问题的条件数)很大, 称这个数值问题是**病态的**.

式 (1.9) 称为计算函数值问题的条件数. 自变量相对误差一般不会太大, 如果条件数 cond 很大, 将引起函数值相对误差很大, 出现这种情况的问题就是病态问题. 一般认为 cond 越大病态越严重 (在文献 [3] 中, 认为 cond $\gg$ 1 时, 问题是病态的. 在文献 [9] 中, 认为 cond $\geqslant$ 10 时, 问题是病态的). 其他问题也要分析是否病态. 例如线性方程组的数值解也要讨论问题的条件数及是否病态, 这将在相应章节进行介绍.

习　题　1

1. 古代数学家祖冲之曾以 $\dfrac{355}{113}$ 作为圆周率的近似值, 问此近似值具有多少位有效数字.

2. 按四舍五入原则, 将下列各数舍成 5 位有效数字.
   816.856 7,　6.000 015,　17.322 50,　1.235 651,　93.182 13,　0.015 236 23.

3. 下列各数是按四舍五入原则得到的近似值, 它们各有几位有效数字?
   81.897,　0.008 13,　6.320 05,　0.180 0.

4. 若 $\dfrac{1}{4}$ 用 0.25 表示, 它有多少位有效数字?

5. 计算 $\sqrt{10} - \pi$ 的值, 精确到 5 位有效数字.

6. 若 $a^* = 1.106\,2, b^* = 0.947$ 是经过四舍五入得到的近似值, $a^* + b^*, a^* b^*$ 有几位有效数字.

7. 设 $x_1^* = 0.986\,3, x_2^* = 0.006\,2$ 是经过四舍五入得到的近似值, 求 $\dfrac{1}{x_1^* x_2^*}$ 的计算值和真值的相对误差限及 $x_1^* x_2^*$ 和真值的相对误差限.

8. 改变下列各式，使计算结果比较准确：

(1) $\ln x_1 - \ln x_2, x_1 \approx x_2$;

(2) $\dfrac{1}{1-x} - \dfrac{1-x}{1+x}, |x| \ll 1$;

(3) $\sqrt{x+\dfrac{1}{x}} - \sqrt{x-\dfrac{1}{x}}, 1 \ll x$;

(4) $\dfrac{1-\cos x}{x}, x \neq 0, |x| \ll 1$;

(5) $\dfrac{1}{x} - \cot x, x \neq 0, |x| \ll 1$;

(6) $\displaystyle\int_n^{n+1} \dfrac{1}{1+x^2} \mathrm{d}x, n$ 充分大时.

9. 计算 $f = (\sqrt{2}-1)^6$，取 $\sqrt{2} = 1.4$，利用下列各式计算，哪一个得到的计算结果最好？

(1) $\dfrac{1}{(\sqrt{2}+1)^6}$;

(2) $(3-2\sqrt{2})^3$;

(3) $\dfrac{1}{(3+2\sqrt{2})^3}$;

(4) $99 - 70\sqrt{2}$.

第 2 章 非线性方程的数值解法

学习目标与要求

1. 掌握非线性方程的数值解法.
2. 掌握二分法求解非线性方程及 MATLAB 程序实现.
3. 掌握迭代法求解非线性方程及 MATLAB 程序实现.

科学研究及工程技术生产实践中的许多问题常常归结为解一元函数方程

$$f(x) = 0. \tag{2.1}$$

对于方程 (2.1), 若函数 $f(x)$ 是 n 次多项式, 则称方程 (2.1) 为 n 次多项式方程或代数方程; 若 $f(x)$ 是超越函数, 则称方程 (2.1) 为超越方程. 理论上已证明, 当次数 $n \leqslant 4$ 时, 多项式方程的根可用求根公式表示, 而次数 $n \geqslant 5$ 时, 它的根一般已不能用公式表示, 即不能用解析式来表示. 然而在实际应用过程中, 一般不需要得到求根的解析表达式, 只要求得满足一定精度要求的根的数值解就可以了.

求方程 (2.1) 的数值解大致分三个步骤:

(1) 根的存在性: 方程是否有根? 如果有, 有几个根? 对于多项式方程, n 次方程有 n 个根.

(2) 根的隔离: 把有根区间分成较小的子区间, 每个子区间或者有一个根, 或者没有根, 这样可以将有根子区间内的任一点都可看成根的一个近似值.

(3) 根的精确化: 对根的某个近似值设法逐步精确化, 使其满足一定的精度要求. 下面介绍求方程 (2.1) 根的数值解法.

2.1 二　分　法

2.1.1 二分法的基本思想

求方程根的方法中最简单最直观的方法就是二分法.

设函数 $f(x)$ 在 $[a,b]$ 上连续, 且 $f(a)f(b) < 0$, 不妨假设 $f(a) < 0, f(b) > 0$, 由闭区间上连续函数的性质及根的存在性定理可知, 方程 (2.1) 在区间 (a,b) 内至少有一个实根, (a,b) 称为方程的有根区间. 为讨论方便, 设方程 (2.1) 在区间 (a,b) 只有一个实根 x^*.

二分法的基本思想是: 逐步二分区间 $[a,b]$, 通过判断两端点函数值的符号, 进一步缩小有根区间, 将有根区间的长度缩小到充分小, 从而求出满足精度要求的根 x^* 的近似值, 如图 2.1 所示.

2.1.2 二分法及 MATLAB 程序

二分法的计算过程：

(1) 取区间 $[a,b]$ 的中点 $x_0 = \dfrac{a+b}{2}$，并计算中点的函数值 $f(x_0)$. 判断：若 $f(a)f(x_0) < 0$，则有根区间为 $[a, x_0]$，取 $a_1 = a, b_1 = x_0$，即新的有根区间为 $[a_1, b_1]$；若 $f(a)f(x_0) = 0$，则 x_0 即为所求的根 x^*；若 $f(a)f(x_0) > 0$，则有根区间为 $[x_0, b]$，取 $a_1 = x_0, b_1 = b$，即新的有根区间为 $[a_1, b_1]$.

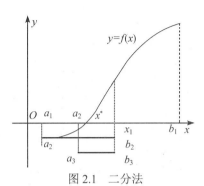

图 2.1　二分法

(2) 取区间 $[a_1, b_1]$ 的中点 $x_1 = \dfrac{a_1 + b_1}{2}$，并计算中点的函数值 $f(x_1)$，判断：若 $f(a_1)f(x_1) < 0$，则有根区间为 $[a_1, x_1]$，取 $a_2 = a_1, b_2 = x_1$，即新的有根区间为 $[a_2, b_2]$；若 $f(a_1)f(x_1) = 0$，则 x_1 为所求的根 x^*；若 $f(a_1)f(x_1) > 0$，则有根区间为 $[x_1, b_1]$，取 $a_2 = x_1, b_2 = b_1$，即新的有根区间为 $[a_2, b_2]$. 此过程一直进行下去，则可得到一系列有根区间

$$[a,b] \supset [a_1, b_1] \supset [a_2, b_2] \supset \cdots \supset [a_k, b_k] \supset \cdots,$$

其中，每个区间仅为前一个区间的一半，二分 k 次以后得有根区间 $[a_k, b_k]$，其长度是

$$b_k - a_k = \frac{b-a}{2^k}. \tag{2.2}$$

由此可见，如果二分过程无限地进行下去，则有根区间必缩为一点 x^*，该点显然就是所求的根.

在实际应用中，只要能获得满足预定精度的近似值就行了，没必要也不可能去完成这种无穷过程，这时，令有根区间 $[a_k, b_k]$ 的中点 $x_k = \dfrac{a_k + b_k}{2}$ 为 x^* 的近似值，其误差估计为

$$|x^* - x_k| \leqslant \frac{b_k - a_k}{2} = \frac{b-a}{2^{k+1}}. \tag{2.3}$$

当 $k \to \infty$ 时，$|x^* - x_k| \leqslant \dfrac{b-a}{2^{k+1}} \to 0$，即 $x_k \to x^*$. 对给定的精度 $\varepsilon > 0$，要使 $|x^* - x_k| < \varepsilon$，只需令 $\dfrac{b-a}{2^{k+1}} < \varepsilon$，即 $2^{k+1} > \dfrac{b-a}{\varepsilon}$，解得

$$k > \frac{\ln(b-a) - \ln 2\varepsilon}{\ln 2}. \tag{2.4}$$

利用式 (2.4)，对给定的精度 $\varepsilon > 0$，可预先确定出二分的次数 k.

MATLAB 程序 2.1　二分法 -程序 1

```
function [x_star,k]=bisect1(fun,a,b,ep)
```

```
% 二分法解非线性方程,f(x)=0
% fun(x)为要求根的函数f(x),a,b为初始区间的端点
% ep为精度(默认值为1e-5),当(b-a)/2<ep时终止计算
% x_star为迭代成功时的方程的根,k表示迭代次数
% 当输出迭代次数k为0时表示在此区间没有根存在
if nargin<4 ep=1e-5;end
fa=feval(fun,a);fb=feval(fun,b);
if fa*fb>0
x_star=[fa,fb]; k=0; return; end k=1;
while abs(b-a)/2>ep
    x=(a+b)/2;fx=feval(fun,x);
    if fx*fa<0
        b=x;fb=fx;
    else
        a=x;fa=fx;
    end
    k=k+1;
end
x_star=(a+b)/2;
```

MATLAB 程序 2.2　二分法 -程序 2

```
function [x_star,k]=bisect2(fname,a,b,ep)
% 用二分法解非线性方程f(x)=0
% x=bisect(fname,a,b,ep) fname 为用函数句柄或内嵌函数表达的f(x)
% a,b为区间端点,ep为精度(默认值为1e-5),x返回解,程序要求函数值在两端点异号,
% 中间变量fa,fb,fx的引入可以降低fname的调用次数从而提高精度.
if nargin<4,ep=1e-5;end;
fa = feval(fname,a); fb = feval(fname,b);
if fa*fb>0 error('函数在两端点值必须异号');end
x=(a+b)/2
while(b-a)>(2*ep)
    fx=feval(fname,x);
    if  fa*fx<0,b=x;fb=fx;else a=x;fa=fx;end
    x_star=(a+b)/2
end
```

MATLAB 程序 2.3　二分法 -程序 3

```
function [x_star,index,k]=bisect3(fun,a,b,ep)
% 二分法解非线性方程f(x)=0
```

```
% fun(x)为要求根的函数f(x),a,b为初始区间的端点
% ep为精度(默认值为1e-5),当(b-a)/2<ep时终止计算
% x_star为迭代成功时的方程的根,index=1表示迭代成功
% index=0时表示初始区间不是有根区间,k表示迭代次数
if nargin<4 ep=1e-5;end
fa=feval(fun,a);fb=feval(fun,b);
if fa*fb>0
    x_star=[fa,fb];index=0;k=0;
    return;
end
    k=1;
while abs(b-a)/2>ep
    x=(a+b)/2;fx=feval(fun,x);
    if fx*fa<0
        b=x;fb=fx;
    else
        a=x;fa=fx;
    end
    k=k+1;
end
x_star=(a+b)/2;index=1;
```

例 2.1 用二分法求方程 $f(x) = x^3 - x - 1 = 0$ 在区间 $[1, 1.5]$ 内的一个实根,要求误差不超过 0.005.

解 首先按公式 (2.4) 估计所要二分的次数

$$k > \frac{\ln(1.5-1) - \ln 0.01}{\ln 2} = 5.644,$$

只要二分 6 次,便能达到所要求的精度 (这里 $f(1) < 0, f(1.5) > 0$). 在 MATLAB 命令窗口执行

```
>> fun=inline('x^3-x-1');[x_star,k]=bisect1(fun,1,1.5,0.005)
```

得到

```
    x_star = 1.324 2   k = 7
```

计算结果见表2.1.

$$x_7 = 1.324\,2 \approx x^*,$$

$$x^* - x_7 \leqslant 0.005.$$

二分法的优点是计算过程简单,收敛可保证,对函数性质要求低,只要求连续即可;它的缺点是收敛的速度慢,不能求偶数重根,也不能求复根和虚根,特别是函数值 $f(a_k), f(b_k)(k = 0, 1, 2, \cdots)$ 每次均计算出来,但没有利用上,只利用了它们的符号,显然是一种浪费.

表 2.1 计算结果

k	a_k	b_k	x_k	$f(x_k)$ 的符号
1	1.000 0	1.500 0	1.250 0	−
2	1.250 0	1.500 0	1.375 0	+
3	1.250 0	1.375 0	1.312 5	−
4	1.312 5	1.375 0	1.343 8	+
5	1.312 5	1.343 8	1.328 1	+
6	1.312 5	1.328 1	1.320 3	−
7	1.320 3	1.328 1	1.324 2	−

例 2.2 用二分法求方程 $f(x) = \sin x - \dfrac{x^2}{4} = 0$ 在区间 $[1.5, 2]$ 内的一个实根.

解 在 MATLAB 命令窗口执行

```
>> fun=inline('sin(x)-x^2/4');[x_star,k]=bisect1(fun,1.5,2)
```

得到

```
    x_star = 1.933 8    k = 16    (二分16次, 得到x_star = 1.933 8)
```

2.2 非线性方程求解的迭代法

2.2.1 迭代法的基本思想

迭代法是用某种收敛于所给问题的精确解的极限过程,来逐步逼近精确解的一种计算方法,是求方程根最重要的方法之一,也是其他各类迭代法的基础.迭代法的基本思想是,已知方程 (2.1) 的一个近似根后,通过构造一个递推关系,即迭代格式,使用这个迭代格式反复校正根的近似值,计算出方程 (2.1) 的一个根的近似值序列,使之逐步精确化,一直到满足给定的精度要求为止.该序列收敛于方程 (2.1) 的根.

2.2.2 不动点迭代法及收敛性

1. 不动点迭代法

将方程 (2.1) 改写成等价形式

$$x = \varphi(x). \tag{2.5}$$

若 x^* 满足 $f(x^*) = 0$,则 $x^* = \varphi(x^*)$;反之亦然,称 x^* 为 $\varphi(x)$ 的一个**不动点**. 求 $f(x)$ 的零点等价于求 $\varphi(x)$ 的不动点,在根 x^* 的附近任取一点 x_0 作为 x^* 的预测值,把 x_0 代入式 (2.5) 的右端,计算得到

$$x_1 = \varphi(x_0).$$

一般地,$x_1 \neq x_0$ (如果 $x_1 = x_0$,则 $x_1 = x^*$),再把 x_1 作为根 x^* 的新的预测值代入式 (2.5) 得

$$x_2 = \varphi(x_1).$$

重复上述步骤，则有迭代方程
$$x_{k+1} = \varphi(x_k). \tag{2.6}$$

如果对 $\forall x_0 \in [a,b]$，由式 (2.6) 得到的迭代序列 $\{x_k\}$ 的极限存在，则称迭代过程收敛，显然有
$$x^* = \lim_{k \to \infty} x_k,$$
即当 $\varphi(x)$ 连续时，由公式 (2.6) 取极限可得
$$x^* = \varphi(x^*).$$
因为方程 (2.1) 与方程 (2.5) 等价，所以
$$f(x^*) = 0,$$
即得方程 (2.1) 的实根 x^*.

这就是迭代法的基本思路. x_0 称为**初始近似值**，x_k 称为 k **次迭代近似值**，$\varphi(x)$ 称为**迭代函数**，式 (2.6) 称为迭代公式. 由于 $x^* = \varphi(x^*)$ 为 $\varphi(x)$ 的不动点，所以上述迭代法又称**不动点迭代法**.

2. 不动点迭代法的几何解释

不动点迭代法是一种逐次逼近的方法，其基本思想是将隐式方程 (2.1) 转化为求一组显式的计算公式 (2.6)，也就是说不动点迭代过程是一个逐步显式化的过程.

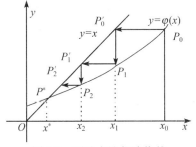
图 2.2 不动点迭代法收敛

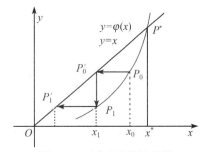
图 2.3 不动点迭代法发散

下面用几何图像来展示迭代过程，如图 2.2 和图 2.3 所示. 方程 $x = \varphi(x)$ 的求根问题在几何上就是确定曲线 $y = \varphi(x)$ 与直线 $y = x$ 的交点 P^* 的横坐标 x^*. 设迭代初值为 x_0，曲线 $y = \varphi(x)$ 上以 x_0 为横坐标的点为 P_0，显然 $\varphi(x_0)$ 为点 P_0 的纵坐标，过 P_0 点引平行于 x 轴的直线，它与直线 $y = x$ 相交于 P_0'，其横坐标为 $x_1 = \varphi(x_0)$. 然后过 P_0' 点引平行 y 轴的直线，它与曲线 $y = \varphi(x)$ 的交点记作 P_1. 容易看出，迭代值 x_1 即为点 P_1 的横坐标. 按图中箭头所示的路径继续作下去，在曲线 $y = \varphi(x)$ 上得到点列 $P_1, P_2, \cdots$，其横坐标分别为由式 $x_k = \varphi(x_k)$ 所确定的迭代值 $x_1, x_2, \cdots$. 如果迭代收敛，则序列 $\{x_k\}$ 将越来越逼近所求的交点的横坐标 x^*；如果迭代发散，则序列 $\{x_k\}$ 将越来越远离所求的交点的横坐标 x^*.

3. 不动点迭代法的 MATLAB 程序

MATLAB 程序 2.4 不动点迭代法

```
function [x_star,k]=iterate1(fun,x0,ep,Nmax)
% 一般迭代法解非线性方程,f(x)=0
% fun(x)为迭代函数,x0为初始值,ep为精度(默认值为1e-5)
% 当|x(k)-x(k-1)|<ep时终止计算
% Nmax为最大迭代次数(默认值为500)
% 当迭代成功时, x_star为方程的根,当迭代失败时输出最后的迭代值
% k为迭代次数
if nargin<4 Nmax=500;end
if nargin<3 ep=1e-5;end
x=x0;x0=x+2*ep;k=0;
while abs(x0-x)>ep&k<Nmax
    x0=x;x=feval(fun,x0);
    k=k+1
end
x_star=x;
if k==Nmax warning('已迭代次数上限');end
```

4. 用迭代法确定方程的近似根,需要讨论的问题

一是如何选择初始值 x_0 及迭代函数 $\varphi(x)$ 才能保证按迭代格式 (2.6) 求出的序列 $\{x_k\}$ 收敛;二是当序列 $\{x_k\}$ 收敛时,如何估计 k 次近似的误差 $\varepsilon_k = x_k - x^*$. 下面的例子说明迭代函数的选取将直接影响迭代效果.

例 2.3 用迭代法求方程 $f(x) = x^3 - x - 1 = 0$ 在区间 $[1, 1.5]$ 内的一个实根,要求误差不超过 0.005.

解 算法 A 取原方程的等价形式得迭代函数 $x = x^3 - 1$,建立迭代格式 $x_{k+1} = x_k^3 - 1$ ($k = 0, 1, 2, \cdots$),取初始值 $x_0 = 1.5$,在 MATLAB 窗口执行

```
>>fun=inline('x^3-1');[x_star,k]=iterate1(fun,1.5)
```

则迭代结果为

$$x_1 = 2.375,$$
$$x_2 = 12.397,$$
$$\vdots$$

其结果越来越大,不可能趋向某个极限. 可见迭代法所产生的迭代序列不一定都是收敛的,只有在一定条件下才可能收敛. 一个发散的迭代过程,纵然进行千百次迭代,其结果还是毫无价值. 因此不可以盲目地建立迭代函数.

算法 B 取原方程的等价形式 $x = \sqrt[3]{x+1}$，得迭代函数 $x = \varphi(x) = \sqrt[3]{x+1}$，建立迭代格式 $x_{k+1} = \sqrt[3]{x_k + 1}$ $(k = 0, 1, 2, \cdots)$，取初始值 $x_0 = 1.5$，在 MATLAB 窗口执行

```
>> fun=inline('(x+1)^(1/3)'); [x_star,k]=iterate1(fun,1.5)
```

计算结果见表2.2.

表 2.2 计算结果

k	x_k	k	x_k	k	x_k	k	x_k
0	1.500 0	2	1.330 9	4	1.324 9	6	1.324 7
1	1.357 2	3	1.325 9	5	1.324 8	7	1.324 7

例 2.4 用迭代法求方程 $x = e^{-x}$ 在 $x = 0.5$ 附近的一个实根，要求误差不超过 0.000 05.

解 在 MATLAB 窗口执行

```
>> fun=inline('exp(-x)'); [x_star,k]=iterate1(fun,0.5)
```

迭代 18 次后得：x_star = 0.567 1.

5. 迭代法的收敛性

设方程 $f(x) = 0$ 的迭代格式为 $x_{k+1} = \varphi(x_k)$ $(k = 0, 1, 2, \cdots)$，下面讨论当迭代函数 $x = \varphi(x)$ 满足什么条件时迭代法收敛，以及如何估计误差.

> **定理 2.1** (收敛性定理一) 设迭代函数 $\varphi(x)$ 满足条件:
> (1) $x \in [a, b]$ 时，$a \leqslant \varphi(x) \leqslant b$；
> (2) 存在正数 $L < 1$，使对任意 $x, y \in [a, b]$，都有 $|\varphi(x) - \varphi(y)| \leqslant L|x - y|$ 成立. 则方程 $x = \varphi(x)$ 在 $[a, b]$ 上有唯一解 x^*，且对任意初始近似值 $x_0 \in [a, b]$ 迭代过程
> $$x_{k+1} = \varphi(x_k), \quad k = 0, 1, 2, \cdots$$
> 收敛，且 $\lim\limits_{k \to \infty} x_k = x^*$. (定理2.1也称不动点收敛定理)

证明 先证 x^* 的存在性. 由条件 (2) 知，$\varphi(x)$ 在 $[a, b]$ 上连续. 作辅助函数

$$f(x) = x - \varphi(x),$$

则 $f(x)$ 在 $[a, b]$ 上连续. 由条件 (1) 知

$$f(a) = a - \varphi(a) \leqslant 0, f(b) = b - \varphi(b) \geqslant 0,$$

则由连续函数性质知，必有 $x^* \in [a, b]$，使 $f(x^*) = 0$，即 $x^* = \varphi(x^*)$.

再证 x^* 的唯一性. 若在 $[a, b]$ 上另有一 x_1^* 也满足 $x_1^* = \varphi(x_1^*)$，则由条件 (2) 得

$$|x^* - x_1^*| = |\varphi(x^*) - \varphi(x_1^*)| \leqslant L|x^* - x_1^*|,$$

引出矛盾. 故只能有一个 x^* 使 $x^* = \varphi(x^*)$. 又由条件 (1) 有 $x_k \in [a, b]$，由条件 (2) 有

$$|x^* - x_{k+1}| = |\varphi(x^*) - \varphi(x_k)| \leqslant L|x^* - x_k|, \quad k = 0, 1, 2, \cdots. \tag{2.7}$$

应用不等式 (2.7)，由归纳法可得
$$|x^* - x_k| \leqslant L|x^* - x_{k-1}| \leqslant L^2|x^* - x_{k-2}| \leqslant \cdots \leqslant L^k|x^* - x_0|.$$

因为 $L < 1$，所以有
$$\lim_{k \to \infty} |x^* - x_k| \leqslant \lim_{k \to \infty} L^k |x^* - x_0| = 0,$$

即
$$\lim_{k \to \infty} x_k = x^*,$$

迭代收敛. 证毕.

实际上定理2.1的条件 (2) 并不容易得到，若将其改为定理2.2也是正确的.

定理 2.2 (收敛性定理二) 设迭代函数 $\varphi(x) \in \mathbb{C}^1[a,b]$，满足条件：
(1) $x \in [a,b]$ 时，$a \leqslant \varphi(x) \leqslant b$；(2) 存在正数 $L < 1$，使对任意 $x \in [a,b]$，有 $|\varphi'(x)| \leqslant L < 1$ 成立. 则方程 $x = \varphi(x)$ 在 $[a,b]$ 上有唯一解 x^*，且对任意初始近似值 $x_0 \in [a,b]$，迭代过程 $x_{k+1} = \varphi(x_k)$ $(k = 0, 1, 2, \cdots)$ 收敛，且 $\lim\limits_{k \to \infty} x_k = x^*$.

证明 x^* 的存在性证明同定理2.1. 下面证 x^* 的唯一性. 若在 $[a,b]$ 上另有一 x_1^* 也满足 $x_1^* = \varphi(x_1^*)$，则由微分中值定理，有
$$x^* - x_1^* = \varphi(x^*) - \varphi(x_1^*) = \varphi'(\xi)(x^* - x_1^*)$$
$$(x^* - x_1^*)(1 - \varphi'(\xi)) = 0$$

其中 ξ 在 x^* 与 x_1^* 之间，所以 $\xi \in [a,b]$. 由条件 (2) $|\varphi'(\xi)| \leqslant L < 1$，则 $1 - \varphi'(\xi) \neq 0$，所以只有 $x^* = x_1^*$，即 x^* 唯一存在.

又由中值定理，有
$$x^* - x_{k+1} = \varphi(x^*) - \varphi(x_k) = \varphi'(\xi)(x^* - x_k),$$

式中 ξ 是 x^* 与 x_k 之间的某一点，由条件 (1) 有 $x_k \in [a,b]$. 由条件 (2) 有
$$|x^* - x_{k+1}| \leqslant L|x^* - x_k|, \quad k = 0, 1, 2, \cdots. \tag{2.8}$$

应用不等式 (2.8)，由归纳法可得
$$|x^* - x_k| \leqslant L|x^* - x_{k-1}| \leqslant L^2|x^* - x_{k-2}| \leqslant \cdots \leqslant L^k|x^* - x_0|.$$

因为 $L < 1$，所以有
$$\lim_{k \to \infty} |x^* - x_k| \leqslant \lim_{k \to \infty} L^k |x^* - x_0| = 0,$$

即
$$\lim_{k \to \infty} x_k = x^*,$$

迭代收敛. 证毕.

下面对 x_k 进行误差估计, 可引用定理2.2.

定理 2.3 在定理2.2的条件下, 有误差估计式

$$|x^* - x_k| \leqslant \frac{1}{1-L}|x_{k+1} - x_k|, \quad k = 0, 1, 2, \cdots, \tag{2.9}$$

$$|x^* - x_k| \leqslant \frac{L^k}{1-L}|x_1 - x_0|, \quad k = 0, 1, 2, \cdots. \tag{2.10}$$

证明

$$|x_{k+1} - x_k| = |\varphi(x_k) - x_k| = |\varphi(x_k) - \varphi(x^*) + \varphi(x^*) - x_k|$$
$$\geqslant |x^* - x_k| - |x^* - x_{k+1}| \geqslant |x^* - x_k| - L|x^* - x_k| = (1-L)|x^* - x_k|,$$

从而

$$|x^* - x_k| \leqslant \frac{1}{1-L}|x_{k+1} - x_k|, \quad k = 0, 1, 2, \cdots. \tag{2.11}$$

由于

$$|x_{k+1} - x_k| = |\varphi(x_k) - \varphi(x_{k-1})| \leqslant L|x_k - x_{k-1}|, \tag{2.12}$$

将式 (2.12) 代入式 (2.11), 反复应用式 (2.12) 得

$$|x^* - x_k| \leqslant \frac{1}{1-L}|x_{k+1} - x_k| \leqslant \frac{L}{1-L}|x_k - x_{k-1}|$$
$$\leqslant \frac{L^2}{1-L}|x_{k-1} - x_{k-2}| \leqslant \cdots \leqslant \frac{L^k}{1-L}|x_1 - x_0|, \quad k = 0, 1, 2, \cdots$$

误差估计式 (2.11) 说明, 只要相邻两次迭代值 x_k, x_{k-1} 的偏差 $|x_k - x_{k-1}|$ 充分小, 就可以保证迭代值 x_k 足够精确, 所以常用条件 $|x_k - x_{k-1}| < \varepsilon$ 来控制迭代过程是否结束, 当上述条件满足时就停止迭代且取 $x^* = x_k$ 为所求根的满足精度要求的近似值.

上面给出的迭代序列 $\{x_k\}$ 在区间 $[a, b]$ 上的收敛性, 通常也称**全局收敛性**. 一般情况下, 定理2.1及定理2.2中的条件在较大的有根区间上是很难保证的, 为此, 通常在根的附近考察其收敛性.

定义 2.1 局部收敛
如果存在 x^* 的某邻域 $U(x^*, \delta)$, 使得对 $\forall x_0 \in U(x^*, \delta)$, 迭代过程 $x_{k+1} = \varphi(x_k)$ 所产生的序列 $\{x_k\}$ 都收敛于 x^*, 称迭代过程在根 x^* 附近**局部收敛**.

定理 2.4 设 $\varphi(x)$ 在方程 $x = \varphi(x)$ 根 x^* 附近有连续的一阶导数, 且 $|\varphi'(x^*)| < 1$, 则迭代过程 $x_{k+1} = \varphi(x_k)$ 局部收敛.

证明 由于 $|\varphi'(x^*)| < 1$，所以存在 x^* 的充分小邻域 $U(x^*, \delta)$，使对 $\forall x \in U(x^*, \delta)$ 成立
$$|\varphi'(x)| \leqslant L < 1,$$
这里 L 为某个常数. 根据微分中值定理
$$\varphi(x) - \varphi(x^*) = \varphi'(\xi)(x - x^*),$$
注意到 $\varphi(x^*) = x^*$，又 $\forall x \in U(x^*, \delta)$，故有
$$|\varphi(x) - x^*| \leqslant L|x - x^*| \leqslant |x - x^*| < \delta.$$
于是由定理2.1可以断定 $x_{k+1} = \varphi(x_k)$ 对于 $\forall x_0 \in U(x^*, \delta)$ 收敛. 由此可见, 迭代过程的收敛性通常依赖于迭代初值 x_0 的选取.

在例 2.3 中，当 $\varphi(x) = \sqrt[3]{x+1}$ 时，$\varphi'(x) = \frac{1}{3}(x+1)^{-2/3}$，在区间 $[1,2]$ 上，$|\varphi'(x)| \leqslant \frac{1}{3}\left(\frac{1}{4}\right)^{1/3} < 1$, 故定理2.2中条件 (2) 成立. 又因 $1 < \sqrt[3]{2} \leqslant \varphi(x) \leqslant \sqrt[3]{3} < 2$, 故定理2.2中条件 (1) 也成立. 所以迭代序列收敛. 而当 $\varphi(x) = x^3 - 1$ 时，$\varphi'(x) = 3x^2$，在区间 $[1,2]$ 上 $|\varphi'(x)| > 1$, 不满足定理条件, 迭代序列不收敛.

2.2.3 迭代过程的加速方法

1. 迭代法的收敛速度

一个迭代法要具有实用价值, 不仅要求它收敛, 而且要求它收敛速度比较快. 选取不同的迭代函数所得到的迭代序列即使都收敛, 也会有快慢之分, 即存在一个收敛速度的问题. 所谓迭代法的收敛速度, 是指在接近收敛时迭代误差的下降速度. 关于收敛速度有下面定义.

> **定义 2.2 p 阶收敛**
> 设迭代过程 $x_{k+1} = \varphi(x_k)$ 收敛于方程 $x = \varphi(x)$ 的根 x^*,设误差 $e_k = x^* - x_k$, 若存在某实数 $p \geqslant 1$ 及常数 $C \neq 0$, 使
> $$\lim_{k \to \infty} \frac{|e_{k+1}|}{|e_k|^p} = C, \tag{2.13}$$
> 则称迭代过程 $x_{k+1} = \varphi(x_k)$ 是 p **阶收敛**的. 当 $p = 1$ 时, 称为**线性收敛**, 当 $p = 2$ 时, 称为**平方收敛**. 当 $1 < p$ 时, 称为**超线性收敛**.

显然, 数 p 的大小反映了迭代法收敛速度的快慢, p 越大, 则收敛越快, 所以迭代法的收敛阶是对迭代法收敛速度的一种度量.

> **定理 2.5** 对于迭代过程 $x_{k+1} = \varphi(x_k)$, 如果 $\varphi^{(p)}(x)$ 在所求根 x^* 的邻近连续, 并且
> $$\varphi'(x^*) = \varphi''(x^*) = \cdots = \varphi^{(p-1)}(x^*) = 0, \quad \varphi^{(p)}(x^*) \neq 0, \tag{2.14}$$
> 则该迭代过程在点 x^* 邻近是 p 阶收敛的.

证明 由于 $\varphi'(x^*) = 0$，根据定理2.3知迭代过程 $x_{k+1} = \varphi(x_k)$ 局部收敛. 再将 $\varphi(x_k)$ 在根 x^* 处做 Taylor 展开，利用条件式 (2.14)，则有

$$\varphi(x_k) = \varphi(x^*) + \frac{\varphi^{(p)}(\xi)}{p!}(x_k - x^*)^p,$$

ξ 在 x_k 与 x^* 之间. 注意到 $\varphi(x_k) = x_{k+1}, \varphi(x^*) = x^*$，由上式得

$$x_{k+1} - x^* = \frac{\varphi^{(p)}(\xi)}{p!}(x_k - x^*)^p.$$

因此对迭代误差，当 $k \to \infty$ 时有

$$\lim_{k \to \infty} \frac{e_{k+1}}{e_k^p} = \frac{\varphi^{(p)}(x^*)}{p!},$$

这表明迭代过程 $x_{k+1} = \varphi(x_k)$ 为 p 阶收敛的. 证毕.

例 2.5 用两种收敛的迭代法求方程 $x^2 - 3 = 0$ 的根 $x^* = \sqrt{3}$.

解 容易验证 $x^2 - 3 = 0$ 与下面两个方程等价：

$$x = \varphi_1(x) = x - \frac{1}{4}(x^2 - 3), \quad x = \varphi_2(x) = \frac{1}{2}\left(x + \frac{3}{x}\right),$$

且

$$\varphi_1'(x) = 1 - \frac{x}{2}, \quad \varphi_1'(x^*) = 1 - \frac{\sqrt{3}}{2} \approx 0.134 < 1,$$

$$\varphi_2'(x) = \frac{1}{2}\left(1 - \frac{3}{x^2}\right), \quad \varphi_2'(\sqrt{3}) = 0,$$

由定理2.3知相应的两个迭代公式：

$$x_{k+1} = x_k - \frac{1}{4}(x_k^2 - 3), \quad x_{k+1} = \frac{1}{2}\left(x_k + \frac{3}{x_k}\right)$$

均局部收敛.取初值 $x_0 = 2$，用上述两种迭代公式计算，在 MATLAB 窗口执行命令

```
>>fun=inline('x-(x^2-3)*(1/4)'); [x_star,k]=iterate1(fun,2)
>>fun=inline('(x+3/x)*(1/2)'); [x_star,k]=iterate1(fun,2)
```

得计算结果如表2.3. 注意 $\sqrt{3} = 1.732\,050\,8\cdots$，从计算结果看到虽然两种迭代方法都是收敛的，但第二种迭代方法比第一种迭代方法收敛得快. 这是因为在第二种迭代方法中 $\varphi'(x^*) = 0$. 定理2.5说明，迭代过程的收敛速度依赖于迭代函数 $\varphi(x)$ 的选取. 在例 2.5 中，第一种迭代法的 $\varphi_1'(x^*) \neq 0$，故它只是线性收敛，而第二种迭代法的 $\varphi_2'(x^*) = 0, \varphi_2''(x^*) \neq 0$，由定理2.5知 $p = 2$，即该迭代过程为 2 阶收敛.

表 2.3 计算结果

k	$x_{k+1} = \varphi_1(x_k)$	$x_{k+1} = \varphi_2(x_k)$	k	$x_{k+1} = \varphi_1(x_k)$	$x_{k+1} = \varphi_2(x_k)$
0	2.000 000	2.000 000	2	1.734 375	1.732 143
1	1.750 000	1.750 000	3	1.732 361	1.732 051

2. 迭代过程的加速

迭代过程 $x_{k+1} = \varphi(x_k)$ 产生的序列 $\{x_k\}$ 有时收敛很慢,利用定理2.5可以对这样的迭代过程作加速处理. 令新的迭代函数为

$$\phi(x) = \varphi(x) + \lambda(\varphi(x) - x), \tag{2.15}$$

式中 $\lambda \neq 1$ 是待定常数. 要想得到收敛速度更快的收敛函数,选择 λ 使 $\phi'(x^*) = 0$ 是最理想的. 由

$$\phi'(x^*) = \varphi'(x^*) + \lambda(\varphi'(x^*) - 1) = 0$$

可得

$$\lambda = \frac{\varphi'(x^*)}{1 - \varphi'(x^*)}. \tag{2.16}$$

由于 x^* 未知, λ 不易计算, 因 $x_k \to x^*$, 可用 x_k 代替 x^*, 并令 $\omega_k = \varphi'(x_k)$, 即取

$$\lambda \approx \frac{\varphi'(x_k)}{1 - \varphi'(x_k)} = \frac{\omega_k}{1 - \omega_k}, \tag{2.17}$$

将其代入新的不动点方程 $x = \phi(x)$, 可得加速的迭代格式

$$x_{k+1} = \varphi(x_k) + \frac{\omega_k}{1 - \omega_k}(\varphi(x_k) - x_k),$$

即

$$x_{k+1} = \frac{1}{1 - \omega_k}\varphi(x_k) - \frac{\omega_k}{1 - \omega_k}x_k. \tag{2.18}$$

特别地,若 $\varphi'(x)$ 在所考虑的范围内改变不大,其估计值为 L, 则可取 $\varphi'(x^*) \approx \omega_k \approx L$, 从而得加速公式

$$x_{k+1} = \frac{1}{1 - L}\varphi(x_k) - \frac{L}{1 - L}x_k, \quad k = 1, 2, 3, \cdots. \tag{2.19}$$

实际计算表明式 (2.19) 有加速效果, 而且有时会将发散的迭代公式处理后, 变为收敛的迭代公式.

2.2 非线性方程求解的迭代法

3. 松弛法

对迭代函数 $x = \varphi(x)$ 引入一个常数 $\lambda \neq -1$ 作为参数，在方程的两边加上 λx 得

$$(1+\lambda)x = \lambda x + \varphi(x),$$

于是

$$x = \frac{\lambda}{1+\lambda}x + \frac{1}{1+\lambda}\varphi(x). \tag{2.20}$$

显然方程 (2.20) 与方程 $x = \varphi(x)$ 等价，若令 $\phi(x) = \dfrac{\lambda}{1+\lambda}x + \dfrac{1}{1+\lambda}\varphi(x)$，方程 (2.20) 可写成

$$x = \phi(x). \tag{2.21}$$

为了使得用 $x = \phi(x)$ 作迭代比用 $x = \varphi(x)$ 作迭代收敛得快，希望 $\phi'(x)$ 比 $\varphi'(x)$ 更小，又由于

$$\phi'(x) = \frac{1}{1+\lambda}(\lambda + \varphi'(x)), \tag{2.22}$$

若 $\phi'(x)$ 连续，则当 x 在 x^* 附近时，$\varphi'(x)$ 也在 $\varphi'(x^*)$ 附近，为此选取 $\lambda = -\varphi'(x^*)$，这样可以使得 $|\phi'(x^*)|$ 的绝对值较小. 但在求解过程中 x^* 未知，故可用 x_k 代替 x^*，只要 $\lambda_k = -\varphi'(x_k) \neq -1$，记 $\omega_k = \dfrac{1}{1+\lambda_k}$，于是代入方程 (2.20) 有松弛法迭代公式

$$\begin{cases} n\omega_k = \dfrac{1}{1-\varphi'(x_k)}, \\ x_{k+1} = (1-\omega_k)x_k + \omega_k\varphi(x_k), \end{cases} \quad k = 1, 2, \cdots. \tag{2.23}$$

ω_k 称为松弛因子. 松弛法的加速是明显的，甚至不收敛的迭代函数经加速后一般也能获得收敛.

4. Aitken 加速方法及 MATLAB 程序

上述迭代加速公式在实际应用中常常会遇到 $\varphi'(x)$ 不太容易估计等困难，为避免对导数 $\varphi'(x)$ 的估计，可采用下述改进方法进行迭代加速.

假设 $\{x_k\}$ 是方程 $x = \varphi(x)$ 的近似根序列，并且具有线性收敛速度. 设 $\overline{x}_{k+1}$ 为近似值 x_k 经过一次迭代得到的结果，即

$$\overline{x}_{k+1} = \varphi(x_k).$$

又设 x^* 为迭代方程的根，即

$$x^* = \varphi(x^*).$$

由微分中值定理，有

$$x^* - \overline{x}_{k+1} = \varphi'(\xi)(x^* - x_k),$$

其中 ξ 为 x^* 与 x_k 之间的某点. 假设 $\varphi'(x)$ 在求根范围内改变不大，则可近似地取某个定值 L，

即有
$$x^* - \overline{x}_{k+1} \approx L(x^* - x_k). \tag{2.24}$$

再将迭代值 $\overline{x}_{k+1}$ 用迭代公式校正一次得
$$\overline{\overline{x}}_{k+1} = \varphi(\overline{x}_{k+1}).$$

同样地，有
$$x^* - \overline{\overline{x}}_{k+1} \approx L(x^* - \overline{x}_{k+1}). \tag{2.25}$$

式 (2.25) 和式 (2.24) 两式相除得
$$\frac{x^* - \overline{\overline{x}}_{k+1}}{x^* - \overline{x}_{k+1}} \approx \frac{x^* - \overline{x}_{k+1}}{x^* - x_k},$$

整理后，得
$$x^* \approx \frac{x_k \overline{\overline{x}}_{k+1} - \overline{x}_{k+1}^2}{x_k - 2\overline{x}_{k+1} + \overline{\overline{x}}_{k+1}} = \overline{\overline{x}}_{k+1} - \frac{(\overline{\overline{x}}_{k+1} - \overline{x}_{k+1})^2}{\overline{\overline{x}}_{k+1} - 2\overline{x}_{k+1} + x_k}.$$

记
$$x_{k+1} = \overline{\overline{x}}_{k+1} - \frac{(\overline{\overline{x}}_{k+1} - \overline{x}_{k+1})^2}{\overline{\overline{x}}_{k+1} - 2\overline{x}_{k+1} + x_k}, \tag{2.26}$$

则 x_{k+1} 是比 $\overline{x}_{k+1}$ 和 $\overline{\overline{x}}_{k+1}$ 更好的近似值．由此得下列预测校正 Aitken 迭代加速算法公式：

$$\begin{cases} \overline{x}_{k+1} = \varphi(x_k), \\ \overline{\overline{x}}_{k+1} = \varphi(\overline{x}_{k+1}), \\ x_{k+1} = \overline{\overline{x}}_{k+1} - \dfrac{(\overline{\overline{x}}_{k+1} - \overline{x}_{k+1})^2}{\overline{\overline{x}}_{k+1} - 2\overline{x}_{k+1} + x_k}, \end{cases} \quad k=1,2,\cdots. \tag{2.27}$$

由算法 (2.27) 编写 MATLAB 加速程序如下：

➤ MATLAB 程序 2.5　Aitken 迭代加速算法

```
function [x_star,k]=Aitken(fun,x,ep,Nmax)
% 用Aitken加速迭代方法解非线性方程,f(x)=0
% fun(x)为迭代函数,x为初始值,ep为精度(默认值为1e-5)
% 当|x(k)-x(k-1)|<ep时终止计算,当迭代成功时x_star为方程的根
% k为迭代次数.Nmax为最大迭代次数(默认值为500)
if nargin<4 Nmax=500;end
if nargin<3 ep=1e-5;end
k=0;
while abs(x-feval(fun,x))>ep
    xk=x;
    x=feval(fun,x);x1=x;
```

```
    x=feval(fun,x);x2=x;
    x=x2-(x2-x1)^2/(x2-2*x1+xk)
    k=k+1
end
x_star=x;
if k==Nmax warning('已迭代上限次数');end
```

例 2.6 用 Aitken 方法求解方程 $x^3 - x - 1 = 0$ 在 $x = 1.5$ 附近的根.

解 在前面例 2.3 中曾指出, 求解这个方程的迭代公式

$$x = x^3 - 1$$

是发散的. 现以该迭代函数为基础形成的 Aitken 迭代公式是:

$$\begin{cases} \overline{x}_{k+1} = x_k^3 - 1, \\ \overline{\overline{x}}_{k+1} = \overline{x}_{k+1}^3 - 1, \\ x_{k+1} = \overline{\overline{x}}_{k+1} - \dfrac{(\overline{\overline{x}}_{k+1} - \overline{x}_{k+1})^2}{\overline{\overline{x}}_{k+1} - 2\overline{x}_{k+1} + x_k}, \end{cases} \quad k = 1, 2, \cdots. \tag{2.28}$$

仍取初值 $x = 1.5$, 在 MATLAB 命令窗口执行:

```
>> fun=inline('x^3-1');[x_star,k]=Aitken(fun,1.5)
```

得计算结果见表2.4. 由例2.6可看到 Aitken 方法将一个原来发散的过程改造成了一个迭代收敛的过程. 例 2.6 实际上给出了构造迭代函数的一种方法, 如果所给方程是 $f(x) = 0$, 为了应用迭代法, 必须先将它改写成 $x = \varphi(x)$ 的形式, 即需要针对所给的 $f(x)$ 选取合适的迭代函数 $\varphi(x)$. 迭代函数 $\varphi(x)$ 可以是多种多样的, 最简单的方法可令

$$\varphi(x) = x + f(x),$$

这时相应的迭代格式为

$$x_{k+1} = x_k + f(x_k).$$

一般这种公式不一定会收敛, 或者收敛速度很慢. 如果运用前面加速技术于迭代函数 $\varphi(x) = x + f(x)$, 例如用加速公式 (2.27)则有形式

$$x_{k+1} = x_k - \frac{f(x_k)}{M},$$

其中 $M = L - 1$ 是导数 $f'(x)$ 的某个估计值, 这样导出的迭代公式其实是下面将要介绍的 Newton 公式的一种简化形式, 通常它具有较好的收敛性.

表 2.4 计算结果

k	x_k	k	x_k	k	x_k
0	1.500 000 000 000 00	2	1.355 650 441 476 64	4	1.324 804 489 041 04
1	1.416 292 974 588 94	3	1.328 948 777 284 01	5	1.324 717 993 968 81

例 2.7 用 Aitken 加速迭代法求方程 $x = \mathrm{e}^{-x}$ 在 $x = 0.5$ 附近的一个实根,要求误差不超过 0.000 05.

解 取迭代函数 $x = \mathrm{e}^{-x}$,在 MATLAB 命令窗口执行

```
>> fun=inline('exp(-x)'); [x_star,k]=Aitken(fun,0.5)
```

迭代 2 次后得:

```
x_star = 0.567 143 314 105 56.
```

与例 2.4 相比加速效果十分明显,例 2.4 中迭代了 18 次才得到同样的结果.

5. Steffensen 加速方法及 MATLAB 程序

对于迭代函数 $x = \varphi(x)$,令 $\overline{x}_0 = \varphi(x_0), \overline{\overline{x}}_0 = \varphi(\overline{x}_0)$,假设 $\varphi'(x)$ 变化不大,即 $\varphi'(x) \approx L$,由 Lagrange 中值定理,可以得到

$$\overline{x}_0 - x^* \approx L(x_0 - x^*), \tag{2.29}$$

$$\overline{\overline{x}}_0 - x^* \approx L(\overline{x}_0 - x^*). \tag{2.30}$$

将式 (2.29) 和式 (2.30) 相除得到

$$\frac{\overline{x}_0 - x^*}{\overline{\overline{x}}_0 - x^*} \approx \frac{x_0 - x^*}{(\overline{x}_0 - x^*)}, \tag{2.31}$$

解方程得到

$$x^* = \frac{x_0 \overline{\overline{x}}_0 - \overline{x}_0^2}{\overline{\overline{x}}_0 - 2\overline{x}_0 + x_0} = x_0 - \frac{(\overline{x}_0 - x_0)^2}{\overline{\overline{x}}_0 - 2\overline{x}_0 + x_0}, \tag{2.32}$$

可将右端作为 x^* 的近似值,记作 x_1,即

$$x_1 = x_0 - \frac{(\overline{x}_0 - x_0)^2}{\overline{\overline{x}}_0 - 2\overline{x}_0 + x_0}.$$

一般情况,由 x_k 计算出 $\overline{x}_k, \overline{\overline{x}}_k$,然后再计算出 x_{k+1},这种方法称为 Steffensen 迭代法. 迭代公式为

$$\begin{cases} \overline{x}_k = \varphi(x_k), \\ \overline{\overline{x}}_k = \varphi(\overline{x}_k), \\ x_{k+1} = x_k - \dfrac{(\overline{x}_k - x_k)^2}{\overline{\overline{x}}_k - 2\overline{x}_k + x_k}, \end{cases} \quad k = 1, 2, \cdots. \tag{2.33}$$

由迭代公式 (2.33) 编写 MATLAB 程序为

MATLAB 程序 2.6   **Steffensen 迭代法 - 程序 1**

```
function [x_star,k]=Steffensen1(fun,x0,ep,Nmax)
% Steffensen加速迭代法解非线性方程,f(x)=0
% fun(x)为迭代函数,x0为初始值,ep为精度(默认值为1e-5)
% 当|x(k)-x(k-1)|<ep时终止计算,Nmax为最大迭代次数(默认值为500)
% 当迭代成功时x_star为方程的根
% 当迭代失败时输出最后的迭代值,k为迭代次数
if nargin<4 Nmax=500;end
if nargin<3 ep=1e-5;end
x=x0;x0=x+2*ep;k=0;
while abs(x0-x)>ep&k<Nmax
    x=x0;y=feval(fun,x0);z=feval(fun,y);
    x0=x0-(y-x0)^2/(z-2*y+x0);
    k=k+1;
end
x_star=x;
if k==Nmax warning('已迭代次数上限');end
```

MATLAB 程序 2.7   **Steffensen 迭代法 - 程序 2**

```
function [x_star,index,k]=Steffensen2(fun,x,ep,Nmax)
% Steffensen加速迭代法解非线性方程,f(x)=0
% fun(x)为迭代函数,x为初始值,ep为精度(默认值为1e-5)
% 当|x(k)-x(k-1)|<ep时终止计算,Nmax为最大迭代次数(默认值为500)
% 当迭代成功时x_star为方程的根,当迭代失败时输出最后的迭代值
% index=1表示迭代成功,index=0时表示迭代失败,k为迭代次数
if nargin<4 Nmax=500;end
if nargin<3 ep=1e-5;end
index=0;k=1;
while k<=Nmax
    x1=x;y=feval(fun,x);z=feval(fun,y);
    x=x-(y-x)^2/(z-2*y+x);
    if abs(x-x1)<ep
        index=1;break;
    end
    k=k+1;
end x_star=x;
if k==Nmax warning('已迭代次数上限');end
```

例 2.8 用 Steffensen 方法求方程 $x^3 - x - 1 = 0$ 在 $x_0 = 1.5$ 附近的根.

解 在前面例 2.3 中曾指出, 求解这个方程的迭代公式 $x_{k+1} = x^3 - 1$ 是发散的. 现以该迭代公式为基础形成的 Steffensen 迭代公式是

$$\begin{cases} \overline{x}_k = x_k^3 - 1, \\ \overline{\overline{x}}_k = \overline{x}_k^3 - 1, \\ x_{k+1} = x_k - \dfrac{(\overline{\overline{x}}_k - \overline{x}_k)^2}{\overline{\overline{x}}_k - 2\overline{x}_k + x_k}, \end{cases} \quad k = 1, 2, \cdots. \tag{2.34}$$

在 MATLAB 命令窗口执行

```
>> fun=inline('x^3-1');[x_star,k]=Steffensen1(fun,1.5)
```

得计算结果见表 2.5.

表 2.5 计算结果

k	x_k	k	nx_k
0	1.500 000 000 000 00	4	1.328 951 324 171 50
1	1.500 020 000 000 00	5	1.324 804 592 489 50
2	1.416 309 590 955 19	6	1.324 717 994 056 66
3	1.355 660 238 777 34		

例 2.9 用 Steffensen 加速迭代法求方程 $x = e^{-x}$ 在 $x = 0.5$ 附近的一个实根, 要求误差不超过 $0.000\,05$.

解 取迭代函数 $\varphi(x) = e^{-x}$, 在 MATLAB 窗口执行

```
>> fun=inline('exp(-x)'); [x_star,k]= Steffensen (fun,0.5)
```

迭代 1 次后得:

```
x_star = 0.567 143 290 409 78.
```

比 Aitken 迭代加速方法还快, 只需迭代 1 次, 较例 2.4 相比加速效果更为明显, 例 2.4 中迭代了 18 次才得到同样的结果.

2.2.4 Newton-Raphson 方法

1. Newton 切线法

一般的迭代法是建立等价的代数方程, 从而得到迭代格式, 但构造出来的迭代格式是否收敛往往随意性比较大, 对同一个方程如果迭代格式取得好则收敛; 如果迭代格式取得不好, 则不收敛. Newton-Raphson 方法也称 Newton 法, 是方程求根问题的一个基本方法, 它的基本思路是将非线性方程 $f(x) = 0$ 逐步线性化而形成迭代公式. Newton 法是一个基于用近似线性方程代替原方程的构造方法, 从某种程度上具有一定的普遍性和通用性. 对于方程 $f(x) = 0$, 设

x_0 是它的一个初始近似根,函数 $f(x)$ 在 x_0 处的 Taylor 展开式为

$$f(x) = f(x_0) + f'(x_0)(x - x_0) + \frac{f''(x_0)}{2!}(x - x_0)^2 + \cdots.$$

用一阶 Taylor 展开式来近似 $f(x)$,即有

$$f(x) \approx f(x_0) + f'(x_0)(x - x_0),$$

于是,方程 $f(x)$ 在点 x_0 附近可以近似地表示为

$$f(x_0) + f'(x_0)(x - x_0) = 0,$$

这是一个线性方程,把它的根

$$x_1 = x_0 - \frac{f(x_0)}{f'(x_0)},$$

作为原方程 $f(x) = 0$ 的一个新的近似根. 重复上述过程,得

$$x_2 = x_1 - \frac{f(x_1)}{f'(x_1)},$$

从而得到迭代格式

$$x_{k+1} = x_k - \frac{f(x_k)}{f'(x_k)}. \tag{2.35}$$

这种迭代方法称为 Newton 切线法,简称 Newton 法.

2. Newton 法的几何意义

方程 $f(x) = 0$ 的根 x^*,在几何上表示为曲线 $y = f(x)$ 与 x 轴交点的横坐标. 见图2.4. 当求得 x^* 的近似值 x_k 以后,过曲线 $y = f(x)$ 上对应点 $P_k(x_k, f(x_k))$ 作 $y = f(x)$ 的切线,其切线方程为

$$y - f(x_k) = f'(x_k)(x - x_k).$$

而切线和 x 轴的交点的横坐标,即为 x^* 的新的近似值 x_{k+1},必须满足方程

$$f(x_k) + f'(x_k)(x - x_k) = 0,$$

这就是 Newton 迭代公式

$$x_{k+1} = x_k - \frac{f(x_k)}{f'(x_k)}$$

的计算结果. 继续取点 $P_{k+1}(x_{k+1}, f(x_{k+1}))$,再作 $y = f(x_k) = 0$ 的切线与 x 轴相交,又可得 $x_{k+2}, \cdots$. 由图2.4可知,只要所取初值十分靠近根 x^*,点列 $\{x_k\}$ 就会很快收敛于 x^*. 正因为 Newton 法有这一明显的几何意义,所以 Newton 法也称为**切线法**.

3. Newton 法的计算步骤

(1) 选定初始近似值 x_0，计算 $f(x_0), f'(x_0)$；

(2) 计算 $x_{k+1} = x_k - \dfrac{f(x_k)}{f'(x_k)}(k = 0, 1, 2, \cdots)$ 迭代一次得新的近似值 x_{k+1}，并计算 $f(x_{k+1})$ 及 $f'(x_{k+1})$；

(3) 如果 $|x_{k+1} - x_k| < \varepsilon$ (ε 为预先给定的精度)，则过程收敛，终止迭代，并取 $x^* = x_{k+1}$ 为所求根的近似值，否则 k 增加 1 再转 (2) 计算. 如果迭代次数超过预先指定的次数 N，仍达不到精度要求，或计算过程中 $f'(x_{k+1}) = 0$，则认为 Newton 法解方程失败.

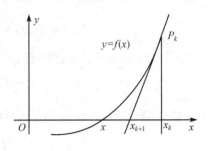

图 2.4　Newton 切线法

4. Newton 法的 MATLAB 程序

MATLAB 程序 2.8　Newton 法 -程序 1

```
function [x_star,k]=Newton1(fname,dfname,x0,ep,Nmax)
% 用Newton法解非线性方程f(x)=0
% x=Newton(fname,dfname,x0,ep,Nmax),fname,和dfname分别表示f(x)及其导数
% x0为迭代初值,ep为精度(默认值为1e-5),x返回解,Nmax为迭代次数上限以防发散(默认值是500)
if nargin<5 Nmax=500;end
if nargin<4 ep=1e-5;end
x=x0;x0=x+2*ep;k=0;
while abs(x0-x)>ep&nk<Nmax
    k=k+1;x0=x;x=x0-feval(fname,x0)/feval(dfname,x0);
end
x_star=x;
if k==Nmax warning('已迭代上限次数');end
```

MATLAB 程序 2.9　Newton 法 -程序 2

```
function [x_star,index,k]=Newton2(fun,x,ep,Nmax)
% 用Newton切线法解非线性方程,f(x)=0
% fun(x)为迭代函数,x为初始值,ep为精度(默认值为1e-5)
% 当|x(k)-x(k-1)|<ep时终止计算,Nmax为最大迭代次数(默认值为100)
% 当迭代成功时x_star为方程的根,当迭代失败时输出最后的迭代值
% index=1表示迭代成功,index=0时表示迭代失败,k为迭代次数
if nargin<4 Nmax=500;end
if nargin<3 ep=1e-5;end index=0;k=1;
while k<Nmax
    x1=x;f=feval(fun,x);
    if abs(f(2))<ep break;end
    x=x-f(1)/f(2);
```

```
    if abs(x-x1)<e index=1;break;end
    k=k+1;
end x_star=x;
if k==Nmax warning('已迭代上限次数');end
```

例 2.10 用 Newton 法求方程 $f(x) = x^3 + 2x^2 + 10x - 20 = 0$ 在 1 附近的根.

解 因为 $f'(x) = 3x^2 + 4x + 10$，所以迭代公式为

$$x_{k+1} = x_k - \frac{x_k^3 + 2x_k^2 + 10x_k - 20}{3x_k^2 + 4x_k + 10}.$$

选取 $x_0 = 1$ 作为迭代初值，在 MATLAB 窗口执行

```
>> fname=inline('x^3+2*x^2+10*x-20');
>> dfname=inline('3*x^2+4*x+10');
>> [x_star,k]=Newton1(fname,dfname,1)
```

迭代 4 次，迭代后得计算结果见表2.6.

表 2.6 计算结果

k	n1	2	n3	4
x_k	1.411 764 71	1.369 336 47	1.368 808 19	1.368 808 10

从计算结果可以看出，Newton 法的收敛速度很快，只进行了 4 次迭代就得到了较满意的结果.

5. Newton 法的收敛性与收敛速度

从上面的讨论可知，对于方程 $f(x) = 0$，如果 $f(x)$ 在根 x^* 附近有连续的二阶导数，且 x^* 是 $f(x)$ 的一个单根，则在根 x^* 附近，对于任意的初始近似值 x_0，由 Newton 法产生的序列 $\{x_k\}$ 收敛于 x^*. Newton 法具有局部收敛性. 下面进一步证明 Newton 法在单根 x^* 附近平方收敛，即具有二阶收敛速度.

由于 Newton 法的迭代函数为 $\varphi(x) = x - \dfrac{f(x)}{f'(x)}$，而

$$\varphi'(x) = \frac{f(x)f''(x)}{(f'(x))^2}, f(x^*) = 0, f'(x^*) \neq 0,$$

于是有

$$\varphi'(x^*) = 0.$$

对 $\varphi'(x) = \dfrac{f(x)f''(x)}{(f'(x))^2}$ 再求导一次得

$$\varphi''(x^*) = \frac{f''(x^*)}{f'(x^*)},$$

只要 $f''(x^*) \neq 0$，就有 $\varphi''(x^*) \neq 0$，根据定理 2.5 可以断定 Newton 法是平方收敛的，或称它

具有二阶收敛速度. 因此 Newton 法是一种收敛比较快的迭代方法.

一般地, Newton 法对初始值的要求比较高, 要求初始值 x_0 足够靠近 x^* 才能保证收敛. 如果要保证初始值在较大范围内收敛, 还需要对 $f(x)$ 附加一些条件.

> **定理 2.6** 设函数 $f(x)$ 在区间 $[a,b]$ 上存在二阶连续导数, 且满足条件:
> (1) $f(a)f(b) < 0$;
> (2) 当 $x \in [a,b]$ 时, $f'(x) \neq 0$;
> (3) 当 $x \in [a,b]$ 时, $f''(x)$ 不变号;
> (4) $\dfrac{f(a)}{f'(a)} \geq a-b$, $\dfrac{f(b)}{f'(b)} \leq b-a$.
>
> 则对于任意初始值 $x_0 \in [a,b]$, 由 Newton 迭代格式
> $$x_{k+1} = x_k - \frac{f(x_k)}{f'(x_k)}$$
> 确定的序列 $\{x_k\}$ 收敛于 $f(x) = 0$ 在区间 $[a,b]$ 内唯一的根 x^*.

这个定理的几何解释是:
(1) 保证了根的存在;
(2) 保证函数单调, 因此根唯一;
(3) 保证曲线凸凹不变;
(4) 保证 $x_k \in [a,b]$, $x_{k+1} = x_k - \dfrac{f(x_k)}{f'(x_k)} \in [a,b]$, 可以保证迭代过程能进行下去.

例 2.11 用 Newton 法求方程 $xe^x - 1 = 0$ 在区间 $[0,1]$ 上的根, 要求精度为 10^{-5}.

解
$$f(x) = xe^x - 1,$$
$$f'(x) = e^x + xe^x,$$
$$f''(x) = 2e^x + xe^x.$$

(1) $f(0) = -1, f(1) = e - 1, f(0)f(1) < 0$.
(2) $x_0 \in [0,1]$, 显然有 $f'(x_0) > 0$.
(3) $x_0 \in [0,1]$, 显然有 $f''(x_0) > 0$.
(4) $f(0) = -1, f'(0) = 1, f(1) = e-1, f'(1) = 2e$,
$$\left|\frac{f(0)}{f'(0)}\right| = 1, \left|\frac{f(1)}{f'(1)}\right| = \frac{e-1}{2e},$$

因此由定理 2.6 知, 对于 $\forall x_0 \in [0,1]$, 由 Newton 迭代格式
$$x_{k+1} = x_k - \frac{f(x_k)}{f'(x_k)} = x_k - \frac{x_k e^{x_k} - 1}{e^{x_k} + x_k e^{x_k}}$$

确定的序列 $\{x_k\}$ 收敛于方程 $xe^x - 1 = 0$ 在区间 $[0,1]$ 内唯一的根 x^*. 取 $x_0 = 0.5$ 作迭代初值，在 MATLAB 窗口执行

```
>> fname=inline('x*exp(x)-1');dfname=inline('(1+x)*exp(x)');
>> [x_star,k]=Newton1(fname,dfname,0.5)
```

迭代 4 次，迭代后得计算结果见表 2.7.

表 2.7 计算结果

k	0	1	2	3	4
x_k	0.5	0.571 020 44	0.567 155 57	0.567 143 29	0.567 143 29

经过 3 次迭代后得 $x_3 = 0.56714$，例 2.4 中迭代了 18 次才得到同样的结果. 在 Newton 法中初始值 x_0 的选取是比较困难的事情，首先要保证按迭代格式算出的 x_1 要比 x_0 更靠近 x^*，也就是说 $|x_1 - x^*| < |x_0 - x^*|$. 根据几何意义可以知道，如果 $f'(x_0) = 0$，则这个 x_0 就不适合作初始值. 而且可以想象，如果 $f'(x_0)$ 很小，x_0 也不太适合作初始值. 从迭代格式

$$x_{k+1} = x_k - \frac{f(x_k)}{f'(x_k)},$$

可以得到

$$x_1 - x^* = (x_0 - x^*) - \frac{f(x_0)}{f'(x_0)}.$$

即

$$\frac{x_1 - x^*}{x_0 - x^*} = 1 - \frac{f(x_0)}{f'(x_0)(x_0 - x^*)} = -\frac{f(x_0) + f'(x_0)(x_0 - x^*)}{f'(x_0)(x_0 - x^*)}.$$

根据一阶 Taylor 展开式以及 $|x_1 - x^*| < |x_0 - x^*|$ 可以得出

$$|f'(x_0)|^2 > \left|\frac{f''(x_0)}{2}\right| |f(x_0)|.$$

定理 2.7 设函数 $f(x)$ 在区间 $[a,b]$ 内有一阶导数和二阶导数，如果 $x_0 \in [a,b]$, 满足 (1) $f'(x_0) \neq 0, f''(x_0) \neq 0$; (2) $|f'(x_0)|^2 > \left|\dfrac{f''(x_0)}{2}\right| |f(x_0)|$；则 x_0 作为初始近似值的 Newton 迭代格式 $x_{k+1} = x_k - \dfrac{f(x_k)}{f'(x_k)}$ 所确定的序列 $\{x_k\}$ 收敛于 $f(x) = 0$ 的根 x^*.

例 2.12 求 $\sqrt{115}$，精度要求为 10^{-5}.

解 因为 $\sqrt{115}$ 是方程 $f(x) = x^2 - 115 = 0$ 的正根，用 Newton 法求此根的近似值.

(1) 确定根 $x^* = \sqrt{115}$ 的范围. 因为 $f(10) < 0, f(11) > 0$，所以 $x^* \in [10, 11]$.

(2) 取 $x_0 = 10$，因为

$$f'(x) = 2x, f''(x) = 2, f(10) = -15, f'(10) = 20, f'(10) = 2,$$

$$|f'(x_0)|^2 = 400 > \left|\frac{f''(x_0)}{2}\right| |f(x_0)| = 15,$$

所以，取 $x_0 = 10$ 作为初始值是可以的，Newton 迭代格式为

$$x_{k+1} = x_k - \frac{f(x_k)}{f'(x_k)} = x_k - \frac{x_k^2 - 115}{2x_k} = \frac{1}{2}\left(x_k - \frac{115}{x_k}\right).$$

在 MATLAB 命令窗口执行

```
>> fname=inline('x*x-115');dfname=inline('2*x');
>> [x_star,k]=Newton1(fname,dfname,10)
```

迭代 4 次后得计算结果见表2.8.

表 2.8 计算结果

k	0	1	2	3	4
x_k	10	10.750 000 00	10.723 837 21	10.723 805 29	10.723 805 29

由于当 $x, a \in \mathbb{R}^+$ 时，$\sqrt{a} \leqslant \frac{1}{2}\left(x + \frac{a}{x}\right)$，于是求 a 的平方根，可以使用下面的方法：

MATLAB 程序 2.10 求实数 a 的开方运算

```
function y=Kaifang(a,eps,x0)
% a: 被开方数, eps: 精度指标,  x0：初值,  y: a 的开方数
x(1)=x0;
x(2)=(x(1)+a/x(1))/2;
k=2;
while abs(x(k)-x(k-1))>eps
    x(k+1)=(x(k)+a/x(k))/2;
    k=k+1;
end
y=x';
```

6. Newton 平行弦法

其迭代公式为

$$x_{k+1} = x_k - Cf(x_k), \quad C \neq 0, k = 1, 2, \cdots, \tag{2.36}$$

迭代函数 $\varphi(x) = x - Cf(x)$．若 $|\varphi'(x)| = |1 - Cf'(x)| < 1$，也就是条件 $0 < Cf'(x) < 2$ 在根 x^* 附近成立，则迭代法 (2.36) 局部收敛．

在式 (2.36) 中取 $C = \dfrac{1}{f'(x_0)}$，则称为 **简化 Newton 法**.

用式 (2.36) 求方程 $f(x) = 0$ 的根的近似值，不再需要每步重新计算导数值 $f'(x_k)$，所以计算量也就减小了，但收敛速度也要慢一些，不过只要 C 取得恰当，例如很接近 $f'(x_k)$，收敛也是很快的，它的计算过程比 Newton 法简单得多.

7. Newton 下山法

Newton 法的优点是收敛快，缺点一是每步迭代要计算 $f(x_k)$ 及 $f'(x_k)$，计算量较大且有时 $f'(x_k)$ 计算较困难，二是初值 x_0 只在根 x^* 附近才能保证收敛，如 x_0 给的不合适可能不收敛. 为克服这两个缺点，通常可用下述方法.

Newton 法收敛性依赖初值 x_0 的选取，如果 x_0 偏离所求根 x^* 较远，则 Newton 法可能 (不是一定) 发散.

例 2.13 用 Newton 法求解方程 $x^3 - x - 1 = 0$ 在 1.5 附近的一个根.

解 设取迭代初值 $x_0 = 1.5$，用 Newton 法公式

$$x_{k+1} = x_k - \frac{x_k^3 - x_k - 1}{3x_k^2 - 1} \tag{2.37}$$

计算得

$$x_1 = 1.347\,83,\ x_2 = 1.325\,20,\ x_3 = 1.324\,72.$$

迭代 3 次得到的结果 x_3 有 6 位有效数字. 但是，如果改用 $x_0 = 0.6$ 作为迭代初值，则依 Newton 法公式 (2.37) 迭代 1 次得 $x_1 = 17.9$，这个结果反而比 $x_0 = 0.6$ 更偏离了所求的根 x^*. 但实际迭代的结果仍是收敛的. 对于例 2.13 验证取任何 x_0 都收敛，不同的 x_0 只是影响收敛的速度，不影响收敛的结果.

取初值 $x = 0.6$，在 MATLAB 命令窗口执行

```
>>fname=inline('x^3-x-1');dfname=inline('3*x^2-1');
>>[x_star,k]=Newton(fname,dfname,0.6)
```

迭代 12 次后得计算结果见表 2.9.

表 2.9 计算结果

k	x_k	k	x_k	k	x_k
0	0.6	4	5.356 909 31	8	1.461 044 11
1	17.899 999 99	5	3.624 996 03	9	1.339 323 22
2	11.946 802 33	6	2.505 589 19	10	1.324 912 87
3	7.985 520 35	7	1.820 129 42	11	1.324 717 99

为了防止迭代发散，对迭代过程再附加一项要求，即具有单调性：

$$|f(x_{k-1})| < |f(x_k)| \tag{2.38}$$

满足 (2.38) 要求的算法称 **Newton 下山法**.

将 Newton 切线法与 Newton 下山法结合起来使用，即在 Newton 下山法保证函数值稳定下降的前提下，用 Newton 切线法加快收敛速度. 为此，将 Newton 切线法的计算结果

$$\overline{x}_{k+1} = x_k - \frac{f(x_k)}{f'(x_k)}$$

与前一步的近似值 x_k 适当加权平均作为新的改进值

$$x_{k+1} = \lambda \overline{x}_{k+1} + (1-\lambda)x_k, \tag{2.39}$$

其中 $0 < \lambda \leqslant 1$ 称为下山因子，式 (2.39) 即为

$$x_{k+1} = x_k - \lambda \frac{f(x_k)}{f'(x_k)}, \tag{2.40}$$

称为 **Newton 下山法**.

希望适当选取下山因子，使单调性条件式 (2.38) 成立. 下山因子的选取是个逐步探索的过程，若从 $\lambda = 1$ 开始反复将因子 λ 的值减半进行试算，一旦单调条件 (2.38) 成立，则称"下山成功"；反之，如果在上述过程中找不到使条件 (2.38) 成立的下山因子，则称"下山失败"，这时需另选初值 x_0 重算.

8. Newton 下山法 MATLAB 程序

MATLAB 程序 2.11　　Newton 下山法

```
function [x_star,k,f]=Newton3(fname,dfname,x0,ep,Nmax)
% 用Newton下山法解非线性方程f(x)=0,x返回解并显示计算过程
% x=nanewton(fname,dfname,x0,ep,Namx),fname,和dfname
% 分别表示f(x)及其导数,x0为迭代初值,ep为精度(默认值为1e-5)
% k为迭代次数上限以防发散(默认500)
if nargin<5 Nmax=500;end
if nargin<4 ep=1e-5;end
k=0;x0,x=x0-feval(fname,x0)/feval(dfname,x0);
f=abs(feval(fname,x0))%显示函数绝对值单调变化情况
% Newton下山法迭代
while abs(x0-x)>ep&k<Nmax
    k=k+1
    % 选取下山因子r,调整xk
    r=1;
    while abs(feval(fname,x))>abs(feval(fname,x0))
```

```
            r=r/2;
            x=x0-r*feval(fname,x0)/feval(dfname,x0);
            if abs(feval(fname,x))<abs(feval(fname,x0))
                r   %表示值xk作下山调整
                break
            end
        end
        x0=x,x=x0-feval(fname,x0)/feval(dfname,x0)
        f=abs(feval(fname,x0))  %显示函数绝对值单调变化情况
end
x_star=x;
if k==Nmax warning('已迭代上限次数');end
```

例 2.14 再考虑例 2.12，仍取初值 $x_0 = 0.6$，经过几次试算后，可找到 $\lambda = \dfrac{1}{32}$。由式 (2.40) 算得 $x = 1.140\,625$，这时 $f(x_1) < f(x_0)$（下山成功）。显然，$x_1 = 1.140\,625$ 比 $x_0 = 0.6$ 更接近于根 $x^* = 1.324\,72$。

取初值 $x_0 = 0.6$，在 MATLAB 命令窗口执行

```
>> fname=inline('x^3-x-1');dfname=inline('3*x^2-1');
>> [x_star,k,f]=Newton3(fname,dfname,0.6)
```

迭代 4 次后得计算结果见表 2.10.

表 2.10　计算结果

k	下山调整前		λ	下山调整后	
	x_k	$\|f(x_k)\|$		x_k	$\|f(x_k)\|$
0	0.600 000 000	1.384 000 00		0.600 000 000	1.384 000 000
1	17.900 000 00	5 716.439 00	0.031 25	1.140 625 000	0.656 642 914
2				1.366 813 662	0.186 639 718
3				1.326 279 804	0.006 670 401
4				1.324 720 226	0.000 009 674

表 2.10 计算结果中的 $\lambda = 0.031\,25$ 是下山因子，表示对 $x_1 = 17.900\,000\,0$ 作下山调整后变为 $x_1 = 1.140\,625\,000$，经下山调整后的 $|f(x_k)|$ 单调递减，由计算结果可知，Newton 下山法较普通 Newton 切线法不仅可以保证收敛性，而且有快的收敛速度。如取初值 $x_0 = 0.454$，用普通 Newton 切线法需迭代 72 次后得计算结果 x_star = 1.324 717 957 248 54；若用 Newton 下山法只需迭代 18 次即得计算结果 x_star = 1.324 717 957 244 75，又一次看见了 Newton 下山法的速度，但这并不意味着 Newton 下山法完美无缺。

例 2.15 用 Newton 下山法求 $x = e^{-x}$ 在 $x = 0.5$ 附近的根.

解 $f(x) = xe^x - 1$，$x_{k+1} = x_k - \lambda \dfrac{x_k e_{x_k} - 1}{e_{x_k}(1 + x_k)}$，取初值 $x = -0.99$，用普通 Newton 切线法，在 MATLAB 命令窗口执行

```
>> fname=inline('x*exp(x)-1');dfname=inline('(1+x)*exp(x)');
>> [x_star,k]=Newton1(fname,dfname,-0.99)
```

迭代 378 次后得计算结果：

```
x_star = 0.567 143 290 409 78.
```

同样取初值 $x = -0.99$，用 Newton 下山法，在 MATLAB 命令窗口执行

```
>> fname=inline('x*exp(x)-1');dfname=inline('(1+x)*exp(x)');
>> [x_star,k,f]=Newton3(fname,dfname,-0.99)
```

迭代 4 次后得计算结果：

```
x_star = 0.567 143 290 409 78.
```

实际计算表明，取 $x_0 < -1$ 时，Newton 切线法失效，而 Steffensen 方法对于取 $x_0 < -1$ 时，效果很好.

在 MATLAB 命令窗口执行

```
>> fun=inline('exp(-x)'); [x_star,k]=Steffensen1(fun,-1)
```

迭代 4 次后得计算结果：

```
x_star =0.567 143 290 938 96.
```

相比之下 Steffensen 方法更好.

Aitken 加速方法与 Steffensen 加速方法有相同的效果.

2.2.5 割线法与抛物线法

1. 割线法的基本思想

在用 Newton 法解非线性方程 $f(x) = 0$ 时，是用曲线 $y = f(x)$ 上的点 $(x_k, f(x_k))$ 的切线代替曲线 $y = f(x)$，将切线与 x 轴交点的横坐标 x_{k+1} 作为方程 $f(x) = 0$ 的近似根.

设非线性方程 $f(x) = 0$，$f(x)$ 在 $[a,b]$ 上连续，且 $f(a)f(b) < 0$. 将过曲线上两点 $(x_{k-1}, f(x_{k-1}))$ 和 $(x_k, f(x_k))$ 的割线与 x 轴交点的横坐标 x_{k+1} 作为方程 $f(x) = 0$ 的近似根.

割线的方程为

$$y = f(x_k) + \frac{f(x_k) - f(x_{k-1})}{x_k - x_{k-1}}(x - x_k). \tag{2.41}$$

令 $y = 0$，解得割线与 x 轴交点的横坐标

$$x = x_k - \frac{x_k - x_{k-1}}{f(x_k) - f(x_{k-1})} f(x_k). \tag{2.42}$$

令
$$x_{k+1} = x_k - \frac{x_k - x_{k-1}}{f(x_k) - f(x_{k-1})} f(x_k), \quad k = 1, 2, \cdots, \tag{2.43}$$

其中，x_0, x_1 为方程 $f(x) = 0$，根 x^* 的初始近似值. 式 (2.43) 即为双点割线法的迭代格式. 式 (2.43) 中的 x_{k-1} 换为 x_0 则得单点割线法的**迭代格式**：

$$x_{k+1} = x_k - \frac{x_k - x_0}{f(x_k) - f(x_0)} f(x_k), \quad k = 1, 2, \cdots. \tag{2.44}$$

2. 割线法的几何意义

双点割线法是用过点 $(x_0, f(x_0))$ 和 $(x_1, f(x_1))$ 的割线与 x 轴交点的横坐标 x_2 作为方程 $f(x) = 0$ 的根 x^* 的近似值. 重复此过程，用点 $(x_{k-1}, f(x_{k-1}))$ 和 $(x_k, f(x_k))$ 的割线与 x 轴交点的横坐标 x_{k+1} 作为方程 $f(x) = 0$ 的根 x^* 的近似值，如图2.5所示. 单点割线法是用过点 $(x_0, f(x_0))$ 和 $(x_k, f(x_k))$ 的割线与 x 轴交点的横坐标 x_{k+1} 作为方程 $f(x) = 0$ 的根 x^* 的近似值，如图2.6所示.

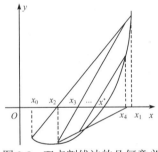
图 2.5 双点割线法的几何意义

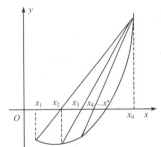
图 2.6 单点割线法的几何意义

3. 割线法的收敛速度

定理 2.8 设方程 $f(x) = 0$ 的根为 x^*，若 $f(x)$ 在 x^* 附近有二阶连续导数，$f'(x) \neq 0$，而且初值 x_0, x_1 充分接近 x^*，则双点割线法的迭代过程收敛，收敛速度为

$$|x_{k+1} - x^*| \approx \left| \frac{f''(x^*)}{2f'(x^*)} \right|^{0.618} |x_k - x^*|^{0.618}. \tag{2.45}$$

这说明双点割线法超线性收敛 $(0 < p = 0.618 < 1)$，而单点割线法线性收敛.

4. 双点割线法的 MATLAB 程序

按迭代格式

$$x_{k+1} = x_k - \frac{x_k - x_{k-1}}{f(x_k) - f(x_{k-1})} f(x_k), \quad k = 1, 2, 3, \cdots$$

编写 MATLAB 程序：

MATLAB 程序 2.12 双点割线法

```
function [x_star,k]=Gline(fun,x0,x1,ep,Nmax)
% 用双点割线法解非线性方程f(x)=0
% x=Gline(fun,x0,x1,ep,Namx),fun表示f(x),x0,x1为迭代初值
% ep为精度(默认值为1e-5),x返回解
% k为迭代次数上限以防发散(默认值为500)
if nargin<5 Nmax=500;end
if nargin<4 ep=1e-5;end k=0;
while abs(x1-x0)>ep&k<Nmax
    k=k+1;
    x2=x1-feval(fun,x1)*(x1-x0)/( feval(fun,x1)-feval(fun,x0))
    x0=x1;
    x1=x2;
end
x_star=x1;
if k==Nmax warning('已迭代上限次数');end
```

例 2.16 用双点割线法求方程 $2x^3 - 5x - 1 = 0$ 在区间 $[1,2]$ 上的根,取 $x_0=1, x_1=2$,在 MATLAB 命令窗口执行

```
>> fun=inline('2*x^3-5*x-1'); [x_star,k]=Gline(fun,1,2)
```

迭代 6 次后得计算结果见表 2.11.

表 2.11 计算结果

k	x_k	k	x_k	k	x_k
1	1.444 4	3	1.687 1	5	1.673 0
2	1.613 9	4	1.672 3	6	1.673 0

5. 抛物线 (Muller)法及 MATLAB 程序

抛物线法要用到插值理论,有关论述见相关章节,这里只给出 MATLAB 程序.

MATLAB 程序 2.13 给定 3 个初始近似值 p0, p1, p2, 求方程 f(x)=0 的根

```
function [p,y,err]=muller(f,p0,p1,p2,delta,epsilon,max1)
%f是目标函数, p0,p1,p2 是初始迭代值
%delta 是p0,p1,p2的精度, epsilon 是y的精度
%max1为最大迭代次数, P 是f的 muller 初始迭代值,y=f(P)
%err 是P的近似误差
P=[p0 p1 p2];
Y=feval(f,P);
```

```
for k=1:max1
    h0=P(1)-P(3);     h1=P(2)-P(3);
    e0=Y(1)-Y(3);     e1=Y(2)-Y(3);
    c=Y(3);
    denom=h1*h0^2-h0*h1^2;
    a=(e0*h1-e1*h0)/denom;
    b=(e1*h0^2-e0*h1^2)/denom;
    if b^2-4*a*c>0
        disc=sqrt(b^2-4*a*c);
     else
        disc=0;
    end
    if b<0
        disc=-disc;
    end
    z=-2*c/(b+disc);
    p=P(3)+z;
    if abs(p-P(2))<abs(p-P(1))
        Q=[P(2) P(1) P(3)];
        P=Q;
        Y=feval(f,P);
    end
    if abs(p-P(3))<abs(p-P(2))
        R=[P(1) P(3) P(1)];
        P=R;
        Y=feval(f,P);
    end
    P(3)=P;
    Y(3)=feval(f,P(3));
    y=Y(3);
    err=abs(z);
    relerr=err/(abs(p)+dela);
    if (err<delta) | (relerr<delta) |(abs(y)<epsilon)
        break;
    end
end
```

2.3 非线性方程求解的 MATLAB 函数

2.3.1 MATLAB 中求方程根的函数

(1) x=roots(p).求得多项式p的所有复根
(2) x=polyval(p).求得多项式p的值
(3) x=fzero(fun,x0).求函数fun的零点,x0为标量时,求x0点附近的零点;
    x0为区间[a,b]时,求函数在[a,b]中的零点,函数在a,b两点的函数值需异号
(4) [x,f,h]=fsolve(fun,x0).求多元函数在x0附近的一个零点;
    f应接近0,h大于0,结果可靠,否则结果不可靠
(5) solve('eqn1','eqn2',…,'eqnN')
    solve('eqn1','eqn2',…,'eqnN','var1','var2','…','varN')
    solve('eqn1','eqn2',…,'eqnN','var1','var2','…','varN')

其中eqn1,eqn2,…,eqnN是方程表达式,var1,var2,…,varN是相应的变量.

2.3.2 用 MATLAB 中函数求方程的根

例 2.17 求多项式 $f(x) = x^3 - x - 1 = 0$ 的所有根.

解 在 MATLAB 命令窗口执行

```
>>x=roots([1 0 -1 -1])
```

得到

```
    x=   1.324 7
        -0.662 4  +0.562 3i
        -0.662 4  -0.562 3i
```

例 2.18 求函数 $f(x) = x\sin(x^2 - x - 1)$ 在 $[-2, -0.1]$ 内的零点.

解 先作图大概估计一下零点所在的区间,见图2.7,在 MATLAB 命令窗口执行:

```
>> fun=inline('x*sin(x^2-x-1)','x')
>> fplot(fun,[-2 -0.1]);grid on;
```

显然函数在 $[-2, -1]$ 和 $[-1, -0.1]$ 内各有一个零点.
  在 MATLAB 命令窗口执行

```
>> x=fzero(fun,[-2 -1]), x=fzero(fun,[-1 -0.1])
```

得到

```
    x=-1.595 6
    x=-0.618 0
```

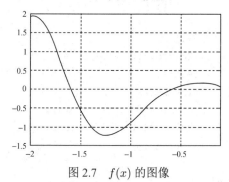

图 2.7 $f(x)$ 的图像

在 MATLAB 命令窗口执行

```
>> [x,f,h]=fsolve(fun,-1.6)
```

得到

```
x=-1.595 6
f=1.490 9e-009
h=1
```

例 2.19 求一元二次方程 $ax^2 + bx + c = 0$ 的根.

解 在 MATLAB 命令窗口执行

```
>> x=solve('a*x^2+b*x+c')
```

得到

```
x=[ 1/2/a*(-b+(b^2-4*a*c)^(1/2))][1/2/a*(-b-(b^2-4*a*c)^(1/2))]
```

例 2.20 求方程 $e^{-x} = \sin\dfrac{\pi x}{2}$ 的根.

解 在 MATLAB 命令窗口执行

```
>>x=solve('exp(-x)=sin(3.141 6*x/2)')
```

得到

```
x=0.443 572 857 349 092 130 550 969 335 684 04
```

例 2.21 求方程 $x^3 - 6x^2 + 11x - 6 = 0$ 的根

解 在 MATLAB 命令窗口执行：

```
>> x=solve('x^3-6*x^2+11*x-6')
```

得到

```
x=1
  2
  3
```

习 题 2

1. 用二分法求方程：
(1) $x^3 - 2x^2 - 4x - 7 = 0$ 在 (3,4) 内的根，精确到 0.000 01.
(2) $x^2 - x - 1 = 0$ 的正根，要求误差小于 0.000 01.
(3) $x^3 - x - 1 = 0$ 在 (1,1.5) 内的根，要求误差小于 0.000 01.
(4) $x^3 - 2 = 0$ 在 (1,2) 内的根.
(5) $x - 2^{-x} = 0$ 在 (0,1) 内的根.
(6) $e^x - x^2 + 3x - 2 = 0$ 在 (0,1) 内的根.

2. 分别用下列方法求方程 $4\cos x = \mathrm{e}^x$ 在 $x_0 = \dfrac{\pi}{4}$ 邻近的根，要求 3 位有效数字.

(1) 用 Newton 法，取 $x_0 = \dfrac{\pi}{4}$.

(2) 用割线法，取 $x_0 = \dfrac{\pi}{4}, x_1 = \dfrac{\pi}{2}$.

3. 方程 $x^3 - x^2 - 1 = 0$ 在 $x = 1.5$ 附近有根，把方程写成下面三种不同的等价形式：

(1) $x = 1 + \dfrac{1}{x^2}$，对应的迭代公式为 $x_{k+1} = 1 + \dfrac{1}{x_k^2}$.

(2) $x^3 = 1 + x^2$，对应的迭代公式为 $x_{k+1} = \sqrt[3]{1 + x_k^2}$.

(3) $x^2 = \dfrac{1}{x-1}$，对应的迭代公式为 $x_{k+1} = \sqrt{\dfrac{1}{x_k - 1}}$.

判断以上三种迭代公式在 $x_0 = 1.5$ 时的收敛性，选一种收敛公式求出 $x_0 = 1.5$ 附近的根，精确到 4 位有效数字.

4. 用 Newton 法求方程 $f(x) = x^3 - 2x^2 - 4x - 7 = 0$ 在 [3,4] 中的根.

5. 应用 Newton 法于方程 $f(x) = x^3 - a = 0$，导出求 $\sqrt[3]{a}$ 的迭代公式，并讨论其收敛性.

6. 已知 $x = \varphi(x)$ 在 $[a,b]$ 内的一个根 x^*，$\varphi(x) \in \mathbb{C}[a,b]$，且 $\forall x \in [a,b], |\varphi'(x) - 3| < 1$，试构造一个局部收敛于 x^* 的迭代公式.

7. 设 $\varphi(x)$ 在方程 $x = \varphi(x)$ 的根 x^* 邻近有连续一阶导数，且 $|\varphi'(x)| < 1$，证明迭代公式具有局部收敛性.

8. 给定函数 $f(x)$，对 $\forall x, \exists 0 < m \leqslant f'(x) \leqslant M$，证明对于 $0 < \lambda < 2/M$ 内的任意定数 λ，迭代过程 $x_{k+1} = x_k - \lambda f(x_k)$ 均收敛于 $f(x) = 0$ 的根 x^*.

9. 用 Steffensen 迭代法计算第 3 题中 (2), (3) 的近似根，精确到 10^{-5}.

10. 用 Steffensen 迭代法解方程
$$x = \left(\dfrac{10}{x+4}\right)^{\frac{1}{2}},$$
取 $x_0 = 1.5$.

11. 设 $\varphi(x) = x - p(x)f(x) - q(x)f^2(x)$，试确定 $p(x)$ 和 $q(x)$，使求解 $f(x) = 0$ 且以 $\varphi(x)$ 为迭代函数的迭代法至少三阶收敛.

12. 用 Newton 法于方程 $f(x) = 1 - \dfrac{a}{x^2} = 0$，导出求 $\sqrt{a}$ 的迭代公式，并用此公式求 $\sqrt{115}$.

13. 证明迭代公式
$$x_{k+1} = \dfrac{x_k(x_k^2 + 3a)}{3x_k^2 + a}$$
是计算 $\sqrt{a}$ 的三阶方法，假设初值 x_0 充分靠近根 x^*，求
$$\lim_{x \to \infty} (\sqrt{a} - x_{k+1})/(\sqrt{a} - x_k)^3.$$

习 题 2

14．用 Newton 法求方程
$$x^2 - 2x - e^x + 2 = 0$$
的一个近似解，取初值 $x_0 = 1$，要求近似解精确到小数点后第 8 位．

15．设函数 $f(x)$ 在 $[a,b]$ 上至少三阶连续可微，$p \in (a,b)$ 为 $f(x)$ 的一个 m 重零点．求一个 λ 值使改进的 Newton 下山法
$$x_{k+1} = x_k - \lambda \frac{f(x_k)}{f'(x_k)}, \quad k = 0, 1, 2, \cdots$$
至少是二阶收敛的．

16．设 p 是方程 $f(x) = 0$ 的一个单根，$f(x)$ 在 p 的某邻域内三阶连续可微．证明由离散 Newton 法
$$x_{k+1} = x_k - \frac{(f(x_k))^2}{f(x_k + f(x_k)) - f(x_k)}, \quad k = 0, 1, \cdots$$
产生的序列 $\{x_k\}$，对于充分接近于 p 的任意给定的初值 x_0 都收敛于 p，且收敛阶至少为 2．

第 3 章　线性方程组的数值解法

学习目标与要求

1. 理解向量与矩阵的范数,掌握方程组的性态条件数及摄动理论.
2. 掌握线性方程组的数值解法.
3. 掌握直接法解线性方程组及 MATLAB 实现.
4. 掌握迭代法解线性方程组及 MATLAB 实现.
5. 掌握迭代法的收敛性分析.

3.1　向量与矩阵的范数

为了研究线性方程组近似解的误差估计和迭代法的收敛性,需要对 $\mathbb{R}^n$ (n 维向量空间)中的向量及 $\mathbb{R}^{n\times n}$ ($n\times n$ 维矩阵空间)中矩阵的 "大小" 引进某种度量——向量与矩阵范数的概念,向量范数是三维欧氏空间中向量长度概念的推广,在数值分析中起着重要作用.

3.1.1　向量的范数

为了讨论方便,下面给出范数的有关概念.

定义 3.1　欧氏范数

设 $\boldsymbol{x} = (x_1, x_2, \cdots, x_n)^{\mathrm{T}}, \boldsymbol{y} = (y_1, y_2, \cdots, y_n)^{\mathrm{T}} \in \mathbb{R}^n$,称

$$(\boldsymbol{x}, \boldsymbol{y}) = \boldsymbol{x}^{\mathrm{T}} \boldsymbol{y} = \boldsymbol{y}^{\mathrm{T}} \boldsymbol{x} = \sum_{i=1}^{n} x_i y_i \tag{3.1}$$

为向量 $\boldsymbol{x}$ 与 $\boldsymbol{y}$ 的内积. 称非负实数

$$\|\boldsymbol{x}\|_2 = \sqrt{(\boldsymbol{x}, \boldsymbol{x})} = \left(\sum_{i=1}^{n} x_i^2\right)^{\frac{1}{2}} \tag{3.2}$$

为向量 $\boldsymbol{x}$ 的欧氏范数.

下面结果可在线性代数中找到.
(1) 非负性:$\|\boldsymbol{x}\|_2 \geqslant 0, \|\boldsymbol{x}\|_2 = 0$ 当且仅当 $\boldsymbol{x} = \boldsymbol{0}$ 时成立.
(2) 正齐次性:$\|a\boldsymbol{x}\|_2 = |a| \cdot \|\boldsymbol{x}\|_2, \forall a \in \mathbb{R}, \forall \boldsymbol{x} \in \mathbb{R}^n$.

(3) Cauchy-Schwarz 不等式：$|(\boldsymbol{x},\boldsymbol{y})| \leqslant ||\boldsymbol{x}||_2 ||\boldsymbol{y}||_2, \forall \boldsymbol{x},\boldsymbol{y} \in \mathbb{R}^n$.

(4) 三角不等式：$||\boldsymbol{x}+\boldsymbol{y}||_2 \leqslant ||\boldsymbol{x}||_2 + ||\boldsymbol{y}||_2, \forall \boldsymbol{x},\boldsymbol{y} \in \mathbb{R}^n$.

下面给出向量范数的一般定义.

> **定义 3.2 向量范数**
>
> 设 $f(\boldsymbol{x}) = ||\boldsymbol{x}||$ 为定义在 n 维实空间 $\mathbb{R}^n$ 上的实值函数，如果满足条件:
> (1) 正定性：$||\boldsymbol{x}|| \geqslant 0, ||\boldsymbol{x}|| = 0$ 当且仅当 $\boldsymbol{x} = \boldsymbol{0}$ 时成立.
> (2) 正齐次性：$||a\boldsymbol{x}|| = |a| \cdot ||\boldsymbol{x}||, \forall a \in \mathbb{R}, \forall \boldsymbol{x} \in \mathbb{R}^n$.
> (3) 三角不等式：$||\boldsymbol{x}+\boldsymbol{y}|| \leqslant ||\boldsymbol{x}|| + ||\boldsymbol{y}||, \forall \boldsymbol{x},\boldsymbol{y} \in \mathbb{R}^n$.
>
> 则称 $f(\boldsymbol{x}) = ||\boldsymbol{x}||$ 为 n 维实空间 $\mathbb{R}^n$ 上的**向量范数**. 由 (3) 可以推出 (4).
> (4) $|\,||\boldsymbol{x}|| - ||\boldsymbol{y}||\,| \leqslant ||\boldsymbol{x}-\boldsymbol{y}||, \forall a \in \mathbb{R}, \forall \boldsymbol{x} \in \mathbb{R}^n$.

常用的范数有：

(1) 向量 1-范数：$||\boldsymbol{x}||_1 = \sum_{i=1}^{n} |x_i|$.

(2) 向量 2-范数：$||\boldsymbol{x}||_2 = \left(\sum_{i=1}^{n} |x_i|^2\right)^{\frac{1}{2}}$.

(3) 向量 ∞-范数：$||\boldsymbol{x}||_\infty = \max_{1 \leqslant i \leqslant n} |x_i|$.

(4) 向量 p-范数：$||\boldsymbol{x}||_p = \left(\sum_{i=1}^{n} |x_i|^p\right)^{\frac{1}{p}} \ (p \in [1, \infty))$.

可以证明函数 $||\boldsymbol{x}||_p$ 是 $\mathbb{R}^n$ 上的向量范数，且前三种范数是向量 p-范数的特殊情况 ($||\boldsymbol{x}||_\infty = \lim_{p \to \infty} ||\boldsymbol{x}||_p$). 对一维空间 $\mathbb{R}$ 而言，$||\boldsymbol{x}||$ 即为绝对值 $|\boldsymbol{x}|$.

> **定理 3.1** (向量范数连续性定理) 设 $f(\boldsymbol{x}) = ||\boldsymbol{x}||$ 为 $\mathbb{R}^n$ 上的任一向量范数，则 $f(\boldsymbol{x})$ 是 $\boldsymbol{x}$ 的分量 $x_1, x_2, \cdots, x_n$ 的连续函数.

证明 设 $\boldsymbol{x} = \sum_{i=1}^{n} x_i \boldsymbol{e}_i, \boldsymbol{y} = \sum_{i=1}^{n} y_i \boldsymbol{e}_i$，其中 $\boldsymbol{e}_i = (0, 0, \cdots, 1, \cdots 0, 0)^{\mathrm{T}}$. 只需证明当 $\boldsymbol{x} \to \boldsymbol{y}$ 时 $f(\boldsymbol{x}) \to f(\boldsymbol{y})$ 即可. 因为

$$|f(\boldsymbol{x}) - \boldsymbol{f}(\boldsymbol{y})| = |\,||\boldsymbol{x}|| - ||\boldsymbol{y}||\,| \leqslant ||\boldsymbol{x}-\boldsymbol{y}|| = \left\|\sum_{i=1}^{n}(x_i - y_i)\boldsymbol{e}_i\right\|$$

$$\leqslant \sum_{i=1}^{n} |x_i - y_i| \cdot ||\boldsymbol{e}_i|| \leqslant ||\boldsymbol{x}-\boldsymbol{y}||_\infty \sum_{i=1}^{n} ||\boldsymbol{e}_i|| \leqslant C ||\boldsymbol{x}-\boldsymbol{y}||_\infty,$$

其中 $C = \sum_{i=1}^{n} ||\boldsymbol{e}_i||$ 是常数. 又当 $\boldsymbol{x} \to \boldsymbol{y}$ 时 $||\boldsymbol{x}-\boldsymbol{y}||_\infty \to 0$，所以当 $\boldsymbol{x} \to \boldsymbol{y}$ 时 $f(\boldsymbol{x}) \to f(\boldsymbol{y})$. 证毕.

定理 3.2 (向量范数的等价性定理) 设 $||\boldsymbol{x}||_s, ||\boldsymbol{x}||_t$ 是向量空间 $\mathbb{R}^n$ 上的任意两种范数，则存在常数 $0 < C_1 \leqslant C_2$，使得

$$C_1||\boldsymbol{x}||_s \leqslant ||\boldsymbol{x}||_t \leqslant C_2||\boldsymbol{x}||_s, \quad \forall \boldsymbol{x} \in \mathbb{R}^n. \tag{3.3}$$

证明 实际上，只要证明一切范数对于某一个固定的范数等价，那么任意两个范数必然等价，因此，可取

$$||\boldsymbol{x}||_s = ||\boldsymbol{x}||_\infty = \max_{1 \leqslant i \leqslant n} ||x_i||.$$

记 $S = \{\boldsymbol{x} | \boldsymbol{x} \in \mathbb{R}^n, ||\boldsymbol{x}||_\infty = 1\}$，则 S 是有界闭集，由于范数 $||\boldsymbol{x}||_t$ 在 S 上连续，所以 $||\boldsymbol{x}||_t$ 在 S 上必达到最小值 C_1 与最大值 C_2. 设 $\boldsymbol{x} \in \mathbb{R}^n$ 且 $\boldsymbol{x} \neq \boldsymbol{0}$，则 $\dfrac{1}{||\boldsymbol{x}||_\infty}\boldsymbol{x} \in S$，从而有

$$C_1 \leqslant \left\|\frac{1}{||\boldsymbol{x}||_\infty}\boldsymbol{x}\right\|_t \leqslant C_2.$$

由范数的齐次性有

$$C_1||\boldsymbol{x}||_s \leqslant ||\boldsymbol{x}||_t \leqslant C_2||\boldsymbol{x}||_s, \quad \forall \boldsymbol{x} \in \mathbb{R}^n, \boldsymbol{x} \neq \boldsymbol{0}$$

成立. 而对 $\boldsymbol{x} = \boldsymbol{0}$ 上式显然成立.

在范数的概念下，可以讨论向量序列的收敛性问题.

定义 3.3 向量收敛

设有向量序列 $\{\boldsymbol{x}^{(k)}\} \in \mathbb{R}^n$，$\boldsymbol{x}^{(k)} = (x_1^{(k)}, x_2^{(k)}, \cdots, x_n^{(k)})^{\mathrm{T}}$；向量 $\boldsymbol{x}^* \in \mathbb{R}^n$，$\boldsymbol{x}^* = (x_1^*, x_2^*, \cdots, x_n^*)^{\mathrm{T}}$. 若 $\lim\limits_{k \to \infty} x_i^{(k)} = x_i^*, i = 1, 2, \cdots, n$，则称向量 $\boldsymbol{x}^{(k)}$ 收敛于向量 $\boldsymbol{x}^*$. 记为：

$$\lim_{k \to \infty} \boldsymbol{x}^{(k)} = \boldsymbol{x}^*.$$

定理 3.3 向量序列 $\{\boldsymbol{x}^{(k)}\}$ 收敛于向量 $\boldsymbol{x}^*$ 的充要条件是 $\lim\limits_{k \to \infty} ||\boldsymbol{x}^{(k)} - \boldsymbol{x}^*|| = 0$，其中 $||\cdot||$ 是任意范数.

证明 显然 $\lim\limits_{k \to \infty} \boldsymbol{x}^{(k)} = \boldsymbol{x}^* \Leftrightarrow \lim\limits_{k \to \infty} ||\boldsymbol{x}^{(k)} - \boldsymbol{x}^*||_\infty = 0$，而对于 $\mathbb{R}^n$ 上的一种范数 $||\cdot||$，由定理3.2知存在常数 $0 < C_1 \leqslant C_2$ 使

$$C_1||\boldsymbol{x}^{(k)} - \boldsymbol{x}^*||_\infty \leqslant ||\boldsymbol{x}^{(k)} - \boldsymbol{x}^*|| \leqslant C_2||\boldsymbol{x}^{(k)} - \boldsymbol{x}^*||_\infty,$$

于是有

$$\lim_{k \to \infty} ||\boldsymbol{x}^{(k)} - \boldsymbol{x}^*||_\infty = 0 \Leftrightarrow \lim_{k \to \infty} ||\boldsymbol{x}^{(k)} - \boldsymbol{x}^*|| = 0.$$

3.1.2 矩阵的范数

下面将向量范数推广到矩阵上去.

> **定义 3.4 矩阵的范数**
> 设矩阵 $||A||$ 为定义在 $\mathbb{R}^{n\times n}$ 上的某个实值函数,满足条件:
> (1) 非负性: $||A|| \geq 0$, $||A|| = 0$ 当且仅当 $A = 0$ 时成立.
> (2) 齐次性: $||aA|| = |a| \cdot ||A||$, $a \in \mathbb{R}$.
> (3) 三角不等式: $||A + B|| \leq ||A|| + ||B||$.
> (4) 相容性 $||AB|| \leq ||A|| \cdot ||B||$.
> 则 $||A||$ 是 $\mathbb{R}^{n\times n}$ 的一个**矩阵范数**.

由于大多数与估计有关的问题中,矩阵和向量会同时参与运算,所以希望引进一种矩阵范数,它和向量范数相联系而且和向量范数相容,即

$$||Ax|| \leq ||A|| \cdot ||x|| \tag{3.4}$$

对于 $\forall x \in \mathbb{R}^n, \forall A \in \mathbb{R}^{n\times n}$ 都成立.

为此再引进矩阵的算子范数.

> **定义 3.5 矩阵的算子范数**
> 设 $\forall x \in \mathbb{R}^n, \forall A \in \mathbb{R}^{n\times n}$, $||\cdot||_\nu$ 是 $\mathbb{R}^n$ 上的向量范数,记
> $$||A||_\nu = \max_{x \neq 0} \frac{||Ax||_\nu}{||x||_\nu}, \tag{3.5}$$
> 可验证 $||A||_\nu$ 满足定义 3.4,所以 $||A||_\nu$ 是 $\mathbb{R}^{n\times n}$ 上矩阵的一个范数,称为矩阵 A 的**算子范数**.

> **定理 3.4** 设 $||x||_\nu$ 是 $\mathbb{R}^n$ 上一个向量范数,则 $||A||_\nu$ 是 $\mathbb{R}^{n\times n}$ 上矩阵的算子范数,且满足相容条件
> $$||Ax||_\nu \leq ||A||_\nu ||x||_\nu. \tag{3.6}$$

> **定义 3.6 谱半径**
> 设 $A \in \mathbb{R}^{n\times n}$ 的特征值为 λ_i $(i = 1, 2, \cdots, n)$,称 $\rho(A) = \max_{1 \leq i \leq n} |\lambda_i|$ 为矩阵 A 的**谱半径**.

定理 3.5 设 $A \in \mathbb{R}^{n \times n}$ 则

(1) $||A||_\infty = \max\limits_{1 \leqslant i \leqslant n} \sum\limits_{j=1}^{n} |a_{ij}|$ （称为 A 的行范数），

(2) $||A||_1 = \max\limits_{1 \leqslant j \leqslant n} \sum\limits_{i=1}^{n} |a_{ij}|$ （称为 A 的列范数），

(3) $||A||_2 = \sqrt{\rho(A^T A)}$ （称为 A 的 **2- 范数**）.

证明 此处仅证 (3)，其余两式类似可证. 由于 $A^T A$ 为对称非负定阵，则其特征值 λ_i $(i=1,2,\cdots,n)$ 非负，且存在 n 维正交方阵 H，使得 $A^T A = H^T \mathrm{diag}(\lambda_i) H$，其中

$$\mathrm{diag}(\lambda_i) = \begin{pmatrix} \lambda_1 & & & \\ & \lambda_2 & & \\ & & \ddots & \\ & & & \lambda_n \end{pmatrix},$$

$\forall x \in \{x | ||x||_2 = 1\}$，若记 $y = Hx$，则有

$$||y||_2^2 = x^T H^T H x = ||x||_2^2 = 1$$

及

$$||Ax||_2^2 = x^T A^T A x = (Hx)^T \mathrm{diag}(\lambda_i)(Hx)$$
$$= \sum_{i=1}^{n} \lambda_i y_i^2 \leqslant \max_{1 \leqslant i \leqslant n} \lambda_i ||y||_2^2 = \rho(A^T A),$$

从而 $||A||_2 \leqslant \sqrt{\rho(A^T A)}$.

另一方面，若 $\rho(A^T A)$ 对应的矩阵 $A^T A$ 的单位特征向量为 $\tilde{x}$，则

$$||A||_2^2 \geqslant ||A\tilde{x}||_2^2 = \tilde{x}^T A^T A \tilde{x} = \tilde{x}^T \rho(A^T A) \tilde{x}$$
$$= \rho(A^T A) ||\tilde{x}||_2^2 = \rho(A^T A),$$

即 $||A||_2 \geqslant \sqrt{\rho(A^T A)}$，式 (3) 得证.

定义 3.7 矩阵序列收敛

设 $\mathbb{R}^{n \times m}$ 中有矩阵序列 $\{A^{(k)} | A^{(k)} = (a_{ij}^{(k)})\}$，若

$$\lim_{k \to \infty} a_{ij}^{(k)} = a_{ij}, \quad i = 1, 2, \cdots, n; j = 1, 2, \cdots, m,$$

则称矩阵序列 $\{A^{(k)}\}$ 收敛于 A，记作 $\lim\limits_{k \to \infty} A^{(k)} = A$.

矩阵序列有类似于向量序列的收敛性结果.

定理 3.6 设有矩阵序列 $\{A^{(k)}\} \in \mathbb{R}^{n\times n}$，则 $\lim_{k\to\infty} A^{(k)} = A$ 的充要条件是存在矩阵范数 $\|\cdot\|$，使得
$$\lim_{k\to\infty} \|A^{(k)} - A\| = 0.$$

定理 3.7 (特征值上界) $A \in \mathbb{R}^{n\times n}$，则
$$\rho(A) \leqslant \|A\|, \tag{3.7}$$
其中 $\|A\|$ 是矩阵 A 的算子范数.

证明 设 λ 是矩阵 A 的任意特征值，x 为相应的特征向量，则 $Ax = \lambda x$，由定理3.4得
$$|\lambda| \cdot \|x\| = \|\lambda x\| = \|Ax\| \leqslant \|A\| \cdot \|x\|,$$
即 $|\lambda| < \|A\|$，所以 $\rho(A) \leqslant \|A\|$. 证毕.

定理 3.8 $\forall \varepsilon > 0$，必存在 $\mathbb{R}^{n\times n}$ 中某范数 $\|\cdot\|$，使得 $\|A\| \leqslant \rho(A) + \varepsilon$，$A$ 为任意 n 阶方阵.

定理 3.9 如果 $\|A\| < 1$，则 $I \pm A$ 为非奇异矩阵，且
$$\|(I \pm A)^{-1}\| \leqslant \frac{1}{1 - \|A\|}, \tag{3.8}$$
其中 $\|\cdot\|$ 是矩阵的算子范数.

证明 用反证法. 若 $\det(I - A) = 0$，则 $(I - A)x = 0$ 有非零解，即存在 $x_0 \neq 0$ 使 $Ax_0 = x_0$，$\dfrac{\|Ax_0\|}{\|x_0\|} = 1$，故 $\|A\| \geqslant 1$，与假设矛盾. 又由于 $(I - A)(I - A)^{-1} = I$，有
$$(I - A)^{-1} = I + A(I - A)^{-1},$$
从而
$$\|(I - A)^{-1}\| \leqslant \|I\| + \|A\| \cdot \|(I - A)^{-1}\|,$$
$$\|(I - A)^{-1}\| \leqslant \frac{1}{1 - \|A\|}.$$
同理可证 $I + A$ 的情形.

3.1.3 方程组的性态条件数与摄动理论

1. A 与 b 的摄动对方程组解的影响

设方程组
$$Ax = b \tag{3.9}$$

的精确解为 x^*，A 非奇异，$b \neq 0$，则解 $x^* \neq 0$. 下面讨论 A 和 b 的微小误差 δA 和 δb 对方程组解 x^* 的影响.

定理 3.10 设 A 非奇异，$Ax = b \neq 0$，且
$$A(x^* + \delta x) = b + \delta b,$$
则
$$\frac{\|\delta x\|}{\|x\|} \leqslant \|A^{-1}\| \cdot \|A\| \frac{\|\delta b\|}{\|b\|}. \tag{3.10}$$

式 (3.10) 给出了解的相对误差的上界，常数项 b 的相对误差在解中可能放大 $\|A^{-1}\| \cdot \|A\|$ 倍.

证明 因为：$A(x^* + \delta x) = b + \delta b$，则 $\delta x = A^{-1} \delta b$，从而
$$\|\delta x\| \leqslant \|A^{-1}\| \cdot \|\delta b\|. \tag{3.11}$$

由式 (3.9) 得
$$\|b\| \leqslant \|A\| \cdot \|x\|,$$

$$\frac{1}{\|x\|} \leqslant \frac{\|A\|}{\|b\|}. \tag{3.12}$$

由式 (3.11) 和式 (3.12) 得
$$\frac{\|\delta x\|}{\|x\|} \leqslant \|A^{-1}\| \cdot \|A\| \frac{\|\delta b\|}{\|b\|}.$$

定理 3.11 设矩阵 A 非奇异，$Ax = b \neq 0$，且
$$(A + \delta A)(x^* + \delta x) = b.$$
如果 $\|A^{-1}\| \|\delta A\| < 1$，则
$$\frac{\|\delta x\|}{\|x\|} \leqslant \frac{\|A^{-1}\| \cdot \|A\| \frac{\|\delta A\|}{\|A\|}}{1 - \|A^{-1}\| \cdot \|A\| \frac{\|\delta A\|}{\|A\|}}. \tag{3.13}$$

证明 因为
$$(A + \delta A)(x^* + \delta x) = b,$$
故
$$(A + \delta A)\delta x = -(\delta A)x^*, \tag{3.14}$$
而
$$A + \delta A = A(I + A^{-1}\delta A),$$
由定理3.9知，当 $||A^{-1}\delta A|| < 1$ 时，由式 (3.14)有
$$\delta x = -(I + A^{-1}\delta A)^{-1} A^{-1}((\delta A)x^*),$$
因此
$$||\delta x|| \leqslant \frac{||A^{-1}|| \cdot ||\delta A|| \cdot ||x^*||}{1 - ||A^{-1}|| \cdot ||\delta A||}.$$
设 $||A^{-1}|| \cdot ||\delta A|| < 1$，即得
$$\frac{||\delta x||}{||x||} \leqslant \frac{||A^{-1}|| \cdot ||A|| \frac{||\delta A||}{||A||}}{1 - ||A^{-1}|| \cdot ||A|| \frac{||\delta A||}{||A||}}.$$
另一方面，由 $(A + \delta A)(x^* + \delta x) = b$ 及 $Ax = b$ 有
$$\delta x = -A^{-1}\delta A(x^* + \delta x).$$
两边取范数有
$$\frac{||\delta x||}{||x^* + \delta x||} \leqslant ||A^{-1}|| \cdot ||\delta A|| = ||A^{-1}|| \cdot ||A|| \frac{||\delta A||}{||A||}. \tag{3.15}$$
如果 δA 充分小，且 $||A^{-1}|| \cdot ||\delta A|| < 1$，式 (3.15)说明解的相对误差可能放大 $||A^{-1}|| \cdot ||A||$ 倍，由此可以看出，$||A^{-1}|| \cdot ||A||$ 越小，由 A 或 b 的相对误差引起的解的相对误差越小，$||A^{-1}|| \cdot ||A||$ 越大，解的相对误差就可能越大．所以实际上刻画了解对原始数据变化的灵敏程度，于是引进下述定义．

2. 方程组的性态

> **定义 3.8 方程组的性态**
> 如果 δA 和 δb 微小变化，将引起 δx 很大变化，则称方程组 $Ax = b$ 为**病态方程组**，称 A 为关于解方程组或求逆的 **病态矩阵**；反之如果 δA 和 δb 微小变化，δx 变化也很小，则称方程组 $Ax = b$ 为**良态方程组**，称 A 为关于解方程组或求逆的 **良态矩阵**．

3. 矩阵的条件数

> **定义 3.9 矩阵的条件数**
> 设 A 是非奇异矩阵，则 $\mathrm{cond}(A) = ||A^{-1}|| \cdot ||A||$ 称为矩阵 A 的条件数．

当条件数 $\mathrm{cond}(A) \gg 1$ 时，则方程组 $Ax = b$ 是**病态的**；当条件数 $\mathrm{cond}(A)$ 较小时则方程组 $Ax = b$ 是**良态的**．

条件数依赖范数的选取：

(1) $\mathrm{cond}(A)_\infty = ||A^{-1}||_\infty ||A||_\infty$；

(2) A 的谱条件数 $\mathrm{cond}(A)_2 = ||A^{-1}||_2 ||A||_2 = \sqrt{\dfrac{\lambda_{\max}(AA^{\mathrm{T}})}{\lambda_{\min}(AA^{\mathrm{T}})}}$．

当 A 为对称矩阵时，$\mathrm{cond}(A)_2 = \dfrac{|\lambda_1|}{|\lambda_n|}$，其中 λ_1, λ_n 为矩阵 A 的绝对值最大和绝对值最小的特征值．

条件数有下列性质：

(1) 对于任何非奇异矩阵 A，都有 $\mathrm{cond}A_\nu \geqslant 1$．

事实上
$$\mathrm{cond}(A)_\nu = ||A^{-1}||_\nu ||A||_\nu \geqslant ||A^{-1}A||_\nu = 1.$$

(2) 设 A 为非奇异矩阵且 $c \neq 0$ (常数)，则
$$\mathrm{cond}(cA)_\nu = \mathrm{cond}(A)_\nu.$$

(3) 如果 A 为正交矩阵，则 $\mathrm{cond}(A)_2 = 1$；如果 A 为非奇异矩阵，R 为正交矩阵，则
$$\mathrm{cond}(RA)_2 = \mathrm{cond}(AR)_2 = \mathrm{cond}(A)_2.$$

3.2 直 接 法

直接法是指假设计算过程中不产生舍入误差，经过有限次运算得方程组精确解的方法．

3.2.1 Gauss 消去法及 MATLAB 程序

1. Gauss 顺序消去法

设线性方程组

$$\begin{cases} a_{11}x_1 + a_{12}x_2 + \cdots + a_{1n}x_n = b_1, \\ a_{21}x_1 + a_{22}x_2 + \cdots + a_{2n}x_n = b_2, \\ \quad\quad\quad\quad\quad\quad \vdots \\ a_{n1}x_1 + a_{n2}x_2 + \cdots + a_{nn}x_n = b_n. \end{cases} \tag{3.16}$$

方程组 (3.16) 的矩阵形式为
$$\boldsymbol{A}\boldsymbol{x} = \boldsymbol{b}, \tag{3.17}$$

其中 $\boldsymbol{A} = \begin{pmatrix} a_{11} & a_{12} & \cdots & a_{1n} \\ a_{21} & a_{22} & \cdots & a_{2n} \\ \vdots & \vdots & & \vdots \\ a_{n1} & a_{n2} & \cdots & a_{nn} \end{pmatrix}$ 为非奇异矩阵，$\boldsymbol{x} = \begin{pmatrix} x_1 \\ x_2 \\ \vdots \\ x_n \end{pmatrix}$，$\boldsymbol{b} = \begin{pmatrix} b_1 \\ b_2 \\ \vdots \\ b_n \end{pmatrix}$.

消元过程

将 $\boldsymbol{A}\boldsymbol{x} = \boldsymbol{b}$ 记为 $\boldsymbol{A}^{(1)}\boldsymbol{x} = \boldsymbol{b}^{(1)}$，假定 $a_{11}^{(1)} \neq 0$，否则由 $\boldsymbol{A}$ 非奇异，必可找到某 $a_{i1}^{(1)} \neq 0$. 写出增广矩阵

$$(\boldsymbol{A}^{(1)}, \boldsymbol{b}^{(1)}) = \begin{pmatrix} a_{11}^{(1)} & a_{12}^{(1)} & \cdots & a_{1n}^{(1)} & b_1^{(1)} \\ a_{21}^{(1)} & a_{22}^{(1)} & \cdots & a_{2n}^{(1)} & b_2^{(1)} \\ \vdots & \vdots & & \vdots & \vdots \\ a_{n1}^{(1)} & a_{n2}^{(1)} & \cdots & a_{nn}^{(1)} & b_n^{(1)} \end{pmatrix}.$$

(1) 第 1 次消元：消去方程组第 2 行至第 n 行中的 x_1.

① 计算行乘数 $m_{i1} = \dfrac{a_{i1}^{(1)}}{a_{11}^{(1)}} (i = 2, 3, \cdots, n)$；

② 第 i 行元素减去第一行对应元素乘以 m_{i1}，即

$$a_{ij}^{(2)} = a_{ij}^{(1)} - m_{i1} a_{1j}^{(1)}, b_i^{(2)} = b_i^{(1)} - m_{i1} b_1^{(1)}, \quad i = 2, 3, \cdots, n, j = 2, 3, \cdots, n,$$

得到 $\boldsymbol{A}^{(2)}\boldsymbol{x} = \boldsymbol{b}^{(2)}$，

$$(\boldsymbol{A}^{(2)}, \boldsymbol{b}^{(2)}) = \begin{pmatrix} a_{11}^{(1)} & a_{12}^{(1)} & \cdots & a_{1n}^{(1)} & b_1^{(1)} \\ & a_{22}^{(2)} & \cdots & a_{2n}^{(2)} & b_2^{(2)} \\ & \vdots & & \vdots & \vdots \\ & a_{n2}^{(2)} & \cdots & a_{nn}^{(2)} & b_n^{(2)} \end{pmatrix}.$$

此时，$\boldsymbol{A}^{(2)}$ 的右下角 $n-1$ 阶矩阵必非奇异.

(2) 第 k 次消元：假定已完成 $k-1$ 步消元，得到 $\boldsymbol{A}^{(k)}\boldsymbol{x} = \boldsymbol{b}^{(k)}$

$$(\boldsymbol{A}^{(k)}, \boldsymbol{b}^{(k)}) = \begin{pmatrix} a_{11}^{(1)} & a_{12}^{(1)} & \cdots & \cdots & \cdots & a_{1n}^{(1)} & b_1^{(1)} \\ & a_{22}^{(2)} & \cdots & \cdots & \cdots & a_{2n}^{(2)} & b_2^{(2)} \\ & & \ddots & & & \vdots & \vdots \\ & & & a_{kk}^{(k)} & \cdots & a_{kn}^{(k)} & b_k^{(k)} \\ & & & \vdots & & \vdots & \vdots \\ & & & a_{nk}^{(k)} & \cdots & a_{nn}^{(k)} & b_n^{(k)} \end{pmatrix}.$$

此时，$\boldsymbol{A}^{(k)}$ 右下角的 $n-k+1$ 阶矩阵必非奇异．不妨设 $a_{kk}^{(k)} \neq 0$（$a_{kk}^{(k)}$ 称为主元素），消去方程组 $\boldsymbol{A}^{(k)}\boldsymbol{x} = \boldsymbol{b}^{(k)}$ 的第 $k+1$ 至第 n 个方程中的 x_k．

① 计算行乘数 $m_{ik} = \dfrac{a_{ik}^{(k)}}{a_{kk}^{(k)}} (i = k+1, \cdots, n)$；

② 第 i 行元素减去第 k 行对应元素乘以 m_{ik}，即

$$a_{ij}^{(k+1)} = a_{ij}^{(k)} - m_{ik}a_{kj}^{(k)}, b_i^{(k+1)} = b_i^{(k)} - m_{ik}b_k^{(k)}, i = k+1, \cdots, n, j = k+1, \cdots, n,$$

得到 $\boldsymbol{A}^{(k+1)}\boldsymbol{x} = \boldsymbol{b}^{(k+1)}$，此时 $\boldsymbol{A}^{(k+1)}$ 右下角的 $n-k$ 阶矩阵必非奇异．

(3) 继续以上过程，且设 $a_{ii}^{(i)} \neq 0$，直到完成第 $n-1$ 次消元，

$$(\boldsymbol{A}^{(k)}, \boldsymbol{b}^{(k)}) = \begin{pmatrix} a_{11}^{(1)} & a_{12}^{(1)} & \cdots & \cdots & \cdots & a_{1n}^{(1)} & b_1^{(1)} \\ & a_{22}^{(2)} & \cdots & \cdots & \cdots & a_{2n}^{(2)} & b_2^{(2)} \\ & & \ddots & & & \vdots & \vdots \\ & & & a_{kk}^{(k)} & \cdots & a_{kn}^{(k)} & b_k^{(k)} \\ & & & & \ddots & \vdots & \vdots \\ & & & & & a_{nn}^{(n)} & b_n^{(n)} \end{pmatrix}, \quad \boldsymbol{A}_{nn}^{(n)} \neq \boldsymbol{0},$$

得到 $\boldsymbol{A}^{(n)}\boldsymbol{x} = \boldsymbol{b}^{(n)}$，即

$$\begin{pmatrix} a_{11}^{(1)} & a_{12}^{(1)} & \cdots & a_{1n}^{(1)} \\ & a_{22}^{(2)} & \cdots & a_{2n}^{(2)} \\ & & \ddots & \vdots \\ & & & a_{nn}^{(n)} \end{pmatrix} \begin{pmatrix} x_1 \\ x_2 \\ \vdots \\ x_n \end{pmatrix} = \begin{pmatrix} b_1^{(1)} \\ b_2^{(2)} \\ \vdots \\ b_n^{(n)} \end{pmatrix}.$$

(4) 回代过程：求解上述三角形方程组，得到

$$\begin{cases} x_n = \dfrac{b_n^{(n)}}{a_{nn}^{(n)}}, \\ x_i = \left(b_i^{(i)} - \sum\limits_{j=i+1}^{n} a_{ij}^{(i)} x_j\right)/a_{ii}^{(i)}, \quad i = n-1, n-2, \cdots, 2, 1. \end{cases}$$

显然，不带行交换的 Gauss 消去法能进行到底的条件是：$a_{ii}^{(k)} \neq 0 (1 \leqslant k \leqslant n)$.

2. Gauss 消去法 (一般所谓的 Gauss 消去法是指不带列交换的)算法简述：
(1) 输入：系数矩阵 $(\boldsymbol{A}, \boldsymbol{b})$.
(2) 消去：$k = 1, 2, \cdots, n-1$.
① 如果 $a_{kk}^{(k)} = 0$，找非零元，交换两行，若找不到非零元，则算法停止.
② 消元.
(3) 回代.
① 如果 $a_{nn}^{(n)} = 0$，算法停止.
② 按 $x_n, x_{n-1}, \cdots, x_1$ 的顺序回代求解.
(4) 输出：结果 $x_1, x_2, \cdots, x_n$.

3. Gauss 消去法的运算量

第 k 步消元，乘法 $(n-k)(n-k+1)$ 次，除法 $n-k$ 次，故完成 $n-1$ 步消元乘除法总次数为：

$$\sum_{k=1}^{n-1}(n-k)(n-k+2) = \frac{n^3}{3} + \frac{n^2}{2} - \frac{5n}{6},$$

回代过程乘除法总次数为：

$$\sum_{i=1}^{n}(n-i+1) = \frac{n^2}{2} + \frac{n}{2},$$

总计算数为：

$$\frac{n^3}{3} + n^2 - \frac{n}{3} = \frac{n^3}{3} + O(n^2).$$

以 10 元线性方程组为例，用 Gauss 消去法需要 430 次乘除法，而用 Cramer 法则需要 $11! = 39\,916\,800$ 次乘除法.

4. Gauss 消去法的 MATLAB 程序

MATLAB 程序 3.1　**Gauss 消去法 -程序 1**

```
function [A,x]=Gauss_s1(A,b)
% 顺序Gauss消去法(无行交换)解线性方程组Ax=b
% x=Gauss_s1(A,b), A为系数矩阵,b为右端列向量,x为解向量
% n=length(b);A=[A,b]
```

```matlab
%消元
for k=1:(n-1)
A((k+1):n,(k+1):(n+1))=A((k+1):n,(k+1):(n+1))-A((k+1):n,k)/A(k,k)*A(k,(k+1):(n+1));
    A((k+1):n,k)=zeros(n-k,1);
    A;
end
%回代
x=zeros(n,1); x(n)=A(n,n+1)/A(n,n);
for k=n-1:-1:1
    x(k,:)=(A(k,n+1)-A(k,(k+1):n)*x((k+1):n))/A(k,k);
end
```

MATLAB 程序 3.2　Gauss 消去法 -程序 2

```matlab
function x=Gauss_s2(A,b)
% 顺序Gauss消去法(无行交换)解线性方程组Ax=b
% x=gauss_s2(A,b), A为系数矩阵,b为右端列向量(以行形式输入),x为解向量
A=[A';b]',n=length(b);
for k=1:n-1
    for i=k+1:n
        m=A(i,k)/A(k,k);
        fprintf('m%d%d = %f\n',i,k,m);
        for j=k:n+1
            A(i,j)=A(i,j)-m*A(k,j);
        end
    end
        fprintf('A%d = \n',k+1);
        A
end
A(n,n+1)=A(n,n+1)/A(n,n);
for i=n-1:-1:1
    s=0;
    for j=i+1:n
        s=s+A(i,j)*A(j,4);
    end
    A(i,n+1)=(A(i,n+1)-s)/A(i,i);
end
A(:,n+1)
```

例 3.1 用 Gauss 消去法解方程组

$$\begin{pmatrix} 2 & 3 & 4 \\ 3 & 5 & 2 \\ 4 & 3 & 30 \end{pmatrix} \begin{pmatrix} x_1 \\ x_2 \\ x_3 \end{pmatrix} = \begin{pmatrix} 6 \\ 5 \\ 32 \end{pmatrix}.$$

解 $(\boldsymbol{A}, \boldsymbol{b}) = \begin{pmatrix} 2 & 3 & 4 & 6 \\ 3 & 5 & 2 & 5 \\ 4 & 3 & 30 & 32 \end{pmatrix},$ $\quad m_{21} = \dfrac{a_{21}^{(1)}}{a_{11}^{(1)}} = \dfrac{3}{2} = 1.5000,$

$m_{31} = \dfrac{a_{31}^{(1)}}{a_{11}^{(1)}} = \dfrac{4}{2} = 2.0000$

$$\rightarrow \begin{pmatrix} 2 & 3 & 4 & 6 \\ 0 & 0.5 & -4 & -4 \\ 0 & -3 & 22 & 20 \end{pmatrix}, \quad m_{32} = \dfrac{a_{32}^{(2)}}{a_{22}^{(2)}} = \dfrac{-3}{0.5} = -6.0000$$

$$\rightarrow \begin{pmatrix} 2 & 3 & 4 & 6 \\ 0 & 0.5 & -4 & -4 \\ 0 & 0 & -2 & -4 \end{pmatrix}.$$

回代后得 $\boldsymbol{x}^* = (-13, 8, 2)^{\mathrm{T}}$.

在 MATLAB 命令窗口执行

```
>> A=[2 3 4;3 5 2;4 3 30];b=[6 5 32]; x=Gauss_s2(A,b)
```

得到

```
    A =   2    3    4    6
          3    5    2    5
          4    3   30   32
   m21 = 1.500 000   m31 = 2.000 000
    A32 =  2.000 0    3.000 0    4.000 0    6.000 0
                0    0.500 0   -4.000 0   -4.000 0
                0   -3.000 0   22.000 0   20.000 0
   m32 = -6.000 000
    A3 =   2.0000    3.000 0    4.000 0    6.000 0
                0    0.500 0   -4.000 0   -4.000 0
                0         0   -2.000 0   -4.000 0
   ans =      -13
               8
               2
```

用消去法解方程组的基本思想是用逐次消去未知数的方法把原来方程组化为与其等价的三角形方程组, 而求解三角形方程组容易. 换用矩阵的语言来说, 上述过程就是用行的初等变换将原方程组系数矩阵化为简单的三角矩阵,从而将求解原方程组的问题转化为求解简单方程组的问题.

例 3.2 用 Gauss 消去法解线性方程组 (保留 4 位有效数字)

$$\begin{pmatrix} 0.001 & 2.000 & 3.000 \\ -1.000 & 3.712 & 4.623 \\ -2.000 & 1.072 & 5.643 \end{pmatrix} \begin{pmatrix} x_1 \\ x_2 \\ x_3 \end{pmatrix} = \begin{pmatrix} 1.000 \\ 2.000 \\ 3.000 \end{pmatrix}.$$

解 $(A, b) = \begin{pmatrix} 0.001 & 2.000 & 3.000 & 1.000 \\ -1.000 & 3.712 & 4.623 & 2.000 \\ -2.000 & 1.072 & 5.643 & 3.000 \end{pmatrix}$, $m_{21} = \dfrac{a_{21}^{(1)}}{a_{11}^{(1)}} = \dfrac{-1.000}{0.001} = -100\,0$,

$m_{31} = \dfrac{a_{31}^{(1)}}{a_{11}^{(1)}} = \dfrac{-2.000}{0.001} = -200\,0$

$\to \begin{pmatrix} 0.001 & 2.000 & 3.000 & 1.000 \\ 0 & 200\,4 & 300\,5 & 100\,2 \\ 0 & 400\,1 & 600\,6 & 200\,3 \end{pmatrix}$, $m_{32} = \dfrac{a_{32}^{(2)}}{a_{22}^{(2)}} = \dfrac{400\,1}{200\,4} = 1.997$

$\to \begin{pmatrix} 0.001 & 2.000 & 3.000 & 1.000 \\ 0 & 200\,4 & 300\,5 & 100\,2 \\ 0 & 0 & 5.000 & 2.000 \end{pmatrix}.$

利用回代过程得计算结果 $x^* = (0.000\,0, 0.998\,0, 0.400\,0)^{\mathrm{T}}$,而该方程组的精确解保留 4 位有效数字是 $x^* = (0.490\,4, 0.051\,0, 0.367\,5)^{\mathrm{T}}$.

显然是一个不可靠解,误差太大,原因是消元时,用了小主元 0.001 作除数,致使其他元素的数量级大大增加,在计算位数有限的情况下,会导致较大的舍入误差. 如元素 3.712, 4.623, 1.072, 5.643 经一次消元后分别变成 2 004, 3 005, 4 001, 6 006, 小数点后的数全部舍掉了, 舍入误差的扩散, 将准确解淹没掉了.

为使计算结果可靠,在消元过程中应避免使用绝对值小的主元 $a_{kk}^{(k)}$,以减少舍入误差对计算结果的影响. 采用选主元素的方法可以克服 Gauss 消去法的这一缺点. Gauss 消去法一般分为完全主元消去法和列主元消去法.

5. Gauss 列主元消去法

为克服例 3.2 中的现象发生, 主元素法是对 Gauss 消去法的改进, 它全面或局部地选取绝对值大的元素为主元, 仅对 Gauss 消去法的步骤作某些技术性修改, 使之成为一种有效的解法, 在不考虑舍入误差时, 主元素法能判断线性代数方程组解的存在性;当解存在时, 能求出方程组的解.

设方程组 $\boldsymbol{Ax}=\boldsymbol{b}$ 的增广矩阵为

$$(\boldsymbol{A}^{(1)},\boldsymbol{b}^{(1)})=\begin{pmatrix} a_{11}^{(1)} & a_{12}^{(1)} & \cdots & a_{1n}^{(1)} & b_1^{(1)} \\ a_{21}^{(1)} & a_{22}^{(1)} & \cdots & a_{2n}^{(1)} & b_2^{(1)} \\ \vdots & \vdots & & \vdots & \vdots \\ a_{n1}^{(1)} & a_{n2}^{(1)} & \cdots & a_{nn}^{(1)} & b_n^{(1)} \end{pmatrix}.$$

首先，在 $\boldsymbol{A}^{(1)}$ 第 1 列中选取绝对值最大的元素作主元．例如

$$\left|a_{i_1 1}^{(1)}\right| = \max_{1 \leqslant i \leqslant n} |a_{i1}| \neq 0,$$

若 $i_1 \neq 1$，交换增广矩阵的第 1 行与第 i_1 行．经第 1 次消元计算得

$$(\boldsymbol{A}^{(1)},\boldsymbol{b}^{(1)}) \to (\boldsymbol{A}^{(2)},\boldsymbol{b}^{(2)}),$$

$$(\boldsymbol{A}^{(2)},\boldsymbol{b}^{(2)})=\begin{pmatrix} a_{11}^{(1)} & a_{12}^{(1)} & \cdots & a_{1n}^{(1)} & b_1^{(1)} \\ & a_{22}^{(2)} & \cdots & a_{2n}^{(2)} & b_2^{(2)} \\ & \vdots & & \vdots & \vdots \\ & a_{n2}^{(2)} & \cdots & a_{nn}^{(2)} & b_n^{(2)} \end{pmatrix}.$$

重复上述过程，设已完成第 $k-1$ 次消元 $(1 \leqslant k \leqslant n-1)$，此时原方程组变为

$$(\boldsymbol{A}^{(k)},\boldsymbol{b}^{(k)})=\begin{pmatrix} a_{11}^{(1)} & a_{12}^{(1)} & \cdots & \cdots & \cdots & a_{1n}^{(1)} & b_1^{(1)} \\ & a_{22}^{(2)} & \cdots & \cdots & \cdots & a_{2n}^{(2)} & b_2^{(2)} \\ & & \ddots & \vdots & & \vdots & \vdots \\ & & & a_{kk}^{(k)} & \cdots & a_{kn}^{(k)} & b_k^{(k)} \\ & & & \vdots & & \vdots & \vdots \\ & & & a_{nk}^{(k)} & \cdots & a_{nn}^{(k)} & b_n^{(k)} \end{pmatrix}.$$

在进行第 k 次消元前，先进行选主元及行交换操作：在 $a_{kk}^{(k)}$ 至 $a_{nk}^{(k)}$ 中选出绝对值最大者，即确定 i_k 使

$$\left|a_{i_k k}^{(k)}\right| = \max_{k \leqslant i \leqslant n} \left|a_{ik}^{(k)}\right| \neq 0$$

(若 $\left|a_{i_k k}^{(k)}\right| = 0$，说明方程 $\boldsymbol{Ax}=\boldsymbol{b}$ 无确定解)，若 $i_k \neq k$，则交换第 i_k 行与第 k 行，即

$$a_{kj}^{(k)} \leftrightarrow a_{i_k j}^{(k)}, \quad b_k^{(k)} \leftrightarrow b_{i_k}^{(k)}, j=k,k+1,\cdots,n,$$

然后消元．如此进行，直至 $n=k-1$ 为止．

回代过程同顺序消去法.

6. Gauss 列主元消去法算法设计

算法实现：选主元，换行，消元，回代.

设 $Ax = b$，采用具有行交换的列主元消去法解方程组，以二维数组 A 存放增广矩阵 (A, b)，消元结果覆盖 A，行乘数 m_{ik} 覆盖 a_{ik}，解 x 存放在 A 的第 $n+1$ 列中 (当有唯一解时).

(1) 对于 $k = 1, 2, \cdots, n-1$.

按列选主元：确定 i_k 使 $|a_{i_k k}| = \max\limits_{k \leqslant i \leqslant n} |a_{ik}|$；如果 $|a_{i_k k}| = 0$，则计算停止；如果 $i_k = k$，则转 (2)，否则交换行，$a_{ij} \leftrightarrow a_{i_k j} (j = k, \cdots, n)$.

(2) 消元计算：对于 $i = k+1, \cdots, n, j = k+1, \cdots, n$,

$$a_{ik} \leftarrow m_{ik} = \frac{a_{ik}}{a_{kk}},$$
$$a_{ij} \leftarrow a_{ij} - m_{ik} a_{kj},$$
$$b_i \leftarrow b_i - m_{ik} b_k,$$

如果 $a_{nn} = 0$，则计算停止.

(3) 回代求解，对于 $i = 1, 2, \cdots, n$,

$$b_n \leftarrow b_n / a_{nn},$$
$$b_i \leftarrow \left(b_i - \sum_{j=i+1}^{n} a_{ij} b_j \right) / a_{ii}.$$

(4) 输出解：$b_i (i = 1, 2, \cdots, n)$.

7. Gauss 列主元消去法的 MATLAB 程序

MATLAB 程序 3.3 Gauss 列主元消去法 -程序 1

```
function x=Gauss_x1(A,b)
% Gauss列主元消去法解线性方程组Ax=b
% x=Gauss_x1(A,b),A为系数矩阵,b为右端列向量(以行形式输入),x为解向量
A=[A';b]',n=length(b);
for k=1:n-1
    s=A(k,k);
    p=k;
    for i=k+1:n
        if abs(s)<abs(A(i,k))
            s=A(i,k);
            p=i;
        end
    end
```

```
%  p表示主元的行数,s表示主元
    p
    s
    if p~=k
        for j=k:n+1
            t=A(k,j);
            A(k,j)=A(p,j);
            A(p,j)=t;
        end
    end
    A
    for i=k+1:n
        m=A(i,k)/A(k,k);
        fprintf('m%d%d = %f\n',i,k,m);
        for j=k:n+1
            A(i,j)=A(i,j)-m*A(k,j);
        end
    end
        fprintf('A%d = \n',k+1);
        A
end
A(n,n+1)=A(n,n+1)/A(n,n);
for i=n-1:-1:1
    s=0;
    for j=i+1:n
        s=s+A(i,j)*A(j,n+1);
    end
    A(i,n+1)=(A(i,n+1)-s)/A(i,i);
end
A(:,n+1)
```

MATLAB 程序 3.4　Gauss 列主元消去法 -程序 2

```
function x=Gauss_x2(A,b)
% Gauss列主元消去法解线性方程组Ax=b
% x=Gauss_x2(A,b) A为系数矩阵,b为右端列向量,x为解向量
n=length(b);A=[A,b];
for k=1:(n-1)
%选主元
    [ap,p]=max(abs(A(k:n,k)));p=p+k-1;
```

```
    if p>k,t=A(k,:);A(k,:)=A(p,:);A(p,:)=t;end
%消元
A((k+1):n,(k+1):(n+1))
    =A((k+1):n,(k+1):(n+1))-A((k+1):n,k)
    /A(k,k)*A(k,(k+1):(n+1));
    A((k+1):n,k)=zeros(n-k,1);
    A
end
%回代
x=zeros(n,1); x(n)=A(n,n+1)/A(n,n);
for k=n-1:-1:1
    x(k,:)=(A(k,n+1)-A(k,(k+1):n)*x((k+1):n))/A(k,k);
end
```

例 3.3 用 Gauss 列主元消去法解线性方程组

$$\begin{pmatrix} 0.001 & 2.000 & 3.000 \\ -1.000 & 3.712 & 4.623 \\ -2.000 & 1.072 & 5.643 \end{pmatrix} \begin{pmatrix} x_1 \\ x_2 \\ x_3 \end{pmatrix} = \begin{pmatrix} 1.000 \\ 2.000 \\ 3.000 \end{pmatrix}.$$

解 $(A, b) = \begin{pmatrix} -2.000 & 1.072 & 5.643 & 3.000 \\ -1.000 & 3.712 & 4.623 & 2.000 \\ 0.001 & 2.000 & 3.000 & 1.000 \end{pmatrix}$, $\quad m_{21} = \dfrac{a_{21}^{(1)}}{a_{11}^{(1)}} = \dfrac{-1.000}{-2.000} = 0.5000,$

$m_{31} = \dfrac{a_{31}^{(1)}}{a_{11}^{(1)}} = \dfrac{0.001}{-2.000} = -0.0005$

$\rightarrow \begin{pmatrix} -2.000 & 1.072 & 5.643 & 3.000 \\ 0.000 & 3.176 & 1.801 & 0.500 \\ 0.000 & 2.001 & 3.003 & 1.002 \end{pmatrix}$, $\quad m_{32} = \dfrac{a_{32}^{(2)}}{a_{22}^{(2)}} = \dfrac{2.001}{3.176} = 0.6298$

$\rightarrow \begin{pmatrix} -2.000 & 1.072 & 5.643 & 3.000 \\ 0.000 & 3.176 & 1.801 & 0.500 \\ 0.000 & 0.000 & 1.868 & 0.687 \end{pmatrix}.$

利用回代过程得计算结果保留 4 位有效数字是 $\boldsymbol{x}^* = (0.4904, 0.0510, 0.3675)^{\mathrm{T}}$.

例 3.4 用 Gauss 列主元消去法解线性方程组

$$\begin{pmatrix} 0.001 & 2.000 & 3.000 \\ -1.000 & 3.712 & 4.623 \\ -2.000 & 1.072 & 5.643 \end{pmatrix} \begin{pmatrix} x_1 \\ x_2 \\ x_3 \end{pmatrix} = \begin{pmatrix} 1.000 \\ 2.000 \\ 3.000 \end{pmatrix}.$$

解 在 MATLAB 命令窗口执行

```
>> A=[10e-4 2 3;-1 3.712 4.623;-2 1.072 5.643];b=[1 2 3];x=Gauss_x1(A,b)
```

得到

```
    A =     0.0010   2.0000   3.0000   1.0000
           -1.0000   3.7120   4.6230   2.0000
           -2.0000   1.0720   5.6430   3.0000
p = 3   s = -2
    A =    -2.0000   1.0720   5.6430   3.0000
           -1.0000   3.7120   4.6230   2.0000
            0.0010   2.0000   3.0000   1.0000
m21 = 0.500 000   m31 = -0.000 500
    A2 =   -2.0000   1.0720   5.6430   3.0000
                0   3.1760   1.8015   0.5000
                0   2.0005   3.0028   1.0015
p = 2   s = 3.176 0
    A =    -2.0000   1.0720   5.6430   3.0000
                0   3.1760   1.8015   0.5000
                0   2.0005   3.0028   1.0015
m32 = 0.629 892
    A3 =   -2.0000   1.0720   5.6430   3.0000
                0   3.1760   1.8015   0.5000
                0        0   1.8681   0.6866
  ans =    -0.4904
            -0.0510
             0.3675
```

8. Gauss 完全主元消去法

设 $Ax = b$, 采用具有行列交换的完全主元消去法解方程组, 消元结果覆盖 A, 乘数 m_{ij} 覆盖 a_{ij}, 计算解存放在 $x(n)$ 中, 用一整型数组 $IZ(n)$ 记录未知数 $x_1, x_2, \cdots, x_n$ 的足标, 最后调换未知数的足标.

(1) 选主元, 确定 i_k, j_k, 使 $\left|a^{(k)}_{i_k j_k}\right| = \max\limits_{k \leqslant i,j \leqslant n} \left|a^{(k)}_{ij}\right|$. 若 $\left|a^{(k)}_{i_k j_k}\right| = 0$, 则 A 奇异, 否则作 (2)

(2) 作行交换和列交换 (对于 $j = k, k+1, \cdots, n; i = 1, 2, \cdots, n; k = 1, 2, \cdots, n-1$)
行交换:
$$a^{(k)}_{kj} \leftrightarrow a^{(k)}_{i_k j},$$

$$b_k^{(k)} \leftrightarrow b_{i_k}^{(k)}.$$

列交换：
$$a_{ik}^{(k)} \leftrightarrow a_{ij_k}^{(k)}.$$

(3) 消元计算 (对于 $i = k+1, \cdots, n; j = k+1, \cdots, n; k = 1, 2, \cdots, n-1$)

$$a_{ik} \leftarrow m_{ik} = a_{ik}/a_{kk},$$
$$a_{ij} \leftarrow a_{ij} - m_{ik}a_{kj},$$
$$b_i \leftarrow b_i - m_{ik}b_k.$$

(4) 回代求解 (对于 $i = n-1, n-2, \cdots, 2, 1$)

$$b_n = b_n/a_{nn},$$
$$b_i \leftarrow \left(b_i - \sum_{j=i+1}^{n} a_{ij}b_j\right)/a_{ii}.$$

(5) 调整未知数的次序 (对于 $i = 1, 2, \cdots, n$)

$$x(IZ(i)) \leftarrow b_i.$$

在完全主元消去过程中，列交换改变了 $\boldsymbol{x}$ 各分量的次序．不仅如此，与列主元消去法相比增加了较大的计算量，而计算结果并不比列主元消去法有较大的改善，因此在实际应用中一般不采用完全主元消去法解线性方程组．

3.2.2 矩阵的三角 (LU) 分解法

1. 三角形线性方程组的解法

(1) $\boldsymbol{Ly} = \boldsymbol{b}$，求 $\boldsymbol{y}$；(2) $\boldsymbol{Ux} = \boldsymbol{y}$，求 $\boldsymbol{x}$．其中

$$\boldsymbol{L} = \begin{pmatrix} l_{11} & & & \\ l_{21} & l_{22} & & \\ \vdots & \vdots & \ddots & \\ l_{n1} & l_{n2} & \cdots & l_{nn} \end{pmatrix}, \quad \boldsymbol{U} = \begin{pmatrix} u_{11} & u_{12} & \cdots & u_{1n} \\ & u_{22} & \cdots & u_{2n} \\ & & \ddots & \vdots \\ & & & u_{nn} \end{pmatrix}.$$

容易求解这两个三角形方程组的解．下面给出这两个三角形方程组的求解公式；$\boldsymbol{Ly} = \boldsymbol{b}$ 为下三角形方程组，它的第 i 个方程为

$$\sum_{j=1}^{i} l_{ij} y_j = l_{i1} y_1 + l_{i2} y_2 + \cdots + l_{ii} y_i = b_i, \quad i = 1, 2, \cdots, n.$$

假定 $l_{ii} \neq 0$，按 $y_1, y_2, \cdots, y_n$ 的顺序解得

$$y_1 = b_1 / l_{11}, \qquad y_i = \frac{b_i - \sum\limits_{j=1}^{i-1} l_{ij} y_j}{l_{ii}}, \quad i = 2, 3, \cdots, n. \tag{3.18}$$

上三角形方程组 $\boldsymbol{U}\boldsymbol{x} = \boldsymbol{y}$ 的第 i 个方程为

$$\sum_{j=i}^{n} u_{ij} x_j = u_{ii} x_i + u_{i,i+1} x_{i+1} + \cdots + u_{in} x_n = y_i, \quad i = 1, 2, \cdots, n.$$

假定 $u_{ii} \neq 0$，按 $x_n, x_{n-1}, \cdots, x_1$ 的顺序求解得

$$x_n = y_n / u_{nn}, \qquad x_i = \frac{y_i - \sum\limits_{j=i+1}^{n} u_{ij} x_j}{u_{ii}}, \quad i = n-1, \cdots, 2, 1. \tag{3.19}$$

2. 矩阵的三角分解

由三角形线性方程组的解法可知，如果能给出矩阵 $\boldsymbol{A}$ 的 LU 分解，则求解方程组的问题转化为求 (1) 中的两个三角形线性方程组. 下面讨论矩阵 $\boldsymbol{A}$ 的分解方法.

Gauss 消去法的消元过程是对方程组的增广矩阵施行初等行变换，相当于用相应的初等矩阵左乘增广矩阵. 如果对 $\boldsymbol{A}^{(0)}\boldsymbol{x} = \boldsymbol{b}^{(0)}$ 施行第一次消元变换后化为 $\boldsymbol{A}^{(1)}\boldsymbol{x} = \boldsymbol{b}^{(1)}$，则存在 $\boldsymbol{L}_1$，使得

$$\boldsymbol{L}_1 \boldsymbol{A}^{(0)} = \boldsymbol{A}^{(1)}, \quad \boldsymbol{L}_1 \boldsymbol{b}^{(0)} = \boldsymbol{b}^{(1)}, \tag{3.20}$$

其中

$$\boldsymbol{L}_1 = \begin{pmatrix} 1 & & & \\ -m_{21} & 1 & & \\ \vdots & & \ddots & \\ -m_{n1} & & & 1 \end{pmatrix}.$$

一般地，进行第 k 次消元后化为 $\boldsymbol{A}^{(k)}\boldsymbol{x} = \boldsymbol{b}^{(k)}$，则有

$$\boldsymbol{L}_k \boldsymbol{A}^{(k-1)} = \boldsymbol{A}^{(k)}, \quad \boldsymbol{L}_k \boldsymbol{b}^{(k-1)} = \boldsymbol{b}^{(k)}, \tag{3.21}$$

其中

$$L_k = \begin{pmatrix} 1 & & & & & \\ & \ddots & & & & \\ & & 1 & & & \\ & & -m_{k+1,k} & 1 & & \\ & & \vdots & & \ddots & \\ & & -m_{nk} & & & 1 \end{pmatrix}.$$

重复这一过程，最后得到

$$L_{n-1}\cdots L_2 L_1 A^{(0)} = A^{(n-1)}, \quad L_{n-1}\cdots L_2 L_1 b^{(0)} = b^{(n-1)} \tag{3.22}$$

将上三角矩阵 $A^{(n-1)}$ 记为 U，则

$$A = LU, \tag{3.23}$$

其中

$$L = L_1^{-1} L_2^{-1} \cdots L_{n-1}^{-1} = \begin{pmatrix} 1 & & & & \\ m_{21} & 1 & & & \\ m_{31} & m_{32} & 1 & & \\ \vdots & \vdots & \vdots & \ddots & \\ m_{n1} & m_{n2} & m_{n3} & \cdots & 1 \end{pmatrix}$$

为单位下三角矩阵. 也就是说 Gauss 消去法，实质是将一个矩阵进行 LU 分解.

定义 3.10 三角分解

若方阵 A 可以分解成一个下三角矩阵 L 和一个上三角矩阵 U 的乘积，即 $A = LU$，则这种分解称为 A 的一种**三角分解**或 **LU 分解**；若 L 为单位下三角矩阵，则称为 **Doolittle 分解**；若 U 为单位上三角矩阵，则称为 **Crout 分解**.

定理 3.12 (矩阵的 LU 分解) 设 A 为 n 阶矩阵，如果 A 的顺序主子矩阵 $A_1, A_2, \cdots, A_{n-1}$ 均非奇异，则 A 可分解为一个单位下三角矩阵 L 和一个上三角矩阵 U 的乘积，即 $A = LU$. 且这种分解是唯一的.

证明 根据上面对 Gauss 消去法的矩阵分析，$A = LU$ 的存在性已经得到证明，下面证明分解的唯一性，设

$$A = LU = L_1 U_1,$$

其中 L, L_1 为单位下三角矩阵；U, U_1 为上三角矩阵，由于 A 可逆，故

$$L_1^{-1}L = U_1 U^{-1}.$$

上式右边为上三角矩阵；左边为单位下三角矩阵，因此，上式两边都必须等于单位矩阵，于是

$$L_1 = L, \qquad U_1 = U.$$

3. 基于 Gauss 消去法的 LU 分解求解线性方程组的 MATLAB 程序

MATLAB 程序 3.5　基于 Gauss 消去法的 LU 分解求解线性方程组 $Ax = b$

```
function x=lu_decompose(A,b)
% A:系数矩阵,  b:方程组的右端向量,   L:单位下三角矩阵
n=length(b);
L=eye(n);U=zeros(n,n);
x=zeros(n,1);y=zeros(n,1);
for i=1:n
    U(1,i)=A(1,i);
    if i==1
        L(i,1)=1;
    else
        L(i,1)=A(i,1)/U(1,1);
    end
end
for i=2:n
    for j=1:n
        sum=0;
        for k=1:i-1
            sum=sum+ L(i,k)*U(k,j);
        end
        U(i,j)=A(i,j)-sum;
        if j~=n
            sum=0;
            for k=1:i-1
                sum=sum+L(j+1,k)*U(k,i);
            end
            L(j+1,1)=(A(j+1,i)-sum)/U(i,i);
        end
    end
end
% 求解线性方程组 Ly=b
```

```
y(1)=b(1);
for i=2:n
    sum=0;
    for j=1:k-1
        sum=sumi+L(k,j)*y(j);
    end
    y(k)=b(k)-sum;
end
% 解方程组 Ux=y
x(n)=y(n)/U(n,n);
for i=n-1:-1:1
    sum=0;
    for j=k+1:n
        sum=sum+U(k,i)*x(j);
    end
    x(k)=(y(k)-sum)/U(k,k);
end
```

3.2.3 矩阵的 Doolittle 分解法及 MATLAB 程序

1. 矩阵的 Doolittle 分解法

由定理3.12知,如矩阵 A 的各阶顺序主子式不为 0,则存在唯一的 LU 分解,但矩阵 A 的分解不一定要采用 Gauss 消去法,下面介绍一种矩阵 A 直接分解的 Doolittle 方法.

假设系数矩阵不需要行交换,且三角分解是唯一的,设 $A = LU$. 记

$$L = \begin{pmatrix} 1 & & & \\ l_{21} & 1 & & \\ \vdots & \vdots & \ddots & \\ l_{n1} & l_{n2} & \cdots & 1 \end{pmatrix}, \quad U = \begin{pmatrix} u_{11} & u_{12} & \cdots & u_{1n} \\ & u_{22} & \cdots & u_{2n} \\ & & \ddots & \vdots \\ & & & u_{nn} \end{pmatrix},$$

于是有

$$\begin{pmatrix} a_{11} & a_{12} & \cdots & a_{1n} \\ a_{21} & a_{22} & \cdots & a_{2n} \\ \vdots & \vdots & & \vdots \\ a_{n1} & a_{n2} & \cdots & a_{nn} \end{pmatrix} = \begin{pmatrix} 1 & & & \\ l_{21} & 1 & & \\ \vdots & \vdots & \ddots & \\ l_{n1} & l_{n2} & \cdots & 1 \end{pmatrix} \begin{pmatrix} u_{11} & u_{12} & \cdots & u_{1n} \\ & u_{22} & \cdots & u_{2n} \\ & & \ddots & \vdots \\ & & & u_{nn} \end{pmatrix}. \quad (3.24)$$

利用矩阵乘法及矩阵相等的事实,可逐一求出 L 与 U 的各个元素. 利用 A 的第 1 行算出 U 的

第 1 行元素
$$u_{1j} = a_{1j}, \qquad j = 1, 2, \cdots, n; \tag{3.25}$$

利用 $\boldsymbol{A}$ 的第 1 列算出 $\boldsymbol{L}$ 的第 1 列元素
$$l_{i1} = \frac{a_{i1}}{u_{11}}, \qquad i = 2, 3, \cdots, n; \tag{3.26}$$

利用 $\boldsymbol{A}$ 的第 2 行算出 $\boldsymbol{U}$ 的第 2 行元素
$$u_{2j} = a_{2j} - l_{21}u_{1j}, \qquad j = 2, 3, \cdots, n; \tag{3.27}$$

利用 $\boldsymbol{A}$ 的第 2 列算出 $\boldsymbol{L}$ 的第 2 列元素
$$l_{i2} = \frac{a_{i2} - l_{i1}u_{12}}{u_{22}}, \qquad i = 3, 4, \cdots, n. \tag{3.28}$$

一般地,设已经算出 $\boldsymbol{U}$ 的第 1 行到第 $k-1$ 行元素与 $\boldsymbol{L}$ 的第 1 列到第 $k-1$ 列元素,则 $\boldsymbol{U}$ 的第 k 行元素为
$$u_{kj} = a_{kj} - \sum_{i=1}^{k-1} l_{ki}u_{ij}, \qquad j = k, k+1, \cdots, n; \tag{3.29}$$

$\boldsymbol{L}$ 的第 k 列元素为
$$l_{ik} = \frac{a_{kj} - \sum_{j=1}^{k-1} l_{ij}u_{jk}}{u_{kk}}, \qquad i = k, k+1, \cdots, n. \tag{3.30}$$

综上所述,可得直接用三角分解求 $\boldsymbol{L}$ 和 $\boldsymbol{U}$ 的计算公式
$$\begin{cases} u_{1j} = a_{1j}, & j = 1, 2, \cdots, n; \\ l_{i1} = \dfrac{a_{i1}}{u_{11}}, & i = 2, 3, \cdots, n; \\ u_{kj} = a_{kj} - \sum\limits_{i=1}^{k-1} l_{ki}u_{ij}, & j = k, k+1, \cdots, n; \\ l_{ik} = \dfrac{a_{kj} - \sum\limits_{j=1}^{k-1} l_{ij}u_{jk}}{u_{kk}}, & i = k+1, k+2, \cdots, n. \end{cases} \tag{3.31}$$

与 Gauss 消去法一样,分解法有数值不稳定性. 当 $u_{kk} = 0$ 时,三角分解计算中断;当 $u_{kk} \neq 0$, 但 $|u_{kk}|$ 很小时,按式 (3.31) 计算 l_{ik} 可能引起较大舍入误差累积,使计算结果不可靠. 因此,可采用与 Gauss 列主元消去法类似的方法,先选列主元,再进行三角分解计算,即将直接三角分解法修改为列主元三角分解法,Doolittle 列主元分解法与 Gauss 列主元消去法在理论上是等价的,这里不再重复.

2. 矩阵的 Doolittle 分解法的 MATLAB 程序

MATLAB 程序 3.6 求可逆矩阵的 LU 分解 -程序 1

```
function [l,u]=lu_Doolittle1(A)
% 求可逆矩阵的LU分解.[l,u]= lu_Doolittle1(A)
% A为可逆方阵,l为返回下三角矩阵,u为返回上三角矩阵
n=length(A); u=zeros(n);l=eye(n);
u(1,:)=A(1,:);l(2:n,1)=A(2:n,1)/u(1,1);
for k=2:n
    u(k,k:n)=A(k,k:n)-l(k,1:k-1)*u(1:k-1,k:n);
    l(k+1:n,k)=(A(k+1:n,k)-l(k+1:n,1:k-1)*u(1:k-1,k))/u(k,k);
end
```

由于用计算机运算时，当 u_{kj} 计算好后，a_{kj} 不再用，l_{ik} 计算好后，a_{ik} 也不再使用，因此，计算好的 u_{kj} 和 l_{ik} 可以放在 **A** 的相应位置. 这称为**紧凑存储格式**.

MATLAB 程序 3.7 用紧凑格式求可逆矩阵的 LU 分解 -程序 2

```
function A= lu_Doolittle2(A)
% 用紧凑格式求可逆矩阵的LU分解
% A= lu_Doolittle2(A),A为可逆方阵,l为返回下三角矩阵
% u为返回上三角矩阵,全部程序只用一个矩阵A,存储空间小
n=length(A); A(2:n,1)=A(2:n,1)/A(1,1);
for k=2:n
    A(k,k:n)=A(k,k:n)-A(k,1:k-1)*A(1:k-1,k:n);
    A(k+1:n,k)=(A(k+1:n,k)-A(k+1:n,1:k-1)*A(1:k-1,k))/A(k,k);
end
```

MATLAB 程序 3.8 顺序 LU 分解 -程序 3

```
function[y,x]=LU_s(A,b)
% 顺序LU分解(Doolittle)法解线性方程组
% 顺序LU分解法解线性方程组
% A为系数矩阵,b为右端列向量
b=b';A=[A';b]',n=length(b');x=zeros(n,1);y=zeros(n,1);
U=zeros(n);L=eye(n);
for k=1:n
    U(1,k)=A(1,k);
    L(k,1)=A(k,1)/U(1,1);
end
for i=2:n
    for k=i:n
        lu=0;
```

3.2 直 接 法

```
            lu1=0;
            for j=1:i-1
                lu=lu+L(i,j)*U(j,k);
                lu1=lu1+L(k,j)*U(j,i);
            end
            U(i,k)=A(i,k)-lu;
            L(k,i)=(A(k,i)-lu1)/U(i,i);
        end
    end
end
L
U
for i=1:n
    ly=0;
    for j=1:i
        ly=ly+L(i,j)*y(j);
    end
    y(i)=b(i)-ly;
end
for i=n:-1:1
    ly1=0;
    for j=i+1:n
        ly1=ly1+U(i,j)*x(j);
    end
    x(i)=(y(i)-ly1)/U(i,i);
end
```

MATLAB 程序 3.9 LU 主元分解法 -程序 4

```
function [y,x]=LU_x(A,b)
% LU主元分解法解方程
b=b';A=[A';b]',n=length(b');x=zeros(n,1);y=zeros(n,1);
U=zeros(n);L=eye(n); for k=1:n
    U(1,k)=A(1,k);
    L(k,1)=A(k,1)/U(1,1);
end for i=2:n
    for k=i:n
        lu=0;
        lu1=0;
        for j=1:i-1
            lu=lu+L(i,j)*U(j,k);
```

```
            lu1=lu1+L(k,j)*U(j,i);
        end
        U(i,k)=A(i,k)-lu;
        L(k,i)=(A(k,i)-lu1)/U(i,i);
    end
end
L
U
for i=1:n
    ly=0;
    for j=1:i
        ly=ly+L(i,j)*y(j);
    end
    y(i)=b(i)-ly;
end
for i=n:-1:1
    ly1=0;
    for j=i+1:n
        ly1=ly1+U(i,j)*x(j);
    end
    x(i)=(y(i)-ly1)/U(i,i);
end
```

例 3.5 求矩阵 A 的 LU(Doolittle)分解，其中 $A = \begin{pmatrix} 1 & 2 & 3 \\ 2 & 5 & 2 \\ 3 & 1 & 5 \end{pmatrix}$.

解 在 MATLAB 命令窗口执行

```
>> A=[1 2 3;2 5 2;3 1 5]; [l,u]= lu_Doolittle1(A)
```

得到

```
    A =  1  2  3    l=  1   0  0    u=  1  2   3
         2  5  2        2   1  0        0  1  -4
         3  1  5        3  -5  1        0  0 -24
```

例 3.6 求上例矩阵 A 的 LU(Doolittle)分解（紧凑存储格式）.

解 在 MATLAB 命令窗口执行

```
>> A=[1 2 3;2 5 2;3 1 5]; [l,u]= lu_Doolittle2(A)
```

得到

$$A = \begin{matrix} 1 & 2 & 3 \\ 2 & 5 & 2 \\ 3 & 1 & 5 \end{matrix} \qquad A = \begin{matrix} 1 & 2 & 3 \\ 2 & 1 & -4 \\ 3 & -5 & -24 \end{matrix}$$

例 3.7 用矩阵 A 的 LU(Doolittle)分解法解线性方程组

$$\begin{pmatrix} 1 & 2 & 3 \\ 2 & 5 & 2 \\ 3 & 1 & 5 \end{pmatrix} \begin{pmatrix} x_1 \\ x_2 \\ x_3 \end{pmatrix} = \begin{pmatrix} 14 \\ 18 \\ 20 \end{pmatrix}.$$

解 在 MATLAB 命令窗口执行

```
>> A=[1 2 3;2 5 2;3 1 5];b=[14,18,20]'; [y,x]=LU_s(A,b)
```

得到

$$A = \begin{matrix} 1 & 2 & 3 & 14 \\ 2 & 5 & 2 & 18 \\ 3 & 1 & 5 & 20 \end{matrix} \quad L = \begin{matrix} 1 & 0 & 0 \\ 2 & 1 & 0 \\ 3 & -5 & 1 \end{matrix} \quad U = \begin{matrix} 1 & 2 & 3 \\ 0 & 1 & -4 \\ 0 & 0 & -24 \end{matrix} \quad y = \begin{matrix} 14 \\ -10 \\ -72 \end{matrix} \quad x = \begin{matrix} 1 \\ 2 \\ 3 \end{matrix}$$

3.2.4 矩阵的 Crout 分解法

1．矩阵的 Crout 分解法

假设系数矩阵 A 不需要行交换，且三角分解是唯一的，设 $A = \widetilde{L}\widetilde{U}$. 记

$$\widetilde{L} = \begin{pmatrix} \widetilde{l}_{11} & & & \\ \widetilde{l}_{21} & \widetilde{l}_{22} & & \\ \vdots & \vdots & \ddots & \\ \widetilde{l}_{n1} & \widetilde{l}_{n2} & \cdots & \widetilde{l}_{nn} \end{pmatrix}, \widetilde{U} = \begin{pmatrix} 1 & \widetilde{u}_{12} & \cdots & \widetilde{u}_{1n} \\ & 1 & \cdots & \widetilde{u}_{2n} \\ & & \ddots & \vdots \\ & & & 1 \end{pmatrix},$$

于是有

$$\begin{pmatrix} a_{11} & a_{12} & \cdots & a_{1n} \\ a_{21} & a_{22} & \cdots & a_{2n} \\ \vdots & \vdots & & \vdots \\ a_{n1} & a_{n2} & \cdots & a_{nn} \end{pmatrix} = \begin{pmatrix} \widetilde{l}_{11} & & & \\ \widetilde{l}_{21} & \widetilde{l}_{22} & & \\ \vdots & \vdots & \ddots & \\ \widetilde{l}_{n1} & \widetilde{l}_{n2} & \cdots & \widetilde{l}_{nn} \end{pmatrix} \begin{pmatrix} 1 & \widetilde{u}_{12} & \cdots & \widetilde{u}_{1n} \\ & 1 & \cdots & \widetilde{u}_{2n} \\ & & \ddots & \vdots \\ & & & 1 \end{pmatrix}. \tag{3.32}$$

利用矩阵乘法及矩阵相等的事实，可逐一求出 $\widetilde{L}$ 与 $\widetilde{U}$ 的各个元素．

利用 A 的第 1 列算出 $\widetilde{L}$ 的第 1 列元素

$$\widetilde{l}_{i1} = a_{i1}, \quad i = 1, 2, \cdots, n; \tag{3.33}$$

利用 A 的第 1 行算出 $\widetilde{U}$ 的第 1 行元素

$$\widetilde{u}_{1j} = \frac{a_{1j}}{\widetilde{l}_{11}}, \quad j = 2, 3, \cdots, n; \tag{3.34}$$

利用 A 的第 2 列算出 $\widetilde{L}$ 的第 2 列元素

$$\widetilde{l}_{i2} = a_{i2} - \widetilde{l}_{i1}\widetilde{u}_{12}, \quad i = 2,3,\cdots,n; \tag{3.35}$$

利用 A 的第 2 行算出 $\widetilde{U}$ 的第 2 行元素

$$\widetilde{u}_{2j} = \frac{a_{2j} - \widetilde{l}_{21}\widetilde{u}_{1j}}{\widetilde{l}_{22}}, \quad j = 3,4,\cdots,n. \tag{3.36}$$

一般地，设已经算出 $\widetilde{L}$ 的第 1 列到第 $k-1$ 列元素与 $\widetilde{U}$ 的第 1 行到第 $k-1$ 行元素，则 $\widetilde{L}$ 的第 k 列元素为

$$\widetilde{l}_{ik} = a_{ik} - \sum_{j=1}^{k-1} \widetilde{l}_{ij}\widetilde{u}_{jk}, \quad i = k,k+1,\cdots,n; \tag{3.37}$$

$\widetilde{U}$ 的第 k 行元素为

$$\widetilde{u}_{kj} = \frac{a_{kj} - \widetilde{l}_{ki}\widetilde{u}_{ij}}{\widetilde{l}_{kk}}, \quad j = k+1, k+2,\cdots,n. \tag{3.38}$$

综上所述，可得直接用三角分解求 $\widetilde{L}$ 和 $\widetilde{U}$ 的计算公式

$$\begin{aligned}
&\widetilde{l}_{i1} = a_{i1}, \quad i = 1,2,\cdots,n;\\
&\widetilde{u}_{1j} = \frac{a_{1j}}{\widetilde{l}_{11}}, \quad j = 2,3,\cdots,n;\\
&\widetilde{l}_{ik} = a_{ik} - \sum_{j=1}^{k-1} \widetilde{l}_{ij}\widetilde{u}_{jk}, \quad i = k,k+1,\cdots,n;\\
&\widetilde{u}_{kj} = \frac{a_{kj} - \widetilde{l}_{ki}\widetilde{u}_{ij}}{\widetilde{l}_{kk}}, \quad j = k+1,k+2,\cdots,n.
\end{aligned} \tag{3.39}$$

2. Crout 分解相应的求解公式

$$y_1 = b_1/\widetilde{l}_{11}, \quad y_k = \frac{b_k - \sum_{i=1}^{k-1} \widetilde{l}_{ki}y_i}{\widetilde{l}_{kk}}, \quad k = 2,3,\cdots,n, \tag{3.40}$$

$$x_n = y_n, \quad x_k = y_k - \sum_{i=k+1}^{n} \widetilde{u}_{ki}x_i, \quad k = n-1,n-2,\cdots,2,1. \tag{3.41}$$

3.2.5 对称正定矩阵的 Cholesky 分解及 MATLAB 程序

1. 对称正定矩阵的 Cholesky 分解 (平方根法)

在工程计算中，常遇到求解对称正定线性方程组的问题，如应用有限元法解结构力学问题，应用差分方法解椭圆型偏微分方程等，最后都归结为求解系数矩阵为对称正定矩阵的线性方程组．根据系数矩阵的特殊性，这类问题有更好的解决方案．

3.2 直 接 法

由定理3.12知,若 n 阶方阵 A 的顺序主子式均不为零,则 A 有唯一的三角分解 $A = LU'$,其中 L 为单位下三角矩阵,U' 为上三角矩阵. n 阶对称正定矩阵 A 的顺序主子式都大于零,当然有 LU' 分解. 由 $A^T = U'^T L^T$ 及 LU' 分解的唯一性,将 U' 再分解为 DU,D 为对角矩阵,U 为单位上三角矩阵,即存在三角分解

$$A = LDU,$$

由于 $A^T = A$,则 $U = L^T$,于是得到

$$A = LDL^T,$$

其中 $D = \mathrm{diag}(d_1, d_2, \cdots, d_n)$,且 $d_i > 0 (i = 1, 2, \cdots, n)$ 取 $D^{1/2} = \mathrm{diag}(d_1^{1/2}, d_2^{1/2}, \cdots, d_n^{1/2})$,令 $\tilde{L} = LD^{1/2}$,则有

$$A = \tilde{L}\tilde{L}^T. \tag{3.42}$$

分解式 (3.42) 称为 Choleshy 分解. 为了方便, 以下将式 (3.42) 记为

$$A = LL^T, \tag{3.43}$$

此时 L 不一定是单位下三角矩阵. 比较等式 (3.43) 两边第 1 列对应元素,得到

$$l_{11}^2 = a_{11}, \quad l_{21}l_{11} = a_{21}, \quad \cdots, \quad l_{n1}l_{11} = a_{n1},$$

于是得到 L 的第 1 列元素

$$l_{11} = (a_{11})^{1/2}, \quad l_{i1} = a_{i1}/l_{11} \quad i = 2, 3, \cdots, n.$$

比较等式 (3.43) 两边的第 2 列 (对角元及其以下) 对应元素,得到

$$l_{21}^2 + l_{22}^2 = a_{22}, \quad l_{31}l_{21} + l_{32}l_{22} = a_{32}, \quad \cdots, \quad l_{n1}l_{21} + l_{n2}l_{22} = a_{n2},$$

于是得到 L 的第 2 列元素

$$l_{22} = (a_{22} - l_{21}^2)^{1/2}, \quad l_{i2} = \frac{a_{i2} - l_{i1}l_{21}}{l_{22}}, \quad i = 3, 4, \cdots, n.$$

一般地,比较等式 (3.43) 两边的第 j 列 (对角元以下) 对应元素,得到

$$a_{jj} = l_{j1}^2 + \cdots + l_{jj}^2, \tag{3.44}$$

$$a_{ij} = l_{i1}l_{j1} + \cdots + l_{ij}l_{jj}, \quad j < i. \tag{3.45}$$

采用适当的次序,由这些方程可以确定 L 的元素. 一种典型的次序是

$$l_{11}, l_{21}, \cdots, l_{n1}, l_{22}, \cdots, l_{n2}, \cdots, l_{n-1,n-1}, l_{n,n-1}, l_{nn}$$

这就是 **Cholesky 算法**. 过程如下:

(1) 对于 $j=1,2,\cdots,n$，计算 L 的第 j 列主对角元素

$$l_{jj} = (a_{jj} - \sum_{k=1}^{n-1} l_{jk}^2)^{1/2}. \tag{3.46}$$

(2) 对于 $i=k+1,\cdots,n$，计算 L 的第 j 列第 i 行元素

$$l_{ij} = (a_{ij} - \sum_{k=1}^{n-1} l_{ik}l_{jk})/l_{jj}. \tag{3.47}$$

从式 (3.47) 可以看出，对于任何 $i \leqslant j$，

$$|l_{ji}| \leqslant \sqrt{a_{jj}},$$

即 L 的元素是有界的，从而对于按自然顺序消元也是数值稳定的．

不难看出，Choleshy 分解的乘除法计算量为 $\frac{1}{6}n^3 + \frac{1}{2}n^2 - \frac{2}{3}n$ 及 n 个开方，存储量为 $\frac{n(n+1)}{2}$．

完成矩阵 A 的 Cholesky 分解后，解 $Ax = b$，化为解 $Ly = b$，$L^T x = y$ 两个三角形方程组：

$$y_1 = b_1/l_{11}, \quad y_i = \frac{b_i - \sum_{j=1}^{i-1} l_{ij}y_j}{l_{ii}}, \quad i = 2,3,\cdots,n, \tag{3.48}$$

$$x_n = y_n/l_{nn}, \quad x_i = \frac{y_i - \sum_{j=i+1}^{n} l_{ji}x_j}{l_{ii}}, \quad i = n-1,\cdots,2,1. \tag{3.49}$$

称由式 (3.48) 解对称正定线性方程组的方法为**平方根法**．

2. 对称正定矩阵的 Cholesky 分解 (平方根法) 的 MATLAB 程序

MATLAB 程序 3.10　对称正定矩阵的 LU 分解 -平方根法

```
function L=Cholesky(A)
% (平方根法)对称正定矩阵LU分解的Cholesky法，
% A为要LU分解的矩阵,L为下三角矩阵．
n=length(A);L=zeros(n);
for k=1:n
    delta=A(k,k);
    for j=1:k-1
        delta=delta-L(k,j)^2;
    end
```

```
    L(k,k)=sqrt(delta);
    for i=k+1:n
        L(i,k)=A(i,k);
        for j=1:n-1
            L(i,k)=L(i,k)-L(i,j)*L(k,j);
        end
        L(i,k)=L(i,k)/L(k,k);
    end
end
```

例 3.8 用 Cholesky 分解 (平方根) 法分解矩阵

$$\begin{pmatrix} 4 & -1 & 1 \\ -1 & 4.25 & 2.75 \\ 1 & 2.75 & 3.5 \end{pmatrix}.$$

解 在 MATLAB 命令窗口执行

```
>> A=[4 -1 1;-1 4.25 2.75;1 2.75 3.5]; L=Cholesky(A)
```

得到

```
L =    2.000 0         0         0
       0.500 0    2.000 0         0
      -0.500 0   -1.500 0    1.000 0
```

3. 对称正定矩阵的 Cholesky 分解 (改进的平方根法)

因为 A 对称，即

$$a_{ij} = a_{ji}, \quad i,j = 1,2,\cdots,n,$$

由 LU 分解公式有

$$u_{i1} = a_{1i}, \quad i = 1,2,\cdots,n, \tag{3.50}$$

$$l_{i1} = \frac{a_{i1}}{a_{11}}, \quad i = 2,3,\cdots,n, \tag{3.51}$$

则

$$l_{i1} = \frac{a_{i1}}{a_{11}} = \frac{a_{1i}}{a_{11}} = \frac{u_{1i}}{a_{11}}, \quad i = 2,3,\cdots,n. \tag{3.52}$$

若已求得第 $k-1$ 步的 L 和 U 的元素有如下关系:

$$l_{ij} = \frac{u_{ji}}{u_{jj}}, \quad j = 1,2,\cdots,k-1; i = j+1,\cdots,n, \tag{3.53}$$

对于第 k 步由式 (3.31) 和式 (3.53) 得

$$u_{ki} = a_{ki} - \sum_{t=1}^{k-1} l_{kt} u_{ti} = a_{ki} - \sum_{t=1}^{k-1} \frac{u_{tk} u_{ti}}{u_{tt}}, \quad i = k, k+1, \cdots, n+1,$$

$$l_{ik} = \left(a_{ik} - \sum_{t=1}^{k-1} l_{it} u_{tk}\right)/u_{kk} = \left(u_{ki} - \sum_{t=1}^{k-1} \frac{u_{ti} u_{tk}}{u_{tt}}\right)/u_{kk} = u_{ki}/u_{kk}, \quad i = k+1, k+2, \cdots, n,$$

$$l_{ik} = \frac{u_{ki}}{u_{kk}}, \quad k = 1, 2, \cdots, n-1; i = k+1, k+2, \cdots, n. \tag{3.54}$$

由式 (3.54) 计算 L 的元素可节省工作量，计算量减少了近一半，而 U 的元素仍用式 (3.31) 计算，这种方法称为**改进的平方根法**．

4. 对称正定矩阵的 Cholesky 分解 (改进的平方根法) 的 MATLAB 程序

MATLAB 程序 3.11　对称正定矩阵的 LU 分解 -改进的平方根法

```
function [L,D]=LDL(A)
% (改进的平方根法)对称正定矩阵LU分解的Cholesky法,A为要LU分解的矩阵
% L为下三角矩阵,D为对角矩阵
n=length(A);L=zeros(n);D=zeros(n); d=zeros(1,n);T=zeros(n);
for
k=1:n
    d(k)=A(k,k);
    for j=1:k-1
        d(k)=d(k)-L(k,j)*T(k,j);
    end
    for i=k+1:n
        T(i,k)=A(i,k);
        for j=1:k-1
            T(i,k)=T(i,k)-T(i,j)*L(k,j);
        end
        L(i,k)=T(i,k)/d(k);
    end
end
D=diag(d)
```

例 3.9　用 Cholesky 分解 (平方根) 法分解矩阵

$$\begin{pmatrix} 4 & -1 & 1 \\ -1 & 4.25 & 2.75 \\ 1 & 2.75 & 3.5 \end{pmatrix}.$$

解 在 MATLAB 命令窗口执行

```
>> A=[4 -1 1;-1 4.25 2.75;1 2.75 3.5];
>> [L,D]=LDL(A)
```

得到

$$L = \begin{matrix} 1 & 0 & 0 \\ -0.250 & 1 & 0 \\ 0.250 & 0.750 & 1 \end{matrix} \qquad D = \begin{matrix} 4 & 0 & 0 \\ 0 & 4 & 0 \\ 0 & 0 & 1 \end{matrix}$$

5. Cholesky 分解法解方程组的 MATLAB 程序

MATLAB 程序 3.12 用 **Cholesky** 分解法求解对称方程组 $Ax = b$

```
function x=Chol_decompose(A,b)
% A: 对称矩阵, b: 方程组的右端向量,  L: 单位下三角矩阵
% D: 单位上三角矩阵,  对矩阵 A 进行三角分解: A=LDL'
N=length(A);
L=zeros(N,N);D=zeros(1,N);
for i=1:N
    L(i,i)=1;
end
D(1)=A(1,1);
for i=2:N
    for j=1:i-1
        if j==1
            L(i,j)=A(i,j)/D(j);
        else
            sum1=0;
            for k=1:j-1
                sum1=sum1+ L(i,k)*D(k)*L(j,k);
            end
            L(i,j)=(A(i,j)-sum1)/D(j);
        end
    end
    sum2=0;
    for k=1:i-1
        sum2=sum2+L(i,k)^2*D(k);
    end
    D(i)=A(i,i)-sum2;
end
% 分别求解线性方程组 Ly=b;L'x=y/D
y=zeros(1,N);
```

```
y(1)=b(1);
for i=2:N
    sumi=0;
        for k=1:i-1
        sumi=sumi+L(i,k)*y(k);
    end
    y(i)=b(i)-sumi;
end
x=zeros(1,N);
x(N)=y(N)/D(N);
for i=N-1:-1:1
    sumi=0;
    for k=i+1:N
        sumi=sumi+L(k,i)*x(k);
    end
    x(i)=y(i)/D(i)-sumi;
end
```

3.2.6 解三对角方程组的追赶法及 MATLAB 程序

1. 解三对角方程组的追赶法

Gauss 消去法和 LU 分解法,都是求解一般线性方程组的方法,他们均不考虑线性方程组的特点.在实际应用中会遇到一些特殊类型的线性方程组,例如用差分法解二阶线性常微分方程边值问题,解热传导方程以及船体数学放样中建立三次样条函数等,都要求解系数矩阵为对角占优的三对角线性方程组,若还用原有的一般方法来求解,势必造成存储和计算的浪费,因此有必要构造适合解这类方程的解法.

设有方程组

$$\begin{pmatrix} b_1 & c_1 & & & & & \\ a_2 & b_2 & c_2 & & & & \\ & \ddots & \ddots & \ddots & & & \\ & & a_i & b_i & c_i & & \\ & & & \ddots & \ddots & \ddots & \\ & & & & a_{n-1} & b_{n-1} & c_{n-1} \\ & & & & & a_n & b_n \end{pmatrix} \begin{pmatrix} x_1 \\ x_2 \\ \vdots \\ x_i \\ \vdots \\ x_n \end{pmatrix} = \begin{pmatrix} d_1 \\ d_2 \\ \vdots \\ d_i \\ \vdots \\ d_n \end{pmatrix}, \quad (3.55)$$

简记为 $\boldsymbol{Ax} = \boldsymbol{d}$. 其中 $\boldsymbol{A}$ 满足下列条件 (称为对角占优的三对角线矩阵):

(1) $|b_1| > |c_1| > 0;$

(2) $|b_i| \geqslant |a_i| + |c_i|$ $a_i, c_i \neq 0$ $(i = 2, 3, \cdots, n-1)$;
(3) $|b_n| > |a_n| > 0.$

容易验证式 (3.55) 矩阵 A 满足 LU 分解的条件，因此可对 A 实施 Doolittle 分解或 Crout 分解，下面采用 Gauss 消去法计算，通过 $n-1$ 次消元后，可得

$$\begin{pmatrix} 1 & u_1 & & & \\ & 1 & u_2 & & \\ & & \ddots & \ddots & \\ & & & 1 & u_{n-1} \\ & & & & 1 \end{pmatrix} \begin{pmatrix} x_1 \\ x_2 \\ \vdots \\ x_{n-1} \\ x_n \end{pmatrix} = \begin{pmatrix} q_1 \\ q_2 \\ \vdots \\ q_{n-1} \\ q_n \end{pmatrix}, \tag{3.56}$$

其中

$$\begin{cases} u_1 = c_1/b_1, \\ q_1 = d_1/b_1, \\ u_i = c_i/(b_i - u_{i-1}a_i), & i = 2, 3, \cdots, n-1, \\ q_i = (d_i - q_{i-1}a_i)/(b_i - u_{i-1}a_i), & i = 2, 3, \cdots, n. \end{cases} \tag{3.57}$$

利用回代过程依次求出方程组 (3.56) 各变量

$$\begin{cases} x_n = q_n, \\ x_i = q_i - u_i x_{i+1}, & i = n-1, n-2, \cdots, 2, 1. \end{cases} \tag{3.58}$$

上述方法称为解线性方程组 (3.55) 的**追赶法**. 这里所谓的"追"(消元过程) 是指按式 (3.57) 顺序计算出 $u_1, u_2, \cdots, u_{n-1}$ 和 $q_1, q_2, \cdots, q_n$; 所谓的"赶"(回代过程), 是指按式 (3.58) 逆序求出 $x_n, x_{n-1}, \cdots, x_1$.

在追赶法的过程中不会出现小主元，因此不会引起舍入误差的严重扩散. 同时由于系数矩阵中含有大量的零元素，实际计算时可将这些零元素撇开，从而大大节省了计算量.

2. 解三对角方程组的追赶法的 MATLAB 程序

MATLAB 程序 3.13　用追赶法解三对角方程组

```
function x=zhuigan(A,B,C,D)
% 用追赶法解三对角方程组
n=length(B); X=zeros(1,n);U=zeros(1,n);
Q=zeros(1,n); U(1)=C(1)/B(1);
Q(1)=D(1)/B(1);
for i=2:n-1
    U(i)=C(i)/(B(i)-U(i-1)*A(i-1));
end
```

```
for i=2:n
    Q(i)=(D(i)-Q(i-1)*A(i-1))/(B(i)-U(i-1)*A(i-1));
end
X(n)=Q(n);
for i=n-1:-1:1
    X(i)=Q(i)-U(i)*X(i+1);
end
X
```

例 3.10 用追赶法解方程组

$$\begin{pmatrix} 2 & -1 & & & \\ 1 & 2 & -1 & & \\ & 1 & 2 & -1 & \\ & & 1 & 2 & -1 \\ & & & 1 & 2 \end{pmatrix} \begin{pmatrix} x_1 \\ x_2 \\ x_3 \\ x_4 \\ x_5 \end{pmatrix} = \begin{pmatrix} 1 \\ 0 \\ 0 \\ 0 \\ 0 \end{pmatrix}.$$

解 在 MATLAB 命令窗口执行

```
>>A=[-1 -1 -1 -1];B=[2 2 2 2 2];C=[-1 -1 -1 -1];D=[1 0 0 0 0];x=zhuigan(A,B,C,D)
```

得到

```
X =    0.833 3    0.666 7    0.500 0    0.333 3    0.166 7
```

3.3 迭 代 法

　　解线性方程组的迭代法是对任意给定的初始近似解向量，按着某种方法逐步生成近似解序列，使解序列的极限为方程组的解．因此迭代是利用某种极限过程去逐步逼近精确解的方法，从而可以利用有限步计算算出指定精度的近似解．迭代法主要有：Jacobi 迭代法、Gauss-Seidel 迭代法和超松弛迭代法等．

3.3.1 迭代法的一般形式

　　设有线性方程组

$$Ax = b, \tag{3.59}$$

其中 A 为非奇异矩阵，向量 $b \neq 0$，因而有唯一解 x^*．下面介绍迭代法的一般格式．

　　先将方程组 (3.59) 变形成等价的同解线性方程组

$$x = Bx + f \tag{3.60}$$

的形式，然后任取一个初始向量 $\boldsymbol{x}^{(0)} \in \mathbb{R}^n$ 作为式 (3.60) 的近似解，由公式

$$\boldsymbol{x}^{(k+1)} = \boldsymbol{B}\boldsymbol{x}^{(k)} + \boldsymbol{f}, \quad k = 0, 1, 2, \cdots \tag{3.61}$$

构造向量序列 $\{\boldsymbol{x}^{(k)}\}$，如果向量序列 $\{\boldsymbol{x}^{(k)}\}$ 满足

$$\lim_{k \to \infty} \boldsymbol{x}^{(k)} = \boldsymbol{x}^*, \tag{3.62}$$

则称迭代法收敛，$\boldsymbol{x}^*$ 即是方程 (3.59) 的解．否则，称迭代法发散．式 (3.61) 称为迭代格式，$\boldsymbol{B}$ 为迭代矩阵，$\boldsymbol{x}^{(k)}$ 为第 k 次迭代近似解，称 $\boldsymbol{e}^{(k)} = \boldsymbol{x}^* - \boldsymbol{x}^{(k)}$ 为第 k 次迭代误差．

用迭代法解线性方程组 (3.59) 的关键是：

(1) 如何构造迭代格式 (3.61)；

(2) 迭代格式 (3.61) 所产生的序列 $\{\boldsymbol{x}^{(k)}\}$ 的收敛条件是什么？

3.3.2　Jacobi 迭代法及 MATLAB 程序

1. Jacobi 迭代法的分量形式

设线性方程 (3.59) 的分量形式为

$$\begin{cases} a_{11}x_1 + a_{12}x_2 + \cdots + a_{1n}x_n = b_1, \\ a_{21}x_1 + a_{22}x_2 + \cdots + a_{2n}x_n = b_2, \\ \quad\quad\quad\quad\quad\quad \vdots \\ a_{n1}x_1 + a_{n2}x_2 + \cdots + a_{nn}x_n = b_n. \end{cases} \tag{3.63}$$

Jacobi 方法的迭代步骤：

(1) 设 $a_{ii} \neq 0 (i = 1, 2, \cdots, n)$．将线性方程组 (3.63) 的第 i 个方程中的第 i 个变元 x_i 用其他 $n-1$ 个变元表示，即解出

$$\begin{cases} x_1 = \dfrac{1}{a_{11}}(b_1 - a_{12}x_2 - a_{13}x_3 - a_{1n}x_n), \\ x_2 = \dfrac{1}{a_{22}}(b_2 - a_{21}x_1 - a_{23}x_3 - a_{2n}x_n), \\ \quad\quad\quad\quad \vdots \\ x_n = \dfrac{1}{a_{nn}}(b_n - a_{n1}x_1 - a_{n2}x_2 - a_{n,n-1}x_{n-1}), \end{cases} \tag{3.64}$$

即

$$x_i = \left(b_i - \sum_{\substack{j=1 \\ j \neq i}}^{n} a_{ij}x_j\right)\bigg/a_{ii}, \quad i = 1, 2, \cdots, n. \tag{3.65}$$

(2) 写成迭代格式

$$\begin{cases} x_1^{(k+1)} = \dfrac{1}{a_{11}}(b_1 - a_{12}x_2^{(k)} - a_{13}x_3^{(k)} - a_{1n}x_n^{(k)}), \\ x_2^{(k+1)} = \dfrac{1}{a_{22}}(b_2 - a_{21}x_1^{(k)} - a_{23}x_3^{(k)} - a_{2n}x_n^{(k)}), \\ \quad \vdots \\ x_n^{(k+1)} = \dfrac{1}{a_{nn}}(b_n - a_{n1}x_1^{(k)} - a_{n2}x_2^{(k)} - a_{n,n-1}x_{n-1}^{(k)}), \end{cases} \tag{3.66}$$

即

$$x_i^{(k+1)} = \left(b_i - \sum_{\substack{j=1 \\ j \neq i}}^{n} a_{ij} x_j^{(k)}\right)/a_{ii}, \quad i = 1, 2, \cdots, n; k = 0, 1, 2, \cdots. \tag{3.67}$$

(3) 取初值向量 $\boldsymbol{x}^{(0)} = (x_1^{(0)}, x_2^{(0)}, \cdots, x_n^{(0)})^{\mathrm{T}}$ 代入式 (3.66),逐次算出向量序列 $\{\boldsymbol{x}^{(k)}\}(k=1,2,\cdots)$,这里 $\boldsymbol{x}^{(k)} = (x_1^{(k)}, x_2^{(k)}, \cdots, x_n^{(k)})^{\mathrm{T}}$。向量序列 $\{\boldsymbol{x}^{(k)}\}$ 收敛时,对于事先给定的精度要求 ε,当

$$\|\boldsymbol{x}^{(k+1)} - \boldsymbol{x}^{(k)}\|_\infty < \varepsilon$$

时,即得方程组的近似解 $\boldsymbol{x}^* \approx \boldsymbol{x}^{(k+1)}$。

2. Jacobi 迭代法的矩阵形式

设线性方程组 (3.59) 的系数矩阵 $\boldsymbol{A}$ 非奇异,且主对角线元素 $a_{ii} \neq 0 (i=1,2,\cdots,n)$,将矩阵 $\boldsymbol{A}$ 分解成

$$\boldsymbol{A} = \begin{pmatrix} 0 & & & \\ a_{21} & 0 & & \\ \vdots & \vdots & \ddots & \\ a_{n1} & a_{n2} & \cdots & 0 \end{pmatrix} + \begin{pmatrix} a_{11} & & & \\ & a_{22} & & \\ & & \ddots & \\ & & & a_{nn} \end{pmatrix} + \begin{pmatrix} 0 & a_{12} & \cdots & a_{1n} \\ & 0 & \cdots & a_{2n} \\ & & \ddots & \vdots \\ & & & 0 \end{pmatrix}, \tag{3.68}$$

记作

$$\boldsymbol{A} = \boldsymbol{L} + \boldsymbol{D} + \boldsymbol{U},$$

则 $\boldsymbol{Ax} = \boldsymbol{b}$ 等价于

$$(\boldsymbol{L} + \boldsymbol{D} + \boldsymbol{U})\boldsymbol{x} = \boldsymbol{b},$$

即

$$\boldsymbol{Dx} = -(\boldsymbol{L} + \boldsymbol{U})\boldsymbol{x} + \boldsymbol{b},$$

由 $a_{ii} \neq 0 (i=1,2,\cdots,n)$,则

$$x = -D^{-1}(L+U)x + D^{-1}b,$$

得迭代格式:
$$x^{(k+1)} = -D^{-1}(L+U)x^{(k)} + D^{-1}b. \tag{3.69}$$

令
$$B = -D^{-1}(L+U); f = D^{-1}b,$$

则有
$$x^{(k+1)} = Bx^{(k)} + f. \tag{3.70}$$

称式 (3.70) 为 Jacobi 迭代格式的矩阵形式. 其中 B 称为 Jacobi 迭代矩阵. Jacobi 迭代法的矩阵形式, 主要用来讨论其收敛性, 实际计算中, 要用 Jacobi 迭代格式的分量形式.

3. Jacobi 迭代法分量形式的 MATLAB 程序

MATLAB 程序 3.14　**Jacobi 迭代法分量形式**

```
function [x,k]=jacobif(A,b,x0,ep,Nmax)
% 用分量形式jacobi迭代法解线性方程组Ax=b
% [x,k]=jacobif(A,b,x0,ep,Nmax),A为系数矩阵,b为右端向量,x返回解向量
% x0为迭代初值(默认值为原点),ep为精度(默认值为1e-5)
% k为迭代次数上限以防发散(默认值为500)
n=length(A);k=0;
if nargin<5 Nmax=500;end
if nargin<4 ep=1e-5;end
if nargin<3 x0=zeros(n,1);y=zeros(n,1);end
x=x0;x0=x+2*ep;
while norm(x0-x,inf)>ep&k<Nmax,k=k+1;x0=x;
    for i=1:n
        y(i)=b(i);
        for j=1:n
            if j ~= i
                y(i)=y(i)-A(i,j)*x0(j);
            end
        end
        if abs(A(i,i))<1e-10|k==Nmax
            warning('A(i,i)太小');
            return
        end
        y(i)=y(i)/A(i,i);
```

```
        end
        x=y;
end
```

例 3.11 用 Jacobi 迭代方法解线性方程组

$$\begin{pmatrix} 4 & 3 & 0 \\ 3 & 4 & -1 \\ 0 & -1 & 4 \end{pmatrix} \begin{pmatrix} x_1 \\ x_2 \\ x_3 \end{pmatrix} = \begin{pmatrix} 24 \\ 30 \\ -24 \end{pmatrix}.$$

解 在 MATLAB 命令窗口执行

```
>>A=[4 3 0;3 4 -1;0 -1 4];b=[24 30 -24]';[x,k]=jacobif(A,b)
```

得到

```
x =    3.000 0
       4.000 0
      -5.000 0
k =          58
```

3.3.3 Gauss-Seidel 迭代法及 MATLAB 程序

1. Gauss-Seidel 迭代法的分量形式

对 Jacobi 迭代格式稍加改进, 就可得到实用上更为有效的迭代格式. Jacobi 迭代格式的每一步迭代新值 $\boldsymbol{x}^{(k+1)} = (x_1^{(k+1)}, x_2^{(k+1)}, \cdots, x_n^{(k+1)})^{\mathrm{T}}$ 都是用 $\boldsymbol{x}^{(k)} = (x_1^{(k)}, x_2^{(k)}, \cdots, x_n^{(k)})^{\mathrm{T}}$ 的全部分量计算出来的, 一般地, 对于一个收敛的过程, 新值 $x_i^{(k+1)}$ 将比旧值 $x_i^{(k)}$ 更接近精确解 $\boldsymbol{x}^*$, Jacobi 迭代格式在计算第 i 个分量 $x_i^{(k+1)}(i=1,2,\cdots,n)$ 时, 已经计算出 $x_1^{(k+1)}, x_2^{(k+1)}, \cdots, x_{i-1}^{(k+1)}$ 这前 $i-1$ 个新的迭代值, 但却没有用在计算 $x_i^{(k+1)}(i=1,2,\cdots,n)$ 上, 如果将这些分量都用起来, 可能得到一个收敛更快的迭代格式. 考查式 (3.67), 将公式右端前 $i-1$ 个分量的上标由 (k) 换成 $(k+1)$, 得 Gauss-Seidel 迭代格式的分量形式:

$$x_i^{(k+1)} = \left(b_i - \sum_{j=1}^{i-1} a_{ij} x_j^{(k+1)} - \sum_{j=i+1}^{n} a_{ij} x_j^{(k)} \right) / a_{ii}, \quad i=1,2,\cdots,n; k=0,1,2,\cdots. \quad (3.71)$$

2. Gauss-Seidel 迭代法的矩阵形式

由前文知 $\boldsymbol{A} = \boldsymbol{L} + \boldsymbol{D} + \boldsymbol{U}$, 由于 $|\boldsymbol{A}| \neq 0$, 所以 $|\boldsymbol{L} + \boldsymbol{D} + \boldsymbol{U}| = |\boldsymbol{A}| \neq 0$, 故 $\boldsymbol{Ax} = \boldsymbol{b}$ 等价于

$$(\boldsymbol{L} + \boldsymbol{D} + \boldsymbol{U})\boldsymbol{x} = \boldsymbol{b},$$

解得 $\boldsymbol{Dx} + \boldsymbol{Lx} = -\boldsymbol{Ux} + \boldsymbol{b}$, 故

$$\boldsymbol{Dx}^{(k+1)} + \boldsymbol{Lx}^{(k+1)} = -\boldsymbol{Ux}^{(k)} + \boldsymbol{b}, \quad (3.72)$$

解得迭代格式
$$x^{(k+1)} = -(D+L)^{-1}Ux^{(k)} + (D+L)^{-1}b. \tag{3.73}$$

令
$$G = -(D+L)^{-1}U; f = (D+L)^{-1}b,$$

则有
$$x^{(k+1)} = Gx^{(k)} + f. \tag{3.74}$$

公式 (3.74) 称为 Gauss-Seidel 迭代格式的矩阵形式，G 称为 Gauss-Seidel 迭代矩阵.

3. Gauss-Seidel 迭代法分量形式的 MATLAB 程序

MATLAB 程序 3.15　**Gauss-Seidel 迭代法分量形式 -程序 1**

```
function [x,k]=gaussseidelf1(A,b,x0,ep,Nmax)
% 用分量形式Gauss-Seidel迭代法解线性方程组Ax=b
% [x,k]=gaussseidelf(A,b,x0,ep,Nmax),A为系数矩阵,b为右端向量,
% x返回解向量,x0为迭代初值(默认值为原点),ep为精度(默认值为1e-5),
% Nmax为迭代次数上限以防发散(默认值为500)
n=length(A);k=0; if nargin<5 Nmax=500;end
if nargin<4 ep=1e-5;end
if nargin<3 x0=zeros(n,1);end
x=x0;x0=x+2*ep;
while norm(x0-x,inf)>ep&k<Nmax,k=k+1;x0=x;
    y=x;
    for i=1:n
        z(i)=b(i);
        for j=1:n
            if j ~= i
                z(i)=z(i)-A(i,j)*x(j);
            end
        end
        if abs(A(i,i))<1e-10|k==Nmax
            warning('A(i,i)太小');
            return
        end
        z(i)=z(i)/A(i,i);
        x(i)=z(i);
    end
end
if k==Nmax warning('已迭代上限次数');end
```

例 3.12 用分量形式 Gauss-Seidel 迭代方法 (程序 1) 解例 3.11 中的线性方程组.

解 在 MATLAB 命令窗口执行

```
>>A=[4 3 0;3 4 -1;0 -1 4];b=[24 30 -24]';[x,k]=gaussseidelf1(A,b)
```

得到

$$x = \begin{array}{c} 3.0000 \\ 4.0000 \\ -5.0000 \end{array}$$

$$k = 25$$

MATLAB 程序 3.16   Gauss-Seidel 迭代法分量形式 -程序 2

```
function [x,k]=gaussseidelf2(A,b,x0,ep,Nmax)
% 用分量形式Gauss-Seidel迭代法解线性方程组Ax=b
% [x,k]=gaussseidelf2(A,b,x0,ep,Nmax),A为系数矩阵,
% b为右端向量,x返回解向量,x0为迭代初值(默认值为原点),
% ep为精度(默认值为1e-5),Nmax为迭代次数上限以防发散(默认值为500)
n=length(A);k=0;
if nargin<5 Nmax=500;end
if nargin<4 ep=1e-5;end
if nargin<3 x=zeros(n,1);y=zeros(n,1);end
while 1
    y=x;
    for i=1:n
        z(i)=b(i);
        for j=1:n
            if j ~= i
                z(i)=z(i)-A(i,j)*x(j);
            end
        end
        if abs(A(i,i))<1e-10|k==Nmax
            warning('A(i,i)太小');
            return
        end
        z(i)=z(i)/A(i,i);
        x(i)=z(i);
    end
    if norm(y-x,inf)<ep break;end
    k=k+1;
end
if k==Nmax warning('已迭代上限次数');end
```

例 3.13 用分量形式 Gauss-Seidel 迭代方法 (程序 2) 解例 3.11 中的线性方程组.

解 在 MATLAB 命令窗口执行

```
>>A=[4 3 0;3 4 -1;0 -1 4];b=[24 30 -24]'; [x,k]=gaussseidelf2(A,b)
```

得到

$$x = \begin{matrix} 3.000\,0 \\ 4.000\,0 \\ -5.000\,0 \end{matrix}$$

$$k = 24$$

MATLAB 程序 3.17   **Gauss-Seidel 迭代法向量形式 -程序 3**

```
function [x,k]=gaussseidel3(A,b,x0,ep,Nmax)
% 用向量形式Gauss-Seidel迭代法解普通线性方程组Ax=b
% [x,k]=gaussseidel3(A,b,x0,ep,Nmax),A为系数矩阵,b为右端向量,x返回解向量
% x0为迭代初值(默认值为原点),ep为精度(默认值为1e-5)
% k为迭代次数上限以防发散(默认值为500)
n=length(b);
if nargin<5 Nmax=500;end
if nargin<4 ep=1e-5;end
if nargin<3 x0=zeros(n,1);end
x=x0;x0=x+2*ep;
k=0;A1=tril(A);iA1=inv(A1);
while norm(x0-x,inf)>ep&k<Nmax,k=k+1;x0=x;
    x=-iA1*(A-A1)*x0+iA1*b;
end
if k==Nmax warning('已迭代上限次数');end
```

例 3.14 用向量形式 Gauss-Seidel 迭代方法 (程序 3) 解例 3.11 中线性方程组.

解 在 MATLAB 命令窗口执行

```
>> A=[4 3 0;3 4 -1;0 -1 4];b=[24 30 -24]'; [x,k]=gaussseidel3(A,b)
```

得到

$$x = \begin{matrix} 3.000\,0 \\ 4.000\,0 \\ -5.000\,0 \end{matrix}$$

$$k = 25$$

例 3.15 用向量形式 Gauss-Seidel 迭代方法 (程序 3) 解线性方程组.

$$\begin{pmatrix} 4 & -2 & -1 \\ -2 & 4 & -2 \\ -1 & -2 & 3 \end{pmatrix} \begin{pmatrix} x_1 \\ x_2 \\ x_3 \end{pmatrix} = \begin{pmatrix} 0 \\ -2 \\ 3 \end{pmatrix}.$$

解 在 MATLAB 命令窗口执行

```
>> A=[4 -2 -1;-2 4 -2;-1 -2 3];b=[0 -2 3]'; [x,k]=gaussseidel3(A,b,[1,1,1]',1e-6)
```

得到

```
    x =    1.000 0
           1.000 0
           2.000 0
    k =        71
```

MATLAB 程序 3.18   **Gauss-Seidel 迭代法向量形式 -程序 4**

```
function [x,k]=gaussseidel4(A,b,x0,ep,Nmax)
% 用向量形式Gauss-Seidel迭代法解大型稀疏线性方程组Ax=b
% x=gaussseidel4(A,b,x0,ep,N),A为系数矩阵,b为右端向量,x返回解向量
% x0为迭代初值(默认值为原点),ep为精度(默认值为1e-5)
% Nmax为迭代次数上限以防发散(默认值为500)
n=length(b);
if nargin<5 Nmax=500;end
if nargin<4 ep=1e-5;end
if nargin<3 x0=zeros(n,1);end
x0=sparse(x0);b=sparse(b);A=sparse(A);
%使用稀疏矩阵存储
x=x0;x0=x+2*ep;x0=sparse(x0); k=0;A1=tril(A);iA1=inv(A1);
while norm(x0-x,inf)>ep&k<N k=k+1;
    x0=x;x=-iA1*(A-A1)*x0+iA1*b;
end
x=full(x); if k==Nmax warning('已迭代上限次数');end
```

例 3.16 用向量形式 Gauss-Seidel 迭代方法 (程序 4)解例 3.15 中的线性方程组

解 在 MATLAB 命令窗口执行

```
>> A=[4 -2 -1;-2 4 -2;-1 -2 3];b=[0 -2 3]'; [x,k]=gaussseidel4(A,b,[1,1,1]',1e-6)
```

得到

```
    x =    1.000 0
           1.000 0
           2.000 0
    k =        71
```

3.3.4 超松弛迭代法及 MATLAB 程序

1. 超松弛迭代法

一般情况下, Jacobi 迭代方法解线性方程组收敛速度较慢, 在实际中很少使用. 在 Jacobi 迭代方法收敛速度较慢的情况下, Gauss-Seidel 迭代方法的收敛速度也不明显, 因此要想提高收敛速度必须对其进行修改. **逐次超松弛迭代法** (简称 **SOR 方法**)是迭代法的一种加速方法, 计算公式简单, 但需要选择合适的松弛因子, 以保证迭代过程有较快的收敛速度.

3.3 迭代法

SOR 方法的构造如下：设有方程组 $Ax = b$，其中 A 为非奇异矩阵，$x = (x_1, x_2, \cdots, x_n)^T$，$b = (b_1, b_2, \cdots, b_n)^T$，记 $x^{(k)}$ 为第 k 步迭代近似值，则

$$r^{(k+1)} = b - Ax^{(k)} \tag{3.75}$$

表示近似解 $x^{(k)}$ 的残余误差，于是有加速迭代格式

$$x^{(k+1)} = x^{(k)} + \omega(b - Ax^{(k)}), \tag{3.76}$$

其中 ω 称作**松弛因子**. 如先用 Jacobi 迭代格式计算 $x_i^{(k)}$，则得其分量形式为

$$x_i^{(k+1)} = x_i^{(k)} + \omega\left(b_i - \sum_{j=1}^n a_{ij}x_j^{(k)}\right), \quad i = 1, 2, \cdots, n. \tag{3.77}$$

选择适当的松弛因子，可期望获得较快的收敛速度.如果在计算分量 $x_i^{(k+1)}$ 时，考虑利用已经计算出来的分量 (Gauss-Seidel 迭代思想)$x_1^{(k+1)}, x_2^{(k+1)}, \cdots, x_{i-1}^{(k+1)}$，又可得可到一个新的迭公式：

$$x_i^{(k+1)} = x_i^{(k)} + \omega\left(b_i - \sum_{j=1}^{i-1} a_{ij}x_j^{(k+1)} - \sum_{j=i}^n a_{ij}x_j^{(k)}\right), \quad i = 1, 2, \cdots, n. \tag{3.78}$$

特别当 $a_{ii} \neq 0 (i = 1, 2, \cdots, n)$ 时，将迭代格式3.78应用于方程组

$$\sum_{j=1}^n \frac{a_{ij}}{a_{ii}} x_j = \frac{b_i}{a_{ii}}, \quad i = 1, 2, \cdots, n,$$

由此得下列松弛迭代格式：

$$x_i^{(k+1)} = x_i^{(k)} + \frac{\omega}{a_{ii}}\left(b_i - \sum_{j=1}^{i-1} a_{ij}x_j^{(k+1)} - \sum_{j=i}^n a_{ij}x_j^{(k)}\right), \quad i = 1, 2, \cdots, n. \tag{3.79}$$

显然，当取 $\omega = 1$ 时，式 (3.79)是 Gauss-Seidel 迭代格式. 可以证明为保证迭代过程收敛，必须要求 $0 < \omega < 2$，当 $0 < \omega < 1$ 时称作**低松弛法**；当 $1 < \omega < 2$ 时称作**超松弛法**.

2. 超松弛迭代法的 MATLAB 程序

MATLAB 程序 3.19 超松弛迭代法

```
function[x,k]=sor(A,b,omega,x0,ep,Nmax)
% 用分量形式SOR迭代法解线性方程组Ax=b
% [x,k]=sor(A,b,omega,x0,ep,Nmax,A为系数矩阵,b为右端向量
% x返回解向量,x0为迭代初值(默认值为原点),ep为精度(默认值为1e-5)
% Nmax为迭代次数上限以防发散(默认值为500),
% omega 是松弛因子,一般取1~2之间的数(默认值为1.5)
n=length(b); if nargin<6 Nmax=500;end
if nargin<5 ep=1e-5;end
if nargin<4 x0=zeros(n,1);end
```

```
if nargin<3 omega=1.5;end
x=x0;x0=x+2*ep; k=0;L=tril(A,-1);U=triu(A,1);
while norm(x0-x,inf)>ep&k<Nmax,k=k+1;x0=x;
    for i=1:n
        x1(i)=(b(i)-L(i,1:i-1)*x(1:i-1,1)
        -U(i,i+1:n)*x0(i+1:n,1))/A(i,i);
        x(i)=(1-omega)*x0(i)+omega*x1(i);
    end
end
if k==Nmax warning('已迭代上限次数');end
```

例 3.17 用 SOR 迭代方法解例 3.11 中的线性方程组.

解 在 MATLAB 命令窗口执行

```
>> A=[4 3 0;3 4 -1;0 -1 4];b=[24 30 -24]'; [x,k]=sor(A,b,1.45,[1,1,1]',1e-6)
```

得到

$$
\begin{aligned}
x &= \begin{array}{c} 3.000\,0 \\ 4.000\,0 \\ -5.000\,0 \end{array} \\
k &= \quad 22
\end{aligned}
$$

例 3.18 用 SOR 迭代方法解例 3.15 中的线性方程组.

解 在 MATLAB 命令窗口执行

```
>> A=[4 -2 -1;-2 4 -2;-1 -2 3];b=[0 -2 3]'; [x,k]=sor(A,b,1.45,[1,1,1]',1e-6)
```

得到

$$
\begin{aligned}
x &= \begin{array}{c} 1.000\,0 \\ 1.000\,0 \\ 2.000\,0 \end{array} \\
k &= \quad 24
\end{aligned}
$$

3. 用 0.618 法求最优松弛因子

MATLAB 程序 3.20 求最优松弛因子

```
function[wopt,ropt]=sor618(A)
% 用0.618法求最优松弛因子,A为方程组的系数矩阵,wopt为最优松弛因子,
% ropt为与最优松弛因子对应的谱半径.
n=length(A);D=zeros(n);L=zeros(n);U=zeros(n);
for i=1:n
    D(i,i)=A(i,i);
    for j=1:i-1
        L(i,j)=-A(i,j);
    end
```

```
        for j=i+1:n
            U(i,j)=-A(i,j);
        end
    end
t=2/(sqrt(5)+1);ep=1e-5;a=0;b=2; w1=a+(1-t)*(b-a);
B=(D-w1*L)\((1-w1)*D+w1*U); r1=max(abs(eig(B))); wr=a+t*(b-a);
B=(D-wr*L)\((1-wr)*D+wr*U); rr=max(abs(eig(B)));
while abs(b-a)>ep
    if r1<rr
        b=wr;wr=w1;rr=r1;
        w1=a+(1-t)*(b-a);
        B=(D-w1*L)\((1-w1)*D+w1*U);
        r1=max(abs(eig(B)));
    else
        a=w1;w1=wr;r1=rr;
        wr=a+t*(b-a);
        B=(D-wr*L)\((1-wr)*D+wr*U);
        rr=max(abs(eig(B)));
    end
    if r1<rr
        wopt=w1;ropt=r1;
    else
        wopt=wr;ropt=rr;
    end
end
```

例3.19 用自适应超松弛因子 SOR 迭代方法解例 3.11 中的线性方程组.

解 在 MATLAB 命令窗口执行

```
>> A=[4 3 0;3 4 -1;0 -1 4]; [wopt,ropt]=sor618(A)
```

得到

  wopt = 1.240 4 ropt= 0.240 4

3.3.5 共轭梯度法及 MATLAB 程序

1. 等价的极值问题

设 x^* 是方程组 $Ax = b$ 的精确解, 即 $Ax^* = b$. 如果 A 是正定对称矩阵, 则当且仅当 $x = x^*$ 时, 二次函数

$$F_0(x) = (x - x^*)^T A(x - x^*) = x^T Ax - 2b^T x + (x^*)^T Ax^* \tag{3.80}$$

达到极小值 $F_0(\boldsymbol{x}^*)=0$. 而 $F_0(\boldsymbol{x})$ 与二次函数

$$F(\boldsymbol{x})=\boldsymbol{x}^{\mathrm{T}}\boldsymbol{A}\boldsymbol{x}-2\boldsymbol{b}^{\mathrm{T}}\boldsymbol{x} \tag{3.81}$$

仅相差常数 $(\boldsymbol{x}^*)^{\mathrm{T}}\boldsymbol{A}\boldsymbol{x}^*$,它们的极小值点是相同的,所以解方程组 $\boldsymbol{A}\boldsymbol{x}^*=\boldsymbol{b}$ 等价于求解二次函数 $F(\boldsymbol{x})$ 的极小值点 $\boldsymbol{x}^*$.

假设 $\boldsymbol{A}$ 是对称正定矩阵,则函数族

$$\{F(\boldsymbol{x})=c:\boldsymbol{x}\in\mathbb{R}^n,c\in\mathbb{R}\} \tag{3.82}$$

代表 $\mathbb{R}^n$ 中的一族 n 维球面,$\boldsymbol{x}^*$ 是这个球面的中心.

2. 最速下降法

现在讨论如何从某一给定的初始近似值 $\boldsymbol{x}^{(0)}$ 出发,求 $F(\boldsymbol{x})$ 的极小值点 $\boldsymbol{x}^*$. 因为 $F(\boldsymbol{x})$ 在 $\boldsymbol{x}^{(0)}$ 点的梯度

$$\mathrm{grad}F(\boldsymbol{x}^{(0)})=\left(\frac{\partial F}{\partial x_1},\frac{\partial F}{\partial x_2},\cdots,\frac{\partial F}{\partial x_n}\right)^{\mathrm{T}}=2(\boldsymbol{A}\boldsymbol{x}^{(0)}-\boldsymbol{b})=-2\boldsymbol{r}^{(0)} \tag{3.83}$$

是 $F(\boldsymbol{x})$ 在 $\boldsymbol{x}^{(0)}$ 点上升速度最快的方向,所以 $\boldsymbol{r}^{(0)}=\boldsymbol{b}-\boldsymbol{A}\boldsymbol{x}^{(0)}$ 是 $F(\boldsymbol{x})$ 在 $\boldsymbol{x}^{(0)}$ 点下降速度最快的方向. 因此,沿着 $\boldsymbol{r}^{(0)}$ 的方向,即沿直线

$$\boldsymbol{x}=\boldsymbol{x}^{(0)}+t\boldsymbol{r}^{(0)} \tag{3.84}$$

求 $F(\boldsymbol{x})$ 的极小值点 $\boldsymbol{x}^*$,也就是选择 t 使

$$\begin{aligned}g(t)=F(\boldsymbol{x})&=F(\boldsymbol{x}^{(0)}+t\boldsymbol{r}^{(0)})\\&=(\boldsymbol{x}^{(0)}+t\boldsymbol{r}^{(0)})^{\mathrm{T}}\boldsymbol{A}(\boldsymbol{x}^{(0)}+t\boldsymbol{r}^{(0)})-2\boldsymbol{b}^{\mathrm{T}}(\boldsymbol{x}^{(0)}+t\boldsymbol{r}^{(0)})\\&=F(\boldsymbol{x}^{(0)})-2t\boldsymbol{r}^{(0)}(\boldsymbol{r}^{(0)})^{\mathrm{T}}+t^2(\boldsymbol{r}^{(0)})^{\mathrm{T}}\boldsymbol{A}\boldsymbol{r}^{(0)}\end{aligned} \tag{3.85}$$

达到极小. 这样由 $g'(t)=0$ 求出

$$t_0=\frac{(\boldsymbol{r}^{(0)})^{\mathrm{T}}\boldsymbol{r}^{(0)}}{(\boldsymbol{r}^{(0)})^{\mathrm{T}}\boldsymbol{A}\boldsymbol{r}^{(0)}},$$

从而得到一个新的近似值

$$\boldsymbol{x}^{(1)}=\boldsymbol{x}^{(0)}+t_0\boldsymbol{r}^{(0)}. \tag{3.86}$$

再视 $\boldsymbol{x}^{(1)}$ 为初始近似,用同样方法计算下一个近似值 $\boldsymbol{x}^{(2)}$. 一般地,从 $\boldsymbol{x}^{(k)}$ 出发可得

$$\begin{cases}\boldsymbol{x}^{(k+1)}=\boldsymbol{x}^{(k)}+t\boldsymbol{r}^{(k)},\\t_k=\dfrac{(\boldsymbol{r}^{(k)})^{\mathrm{T}}\boldsymbol{r}^{(k)}}{(\boldsymbol{r}^{(k)})^{\mathrm{T}}\boldsymbol{A}\boldsymbol{r}^{(k)}},\qquad k=0,1,2,\cdots n.\\\boldsymbol{r}^{(k)}=\boldsymbol{b}-\boldsymbol{A}\boldsymbol{x}^{(k)},\end{cases} \tag{3.87}$$

称迭代格式 (3.87) 为**最速下降法**. 对于给定的精度 ε, 达代到 $(r^{(k)})^T r^{(k)} < \varepsilon$ 为止.

注意到由
$$r^{(k+1)} = b - Ax^{(k+1)} = r^{(k)} - t_k Ar^{(k)}$$

及 t_k 的计算公式可知
$$(r^{(k)})^T r^{(k+1)} = 0,$$

即 $r^{(k)}$ 与 $r^{(k+1)}$ 是互相垂直的.

3. 共轭梯度法

按最速下降法从 $x^{(0)}$ 出发得到新的近似值 $x^{(1)}$, 是直线 $x = x^{(0)} + tr^{(0)}$ 被椭球面 $F(x) = F(x^{(0)})$ 截取的线段 $x^{(0)}\widetilde{x}^{(0)}$ 的中点. 事实上, 由 $\widetilde{x}^{(0)} = x^{(0)} + 2t_0 r^{(0)}$ 和 t_0 的定义有

$$\begin{aligned} F(\widetilde{x}^{(0)}) &= F(x^{(0)} + 2t_0 r^{(0)}) \\ &= F(x^{(0)} - 4t_0(r^{(0)})^T r^{(0)} + 4t_0^2 (r^{(0)})^T A r^{(0)}) \\ &= F(x^{(0)}). \end{aligned} \tag{3.88}$$

设 $p, q \in \mathbb{R}^n$, A 对称正定, 若 $p^T A q = 0$, 则称 p, q 是 A 正交或 A 共轭的. 过 $x^{(1)}$ 与 $Ar^{(0)}$ 正交的超平面为

$$(Ar^{(0)})^T (x - x^{(1)}) = 0, \tag{3.89}$$

并且椭球的中心 $x^* = A^{-1}b$ 在这个超平面上:

$$(Ar^{(0)})^T (x^* - x^{(1)}) = (r^{(0)})^T A (A^{-1}b - x^{(1)}) = (r^{(0)})^T r^{(1)} = \mathbf{0}, \tag{3.90}$$

因此式 (3.89) 为椭球 $F(x) \leqslant F(x^{(0)})$ 过点 $x^{(1)}$ 的直径面.

现在所关注的问题是如何确定过 $x^{(1)}$ 点的新的下降方向 $p^{(1)}$. 注意到 x^* 属于直径面 (3.89), 将 $x^{(1)}$ 处的最速下降方向投影到直径面 (3.89) 上, 即取

$$p^{(1)} = r^{(1)} - \beta_0 p^{(0)}, \tag{3.91}$$

并要求 $p^{(1)}$ 与 $p^{(0)} A$ 共轭:

$$(p^{(0)})^T A p^{(1)} = \mathbf{0}, \tag{3.92}$$

由此得

$$\beta_0 = \frac{(p^{(0)})^T A p^{(1)}}{(p^{(0)})^T A p^{(0)}}. \tag{3.93}$$

在直线 $x = x^{(1)} + \alpha p^{(1)}$ 上求 $F(x)$ 的极小值点 $x^{(2)}$. 与最速下降法一样, 求得新的近似值

$$\beta^{(2)} = x^{(1)} + \alpha p^{(1)}, \tag{3.94}$$

其中
$$\alpha_1 = \frac{(\boldsymbol{p}^{(1)})^{\mathrm{T}}\boldsymbol{r}^{(1)}}{(\boldsymbol{p}^{(1)})^{\mathrm{T}}\boldsymbol{A}\boldsymbol{p}^{(1)}}.$$

$n=3$ 的情形如图3.1所示，再从 $\boldsymbol{x}^{(2)}$ 出发，利用最速下降方向
$$\boldsymbol{r}^{(2)} = \boldsymbol{b} - \boldsymbol{A}\boldsymbol{x}^{(2)} = \boldsymbol{r}^{(1)} - \alpha_1 \boldsymbol{A}\boldsymbol{p}^{(1)}$$

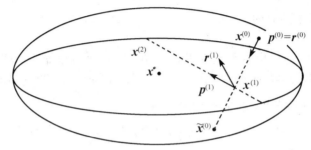

图 3.1 共轭梯度法

构造与 $\boldsymbol{p}^{(1)}$ 共轭的方向
$$\boldsymbol{p}^{(2)} = \boldsymbol{r}^{(2)} - \beta_1 \boldsymbol{p}^{(1)},$$

其中
$$\beta_1 = \frac{(\boldsymbol{p}^{(1)})^{\mathrm{T}}\boldsymbol{A}\boldsymbol{r}^{(2)}}{(\boldsymbol{p}^{(1)})^{\mathrm{T}}\boldsymbol{A}\boldsymbol{p}^{(1)}},$$

沿直线 $\boldsymbol{x} = \boldsymbol{x}^{(2)} + \alpha \boldsymbol{p}^{(2)}$ 求 $F(\boldsymbol{x})$ 的极小值点 $\boldsymbol{x}^{(3)}$. 如此继续下去，一般地，当 $\boldsymbol{x}^{(k)}, \boldsymbol{r}^{(k)}, \boldsymbol{p}^{(k)}$ 已知，沿直线 $\boldsymbol{x} = \boldsymbol{x}^{(k)} + \alpha \boldsymbol{p}^{(k)}$ 求得 $F(\boldsymbol{x})$ 的极小值点
$$\boldsymbol{x}^{(k+1)} = \boldsymbol{x}^{(k)} + \alpha_k p^{(k)}, \tag{3.95}$$

其中
$$\alpha_k = \frac{(\boldsymbol{p}^{(k)})^{\mathrm{T}}\boldsymbol{r}^{(k)}}{(\boldsymbol{p}^{(k)})^{\mathrm{T}}\boldsymbol{A}\boldsymbol{p}^{(k)}}.$$

再利用梯度
$$\boldsymbol{r}^{(k+1)} = \boldsymbol{r}^{(k)} - \alpha_k \boldsymbol{A}\boldsymbol{p}^{(k)} \tag{3.96}$$

构造 $\boldsymbol{p}^{(k)}$ 的共轭向量
$$\boldsymbol{p}^{(k+1)} = \boldsymbol{r}^{(k+1)} - \beta_k \boldsymbol{p}^{(k)}, \tag{3.97}$$

其中
$$\beta_k = \frac{(\boldsymbol{p}^{(k)})^{\mathrm{T}}\boldsymbol{A}\boldsymbol{r}^{(k+1)}}{(\boldsymbol{p}^{(k)})^{\mathrm{T}}\boldsymbol{A}\boldsymbol{p}^{(k)}}. \tag{3.98}$$

然后开始进行下一步迭代. 这样, 从

$$\boldsymbol{x}^{(0)}, \boldsymbol{p}^{(0)} = \boldsymbol{r}^{(0)} = \boldsymbol{b} - \boldsymbol{A}\boldsymbol{x}^{(0)}. \tag{3.99}$$

出发, 按式 (3.95)~式 (3.98) 求解线性方程组 $\boldsymbol{Ax} = \boldsymbol{b}$ 的解 $\boldsymbol{x}^*$ 的过程, 称为**共轭梯度法**.

4. 共轭梯度法的收敛性

定理 3.13 共轭梯度法产生的向量序列 $\{\boldsymbol{r}^{(k)}\}$ 和 $\{\boldsymbol{r}^{(k)}\}$ 有下列性质:

(1) $(\boldsymbol{r}^{(i)})^{\mathrm{T}} \boldsymbol{r}^{(j)} = \boldsymbol{0} \quad (i \neq j)$;
(2) $(\boldsymbol{p}^{(i)})^{\mathrm{T}} \boldsymbol{A} \boldsymbol{p}^{(j)} = \boldsymbol{0} \quad (i \neq j)$;
(3) $(\boldsymbol{p}^{(i)})^{\mathrm{T}} \boldsymbol{r}^{(j)} = \boldsymbol{0} \quad (i < j)$;
(4) $(\boldsymbol{p}^{(i)})^{\mathrm{T}} \boldsymbol{r}^{(j)} = (\boldsymbol{r}^{(i)})^{\mathrm{T}} \boldsymbol{r}^{(i)} \quad (i \geqslant j)$.

证明 略.

5. 共轭梯度法 MATLAB 程序

MATLAB 程序 3.21 共轭梯度法

```
function[x,k]=getd(A,b,x0,ep,Nmax)
% 用共轭梯度法求解正定系数矩阵线性方程组Ax=b
% A为线性方程组的系数矩阵,正定对称,b为方程组的右端向量
% x为解向量,k为迭代次数,x0为迭代初值(默认值原点)
% ep为精度(默认为1e-5),Nmax为迭代次数上限以防发散(默认值为500)
n=length(A);k=0;
if nargin<5 Nmax=500;end
if nargin<4 ep=1e-10;end
if nargin<3 x0=zeros(n,1);end
x=x0;x0=x+2*ep;r=b-A*x;d=r;k=0;
while norm(x0-x,inf)>ep&k<Nmax k=k+1;x0=x;
    alpha=(r'*r)/(d'*A*d);r1=r;
    s=alpha*d;x=x+s;r=r-A*s;
    beta=(r'*r)/(r1'*r1);d=r+beta*d;
end
if k==Nmax warning('已迭代上限次数');end
```

例 3.20 用共轭梯度法解线性方程组

$$\begin{pmatrix} 2 & -1 & -1 \\ -1 & 2 & 0 \\ -1 & 0 & 1 \end{pmatrix} \begin{pmatrix} x_1 \\ x_2 \\ x_3 \end{pmatrix} = \begin{pmatrix} 0 \\ 1 \\ 0 \end{pmatrix}.$$

解 在 MATLAB 命令窗口执行

```
>> A=[2 -1 -1;-1 2 0;-1 0 1];b=[0 1 0]'; [x,k]=getd(A,b)
```

得到

```
    x =  1
         1
         1
    k =  4
```

例 3.21 用共轭梯度法解 Hilbert 线性方程组

解 在 MATLAB 命令窗口执行

```
>> n=40;H=hilb(n);e=ones(n,1);b=H*e; [x,k]=getd(H,b),err=norm(x-e)
```

向量 x 略，得到

```
    k=23        err=3.069 4e-004
```

3.4 迭代法的收敛性分析

迭代法有着算法简单、程序设计容易,可以节省计算机存储单元等优点. 但是迭代法存在着收敛性和收敛速度等方面的问题,因此弄清下列问题是至关重要的.

3.4.1 迭代法的收敛性

设线性方程组

$$Ax = b \tag{3.100}$$

的等价方程组为

$$x = Bx + f, \tag{3.101}$$

相应的迭代格式为

$$x^{(k+1)} = Bx^{(k)} + f, \quad k = 0, 1, 2, \cdots. \tag{3.102}$$

下面讨论:迭代矩阵 B 满足什么条件时,由迭代格式 (3.102) 所产生的序列 $\{x^{(k)}\}$ 收敛于 x^*.

定理 3.14 迭代格式 (3.102) 收敛的充要条件是 $B^k \to \mathbf{0}(k \to \infty)$.

定理 3.15 (迭代法基本定理) 迭代格式 (3.102) 对于任意初值 $x^{(0)}$ 均收敛的充要条件是 $\rho(B) < 1$, 其中 $\rho(B)$ 为迭代矩阵 B 的谱半径.

证明 必要性: 如果 $\lim\limits_{k\to\infty} B^k = 0$, 则在任意范数 $||\cdot||$ 意义下有

$$\lim_{k\to\infty} ||B^k|| = 0,$$

由定理 3.7 有

$$||B^k|| \geqslant \rho(B^k) = (\rho(B))^k,$$

所以必有
$$\rho(\boldsymbol{B}) < 1.$$

充分性：若 $\rho(\boldsymbol{B}) < 1$，则存在足够小的正数 ε，使 $\rho(\boldsymbol{B}) + \varepsilon < 1$. 则由定理3.8可知存在范数 $\|\cdot\|_\alpha$，使 $\|\boldsymbol{B}\|_\alpha \leqslant \rho(\boldsymbol{B}) + \varepsilon < 1$. 于是
$$\|\boldsymbol{B}^k\|_\alpha \leqslant (\|\boldsymbol{B}\|_\alpha)^k \leqslant (\rho(\boldsymbol{B}) + \varepsilon)^k,$$
所以
$$\lim_{k \to \infty} \|\boldsymbol{B}^k\|_\alpha = 0,$$
即
$$\lim_{k \to \infty} \boldsymbol{B}^k = \boldsymbol{0}.$$

定义 3.11 对角占优矩阵

对于矩阵 $\boldsymbol{A}$，如果
$$|a_{ii}| > \sum_{\substack{j=1 \\ j \neq i}}^{n} |a_{ij}|, \quad i = 1, 2, \cdots, n,$$
即主对角线上元素的绝对值大于同行其他元素的绝对值之和，则称矩阵 $\boldsymbol{A}$ 为 **对角占优矩阵**.

定理 3.16 如果线性方程组 $\boldsymbol{Ax} = \boldsymbol{b}$ 的系数矩阵 $\boldsymbol{A}$ 是对解占优矩阵，则求解线性方程组 $\boldsymbol{Ax} = \boldsymbol{b}$ 的 Jacobi 迭代格式和 Gauss-Seidel 迭代格式都是收敛的.

3.4.2 迭代法的收敛速度与误差分析

1. 迭代法的收敛速度

考察误差向量 $\boldsymbol{e}^{(k)} = \boldsymbol{x}^{(k)} - \boldsymbol{x}^* = \boldsymbol{B}^k \boldsymbol{e}^{(0)}$，设 $\boldsymbol{B}$ 有 n 个线性无关的特征向量 $\boldsymbol{\eta}_1, \boldsymbol{\eta}_2, \cdots, \boldsymbol{\eta}_n$，相应的特征值为 $\lambda_1, \lambda_2, \cdots, \lambda_n$，由
$$\boldsymbol{e}^{(0)} = \sum_{j=1}^{n} a_j \boldsymbol{\eta}_j$$
得
$$\boldsymbol{e}^{(k)} = \boldsymbol{B}^k \boldsymbol{e}^{(0)} = \sum_{j=1}^{n} a_j \boldsymbol{B}^k \boldsymbol{\eta}_j = \sum_{j=1}^{n} a_j \lambda_j^k \boldsymbol{\eta}_j.$$

可以看出，当 $\rho(\boldsymbol{B}) < 1$ 越小时，$\lambda_j^k \to 0 (k \to \infty)$ 越快，即 $\boldsymbol{e}^{(k)} \to 0$ 越快，故可用量 $\rho(\boldsymbol{B})$ 来刻画迭代法的收敛速度.

现在来确定迭代次数 k，使
$$(\rho(\boldsymbol{B}))^k \leqslant 10^{-s}, \tag{3.103}$$

取对数得
$$k \geqslant \frac{s\ln 10}{-\ln\rho(\boldsymbol{B})}. \tag{3.104}$$

> **定义 3.12 收敛速度**
>
> 称
> $$R(\boldsymbol{B}) = -\ln\rho(\boldsymbol{B}) \tag{3.105}$$
> 为迭代格式 (3.102) 的**收敛速度**.

由此看出，$\rho(\boldsymbol{B}) < 1$ 越小，速度 $R(\boldsymbol{B})$ 越大，式 (3.103) 成立所需的迭代次数越小.
由于谱半径的计算比较困难，因此，可用范数 $\|\boldsymbol{B}\|$ 来作为 $\rho(\boldsymbol{B})$ 的一种估计.

2. 迭代法的误差估计

> **定理 3.17** 如果迭代矩阵 $\boldsymbol{B}$ 的某种范数 $\|\boldsymbol{B}\|_\nu = q < 1$，则对于任意初始向量 $\boldsymbol{x}^{(0)}$，迭代格式 (3.102) 收敛，且有误差估计式
> $$\|\boldsymbol{x}^* - \boldsymbol{x}^{(k)}\|_\nu \leqslant \frac{q}{1-q}\|\boldsymbol{x}^{(k)} - \boldsymbol{x}^{(k-1)}\|_\nu \tag{3.106}$$
> 或
> $$\|\boldsymbol{x}^* - \boldsymbol{x}^{(k)}\|_\nu \leqslant \frac{q^k}{1-q}\|\boldsymbol{x}^{(1)} - \boldsymbol{x}^{(0)}\|_\nu. \tag{3.107}$$

证明 利用定理 3.15 和不等式 $\rho(\boldsymbol{B}) \leqslant \|\boldsymbol{B}\|_\nu$，可以立即得出收敛性的充分条件，下面推导误差估计式.

因为 $\boldsymbol{x}^*$ 是方程组的精确解，则
$$\boldsymbol{x}^* = \boldsymbol{B}\boldsymbol{x}^* + \boldsymbol{f},$$
又 $\rho(\boldsymbol{B}) \leqslant \|\boldsymbol{B}\|_\nu = q < 1$，则由定理 3.9 知 $\boldsymbol{I} - \boldsymbol{B}$ 可逆，且
$$\|(\boldsymbol{I} - \boldsymbol{B})^{-1}\|_\nu \leqslant \frac{1}{1 - \|\boldsymbol{B}\|_\nu} = \frac{1}{1-q}.$$
由于
$$\begin{aligned}
\boldsymbol{x}^{(k)} - \boldsymbol{x}^* &= \boldsymbol{B}\boldsymbol{x}^{(k-1)} + \boldsymbol{f} - \boldsymbol{B}\boldsymbol{x}^* - \boldsymbol{f} \\
&= \boldsymbol{B}\boldsymbol{x}^{(k-1)} - \boldsymbol{B}(\boldsymbol{I} - \boldsymbol{B})^{-1}\boldsymbol{f} \\
&= \boldsymbol{B}(\boldsymbol{I} - \boldsymbol{B})^{-1}((\boldsymbol{I} - \boldsymbol{B})\boldsymbol{x}^{(k-1)} - \boldsymbol{f}) \\
&= \boldsymbol{B}(\boldsymbol{I} - \boldsymbol{B})^{-1}(\boldsymbol{x}^{(k-1)} - \boldsymbol{x}^{(k)}),
\end{aligned}$$

两边取范数得

$$||x^{(k)} - x^*||_\nu \leqslant ||B||_\nu ||(I-B)^{-1}||_\nu ||x^{(k-1)} - x^{(k)}||_\nu$$
$$\leqslant \frac{q}{1-q}||x^{(k)} - x^{(k-1)}||_\nu.$$

又由于

$$x^{(k)} - x^{(k-1)} = B(x^{(k-1)} - x^{(k-2)})$$
$$\leqslant B^{(k-1)}(x^{(1)} - x^{(0)}),$$

所以 $||x^{(k)} - x^{(k-1)}||_\nu \leqslant ||B||_\nu^{k-1} ||x^{(1)} - x^{(0)}||_\nu$,即

$$||x^* - x^{(k)}||_\nu \leqslant \frac{q^k}{1-q}||x^{(1)} - x^{(0)}||_\nu.$$

有了定理3.17的误差估计式,在实际计算时,对于预先给定的精度 $\varepsilon > 0$,若有

$$||x^{(k+1)} - x^{(k)}||_\nu < \varepsilon,$$

则认为 $x^{(k+1)}$ 是满足精度要求的近似解. 此外还可以用估计式 (3.107) 来事先确定要迭代的次数以保证 $||e^{(k)}|| < \varepsilon$.

习 题 3

1. 用 Gauss 消元法解方程组:

(1) $\begin{pmatrix} 2 & -1 & 3 \\ 4 & 2 & 5 \\ 1 & 2 & 0 \end{pmatrix} \begin{pmatrix} x_1 \\ x_2 \\ x_3 \end{pmatrix} = \begin{pmatrix} 1 \\ 4 \\ 7 \end{pmatrix}$; (2) $\begin{pmatrix} 11 & -3 & -2 \\ -23 & 11 & 1 \\ 1 & 2 & 2 \end{pmatrix} \begin{pmatrix} x_1 \\ x_2 \\ x_3 \end{pmatrix} = \begin{pmatrix} 3 \\ 0 \\ -1 \end{pmatrix}$.

2. 用 Gauss 列主元消去法解线性方程组

$$\begin{pmatrix} 3 & -1 & 4 \\ -1 & 2 & -2 \\ 2 & -3 & -2 \end{pmatrix} \begin{pmatrix} x_1 \\ x_2 \\ x_3 \end{pmatrix} = \begin{pmatrix} 7 \\ -1 \\ 0 \end{pmatrix}.$$

3. 用列主元消去法解方程组

$$\begin{pmatrix} -1 & 2 & -2 \\ 3 & -1 & 4 \\ 2 & -3 & -2 \end{pmatrix} \begin{pmatrix} x_1 \\ x_2 \\ x_3 \end{pmatrix} = \begin{pmatrix} -1 \\ 7 \\ 0 \end{pmatrix}.$$

4. 用追赶法解三对角方程

$$\begin{pmatrix} 2 & -1 & 0 & 0 & 0 \\ -1 & 2 & -1 & 0 & 0 \\ 0 & -1 & 2 & -1 & 0 \\ 0 & 0 & -1 & 2 & -1 \\ 0 & 0 & 0 & -1 & 2 \end{pmatrix} \begin{pmatrix} x_1 \\ x_2 \\ x_3 \\ x_4 \\ x_5 \end{pmatrix} = \begin{pmatrix} 1 \\ 0 \\ 0 \\ 0 \\ 0 \end{pmatrix}.$$

5. 用主元消去法计算行列式

$$\begin{vmatrix} 1 & 2 & 6 \\ 3 & 2 & 4 \\ 9 & 5 & 1 \end{vmatrix}.$$

6. 用三角分解法解线性方程组

$$\begin{pmatrix} -2 & 4 & 8 \\ -4 & 18 & -16 \\ -6 & 2 & -20 \end{pmatrix} \begin{pmatrix} x_1 \\ x_2 \\ x_3 \end{pmatrix} = \begin{pmatrix} 5 \\ 8 \\ 7 \end{pmatrix}.$$

7. 将矩阵 $\boldsymbol{A}$ 作 LU 分解

$$\boldsymbol{A} = \begin{pmatrix} 1 & 0 & 2 & 0 \\ 0 & 1 & 1 & 1 \\ 2 & 0 & -1 & 1 \\ 0 & 0 & 1 & 1 \end{pmatrix}.$$

8. 用 LU 分解法解线性方程组

$$\begin{pmatrix} 5 & 7 & 9 & 10 \\ 6 & 8 & 10 & 9 \\ 7 & 10 & 8 & 7 \\ 5 & 7 & 6 & 5 \end{pmatrix} \begin{pmatrix} x_1 \\ x_2 \\ x_3 \\ x_4 \end{pmatrix} = \begin{pmatrix} 1 \\ 1 \\ 1 \\ 1 \end{pmatrix}.$$

9. 用 Cholesky 方法解线性方程组

$$\begin{pmatrix} 4 & -2 & -4 \\ -2 & 17 & 10 \\ -4 & 10 & 9 \end{pmatrix} \begin{pmatrix} x_1 \\ x_2 \\ x_3 \end{pmatrix} = \begin{pmatrix} 10 \\ 3 \\ -7 \end{pmatrix}.$$

10. 给定方程组
$$\begin{pmatrix} 1 & -2 & 2 \\ -1 & 1 & -1 \\ -2 & -2 & 1 \end{pmatrix} \begin{pmatrix} x_1 \\ x_2 \\ x_3 \end{pmatrix} = \begin{pmatrix} -12 \\ 0 \\ 10 \end{pmatrix}.$$

(1) 写出 Jacobi 和 Gauss-Seidel 迭代格式.

(2) 证明 Jacobi 迭代法收敛, Gauss-Seidel 迭代法发散.

(3) 给定 $x^{(0)} = (0,0,0)^{\mathrm{T}}$, 用迭代法求出该方程组的解, 精确到 $\|x^{(k+1)} - x^{(k)}\|_\infty \leqslant 0.0005$.

11. 给定方程组
$$\begin{pmatrix} 2 & 1 & 1 \\ 1 & 1 & 1 \\ 1 & 1 & 2 \end{pmatrix} \begin{pmatrix} x_1 \\ x_2 \\ x_3 \end{pmatrix} = \begin{pmatrix} 0 \\ 3 \\ 1 \end{pmatrix}.$$

(1) 写出 Jacobi 和 Gauss-Seidel 迭代格式.

(2) 证明 Jacobi 迭代法发散, Gauss-Seidel 迭代法收敛.

(3) 给定 $x^{(0)} = (0,0,0)^{\mathrm{T}}$, 用迭代法求出该方程组的解, 精确到 $\|x^{(k+1)} - x^{(k)}\|_\infty \leqslant 0.0005$.

12. 方程组 $Ax = b$, 其中
$$A = \begin{pmatrix} 1 & a & a \\ 4a & 1 & 0 \\ a & 0 & 1 \end{pmatrix}, \quad x, b \in \mathbb{R}^3.$$

利用迭代法收敛的充要条件, 确定使 Jacobi 迭代法和 Gauss-Seidel 迭代法都收敛的 a 的取值范围.

13. 分别用 Gauss-Seidel 迭代法和 SOR 法解方程组, 取 $x^{(0)} = (1,1,1)^{\mathrm{T}}$, 精确到 4 位有效数字.

14. 设 A 是非奇异矩阵, B 是 n 阶奇异矩阵, 试证明:
$$\frac{1}{\mathrm{cond}(A)} \leqslant \frac{\|A - B\|}{\|A\|}.$$

15. 设
$$A = \begin{pmatrix} 1 & 10^4 \\ 1 & 1 \end{pmatrix},$$

计算 $\mathrm{cond}(A)_\infty$.

16. 用平方根法解方程组

$$\begin{pmatrix} 1 & 2 & 3 \\ 2 & 4 & 1 \\ 4 & 6 & 7 \end{pmatrix} \begin{pmatrix} x_1 \\ x_2 \\ x_3 \end{pmatrix} = \begin{pmatrix} 4 \\ 5 \\ 6 \end{pmatrix}.$$

第4章 矩阵特征值与特征向量的数值算法

> **学习目标与要求**
> 1. 掌握特征值特征向量的数值解法.
> 2. 理解 Householder 变换、Givens 变换、Gershgorin 圆盘定理、QR 分解.
> 3. 掌握乘幂法、反乘幂法及 MATLAB 程序实现.
> 4. 掌握 Jacobi 方法及 MATLAB 程序实现.
> 5. 掌握 Householder 方法.
> 6. 掌握 QR 方法及 MATLAB 程序实现.

在科学和工程技术中许多实际计算问题都归结为求矩阵的特征值和特征向量.

计算矩阵 A 的特征值就是求特征方程

$$|A - \lambda I| = 0,$$

即

$$\lambda^n + p_1 \lambda^{n-1} + p_2 \lambda^{n-2} + \cdots + p_n = 0$$

的根. 求出特征值 λ 后, 再求相应的齐次线性方程组

$$(A - \lambda I)x = 0$$

的非零解, 即是对应于 λ 的特征向量. 这对于阶数较小的矩阵是可以的, 但对于阶数较大的矩阵来说, 求解十分困难. 不仅如此, 由于特征值往往对特征方程左边特征多项式的系数很"敏感", 即当特征多项式的系数有稍许误差时, 常常导致特征值有较大的偏离. 因此除对少数特殊类型的矩阵外, 一般不用求特征多项式的办法来求矩阵的特征值.

若矩阵 A 与 B 相似, 则矩阵 A 与 B 有相同的特征值. 因此希望在相似变换下, 把矩阵 A 化为最简单的形式. 一般矩阵的最简单形式是 Jordan 标准型. 由于在一般情况下, 用相似变换把矩阵 A 化为 Jordan 标准型是很困难的, 于是人们设法对矩阵 A 依次进行相似变换, 使其逐步趋向一个 Jordan 标准型, 从而求出矩阵 A 的特征值.

本章介绍求部分特征值的幂法、反幂法；求实对称矩阵全部特征值和特征向量的 Jacobi 方法、Householder 方法；求任意矩阵全部特征值的 QR 方法.

4.1 预 备 知 识

4.1.1 Householder 变换和 Givens 变换

1. Householder 变换

定义 4.1 Householder 变换
设 $\boldsymbol{\omega} \in \mathbb{R}^n$，且 $\|\boldsymbol{\omega}\|_2 = 1$，称形如

$$\boldsymbol{H} = \boldsymbol{I} - 2\boldsymbol{\omega}\boldsymbol{\omega}^{\mathrm{T}} \tag{4.1}$$

的实对称矩阵 $\boldsymbol{H}$ 为 **Householder 变换**. 或称镜像变换、**Householder 矩阵**、反射矩阵.

定理 4.1 设 $\boldsymbol{H}$ 是 Householder 变换，则

(1) $\boldsymbol{H}$ 是实对称矩阵的正交变换，即

$$\boldsymbol{H}^{\mathrm{T}} = \boldsymbol{H}, \quad \boldsymbol{H}^{\mathrm{T}}\boldsymbol{H} = \boldsymbol{H}\boldsymbol{H}^{\mathrm{T}} = \boldsymbol{I}, \quad \boldsymbol{H}^{-1} = \boldsymbol{H}^{\mathrm{T}} = \boldsymbol{H}.$$

(2) $\boldsymbol{H}$ 仅有两个互异特征值 -1 和 1. 其中 -1 为单重特征值，相应的特征子空间为 $\mathrm{span}\{\boldsymbol{\omega}\}$，$1$ 是 $\boldsymbol{H}$ 的 $n-1$ 重特征值，与其相对应的特征子空间为 $(\mathrm{span}\{\boldsymbol{\omega}\})^{\perp}$，即 $\mathrm{span}\{\boldsymbol{\omega}\}$ 的正交补；

(3) $\det(\boldsymbol{H}) = -1$；

(4) 对 $\forall \boldsymbol{x} \in \mathbb{R}^n$，$\boldsymbol{x}$ 都可以表示为 $\boldsymbol{x} = \boldsymbol{u} + \alpha\boldsymbol{\omega}$，其中 $\boldsymbol{u} \in (\mathrm{span}\{\boldsymbol{\omega}\})^{\perp}$，$\alpha \in \mathbb{R}$，于是，有 $\boldsymbol{H}\boldsymbol{x} = \boldsymbol{H}(\boldsymbol{u} + \alpha\boldsymbol{\omega}) = \boldsymbol{H}\boldsymbol{u} + \alpha\boldsymbol{H}\boldsymbol{\omega} = \boldsymbol{u} - \alpha\boldsymbol{\omega}$，且 $\|\boldsymbol{x}\|_2 = \|\boldsymbol{H}\boldsymbol{x}\|_2$，即 $\boldsymbol{H}$ 是关于超平面 $\boldsymbol{\omega}^{\mathrm{T}}\boldsymbol{v} = \boldsymbol{0}(\boldsymbol{v} \in \mathbb{R}^n)$(的任意向量) 的反射变换.

由 (4)，若 $\|\boldsymbol{x}\|_2 = \|\boldsymbol{y}\|_2$，$\boldsymbol{x}, \boldsymbol{y} \in \mathbb{R}^n$，可以构造一个 Householder 变换 $\boldsymbol{H}$，使 $\boldsymbol{H}\boldsymbol{x} = \boldsymbol{y}$. 欲构造 $\boldsymbol{H}$，关键在于确定 $\boldsymbol{\omega}$，假设 $\boldsymbol{\omega}$ 已知，设 $\boldsymbol{x} = \boldsymbol{u} + \alpha\boldsymbol{\omega}$，则 $\boldsymbol{y} = \boldsymbol{H}\boldsymbol{x} = \boldsymbol{u} - \alpha\boldsymbol{\omega}$，$\boldsymbol{u} \in (\mathrm{span}\{\boldsymbol{\omega}\})^{\perp}$. 那么 $\boldsymbol{x} - \boldsymbol{y} = 2\alpha\boldsymbol{\omega}$. 即 $\boldsymbol{x} - \boldsymbol{y}$ 在 $\boldsymbol{\omega}$ 的方向上，因此，若 $\boldsymbol{x} = \boldsymbol{y}$，则 $\boldsymbol{H} = \boldsymbol{I}$，若 $\boldsymbol{x} \neq \boldsymbol{y}$，则取

$$\boldsymbol{\omega} = \frac{\boldsymbol{x} - \boldsymbol{y}}{\pm\|\boldsymbol{x} - \boldsymbol{y}\|_2}$$ 即可.

在实际应用中，若 $\boldsymbol{x} \neq \boldsymbol{\theta} \in \mathbb{R}^n$，经 Householder 变换 $\boldsymbol{H}$ 将其变为 $\pm\|\boldsymbol{x}\|_2 \boldsymbol{e}_1$. 其中 $\boldsymbol{e}_1 = (1, 0, 0, \cdots, 0)^{\mathrm{T}}$，由上面讨论得

$$\boldsymbol{H} = \boldsymbol{I} - 2\boldsymbol{\omega}\boldsymbol{\omega}^{\mathrm{T}},$$

其中 $\boldsymbol{\omega} = \dfrac{\boldsymbol{x} \pm \|\boldsymbol{x}\|_2 \boldsymbol{e}_1}{\|\boldsymbol{x} \pm \|\boldsymbol{x}\|_2 \boldsymbol{e}_1\|_2}$.

如何确定 $||\boldsymbol{x}||_2$ 前的正负号使 $\boldsymbol{\omega}$ 唯一呢？由于 $||\boldsymbol{x} \pm ||\boldsymbol{x}||_2\boldsymbol{e}_1||_2$ 作除数再加之舍入误差的存在，不希望 $\boldsymbol{x}$ 与 $||\boldsymbol{x}||_2\boldsymbol{e}_1$ 的第一分量的符号相反而导致计算 $||\boldsymbol{x} \pm ||\boldsymbol{x}||_2\boldsymbol{e}_1||_2$ 时其值变小，故 $||\boldsymbol{x}||_2\boldsymbol{e}_1$ 前面的正负号可以这样选取，使 $||\boldsymbol{x}||_2\boldsymbol{e}_1$ 的第一分量的符号恒和 $\boldsymbol{x}$ 的第一分量 x_1 的符号相同，此时

$$\boldsymbol{\omega} = \frac{\boldsymbol{x} + \operatorname{sign}(x_1)||\boldsymbol{x}||_2\boldsymbol{e}_1}{||\boldsymbol{x} + \operatorname{sign}(x_1)||\boldsymbol{x}||_2\boldsymbol{e}_1||_2}. \tag{4.2}$$

下面的问题是如何防止 $||\boldsymbol{x}||_2$ 过大 (上溢) 或过小 (下溢)，为此，只需用 $\dfrac{\boldsymbol{x}}{||\boldsymbol{x}||_\infty}$ 来代替式 (4.2) 中的 $\boldsymbol{x}$ 即可。

定理 4.2 设 $\boldsymbol{x} \in \mathbb{R}^n$ 是任意非零向量，令

$$\boldsymbol{\omega} = \frac{\boldsymbol{x} + \operatorname{sign}(x_1)||\boldsymbol{x}||_2\boldsymbol{e}_1}{||\boldsymbol{x} + \operatorname{sign}(x_1)||\boldsymbol{x}||_2\boldsymbol{e}_1||_2},$$

从而构造出

$$\boldsymbol{H} = \boldsymbol{I} - 2\boldsymbol{\omega}\boldsymbol{\omega}^{\mathrm{T}}$$

使

$$\boldsymbol{H}\boldsymbol{x} = (\boldsymbol{I} - 2\boldsymbol{\omega}\boldsymbol{\omega}^{\mathrm{T}})\boldsymbol{x} = -\operatorname{sign}(x_1)||\boldsymbol{x}||_2\boldsymbol{e}_1,$$

$$\boldsymbol{H} = \boldsymbol{I} - \frac{2}{||\boldsymbol{u}||_2^2}\boldsymbol{u}\boldsymbol{u}^{\mathrm{T}} = \boldsymbol{I} - \rho\boldsymbol{u}\boldsymbol{u}^{\mathrm{T}}.$$

在实际构造 Householder 变换 $\boldsymbol{H}$ 时，并不需要将 $\boldsymbol{u} = \boldsymbol{x} + \operatorname{sign}(x_1)||\boldsymbol{x}||_2\boldsymbol{e}_1$ 明确单位化，由于

$$\boldsymbol{H} = \boldsymbol{I} - 2\boldsymbol{\omega}\boldsymbol{\omega}^{\mathrm{T}} = \boldsymbol{I} - \frac{2}{||\boldsymbol{u}||_2^2}\boldsymbol{u}\boldsymbol{u}^{\mathrm{T}} = \boldsymbol{I} - \rho\boldsymbol{u}\boldsymbol{u}^{\mathrm{T}}, \tag{4.3}$$

只需算出 $\rho = \dfrac{2}{||\boldsymbol{u}||_2^2}, \sigma = \operatorname{sign}(x_1)||\boldsymbol{x}||_2$ 及 $\boldsymbol{u} = \boldsymbol{x} + \rho\boldsymbol{e}_1$ 即可，而无须计算出 $\boldsymbol{H}$ 的具体形式。

2. Givens 变换

仿照二维平面上坐标旋转变换

$$\boldsymbol{P}(\theta) = \begin{pmatrix} \cos\theta & \sin\theta \\ -\sin\theta & \cos\theta \end{pmatrix}. \tag{4.4}$$

> **定义 4.2　Givens 变换**
>
>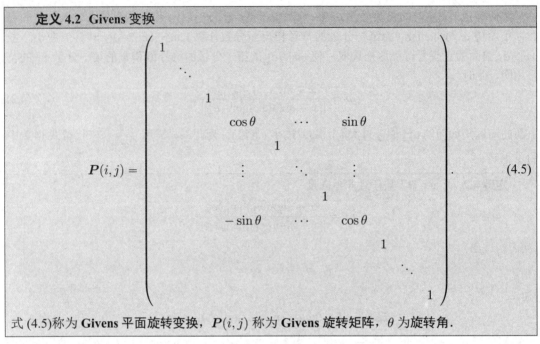
>
> 式 (4.5) 称为 **Givens 平面旋转变换**，$P(i,j)$ 称为 **Givens 旋转矩阵**，θ 为旋转角.

容易验证

(1) $P(i,j)$ 是正交矩阵，即 $P(i,j)^{-1} = P(i,j)^{\mathrm{T}}$.

(2) 若 $\boldsymbol{x} = (x_1, x_2, \cdots, x_n)^{\mathrm{T}} \in \mathbb{R}^n$，则 $\boldsymbol{y} = P(i,j)\boldsymbol{x} \in \mathbb{R}^n$,

$$\boldsymbol{y} = P(i,j)\boldsymbol{x} = (y_1, y_2, \cdots, y_n)^{\mathrm{T}},$$

其中 $y_k = x_k, k \neq i, j$,

$$y_i = x_i \cos\theta + x_j \sin\theta = -x_i \sin\theta + x_j \cos\theta. \tag{4.6}$$

由 (4.6)，希望变换后的向量 $\boldsymbol{y}$ 的第 j 个分量为零，则只需取

$$\cos\theta = \frac{x_i}{\sqrt{x_i^2 + x_j^2}}, \qquad \sin\theta = \frac{x_j}{\sqrt{x_i^2 + x_j^2}}. \tag{4.7}$$

4.1.2　Gershgorin 圆盘定理

由第 3 章定理 3.7 知，$A \in \mathbb{C}^{n \times n}$ 的所有特征值必位于复平面上以原点为中心，以 $\|A\|$ 为半径的圆盘中，其中 $\|\cdot\|$ 是矩阵算子范数. 但上述定理只给出了特征值模的一个上界. 下面建立一个便于应用的界定特征值的定理.

定理 4.3 (Gershgorin 第一圆盘定理) 矩阵 A 的任一特征值至少位于复平面上 n 个圆盘 (Gershgorin 圆盘)

$$D_i : \{Z \mid |z - a_{ii}| \leqslant \sum_{\substack{j=1 \\ j \neq i}}^{n} |a_{ij}|\}, \quad i = 1, 2, \cdots, n \tag{4.8}$$

中的一个圆盘上.

证明 设 λ 为 A 的任何特征值，x 为相应于 λ 的特征向量，$x = (x_1, x_2, \cdots, x_n)$，令 $\eta = \max\limits_{1 \leqslant i \leqslant n} |x_i|$，则 $\eta \neq 0$. 不妨设 $\eta = |x_k|$，由 $Ax = \lambda x$ 知

$$\sum_{j=1}^{n} a_{kj} x_j = \lambda x_k,$$

移项得

$$(a_{kk} - \lambda) x_k = -\sum_{\substack{j=1 \\ j \neq k}}^{n} a_{kj} x_j,$$

从而

$$|a_{kk} - \lambda| \leqslant \sum_{\substack{j=1 \\ j \neq k}}^{n} |a_{kj}| \left| \frac{x_j}{x_k} \right| \leqslant \sum_{\substack{j=1 \\ j \neq k}}^{n} |a_{kj}|.$$

由于 λ 为 A 的任一特征值，定理得证.

定理 4.4 (Gershgorin 第二圆盘定理) 如果矩阵 A 的 n 个 Gershgorin 圆盘中的 $m(m \leqslant n)$ 个形成连通域，而其余 $n - m$ 个圆盘不与其连通，则此连通域恰有 A 的 m 个特征值.

4.1.3 QR 分解

下面给出矩阵的 QR 分解.

定理 4.5 设 $A \in \mathbb{R}^{n \times n}$，则 A 可以分解为

$$A = QR, \tag{4.9}$$

其中 Q 为正交矩阵，R 为上三角矩阵.

证明 设 $A^{(0)} = (a_1, a_2, \cdots, a_n)$，若 a_{i_1} 是 $A^{(0)}$ 的第一个非零列，作 Householder 变换 (或有限个 Givens 变换的乘积) H_1，使 $H_1 = a_{i_1} = \rho_1 e_1$，其中 $|\rho_1| = \|a_{i_1}\|_2$，$A^{(0)} = H_1 A^{(0)}$，若在 $A^{(0)}$ 的第一行下面还有非零元，令 $a_{i_2}^{(1)}$ 表示 $A^{(1)}$ 内第一个元素以下有非零元的第一列，$i_2 > i_1$，对 $a_{i_2}^{(1)}$ 作 Householder 变换 (或有限个 Givens 变换的乘积) H_2，使 $H_2 a_{i_2}^{(1)}$ 的第

一个分量与 $\boldsymbol{a}_{i_2}^{(1)}$ 的第一个分量相同，第二个分量为 ρ_2，若 $\boldsymbol{a}_{i_2}^{(1)} = (a_{1i_2}^{(1)}, a_{2i_2}^{(1)}, \cdots, a_{ni_2}^{(1)})^{\mathrm{T}}$，则 $\rho_2 = \left(\sum_{j=2}^{n}(a_{ji_2}^{(1)})^2\right)^{1/2}$，第三及以下各分量为零，如此下去，得 $\boldsymbol{A}^{(r)}(r \leqslant n-1)$ 为一个上三角矩阵，由

$$\boldsymbol{A}^{(r)} = \boldsymbol{H}_r \boldsymbol{H}_{r-1} \cdots \boldsymbol{H}_1 \boldsymbol{A}^{(0)} = \boldsymbol{H}_r \boldsymbol{H}_{r-1} \cdots \boldsymbol{H}_1 \boldsymbol{A},$$

故有 $\boldsymbol{A} = \boldsymbol{H}_1^{\mathrm{T}} \boldsymbol{H}_2^{\mathrm{T}} \cdots \boldsymbol{H}_r^{\mathrm{T}} \boldsymbol{A}^{(r)}$，记 $\boldsymbol{Q} = \boldsymbol{H}_1^{\mathrm{T}} \boldsymbol{H}_2^{\mathrm{T}} \cdots \boldsymbol{H}_r^{\mathrm{T}}$，$\boldsymbol{R} = \boldsymbol{A}^{(r)}$，则

$$\boldsymbol{A} = \boldsymbol{Q}\boldsymbol{R}.$$

定理 4.6 设 $\boldsymbol{x}_1$ 为矩阵 $\boldsymbol{A} \in \mathbb{C}^{n \times n}$ 的相应特征值 λ_1 的特征向量，则存在矩阵 $\boldsymbol{Q}$，使

$$\boldsymbol{Q}^{\mathrm{T}}\boldsymbol{A}\boldsymbol{Q} = \begin{pmatrix} \lambda_1 & \boldsymbol{b}_1^{\mathrm{T}} \\ \boldsymbol{0} & \boldsymbol{B} \end{pmatrix}. \tag{4.10}$$

证明 由 $\boldsymbol{A}\boldsymbol{x}_1 = \lambda_1 \boldsymbol{x}_1$，$\boldsymbol{x}_1 \neq \boldsymbol{0}$，故有 Householder 变换 $\boldsymbol{H}$ 使

$$\boldsymbol{H}\boldsymbol{x}_1 = \rho \boldsymbol{e}_1 \quad (\rho \neq 0).$$

$\boldsymbol{H}\boldsymbol{A}\boldsymbol{H}^{\mathrm{T}}\boldsymbol{H}\boldsymbol{x}_1 = \lambda_1 \boldsymbol{H}\boldsymbol{x}_1$，从而 $\boldsymbol{H}\boldsymbol{A}\boldsymbol{H}^{\mathrm{T}}\boldsymbol{e}_1 = \lambda_1 \boldsymbol{e}_1$ 故，$\boldsymbol{H}\boldsymbol{A}\boldsymbol{H}^{\mathrm{T}}$ 有如下形式：

$$\boldsymbol{H}\boldsymbol{A}\boldsymbol{H}^{\mathrm{T}} = \begin{pmatrix} \lambda_1 & \boldsymbol{b}_1^{\mathrm{T}} \\ \boldsymbol{0} & \boldsymbol{B} \end{pmatrix}.$$

令 $\boldsymbol{H} = \boldsymbol{Q}^{\mathrm{T}}$，则定理得证.

定理 4.6 中 $\boldsymbol{x}_1$ 为矩阵 $\boldsymbol{A}$ 的相应特征值 λ_1 的特征向量，由于 $\boldsymbol{A}$ 与 $\boldsymbol{Q}^{\mathrm{T}}\boldsymbol{A}\boldsymbol{Q}$ 相似，故 $\boldsymbol{B}$ 的特征值都是 $\boldsymbol{A}$ 的特征值. 于是求 $\boldsymbol{A}$ 的其余特征值，只要求 $\boldsymbol{B}$ 的特征值即可. 由于 $\boldsymbol{B}$ 是 $n-1$ 阶矩阵，重复这一过程，可逐一求出 $\boldsymbol{A}$ 的全部特征值.

4.2 乘幂法和反幂法

乘幂法是计算任意矩阵主特征值(按模最大)及相应特征向量的迭代方法，若辅以相应的收缩技巧，则可以逐次计算出该矩阵的按模由大到小的全部特征值及相应的特征向量.

乘幂法的优点是计算简单，容易在计算机上实现，特别适合大型稀疏矩阵主特征值及相应特征向量的计算，缺点是有时收敛速度很慢.

反幂法又称**反迭代法**，是乘幂法的变形，是用来计算非奇异矩阵按模最小的特征值及特征向量的迭代方法，是求三对角矩阵一个给定近似特征值的特征向量的有效方法之一.

4.2.1 乘幂法及 MATLAB 程序

1. 乘幂法的描述

设 $\boldsymbol{A} \in \mathbb{R}^{n \times n}$,其特征值 $\lambda_i(i=1,2,\cdots,n)$ 按模的下降次序排列为

$$|\lambda_1| > |\lambda_2| \geqslant |\lambda_3| \geqslant \cdots \geqslant |\lambda_n|, \tag{4.11}$$

相应的 n 个线性无关的特征向量是 $\boldsymbol{\nu}_1, \boldsymbol{\nu}_2, \cdots, \boldsymbol{\nu}_n$.

乘幂法的基本思想是任取一个非零向量 $\boldsymbol{x}^{(0)} \in \mathbb{R}^n$,逐次左乘矩阵 $\boldsymbol{A}$ 得向量序列 $\{\boldsymbol{x}^{(k)}\}$

$$\boldsymbol{x}^{(k)} = \boldsymbol{A}\boldsymbol{x}^{(k-1)}, \quad k=1,2,3,\cdots. \tag{4.12}$$

由递推公式 (4.12) 有

$$\boldsymbol{x}^{(k)} = \boldsymbol{A}(\boldsymbol{A}\boldsymbol{x}^{(k-1)}) = \boldsymbol{A}^2\boldsymbol{x}^{(k-2)} = \cdots = \boldsymbol{A}^k\boldsymbol{x}^{(0)}. \tag{4.13}$$

由于 n 个线性无关的特征向量 $\boldsymbol{\nu}_1, \boldsymbol{\nu}_2, \cdots, \boldsymbol{\nu}_n$ 构成 n 维线性空间的一组基,所以初始向量 $\boldsymbol{x}^{(0)}$ 可以唯一地表示为

$$\boldsymbol{x}^{(0)} = \alpha_1 \boldsymbol{\nu}_1 + \alpha_2 \boldsymbol{\nu}_2 + \cdots + \alpha_n \boldsymbol{\nu}_n = \sum_{j=1}^n \alpha_j \boldsymbol{\nu}_j, \tag{4.14}$$

其中 $\alpha_1, \alpha_2, \cdots, \alpha_n$ 为不全为 0 的常数. 将式 (4.14) 代入式 (4.13) 得

$$\boldsymbol{x}^{(k)} = \boldsymbol{A}^k \sum_{j=1}^n \alpha_j \boldsymbol{\nu}_j = \sum_{j=1}^n \alpha_j (\boldsymbol{A}^k \boldsymbol{\nu}_j). \tag{4.15}$$

再由

$$\boldsymbol{A}^k \boldsymbol{\nu}_j = \lambda_j^k \boldsymbol{\nu}_j,$$

则式 (4.15) 为

$$\boldsymbol{x}^{(k)} = \sum_{j=1}^n \alpha_j \lambda_j^k \boldsymbol{\nu}_j. \tag{4.16}$$

现在需要分情况进行讨论:

(1) 如果 $\boldsymbol{A}$ 有唯一的主特征值,即 $|\lambda_1| > |\lambda_2| \geqslant |\lambda_3| \geqslant, \cdots, \geqslant |\lambda_n|$,其中 $\lambda_1 \neq 0$,则由式 (4.16) 有

$$\boldsymbol{x}^{(k)} = \lambda_1^k \left(\alpha_1 \boldsymbol{\nu}_1 + \sum_{j=2}^n \alpha_j \left(\frac{\lambda_j}{\lambda_1}\right)^k \boldsymbol{\nu}_j \right) = \lambda_1^k (\alpha_1 \boldsymbol{\nu}_1 + \varepsilon_k),$$

其中 $\varepsilon_k = \sum_{j=2}^n \alpha_j \left(\frac{\lambda_j}{\lambda_1}\right)^k \boldsymbol{\nu}_j$. 由于 $\left|\frac{\lambda_j}{\lambda_1}\right| < 1(j=2,3,\cdots,n)$,故当 n 充分大时,$\varepsilon_k \approx 0$,此时

$$\boldsymbol{x}^{(k)} \approx \lambda_1^k \alpha_1 \boldsymbol{\nu}_1. \tag{4.17}$$

若 $(\alpha_1\boldsymbol{\nu}_1)_i \neq 0$ $(i=1,2,\cdots,n)$,当 k 充分大时，计算

$$\frac{x_i^{(k+1)}}{x_i^{(k)}} \approx \frac{\lambda_1^{k+1}(\alpha_1\boldsymbol{\nu}_1)_i}{\lambda_1^k(\alpha_1\boldsymbol{\nu}_1)_i} = \lambda_1. \tag{4.18}$$

可见

$$\lim_{k\to\infty}\frac{x_i^{(k+1)}}{x_i^{(k)}} = \lambda_1, \quad i=1,2,\cdots,n, \tag{4.19}$$

即主特征值 λ_1 可由式 (4.18) 式给出.

由式 (4.18) 还可看出，当 k 充分大时，$\boldsymbol{x}^{(k)}$ 与 $\boldsymbol{\nu}_1$ 只相差一个常数因子，故可取 $\boldsymbol{x}^{(k)}$ 作为主特征值 λ_1 的特征向量的近似值. 此时迭代序列 $\{\boldsymbol{x}^{(k)}\}$ 的收敛速度取决于 $\left|\dfrac{\lambda_2}{\lambda_1}\right|$ 的大小.

(2) 如果 $\boldsymbol{A}$ 的主特征值不唯一，即 $|\lambda_1|=|\lambda_2|>|\lambda_3|\geqslant\cdots\geqslant|\lambda_n|$，此时可分为三种情况讨论：$\lambda_1=\lambda_2$；$\lambda_1=-\lambda_2$；$\lambda_1=\overline{\lambda}_2$.

情况 (1)：当 $\lambda_1=\lambda_2$ 时，$\boldsymbol{A}$ 的主特征值为二重根，根据式 (4.16) 有

$$\boldsymbol{x}^{(k)} = \lambda_1^k\left(\alpha_1\boldsymbol{\nu}_1 + \alpha_2\boldsymbol{\nu}_2 + \sum_{j=3}^n \alpha_j\left(\frac{\lambda_j}{\lambda_1}\right)^k\boldsymbol{\nu}_j\right)$$

$$= \lambda_1^k(\alpha_1\boldsymbol{\nu}_1 + \alpha_2\boldsymbol{\nu}_2 + \boldsymbol{\varepsilon}_k).$$

由于 $\left|\dfrac{\lambda_j}{\lambda_1}\right|<1(j=3,4,\cdots,n)$，故当 n 充分大时 $\boldsymbol{\varepsilon}_k\approx\boldsymbol{0}$，从而有

$$\boldsymbol{x}^{(k)} \approx \lambda_1^k(\alpha_1\boldsymbol{\nu}_1 + \alpha_2\boldsymbol{\nu}_2). \tag{4.20}$$

如果 $(\alpha_1\boldsymbol{\nu}_1+\alpha_2\boldsymbol{\nu}_2)_i\neq\boldsymbol{0}$ $(i=1,2,\cdots,n)$，有

$$\lim_{k\to\infty}\frac{x_i^{(k+1)}}{x_i^{(k)}} = \lambda_1, \quad i=1,2,\cdots,n, \tag{4.21}$$

且序列 $\{\boldsymbol{x}^{(k)}\}$ 收敛到相应于 $\lambda_1(=\lambda_2)$ 的特征向量.

这种主特征值相重的情况可以推广到 $\boldsymbol{A}$ 有 r 重主特征值的情况，即当

$$|\lambda_1|=|\lambda_2|=\cdots=|\lambda_r|\geqslant\lambda_{r+1}\geqslant\cdots\geqslant|\lambda_n|$$

时上述结论仍然成立.

情况 (2)：当 $\lambda_1=-\lambda_2$ 时，$\boldsymbol{A}$ 的主特征值为相反数，则式 (4.16) 为

$$\boldsymbol{x}^{(k)} = \lambda_1^k\alpha_1\boldsymbol{\nu}_1 + \lambda_2^k\alpha_2\boldsymbol{\nu}_2 + \sum_{j=3}^n \alpha_j\lambda_j^k\boldsymbol{\nu}_j$$

$$= \lambda_1^k\left(\alpha_1\boldsymbol{\nu}_1 + (-1)^k\alpha_2\boldsymbol{\nu}_2 + \sum_{j=3}^n \alpha_j\left(\frac{\lambda_j}{\lambda_1}\right)^k\boldsymbol{\nu}_j\right)$$

$$= \lambda_1^k(\alpha_1\boldsymbol{\nu}_1 + (-1)^k\alpha_2\boldsymbol{\nu}_2 + \boldsymbol{\varepsilon}_k).$$

由于 $\left|\dfrac{\lambda_j}{\lambda_1}\right| < 1 (j = 3, 4, \cdots, n)$,故当 n 充分大时,$\boldsymbol{\varepsilon}_k \approx \boldsymbol{0}$,从而有

$$\boldsymbol{x}^{(k)} \approx \lambda_1^k(\alpha_1\boldsymbol{\nu}_1 + (-1)^k\alpha_2\boldsymbol{\nu}_2). \tag{4.22}$$

若 $(\alpha_1\boldsymbol{\nu}_1 + (-1)^k\alpha_2\boldsymbol{\nu}_2)_i \neq \boldsymbol{0} \quad (i = 1, 2, \cdots, n)$,有

$$\lim_{k \to \infty} \frac{x_i^{(k+1)}}{x_i^{(k)}} = \lambda_1^2, \quad i = 1, 2, \cdots, n. \tag{4.23}$$

由于式 (4.22) 出现因子 $(-1)^k$,则当 k 变化时,$\boldsymbol{\varepsilon}_k$ 将呈现有规律的摆动,根据 $(-1)^k$ 的变化规律可考虑两步迭代公式

$$\boldsymbol{x}^{(k+2)} \approx \lambda_1^{(k+2)}(\alpha_1\boldsymbol{\nu}_1 + (-1)^{k+2}\alpha_2\boldsymbol{\nu}_2) = \lambda_1^{(k+2)}(\alpha_1\boldsymbol{\nu}_1 + (-1)^k\alpha_2\boldsymbol{\nu}_2).$$

若 $(\alpha_1\boldsymbol{\nu}_1 + (-1)^k\alpha_2\boldsymbol{\nu}_2)_i \neq \boldsymbol{0} \quad (i = 1, 2, \cdots, n)$,有

$$\lim_{k \to \infty} \frac{x_i^{(k+2)}}{x_i^{(k)}} = \lambda_1^2, \quad i = 1, 2, \cdots, n. \tag{4.24}$$

此时,通过计算 $x_i^{(k+2)}/x_i^{(k)}$ 的平方根,可得 $\boldsymbol{A}$ 的两个主特征值 $\lambda_1, \lambda_2 = -\lambda_1$.

利用组合公式可计算 λ_1, λ_2 的特征向量

$$\boldsymbol{x}^{(k+1)} + \lambda_1\boldsymbol{x}^{(k)} \approx 2\lambda_1^{(k+1)}\alpha_1\boldsymbol{\nu}_1 = C_k^1\boldsymbol{\nu}_1, \tag{4.25}$$

$$\boldsymbol{x}^{(k+1)} - \lambda_1\boldsymbol{x}^{(k)} \approx (-1)^{k+1}2\lambda_1^{(k+1)}\alpha_2\boldsymbol{\nu}_2 = C_k^2\boldsymbol{\nu}_2, \tag{4.26}$$

即当 k 充分大时,$\boldsymbol{x}^{(k+1)} + \lambda_1\boldsymbol{x}^{(k)}$ 和 $\boldsymbol{x}^{(k+1)} - \lambda_1\boldsymbol{x}^{(k)}$ 便可作为相应于特征值 λ_1, λ_2 的特征向量.

情况 (3) 当 $\lambda_1 = \overline{\lambda}_2$,即 $\boldsymbol{A}$ 的主特征值为共轭复根时,因 $\boldsymbol{A}$ 为实矩阵,$\boldsymbol{A} = \overline{\boldsymbol{A}}$,于是由 $\boldsymbol{A}\boldsymbol{\nu}_1 = \lambda_1\boldsymbol{\nu}_1$,有 $\overline{\boldsymbol{A}\boldsymbol{\nu}_1} = \boldsymbol{A}\overline{\boldsymbol{\nu}}_1 = \lambda_2\boldsymbol{\nu}_1$,即 $\overline{\boldsymbol{\nu}}_1 = \boldsymbol{\nu}_2$($\boldsymbol{\nu}_1$ 和 $\boldsymbol{\nu}_2$ 互为共轭向量).

设 $\lambda_1 = \rho e^{i\theta}, \lambda_2 = \rho e^{-i\theta}$,对任意 $\boldsymbol{x}^{(0)} \in \mathbb{R}^n$,式 (4.14) 可写为

$$\boldsymbol{x}^{(0)} = \alpha_1\boldsymbol{\nu}_1 + \overline{\alpha}_1\overline{\boldsymbol{\nu}}_1 + \sum_{j=3}^{n}\alpha_j\boldsymbol{\nu}_j. \tag{4.27}$$

将式 (4.27) 代入式 (4.16),得

$$\begin{aligned}\boldsymbol{x}^{(k)} &= \lambda_1^k\alpha_1\boldsymbol{\nu}_1 + \lambda_2^k\overline{\alpha_1\boldsymbol{\nu}_1} + \sum_{j=3}^{n}\alpha_j\lambda_j^k\boldsymbol{\nu}_j \\ &= \rho^k e^{ik\theta}\alpha_1\boldsymbol{\nu}_1 + \rho^k e^{-ik\theta}\overline{\alpha_1\boldsymbol{\nu}_2} + \rho^k\sum_{j=3}^{n}\alpha_j\left(\frac{\lambda_j}{\rho}\right)^k\boldsymbol{\nu}_j.\end{aligned}$$

同理，当 k 充分大时有

$$x^{(k)} \approx \rho^k(\alpha_1\boldsymbol{\nu}_1 e^{ik\theta} + \overline{\alpha}_1\overline{\boldsymbol{\nu}}_1 e^{-ik\theta}). \tag{4.28}$$

对 $j = 1, 2, \cdots, n$, 设 $(\alpha_1\boldsymbol{\nu}_1)_j = r_j e^{i\varphi}, (\overline{\alpha}_1\overline{\boldsymbol{\nu}}_1)_j = r_j e^{-i\varphi}$, 则式 (4.28) 的复数表示为

$$\begin{aligned}x_j^{(k)} &\approx \rho^k(r_j e^{i(\varphi+k\theta)} + r_j e^{-i(\varphi+k\theta)}) \\ &\approx 2\rho^{k+2} r_j \cos(\varphi + k\theta).\end{aligned} \tag{4.29}$$

类似地，有

$$\begin{cases} x_j^{(k+1)} \approx 2\rho^{k+1} r_j \cos(\varphi + (k+1)\theta), \\ x_j^{(k+2)} \approx 2\rho^{k+2} r_j \cos(\varphi + (k+2)\theta). \end{cases}$$

再利用三角函数运算性质及 λ_1, λ_2 的复数表示，不难验证

$$x_j^{(k+2)} - (\lambda_1 + \lambda_2)x_j^{(k+1)} + \lambda_1\lambda_2 x_j^{(k)} \approx 0.$$

令

$$p = -(\lambda_1 + \lambda_2), \quad q = \lambda_1\lambda_2, \tag{4.30}$$

由方程组

$$x_j^{(k+2)} + px_j^{(k+1)} + qx_j^{(k)} = 0, \quad j = 1, 2, \cdots, n \tag{4.31}$$

确定 p, q(通常采用最小二乘法)，然后由式 (4.30)，主特征值 λ_1, λ_2 可按公式

$$\begin{cases} \lambda_1 = -\dfrac{p}{2} + i\sqrt{q - \left(\dfrac{p}{2}\right)^2}, \\ \lambda_2 = -\dfrac{p}{2} - i\sqrt{q - \left(\dfrac{p}{2}\right)^2} \end{cases} \tag{4.32}$$

求得. 类似于情况 (3)，为计算相应于 λ_1, λ_2 的特征向量，由于

$$\boldsymbol{x}^{(k+1)} - \lambda_2 \boldsymbol{x}^{(k)} \approx \lambda_1^k(\lambda_1 - \lambda_2)\alpha_1\boldsymbol{\nu}_1 = C_k^1 \boldsymbol{\nu}_1, \tag{4.33}$$

$$\boldsymbol{x}^{(k+1)} - \lambda_1 \boldsymbol{x}^{(k)} \approx \lambda_2^k(\lambda_2 - \lambda_1)\alpha_2\boldsymbol{\nu}_2 = C_k^2 \boldsymbol{\nu}_2, \tag{4.34}$$

故可分别取式 (4.33) 和式 (4.34) 左端组合式表达式作为相应于 λ_1, λ_2 的近似特征向量.

这种由已知非零向量 $\boldsymbol{x}^{(0)}$ 及矩阵 $\boldsymbol{A}$ 的乘幂 $\boldsymbol{A}^k$ 构造向量序列 $\{\boldsymbol{x}^{(k)}\}$ 来计算 $\boldsymbol{A}$ 的主特征值 λ_1 及相应的特征向量的方法称为**乘幂法**.

从乘幂法的计算过程可见，乘幂法可用于计算矩阵按模最大的一个或几个特征值及相应的特征向量，计算公式简单，便于上机实现，其收敛速度取决于比值 $r = \dfrac{\lambda_2}{\lambda_1}$ 的大小，当比值 $r \ll 1$ 时，收敛速度快，当比值 r 接近 1 时收敛速度较慢.

在乘幂法的计算中，迭代向量的分量 $x_i^{(k)}$ 有时可能出现绝对值非常大的情况，以致造成在

计算机上的溢出,为避免这种情况的发生,在计算过程中常常采用把每一步迭代的向量 $\boldsymbol{x}^{(k)}$ 进行规范化,即用 $\boldsymbol{x}^{(k)}$ 乘以一个常数,使其分量的模最大为 1.

令 $\max(\boldsymbol{x})$ 表示向量 $\boldsymbol{x}$ 各分量绝对值最大者,对任取初始向量 $\boldsymbol{x}^{(0)}$,记

$$\boldsymbol{y}^{(0)} = \boldsymbol{x}^{(0)}/\max(\boldsymbol{x}^{(0)}).$$

定义

$$\boldsymbol{x}^{(1)} = \boldsymbol{A}\boldsymbol{y}^{(0)}.$$

一般地已知 $\boldsymbol{x}^{(0)}$,类似地定义

$$\begin{cases} \boldsymbol{x}^{(k)} \approx \boldsymbol{A}\boldsymbol{y}^{(k-1)}, \\ m^{(k)} \approx \max(\boldsymbol{x}^{(k)}), \qquad k=1,2,\cdots. \\ \boldsymbol{y}^{(k)} \approx \boldsymbol{x}^{(k)}/m^{(k)}, \end{cases} \tag{4.35}$$

其中 $m^{(k)}$ 是 $\boldsymbol{x}^{(k)}$ 模最大的第一个分量. 相应地取

$$\begin{cases} \lambda_1 = m^{(k)}, \\ \boldsymbol{x}_1 = \boldsymbol{y}^{(k)}, \end{cases} \quad k=1,2,\cdots. \tag{4.36}$$

式 (4.35) 称为**规范化乘幂法公式**或**改进乘幂法公式**.

2. 乘幂法的 MATLAB 程序

> **MATLAB 程序 4.1** 乘幂法求矩阵绝对值最大的特征值

```
function [m,u]=pow(A,ep,Nmax)
% 求矩阵绝对值最大的特征值乘幂法,A为矩阵,ep为精度(默认值为1e-5)
% Nmax为最大迭代次数(默认值为500),m为绝对值最大的特征值
% u为对应最大特征值的特征向量
if nargin<3 Nmax=500;end
if nargin<2 ep=1e-5;end
n=length(A);u=ones(n,1);k=0;m1=0;
while k<=Nmax
    v=A*u;[vmax,i]=max(abs(v));
    m=v(i);u=v/m;
    if abs(m-m1)<ep
        break;
    end
    m1=m;k=k+1;
end
```

例 4.1 求矩阵 $\boldsymbol{A} = \begin{pmatrix} 2 & -1 & 0 \\ -1 & 2 & -1 \\ 0 & -1 & 2 \end{pmatrix}$ 的最大特征值及相应的特征向量.

解 在 MATLAB 命令窗口执行 (m 是最大特征值, u 是特征向量)

```
>> A=[2 -1 0;-1 2 -1;0 -1 2]; [m,u]=pow(A,1e-4)
```

得到
$$\begin{aligned} m &= 3.414\,2 \\ u &= -0.707\,1 \\ &1.000\,0 \\ &-0.707\,1 \end{aligned}$$

例 4.2 求矩阵 $\boldsymbol{A} = \begin{pmatrix} -4 & 14 & 0 \\ -5 & 13 & 0 \\ -1 & 0 & 2 \end{pmatrix}$ 的最大特征值及相应的特征向量.

解 在 MATLAB 命令窗口执行 (m 是最大特征值, u 是特征向量)

```
>> A=[-4 14 0;-5 13 0;-1 0 2]; [m,u]=pow(A,1e-4)
```

得到
$$\begin{aligned} m &= 6.000\,1 \\ u &= 1.000\,0 \\ &0.714\,3 \\ &-0.250\,0 \end{aligned}$$

4.2.2 乘幂法的加速

用乘幂法求矩阵的按模最大的特征值, 收敛速度取决于比值 $r = |\lambda_2|/|\lambda_1|$ 的大小, 当比值 r 接近 1 时, 收敛速度很慢, 因此人们试图用加速的方法来提高收敛速度. 下面介绍几种加速方法.

1. Aitken 加速方法

由乘幂法的计算过程可知, 存在正常数 C, 当 k 充分大时, 有

$$|m^{(k)}| - \lambda_1 \approx C \left| \frac{\lambda_2}{\lambda_1} \right|^k,$$

从而

$$\lim_{k \to \infty} \left| \frac{m^{(k+1)} - \lambda_1}{m^{(k)} - \lambda_1} \right| \approx \left| \frac{\lambda_2}{\lambda_1} \right|.$$

这说明序列 $\{m^{(k)}\}$ 线性收敛于 λ_1. 因此可应用 Aitken 加速方法加速序列 $\{m^{(k)}\}$ 的收敛. 由

$$\widetilde{m}^{(k)} = m^{(k)} - \frac{(m^{(k+1)} - m^{(k)})^2}{m^{(k+2)} - 2m^{(k+1)} + m^{(k)}} \tag{4.37}$$

产生新序列 $\{\widetilde{m}^{(k)}\}$, 比序列 $\{m^{(k)}\}$ 有更快的收敛速度.

2. 原点平移法

设矩阵
$$B = A - pI, \tag{4.38}$$

其中 p 是待定常数.

矩阵 A 与 B 除了对角线元素外其他元素都相同，A 的特征值 λ_i 与 B 的特征值 μ_i 之间的关系是 $\mu_i = \lambda_i - p$，并且相应的特征向量相同，这样要计算 A 按模最大的特征值，就是适当选取参数 p，使得 $\lambda_1 - p$ 仍是 B 的按模最大的特征值，即

$$|\lambda_1 - p| > |\lambda_i - p|, \quad i = 2, 3, \cdots, n \tag{4.39}$$

和

$$\max_{1 \leqslant i \leqslant n} \left| \frac{\lambda_i - p}{\lambda_1 - p} \right| < \left| \frac{\lambda_2}{\lambda_1} \right|. \tag{4.40}$$

对矩阵 B 应用乘幂法，使在计算 B 的按模最大的特征值 $\lambda_1 - p$ 的过程中得到加速，这种方法称为**原点平移法**.

选取参数 p 使式 (4.39) 和式 (4.40) 成立，有赖于对矩阵 A 的特征值分布有比较详细的了解，而做到这一点在实际应用中比较困难.

3. Rayleigh 商加速法

> **定义 4.3　Rayleigh 商**
>
> 设 A 是 n 阶实对称矩阵，对于任意非零向量 $x \in \mathbb{R}^n$，称
> $$\frac{x^T A x}{x^T x} \tag{4.41}$$
> 为 **Rayleigh 商**，记作 $R(x)$.

将 Rayleigh 商应用到计算主特征值的乘幂法中，以提高乘幂法的收敛速度.

设实对称矩阵 A 的特征值满足 $|\lambda_1| > |\lambda_2| \geqslant \cdots \geqslant |\lambda_n|$. 设 $y^{(k)} = A^k y^{(0)} / \max(A^k y^{(0)})$. 由式 (4.35) 得

$$R(y^{(k)}) = \frac{(y^{(k)}, A y^{(k)})}{(y^{(k)}, y^{(k)})} = \frac{\alpha_1^2 \lambda_1^{2k+1} + \sum_{i=2}^{n} \alpha_i^2 \lambda_i^{2k+1}}{\alpha_1^2 \lambda_1^{2k} + \sum_{i=2}^{n} \alpha_i^2 \lambda_i^{2k}}$$

$$= \lambda_1 + \frac{\sum_{i=2}^{n} \alpha_i^2 (\lambda_i - \lambda_1) \left(\frac{\lambda_i}{\lambda_1} \right)^{2k}}{\alpha_1^2 + \sum_{i=2}^{n} \alpha_i^2 \left(\frac{\lambda_i}{\lambda_1} \right)^{2k}} = \lambda_1 + O\left(\left| \frac{\lambda_i}{\lambda_1} \right|^{2k} \right), \tag{4.42}$$

而由乘幂法得到的只是

$$m^{(k)} = \lambda_1 + O\left(\left|\frac{\lambda_i}{\lambda_1}\right|^k\right).$$

由此可见，对于对称矩阵 A，利用 Rayleigh 商 $R(y^{(k)})$ 可以改进 λ_1 的收敛速度，其精度阶可以提高一倍.

4.2.3 反幂法及 MATLAB 程序

1. 反幂法描述

反幂法是求矩阵 A 按模最小的特征值及相应特征向量的迭代法.

设矩阵 A 的特征值按模的大小排列为

$$|\lambda_1| \geqslant |\lambda_2| \geqslant \cdots \geqslant |\lambda_n| > 0,$$

相应的 n 个线性无关的特征向量是 $\nu_1, \nu_2, \cdots, \nu_n$. 则 A^{-1} 的特征值为

$$\left|\frac{1}{\lambda_1}\right| \leqslant \left|\frac{1}{\lambda_2}\right| \leqslant \cdots \leqslant \left|\frac{1}{\lambda_n}\right|,$$

对应的特征向量仍然是 $\nu_1, \nu_2, \cdots, \nu_n$. 计算矩阵 A 按模最小的特征值，就是计算矩阵 A^{-1} 按模最大的特征值.

任取一个规范化非零初始向量 $x^{(0)}$，由迭代格式 (4.35) 有

$$\begin{cases} x^{(k)} \approx A^{-1} y^{(k-1)}, \\ m^{(k)} \approx \max(x^{(k)}), \quad k = 1, 2, \cdots. \\ y^{(k)} \approx x^{(k)}/m^{(k)}, \end{cases} \quad (4.43)$$

由于计算 A^{-1} 会有很大麻烦，所以实际应用时可将式 (4.43) 变为等价的式 (4.44)

$$\begin{cases} Ax^{(k)} \approx y^{(k-1)}, \\ m^{(k)} \approx \max(x^{(k)}), \quad k = 1, 2, \cdots. \\ y^{(k)} \approx x^{(k)}/m^{(k)}, \end{cases} \quad (4.44)$$

相应地取

$$\begin{cases} \lambda_n = 1/m^{(k)}, \\ x_n = y^{(k)}, \end{cases} \quad k = 1, 2, \cdots. \quad (4.45)$$

2. 反幂法的 MATLAB 程序

MATLAB 程序 4.2 反乘幂法求绝对值最小特征值

```
function [m,u]=powinv(A,ep,Nmax)
% 求矩阵绝对值最小特征值反幂法,A为矩阵,ep为精度(默认值为1e-5)
```

```
% Nmax为最大迭代次数(默认值为500),m为绝对值最小的特征值
% u为对应最小特征值的特征向量
if nargin<3 Nmax=500;end
if nargin<2 ep=1e-5;end
n=length(A);u=ones(n,1);k=0;m1=0;invA=inv(A);
while k<=Nmax
    v=invA*u;[vmax,i]=max(abs(v));
    m=v(i);u=v/m;
    if abs(m-m1)<ep
        break;
    end
    m1=m;k=k+1;
end
m=1/m;
```

例 4.3 求矩阵 $A = \begin{pmatrix} 2 & -1 & 0 \\ -1 & 2 & -1 \\ 0 & -1 & 2 \end{pmatrix}$ 的最小特征值及相应的特征向量.

解 在 MATLAB 命令窗口执行 (m 是最小特征值, u 是特征向量)

```
>> A=[2 -1 0;-1 2 -1;0 -1 2]; [m,u]=powinv(A,1e-4)
```

得到

  m = 0.585 8
  u = 0.707 1
     1.000 0
     0.707 1

4.3 Jacobi 方法 (对称矩阵)

4.3.1 Jacobi 方法及 MATLAB 程序

Jacobi 旋转法是求实对称矩阵全部特征值及对应特征向量的方法.

设 A 为 n 阶实对称矩阵, 则存在正交矩阵 P, 使

$$P^{\mathrm{T}} A P = P^{-1} A P = D = \mathrm{diag}(\lambda_1, \lambda_2, \cdots, \lambda_n),$$

其中 $\lambda_1, \lambda_2, \cdots, \lambda_n$ 为 A 的 n 个特征值, 正交矩阵 P 的各列为矩阵 A 相应于 $\lambda_1, \lambda_2, \cdots, \lambda_n$ 的特征向量.

Jacobi 方法求实对称矩阵 A 的特征值的基本思想是, 构造一系列的正交矩阵 $P_1, P_2, \cdots$ 对矩阵 A 实施正交相似变换, 将矩阵 A 化为对角形, 从而得其全部特征值, 把逐次得到的相似

变换矩阵乘在一起,则积矩阵的各列为相应的特征向量.

1. Jacobi 方法描述

设 $\boldsymbol{A}^{(0)} = \boldsymbol{A}$,由 $\boldsymbol{A}^{(0)}$ 出发对其作 Givens 变换 $\boldsymbol{G}_0(p,q)$,一般地,有

$$\boldsymbol{A}^{(k)} = \boldsymbol{G}_k^{\mathrm{T}} \boldsymbol{A}^{(k-1)} \boldsymbol{G}_k, \tag{4.46}$$

其中

$$\boldsymbol{G}_k(p,q) = \begin{pmatrix} 1 & & & & & & & & & \\ & \ddots & & & & & & & & \\ & & 1 & & & & & & & \\ & & & \cos\theta & \cdots & \sin\theta & & & & \\ & & & & 1 & & & & & \\ & & & \vdots & & \ddots & & \vdots & & \\ & & & & & & 1 & & & \\ & & & -\sin\theta & \cdots & & & \cos\theta & & \\ & & & & & & & & 1 & \\ & & & & & & & & & \ddots \\ & & & & & & & & & & 1 \end{pmatrix}$$

为 Givens 矩阵.

为使 $\boldsymbol{A}^{(k)}$ 趋向一解矩阵 $(k \to \infty)$,可以这样确定 $\boldsymbol{G}_k(p,q)$,对于 $\forall k > 0$,p,q 由 $\boldsymbol{A}^{(k-1)}$ 中对角线元素 $a_{ij}^{(k-1)}(i \neq j)$ 中按模最大者的脚标决定,令 $a_{pq}^{(k)} = 0$ 来确定 θ,这种方法称为 **Jacobi 方法**.

$\boldsymbol{A}^{(k)}$ 是实对称矩阵,$\boldsymbol{A}^{(k)}$ 与 $\boldsymbol{A}^{(k-1)}$ 只有 p,q 两行(列)不同,它们之间的关系是

$$\begin{cases} a_{pi}^{(k)} = a_{ip}^{(k)} = a_{ip}^{(k-1)} \cos\theta + a_{iq}^{(k-1)} \sin\theta & (i \neq p,q), \\ a_{qi}^{(k)} = a_{iq}^{(k)} = -a_{ip}^{(k-1)} \sin\theta + a_{iq}^{(k-1)} \cos\theta & (i \neq p,q), \\ a_{pp}^{(k)} = a_{pp}^{(k-1)} \cos^2\theta + 2a_{pq}^{(k-1)} \sin\theta\cos\theta + a_{qq}^{(k-1)} \sin^2\theta, \\ a_{qq}^{(k)} = a_{pp}^{(k-1)} \sin^2\theta - 2a_{pq}^{(k-1)} \sin\theta\cos\theta + a_{qq}^{(k-1)} \cos^2\theta, \\ a_{pq}^{(k)} = a_{qp}^{(k)} = (a_{jj}^{(k-1)} - a_{pp}^{(k-1)}) \sin\theta\cos\theta + a_{pq}^{(k-1)}(\cos^2\theta - \sin^2\theta). \end{cases} \tag{4.47}$$

令 $a_{pq}^{(k)} = a_{qp}^{(k)} = 0$,解 θ 满足的条件

$$\tan 2\theta = \frac{2a_{pq}^{(k-1)}}{a_{pp}^{(k-1)} - a_{qq}^{(k-1)}}. \tag{4.48}$$

通常取
$$|\theta| \leqslant \frac{\pi}{4}, \tag{4.49}$$

若 $a_{pp}^{(k-1)} = a_{qq}^{(k-1)}$，则取
$$\theta = \begin{cases} -\pi/4, & a_{pq}^{(k-1)} < 0, \\ \pi/4, & a_{pq}^{(k-1)} > 0. \end{cases} \tag{4.50}$$

实际应用中不需计算 θ，只需计算 $\sin\theta, \cos\theta$. 令
$$y = \left| a_{pp}^{(k-1)} - a_{qq}^{(k-1)} \right|, \, x = \text{sign}(a_{pp}^{(k-1)} - a_{qq}^{(k-1)})2a_{pq}^{(k-1)}, \tag{4.51}$$

则
$$\tan 2\theta = \frac{x}{y}, \tag{4.52}$$

$$\cos\theta = \left(\frac{1}{2} \left(1 + \frac{y}{\sqrt{x^2+y^2}} \right) \right)^{1/2}, \tag{4.53}$$

$$\sin\theta = \frac{x}{2\cos\theta \sqrt{x^2+y^2}}. \tag{4.54}$$

2. Jacobi 方法的 MATLAB 程序

MATLAB 程序 4.3 Jacobi 方法求对称矩阵特征值

```
function [D,R]=Jacobieig(A,ep)
% 求对称矩阵特征值的Jacobi法,A为矩阵,ep为精度(默认值为1e-5)
% D为对角线上的值(特征值),R为对应特征值的特征向量
if nargin<2 ep=1e-5;end
n=length(A);R=eye(n);
while 1
    Amax=0;
    for l=1:n-1
        for k=l+1:n
            if abs(A(l,k))>Amax
                Amax=abs(A(l,k));
                i=l;j=k;
            end
        end
    end
    if Amax<e break; end
    % 计算三角函数
```

```
        d=(A(i,i)-A(j,j))/(2*A(i,j));
        if abs(d)<1e-10
            t=1;
        else
            t=sign(d)/(abs(d)+sqrt(d^2+1));
        end
        c=1/sqrt(t^2+1);s=c*t;
        % 旋转计算
        for l=1:n
            if l==i
                Aii=A(i,i)*c^2+A(j,j)*s^2+2*A(i,j)*s*c;
                Ajj=A(i,i)*s^2+A(j,j)*c^2-2*A(i,j)*s*c;
                A(i,j)=(A(j,j)-A(i,i))*s*c+A(i,j)*(c^2-s^2);
                A(j,i)=A(i,j);A(i,i)=Aii;A(j,j)=Ajj;
            elseif l~=j
                Ail=A(i,l)*c+A(j,l)*s;
                Ajl=-A(i,l)*s+A(j,l)*c;
                A(i,l)=Ail;A(l,i)=Ail;
                A(j,l)=Ajl;A(l,j)=Ajl;
            end
            Rli=R(l,i)*c+R(l,j)*s;
            Rlj=-R(l,i)*s+R(l,j)*c;
            R(l,i)=Rli;R(l,j)=Rlj;
        end
    end
end
D=diag(diag(A));
```

例 4.4 求矩阵 $\boldsymbol{A} = \begin{pmatrix} 2 & -1 & 0 \\ -1 & 2 & -1 \\ 0 & -1 & 2 \end{pmatrix}$ 的全部特征值及相应的特征向量.

解 在 MATLAB 命令窗口执行

```
>> A=[2 -1 0;-1 2 -1;0 -1 2]; [D,R]=Jacobieig(A,1e-4)
```

得到

$$D = \begin{matrix} 0.5858 & 0 & 0 \\ 0 & 3.4142 & 0 \\ 0 & 0 & 2.0000 \end{matrix}$$

$$R = \begin{matrix} 0.500\,0 & -0.500\,0 & -0.707\,1 \\ 0.707\,1 & 0.707\,1 & 0.000\,0 \\ 0.500\,0 & -0.500\,0 & 0.707\,1 \end{matrix}$$

4.3.2 Jacobi 方法的收敛性

关于 Jacobi 收敛性有如下定理.

定理 4.7 设 A 是实对称矩阵,则 Jacobi 方法 (4.46) 产生的序列 $\{A^{(k)}\}$ 的非主对角元素收敛于零,即 $A^{(k)}$ 趋于对角矩阵 $(k \to \infty)$.

证明 设 $G_k(p,q) = (g_1, g_2, \cdots, g_n)$,其中 $g_i(i=1,2,\cdots,n)$ 为其第 i 列,设 $A^{(k-1)} = (a_1^{\mathrm{T}}, a_2^{\mathrm{T}}, \cdots, a_n^{\mathrm{T}},)^{\mathrm{T}}$,其中 $a_i(i=1,2,\cdots,n)$ 为其第 i 行,则有

$$\|A^{(k)}\|_F^2 = \|G_k^{\mathrm{T}} A^{(k-1)} G_k\|_F^2 = \sum_{i=1}^n \|G_k^{\mathrm{T}} A^{(k-1)} g_i\|_2^2$$

$$= \sum_{i=1}^n \|A^{(k-1)} g_i\|_2^2 = \|A^{(k-1)} G_k\|_F^2$$

$$= \sum_{i=1}^n \|a_i G_k\|_F^2 = \sum_{i=1}^n \|a_i\|_2^2 = \|A^{(k-1)}\|_F^2. \tag{4.55}$$

由式 (4.47) 有

$$(a_{ij}^{(k)})^2 = (a_{ij}^{(k-1)})^2 \quad (i,j \neq p,q),$$

$$(a_{pj}^{(k)})^2 + (a_{qj}^{(k)})^2 = (a_{pj}^{(k-1)})^2 + (a_{qj}^{(k-1)})^2 (j \neq p,q).$$

由 $A^{(k)}$ 及 $A^{(k-1)}$ 的对称性及式 (4.55) 有

$$(a_{pp}^{(k)})^2 + (a_{qq}^{(k)})^2 = (a_{pp}^{(k-1)})^2 + (a_{qq}^{(k-1)})^2 + 2(a_{pq}^{(k-1)})^2. \tag{4.56}$$

若记 $A^{(k)}$ 的非主对角线元素的平方和为 $S(A^{(k)})$,则

$$S(A^{(k)}) = S(A^{(k-1)}) - 2(a_{pq}^{(k-1)})^2. \tag{4.57}$$

由于选 p,q 时,a_{pq}^{k-1} 是 $A^{(k-1)}$ 的按模最大的非对角元素,所以有

$$(a_{pq}^{k-1})^2 \geqslant \frac{S(A^{(k-1)})}{n(n-1)},$$

从而有

$$S(A^{(k)}) \leqslant S(A^{(k-1)}) - \frac{2S(A^{(k-1)})}{n(n-1)} = \left(1 - \frac{2}{n(n-1)}\right) S(A^{(k-1)})$$

$$\leqslant \left(1 - \frac{2}{n(n-1)}\right)^k S(A^{(0)}). \tag{4.58}$$

当 $n \geqslant 2$ 时，$0 \leqslant 1 - \dfrac{2}{n(n-1)} < 1$，故 $k \to \infty$ 时，$S(\boldsymbol{A}^{(k)}) \to 0$，即 $\boldsymbol{A}^{(k)}$ 的非主对角元素收敛于零，所以 $\boldsymbol{A}^{(k)}$ 趋于一对角矩阵.

4.4 Householder 方法

Householder 方法是计算实对称矩阵 $\boldsymbol{A}$ 的全部特征值及相应特征向量的方法. 计算过程是先用反射矩阵作正交相似变换约化一般实矩阵 $\boldsymbol{A}$ 为 Hessenberg 矩阵, 或用反射矩阵作正交相似变换约化实对称矩阵 $\boldsymbol{A}$ 为对称三对角矩阵, 使求原矩阵特征值及相应特征向量问题转化为求 Hessenberg 矩阵或对称三对角矩阵的特征值问题.

4.4.1 一般实矩阵约化为 Hessenberg 矩阵

下面给出一般实矩阵约化为 Hessenberg 矩阵的方法.

> **定义 4.4　Hessenberg 矩阵**
>
> 设矩阵 $\boldsymbol{B} \in \mathbb{R}^{n \times n}$，如果当 $i > j+1$ 时，$b_{ij} = 0$，即
>
> $$\boldsymbol{B} = \begin{pmatrix} b_{11} & b_{12} & \cdots & b_{1n} \\ b_{21} & b_{22} & \cdots & b_{2n} \\ & \ddots & \ddots & \vdots \\ & & b_{n,n-1} & b_{nn} \end{pmatrix},$$
>
> 则称矩阵 $\boldsymbol{B}$ 为上 Hessenberg 矩阵.

设

$$\boldsymbol{A} = \begin{pmatrix} a_{11} & a_{12} & \cdots & a_{1n} \\ a_{21} & a_{22} & \cdots & a_{2n} \\ \vdots & \vdots & & \vdots \\ a_{n1} & a_{n2} & \cdots & a_{nn} \end{pmatrix} = \begin{pmatrix} a_{11} & \boldsymbol{A}_{12}^{(1)} \\ \boldsymbol{c}_1 & \boldsymbol{A}_{22}^{(1)} \end{pmatrix},$$

其中 $\boldsymbol{c}_1 = (a_{21}, a_{31}, \cdots, a_{n1})^{\mathrm{T}} \in \mathbb{R}^{n-1}$，不妨设 $\boldsymbol{c}_1 \neq \boldsymbol{0}$，否则这一步不需约化. 于是, 选反射矩阵 $\boldsymbol{R}_1 = \boldsymbol{I} - \beta_1^{-1} \boldsymbol{u}_1 \boldsymbol{u}_1^{\mathrm{T}}$ 使 $\boldsymbol{R}_1 \boldsymbol{c}_1 = \sigma_1 \boldsymbol{e}_1$，其中

$$\begin{cases} \sigma_1 = \operatorname{sgn}(a_{21}) \left(\sum_{i=1}^{n} a_{i1} \right)^{1/2}, \\ \boldsymbol{u}_1 = \boldsymbol{c}_1 + \sigma_1 \boldsymbol{e}_1, \\ \beta_1 = \sigma_1 (\sigma_1 + a_{21}), \end{cases} \quad (4.59)$$

令 $U_1 = \begin{pmatrix} 1 & \\ & R_1 \end{pmatrix}$, 则

$$A^{(2)} = U_1 A^{(1)} U_1 = \begin{pmatrix} a_{11} & A_{12}^{(1)} R_1 \\ R_1 c_1 & R_1 A_{22}^{(1)} R_1 \end{pmatrix}$$

$$= \begin{pmatrix} a_{11} & a_{12}^{(2)} & \cdots & a_{1n}^{(2)} \\ -\sigma_1 & a_{22}^{(2)} & \cdots & a_{2n}^{(2)} \\ \vdots & \vdots & & \vdots \\ 0 & a_{n2}^{(2)} & \cdots & a_{nn}^{(2)} \end{pmatrix} = \begin{pmatrix} A_{11}^{(2)} & A_{12}^{(2)} \\ 0 c_2 & A_{22}^{(2)} \end{pmatrix},$$

其中 $c_2 = (a_{32}^{(2)}, a_{42}^{(2)}, \cdots, a_{n2}^{(2)})^{\mathrm{T}} \in \mathbb{R}^{(n-2)}$, $A_{22}^{(2)} \in \mathbb{R}^{(n-2)(n-2)}$.

第 k 步约化: 设对 A 已完成第一步, $\cdots$, 第 $k-1$ 步正相似变换, 即有

$$A^{(k)} = U_{k-1} A^{(k-1)} U_{k-1},$$

或

$$A^{(k)} = U_{k-1} \cdots U_1 A^{(1)} U_1 \cdots U_{k-1},$$

且

$$A^{(k)} = \begin{pmatrix} a_{11}^{(1)} & a_{12}^{(2)} & \cdots & a_{1,k-1}^{(k-1)} & a_{1k}^{(k)} & a_{1,k+1}^{(k)} & \cdots & a_{1n}^{(k)} \\ & a_{22}^{(2)} & \cdots & a_{2,k-1}^{(k-1)} & a_{2k}^{(k)} & a_{2,k+1}^{(k)} & \cdots & a_{2n}^{(k)} \\ & & \ddots & \vdots & \vdots & \vdots & & \vdots \\ & & & -\sigma_{k-1} & a_{kk}^{(k)} & a_{k,k+1}^{(k)} & \cdots & a_{kn}^{(k)} \\ & & & & a_{k+1,k}^{(k)} & a_{k+1,k+1}^{(k)} & \cdots & a_{k+1,n}^{(k)} \\ & & & & \vdots & \vdots & & \vdots \\ & & & & a_{nk}^{(k)} & a_{n,k+1}^{(k)} & \cdots & a_{nn}^{(k)} \end{pmatrix}$$

$$= \begin{pmatrix} A_{11}^{(k)} & A_{12}^{(k)} \\ 0 c_k & A_{22}^{(k)} \end{pmatrix}.$$

其中 $c_k = (a_{k+1,k}^{(k)})^{\mathrm{T}} \in \mathbb{R}^{n-k}$, $A_{11}^{(k)}$ 为 k 阶 Hessenberg 矩阵, $A_{22}^{(k)} \in \mathbb{R}^{(n-k) \times (n-k)}$.

设 $c_k \neq 0$, 可选择初等反射矩阵 R_k, 使 $R_k c_k = -\sigma_k e_1$, 其中 R_k 的计算公式为

$$\begin{cases} \sigma_k = \operatorname{sgn}(a_{k+1,k}^{(k)}) \left(\sum_{i=k+1}^{n} (a_{ik}^{(k)})^2 \right)^{1/2}, \\ \boldsymbol{u}_k = \boldsymbol{c}_k + \sigma_k \boldsymbol{e}_k, \\ \beta_k = \sigma_k (a_{k+1,k}^{(k)} + \sigma_k), \\ \boldsymbol{R}_k = \boldsymbol{I} - \beta_k^{-1} \boldsymbol{u}_k \boldsymbol{u}_k^{\mathrm{T}}. \end{cases} \tag{4.60}$$

令 $\boldsymbol{U}_k = \begin{pmatrix} \boldsymbol{I} & \\ & \boldsymbol{R}_k \end{pmatrix}$，则

$$\begin{aligned} \boldsymbol{A}^{(k+1)} = \boldsymbol{U}_k \boldsymbol{A}^{(k)} \boldsymbol{U}_k &= \begin{pmatrix} \boldsymbol{A}_{11}^{(k+1)} & \boldsymbol{A}_{12}^{(k)} \\ 0 \boldsymbol{R}_k \boldsymbol{c}_k & \boldsymbol{R}_k \boldsymbol{A}_{22}^{(k)} \boldsymbol{R}_k \end{pmatrix}, \\ &= \begin{pmatrix} \boldsymbol{A}_{11}^{(k+1)} & \boldsymbol{A}_{12}^{(k+1)} \\ 0 \boldsymbol{c}_{k+1} & \boldsymbol{A}_{22}^{(k+1)} \end{pmatrix}, \end{aligned}$$

其中 $\boldsymbol{A}_{11}^{(k+1)}$ 为 $k+1$ 阶 Hessenberg 矩阵，第 k 步约化只需计算 $\boldsymbol{A}_{12}^{(k)} \boldsymbol{R}_k$ 及 $\boldsymbol{R}_k \boldsymbol{A}_{22}^{(k)}$（当 $\boldsymbol{A}$ 为对称矩阵时，只需计算 $\boldsymbol{R}_k \boldsymbol{A}_{22}^{(k)}$）.

重复上述过程，则有

$$\boldsymbol{U}_{n-2} \cdots \boldsymbol{U}_2 \boldsymbol{U}_1 \boldsymbol{A} \boldsymbol{U}_1 \boldsymbol{U}_2 \cdots \boldsymbol{U}_{n-2} = \begin{pmatrix} a_{11} & * & * & \cdots & * & * \\ -\sigma_1 & a_{22}^{(2)} & * & \cdots & * & * \\ & -\sigma_2 & a_{33}^{(3)} & \cdots & * & * \\ & & \ddots & \vdots & \vdots & \vdots \\ & & & -\sigma_{n-2} & a_{n-2,n-1}^{(n-2)} & * \\ & & & & -\sigma_{n-1} & a_{nn}^{(n-1)} \end{pmatrix} = \boldsymbol{A}^{(n-1)}.$$

综上所述有下面的定理.

定理 4.8 设 $\boldsymbol{A} \in \mathbb{R}^{n \times n}$，则存在初等反射矩阵 $\boldsymbol{U}_1, \boldsymbol{U}_2, \cdots, \boldsymbol{U}_{n-2}$，使

$$\boldsymbol{U}_{n-2} \cdots \boldsymbol{U}_2 \boldsymbol{U}_1 \boldsymbol{A} \boldsymbol{U}_1 \boldsymbol{U}_2 \cdots \boldsymbol{U}_{n-2} = \boldsymbol{U}_0^{\mathrm{T}} \boldsymbol{A} \boldsymbol{U}_0 = \boldsymbol{H},$$

其中 $\boldsymbol{H}$ 是 Hessenberg 矩阵.

任意实对称矩阵 $\boldsymbol{A}$ 可以经过若干次 Givens 旋转变换 $\boldsymbol{P}$ 约化为对称三对角矩阵 $\boldsymbol{C} = \boldsymbol{P}^{\mathrm{T}} \boldsymbol{A} \boldsymbol{P}$，取某个 $c_{ik} = c_{kj}(k \neq i, j) = 0$，即取 θ 使

$$a_{ik} \cos \theta + a_{kj} \sin \theta = 0, \tag{4.61}$$

只要
$$\rho = 1/\sqrt{a_{ik}^2 + a_{kj}^2},$$
$$\sin\theta = -\rho a_{ik}, \quad \cos\theta = \rho a_{kj}.$$

旋转矩阵为 $\boldsymbol{P} = \boldsymbol{P}_{i,j,k}$, 则相似变换 $\boldsymbol{C} = \boldsymbol{P}_{i,j,k}^{\mathrm{T}}\boldsymbol{A}\boldsymbol{P}_{i,j,k}$, 使
$$c_{ik} = c_{kj} = 0 \quad (k \neq i,j).$$

用 $\boldsymbol{P}_{i,j,k-1}(k = i+1, i+2, \cdots, n)$ 依次对 $\boldsymbol{A}$ 作相似正交旋转变换, 可将矩阵 $\boldsymbol{A}$ 约化为对称三对角矩阵.

4.4.2 实对称矩阵的三对角化

用反射矩阵作正交相似变换约化实对称矩阵为三对角矩阵.

定理 4.9 设 $\boldsymbol{A} \in \mathbb{R}^{n \times n}$, 则存在初等反射矩阵 $\boldsymbol{U}_1, \boldsymbol{U}_2, \cdots, \boldsymbol{U}_{n-2}$ 使

$$\boldsymbol{U}_{n-2}\cdots\boldsymbol{U}_2\boldsymbol{U}_1\boldsymbol{A}\boldsymbol{U}_1\boldsymbol{U}_2\cdots\boldsymbol{U}_{n-2} = \begin{pmatrix} c_1 & b_1 & & & \\ b_1 & c_2 & b_2 & & \\ & \ddots & \ddots & \ddots & \\ & & b_{n-2} & c_{n-1} & b_{n-1} \\ & & & b_{n-1} & c_n \end{pmatrix} \equiv \boldsymbol{C}, \tag{4.62}$$

其中 $\boldsymbol{H}$ 是 Hessenberg 矩阵.

证明 由定理4.8知, 存在初等反射矩阵 $\boldsymbol{U}_1, \boldsymbol{U}_2, \cdots, \boldsymbol{U}_{n-2}$, 使
$$\boldsymbol{U}_{n-2}\cdots\boldsymbol{U}_2\boldsymbol{U}_1\boldsymbol{A}\boldsymbol{U}_1\boldsymbol{U}_2\cdots\boldsymbol{U}_{n-2} = \boldsymbol{H} = \boldsymbol{A}^{(n-1)}$$

为 Hessenberg 矩阵, 且 $\boldsymbol{A}^{(n-1)}$ 亦是对称矩阵, 因此 $\boldsymbol{A}^{(n-1)}$ 为三对角矩阵.

4.4.3 求三对角矩阵特征值的二分法

在式 (4.62) 中, 设 $b_i \neq 0, i = 1, 2, \cdots, n-1$. 记特征矩阵 $\boldsymbol{C} - \lambda\boldsymbol{I}$ 的左上角的 k 阶子式为 $p_k(\lambda)$, 设 $p_0(\lambda) = 1$. 利用行列式的展开式, 可得 $p_k(\lambda)$ 的递推公式

$$\begin{cases} p_0(\lambda) = 1, \\ p_1(\lambda) = a_1 - \lambda, \\ \quad \vdots \\ p_k(\lambda) = (a_k - \lambda)p_{k-1}(\lambda) - b_{k-1}^2 p_{k-2}(\lambda), \quad k = 1, 2, \cdots, n. \end{cases} \tag{4.63}$$

$p_n(\lambda) = \det(\boldsymbol{C} - \lambda\boldsymbol{I})$ 为 $\boldsymbol{C}$ 的特征多项式, n 个零点为矩阵 $\boldsymbol{C}$ 的 n 个特征值.

由 C 为对称矩阵，知 $p_k(\lambda)$ 的根 (特征根) 都是实根，用数学归纳法可证：若有 $k(k=1,2,\cdots,n-1)$，使 $p_k(\alpha)=0$，则 $p_{k-1}(\alpha)p_{k+1}(\alpha)\neq 0$，且 $p_k(\lambda)$ 的根把 $p_{k+1}(\lambda)$ 的根严格地隔离开来，即每个 $p_k(\lambda)$ 的根都是单根.

为讨论 $p_k(\lambda)$ 根的分布情况，对固定的 λ，序列 $\{p_k(\lambda)\}(k=0,1,2,\cdots,n)$ 中相邻两数的符号相同的个数为**同号数**，记为 $S(\lambda)$. 若某个 $p_k(\lambda)=0$，则规定 $p_k(\lambda)$ 的符号与 $p_{k-1}(\lambda)$ 的符号相同.

定理 4.10 同号数 $S(\lambda)$ 等于特征方程 $p_n(\lambda)=0$ 在区间 $[\lambda,\infty)$ 上根的个数.

根据这个定理可求出三对角矩阵的任何一个特征值. 令矩阵 C 的特征值为 $\lambda_1 > \lambda_2 > \cdots > \lambda_n$，由矩阵谱半径与范数的关系有 $\rho(C) \leq \|C\|_p (\|\cdot\|_p$ 为矩阵的任何一种范围数)，可见 $\|\lambda_i\| \leq \|C\|_p (i=1,2,\cdots,n)$，于是在区间 $[-\|C\|_p, \|C\|_p]$ 上可求矩阵 C 的各特征值.

如要计算矩阵 C 的第 i 个特征值 λ_i，设 $\lambda_i \in [a_0, b_0]$，根据定理 4.10, a_0, b_0 应满足 $S(a_0) \geq i, S(b_0) \leq i$. 取区间 $[a_0, b_0]$ 的中点 $c_0 = \frac{1}{2}(a_0+b_0)$，计算 $S(c_0)$，若 $S(c_0) \geq i$，则 $\lambda_i \in [c_0, b_0]$，记 $a_1 = c_0, b_1 = b_0$；否则，$\lambda_i \in [a_0, c_0]$，记 $a_1 = a_0, b_1 = c_0$. 如此继续，经过 n 次二分之后，得到包含 λ_i 的区间：$[a_0, b_0] \supset [a_1, b_1] \supset \cdots \supset [a_n, b_n]$，它们的长度依次为 $\frac{1}{2^k}(b_0-a_0)(k=0,1,2,\cdots,n)$. 当 n 充分大时，$[a_k, b_k]$ 的长度将足够小，此时可取区间的中点作 λ_i 的近似值.

实际计算 $S(\lambda)$ 的值不是多项式序列 $\{p_k(\lambda)\}(k=1,2,\cdots,n)$，而是

$$q_1(\lambda) = p_1(\lambda)/p_0(\lambda),$$

$$q_k(\lambda) = \frac{p_k(\lambda)}{p_{k-1}(\lambda)} = \frac{(\alpha_k - \lambda)p_{k-1}(\lambda) - \beta_{k-1}^2 p_{k-2}(\lambda)}{p_{k-1}(\lambda)}$$

$$= \begin{cases} \alpha_k - \lambda - \dfrac{\beta_{k-1}^2}{q_{k-1}(\lambda)}, & p_{k-1} \neq 0, p_{k-2}(\lambda) \neq 0, \\ \alpha_k - \lambda, & p_{k-1} \neq 0, p_{k-2}(\lambda) = 0, \\ -\infty, & p_{k-1} = 0, p_{k-2}(\lambda) = 0. \end{cases}$$

由于 $p_{k-1}(\lambda)$ 和 $p_{k-2}(\lambda)$ 不能同为零，故

$$q_1(\lambda) = \alpha_1 - \lambda,$$

$$q_k(\lambda) = \begin{cases} \alpha_k - \lambda - \dfrac{\beta_{k-1}^2}{q_{k-1}(\lambda)}, & p_{k-1}p_{k-2}(\lambda) \neq 0, \\ \alpha_k - \lambda, & p_{k-2}(\lambda) = 0, \\ -\infty, & p_{k-1} = 0. \end{cases} \quad (4.64)$$

这里规定 $q_0(\lambda) = 1$. 通过计算序列 $\{q_k(\lambda)\}$ 中的非负项的个数来求同号数是很方便的.

4.4.4 三对角矩阵特征向量的计算

求出对称三对角矩阵 C 的某一特征值 λ 后，再用反幂法求矩阵 $C - \lambda I$ 的按模最小的特征值 λ_0 和相应的特征向量 y，则有

$$(C - \lambda I)y = \lambda_0 y, \tag{4.65}$$

即

$$Cy = (\lambda + \lambda_0)y. \tag{4.66}$$

由此可见，y 是矩阵 C 的相应于 λ 的特征向量，并可得到特征值 λ 的更精确的特征值 $\lambda + \lambda_0$.

由于三对角矩阵 C 是实对称矩阵 A 经过正交相似变换得到的，即存在正交矩阵 Q 使

$$C = Q^{\mathrm{T}} A Q, \tag{4.67}$$

故矩阵 C 与矩阵 A 有相同的特征值. 如果 y 是矩阵 C 的相应于 λ 的特征向量，则 $x = Qy$ 便是 A 的相应于 λ 的特征向量，即有

$$Ax = AQy = QCy = Q\lambda y = \lambda x. \tag{4.68}$$

当用 Householder 变换将矩阵 A 约化为 C 时，由定理4.9有

$$C = A^{(n-2)} = H_{n-2} \cdots H_2 H_1 A = H_1 H_2 \cdots H_{n-2} = Q^{\mathrm{T}} A Q, \tag{4.69}$$

这里 $Q = H_1 H_2 \cdots H_{n-2}$ 为正交矩阵. 由于每个 H_k 具有 $I - \alpha \boldsymbol{\omega} \boldsymbol{\omega}^{\mathrm{T}}$ 的形式，所以向量 $x = Qy$ 的计算可以通过计算

$$(I - \alpha \boldsymbol{\omega} \boldsymbol{\omega}^{\mathrm{T}})y = y - \alpha(\boldsymbol{\omega}^{\mathrm{T}} y)\boldsymbol{\omega} \tag{4.70}$$

来实现，这样每步只需作一次向量的内积运算，避免了向量乘法运算. 原来矩阵的 H_k 也不必保存，只需保存相应向量 $\boldsymbol{\omega}$ 中的非零部分.

当用 Givens 变换将矩阵 A 约化为 C 时，则有

$$Q = P_{i,j,k-1}, \quad k = i+1, i+2, \cdots, n. \tag{4.71}$$

4.5 QR 方法

QR 方法是一种变换方法，是计算一般矩阵全部特征值及相应特征向量的最有效方法之一. 主要用来计算 Hessenberg 矩阵和实对称三对角矩阵的全部特征及相应的特征向量. 对于一般矩阵 $A \in \mathbb{R}^{n \times n}$(或对称矩阵)，先用 Householder 变换将其约化为 Hessenberg 矩阵或实对称三对角矩阵 B，然后用 QR 方法计算矩阵 B 的全部特征值.

4.5.1 基本的 QR 方法

由定理4.5知, 对任何矩阵 $A \in \mathbb{R}^{n\times n}$ 都可以进行 QR 分解

$$A = QR, \tag{4.72}$$

其中 Q 是正交矩阵, R 是上三角矩阵, 且规定 R 的对角线是正实数时, 分解式 (4.72) 是唯一的.

令 $A^{(1)} = A$, 正交分解为一个正交矩阵 Q_1 和一个上三角矩阵 R_1 的乘积:

$$A^{(1)} = Q_1 R_1.$$

交换 Q_1, R_1 的次序得到

$$A^{(2)} = R_1 Q_1.$$

因 Q_1 为正交矩阵, 所以 $Q_1^{\mathrm{T}} = Q_1^{-1}$, 于是

$$A^{(2)} = Q_1^{\mathrm{T}} A^{(1)} Q_1,$$

即 $A^{(2)}$ 与 $A^{(1)}$ 正交相似.

用 $A^{(2)}$ 代替 $A^{(1)}$, 重复上述步骤得 $A^{(3)}$. 一般地, 若已知矩阵 $A^{(k)}$ 具有分解式

$$A^{(k)} = Q_k R_k, \tag{4.73}$$

其中 Q_k 为正交矩阵, R_k 为上三角矩阵, 将 Q_k, R_k 换序之后, 得

$$A^{(k+1)} = R_k Q_k = Q_k^{\mathrm{T}} A^{(k)} Q_k, \tag{4.74}$$

于是得到一个迭代序列 $\{A^{(k)}\}$, 这就是基本的 QR 算法.

定理 4.11 对任意 $A \in \mathbb{R}^{n\times n}$, 由 QR 算法产生的序列 $\{A^{(k)}\}$ 具有以下性质:
(1) $A^{(k)}$ 与 A 正交相似, 从而 $A^{(k)}$ 与 A 有相同的特征值;
(2) 若记

$$\widetilde{Q} = Q_1 Q_2 \cdots Q_k, \quad \widetilde{R} = R_k \cdots R_2 R_1, \tag{4.75}$$

则 A^k (A 的 k 次幂) 有 QR 分解式 $A^k = \widetilde{Q}\widetilde{R}$.

证明 因 $A^{(2)} = Q_1^{\mathrm{T}} A_1 Q_1$, 所以 $A^{(2)}$ 与 A 正交相似. 又

$$A^{(3)} = Q_2^{\mathrm{T}} A^{(2)} Q_2 = Q_2^{\mathrm{T}} Q_1^{\mathrm{T}} A^{(1)} Q_1 Q_2 = (Q_1 Q_2)^{\mathrm{T}} A (Q_1 Q_2),$$

而正交矩阵的乘积矩阵 $Q_1 Q_2$ 仍是正交矩阵, 故 $A^{(3)}$ 与 $A^{(2)}, A$, 正交相似. 一般地, 有

$$\begin{aligned} A^{(k)} &= Q_{k-1}^{\mathrm{T}} A^{(k-1)} Q_{k-1} = Q_{k-1}^{\mathrm{T}} Q_{k-2}^{\mathrm{T}} A^{(k-2)} Q_{k-2} Q_{k-1} \\ &= \cdots = Q_{k-1}^{\mathrm{T}} \cdots Q_2^{\mathrm{T}} Q_1^{\mathrm{T}} A^{(1)} Q_1 Q_2 \cdots Q_{k-1} \\ &= (Q_1 Q_2 \cdots Q_{k-1})^{\mathrm{T}} A Q_1 Q_2 \cdots Q_{k-1} = \widetilde{Q}_{k-1}^{\mathrm{T}} A \widetilde{Q}_{k-1}, \end{aligned} \tag{4.76}$$

其中 $\widetilde{\boldsymbol{Q}}_{k-1} = \boldsymbol{Q}_1\boldsymbol{Q}_2\cdots\boldsymbol{Q}_{k-1}$ 为正交矩阵，于是 $\boldsymbol{A}^{(k)}$ 与 $\boldsymbol{A}$ 正交相似. (1)得证.

用数学归纳法证 (2). 当 $k=1$ 时，$\boldsymbol{A}$ 的正交分解为

$$\boldsymbol{A} = \widetilde{\boldsymbol{Q}}_1\widetilde{\boldsymbol{R}}_1 = \boldsymbol{Q}_1\boldsymbol{R}_1.$$

假设 $\boldsymbol{A}^{k-1}$ 的正交分解为

$$\boldsymbol{A}^{k-1} = \widetilde{\boldsymbol{Q}}_{k-1}\widetilde{\boldsymbol{R}}_{k-1},$$

由式 (4.76) 有

$$\boldsymbol{A}\widetilde{\boldsymbol{Q}}_{k-1} = \widetilde{\boldsymbol{Q}}_{k-1}\boldsymbol{A}^{(k)},$$

从而有

$$\boldsymbol{A}^k = \boldsymbol{A}(\boldsymbol{A}^{k-1}) = \boldsymbol{A}(\widetilde{\boldsymbol{Q}}_{k-1}\widetilde{\boldsymbol{R}}_{k-1}) = \widetilde{\boldsymbol{Q}}_{k-1}\boldsymbol{A}^{(k)}\widetilde{\boldsymbol{R}}_{k-1},$$

再利用式 (4.73) 即得

$$\boldsymbol{A}^k = \widetilde{\boldsymbol{Q}}_{k-1}\boldsymbol{Q}_k\boldsymbol{R}_k\widetilde{\boldsymbol{R}}_{k-1} = \widetilde{\boldsymbol{Q}}_k\widetilde{\boldsymbol{R}}_k.$$

4.5.2 QR 方法的收敛性

下面讨论 QR 方法的收敛性.

> **定义 4.5 基本收敛**
> 由 QR 算法产生的 $\{\boldsymbol{A}^{(k)}\}$，如果当 $k\to\infty$ 时，$\boldsymbol{A}^{(k)}$ 收敛于分块上三角矩阵 (对角块为一阶或二阶子块)，则 QR 算法是收敛的. 若 $\boldsymbol{A}^{(k)}$ 趋于分块上三角形式，其对角块为一阶或二阶子块，即 $\boldsymbol{A}^{(k)}$ 的对角线下方元素趋于 0，则称算法**本质**或**基本收敛**.

> **定理 4.12** 设 $\boldsymbol{A}\in\mathbb{R}^{n\times n}$ 的特征值 λ_i 满足条件 $|\lambda_1| > |\lambda_2| > \cdots > |\lambda_n| > 0$，$\boldsymbol{X}\in\mathbb{R}^{n\times n}$ 是以 $\boldsymbol{A}$ 的特征向量为列组成的矩阵，且 $\boldsymbol{Y} = \boldsymbol{X}^{-1}$ 有 LU 分解，则 $\{\boldsymbol{A}^{(k)}\}$ 本质或基本收敛于上三角矩阵：
> $$\boldsymbol{A}^{(k)} \xrightarrow{\text{本质收敛}} \begin{pmatrix} \lambda_1 & * & \cdots & * \\ & \lambda_2 & \ddots & \vdots \\ & & \ddots & * \\ & & & \lambda_n \end{pmatrix} \quad (k\to\infty).$$

证明 设 $\boldsymbol{\Lambda} = \mathrm{diag}(\lambda_1,\lambda_2,\cdots,\lambda_n)$，于是有 $\boldsymbol{A} = \boldsymbol{X}\boldsymbol{\Lambda}\boldsymbol{X}^{-1}$，要分析 $\{\boldsymbol{A}^{(k)}\}$ 的收敛性，由式 (4.76)，只要分析 $\{\widetilde{\boldsymbol{Q}}_k\}$ 的收敛性情况. 由定理 4.11 知，$\widetilde{\boldsymbol{R}}_k$ 为上三角矩阵，因此，需分析 $\boldsymbol{A}^k$ 的极限情况. 由于 $\boldsymbol{Y} = \boldsymbol{X}^{-1} = \boldsymbol{L}_y\boldsymbol{U}_y$，故

$$\boldsymbol{A}^k = \boldsymbol{X}\boldsymbol{\Lambda}\boldsymbol{X}^{-1} = \boldsymbol{X}\boldsymbol{\Lambda}\boldsymbol{L}_y\boldsymbol{U}_y = \boldsymbol{X}(\boldsymbol{\Lambda}^k\boldsymbol{L}_y\boldsymbol{\Lambda}^{-k})\boldsymbol{\Lambda}^k\boldsymbol{U}_y.$$

若记 $\boldsymbol{\Lambda}^k \boldsymbol{L}_y \boldsymbol{\Lambda}^{-k} = \boldsymbol{I} + \boldsymbol{I}_k$,则
$$\boldsymbol{A}^k = \boldsymbol{X}(\boldsymbol{I} + \boldsymbol{I}_k)\boldsymbol{\Lambda}^k \boldsymbol{U}_y.$$

由于 $\boldsymbol{L}_y$ 的对角元素都为 1,因此
$$(\boldsymbol{I}_k)_{ij} = \begin{cases} 0, & i \leqslant j, \\ l_{ij}\left(\dfrac{\lambda_i}{\lambda_j}\right)^k, & i > j. \end{cases}$$

由假设 $|\lambda_i| < |\lambda_j|$(当 $i > j$),故 $\boldsymbol{I}_k \to 0$(零矩阵).$(\boldsymbol{I}_k)_{ij}$ 收敛于 0 的速度由 $\left|\dfrac{\lambda_i}{\lambda_j}\right|$ 决定.

设 $\boldsymbol{X} = \boldsymbol{Q}_x \boldsymbol{R}_x$,且 $\boldsymbol{R}_x$ 的对角元素均为正数,则有
$$\begin{aligned} \boldsymbol{A}^k &= \boldsymbol{Q}_x \boldsymbol{R}_x (\boldsymbol{I} + \boldsymbol{I}_k)\boldsymbol{\Lambda}^k \boldsymbol{U}_y \\ &= \boldsymbol{Q}_x(\boldsymbol{I} + \boldsymbol{R}_x \boldsymbol{I}_k \boldsymbol{R}_x^{-1})(\boldsymbol{R}_x \boldsymbol{\Lambda}^k \boldsymbol{U}_y). \end{aligned} \tag{4.77}$$

因 $k \to \infty$ 时,$\boldsymbol{I}_k \to 0$,故当 k 充分大时 $\boldsymbol{I} + \boldsymbol{R}_x \boldsymbol{I}_k \boldsymbol{R}_x^{-1}$ 非奇异.故有唯一的 QR 分解:
$$\boldsymbol{I} + \boldsymbol{R}_x \boldsymbol{I}_k \boldsymbol{R}_x^{-1} = \boldsymbol{Q}_k \boldsymbol{R}_k,$$

其中 $\boldsymbol{R}_k$ 的对角元素为正数,由于
$$\boldsymbol{Q}_k \boldsymbol{R}_k \to \boldsymbol{I} \quad (k \to \infty),$$

故
$$\boldsymbol{Q}_k \to \boldsymbol{I}, \quad \boldsymbol{R}_k \to \boldsymbol{I} \quad (k \to \infty).$$

于是,由式 (4.77) 得 $\boldsymbol{A}^k$ 的 QR 分解式:
$$\boldsymbol{A}^k = (\boldsymbol{Q}_x \boldsymbol{Q}_k)(\boldsymbol{R}_k \boldsymbol{R}_x \boldsymbol{\Lambda}^k \boldsymbol{U}_y).$$

上述 QR 分解不一定唯一,为使其唯一,引进
$$\boldsymbol{D}_1 = \mathrm{diag}\left(\frac{\lambda_1}{|\lambda_1|}, \frac{\lambda_2}{|\lambda_2|}, \cdots, \frac{\lambda_n}{|\lambda_n|}\right),$$
$$\boldsymbol{D}_2 = \mathrm{diag}\left(\frac{(\boldsymbol{U}_y)_{11}}{|(\boldsymbol{U}_y)_{11}|}, \frac{(\boldsymbol{U}_y)_{22}}{|(\boldsymbol{U}_y)_{22}|}, \cdots, \frac{(\boldsymbol{U}_y)_{nn}}{|(\boldsymbol{U}_y)_{nn}|}\right),$$

由此得 $\boldsymbol{A}^k$ 的 QR 分解为
$$\boldsymbol{A}^k = (\boldsymbol{Q}_x \boldsymbol{Q}_k \boldsymbol{D}_2 \boldsymbol{D}_1^k)(\boldsymbol{D}_1^{-k} \boldsymbol{D}_2^{-1} \boldsymbol{R}_k \boldsymbol{R}_x \boldsymbol{\Lambda}^k \boldsymbol{U}_y).$$

这种分解上三角矩阵的对角元素为正数,由 QR 分解的唯一性及式 (4.77) 有
$$\widetilde{\boldsymbol{Q}}_k = \boldsymbol{Q}_x \boldsymbol{Q}_k \boldsymbol{D}_2 \boldsymbol{D}_1^k,$$
$$\widetilde{\boldsymbol{R}}_k = \boldsymbol{D}_1^{-k} \boldsymbol{D}_2^{-1} \boldsymbol{R}_k \boldsymbol{R}_x \boldsymbol{\Lambda}^k \boldsymbol{U}_y.$$

将 $\tilde{Q}_k$ 代入式 (4.76)有
$$A^{(k+1)} = D_1^k D_2 Q_k^T Q_x^T A Q_x Q_k D_2 D_1^k.$$

于是
$$A = X\Lambda X^{-1} = Q_x R_x \Lambda R_x^{-1} Q_x^T.$$

若记 $R = R_x \Lambda R_x^{-1}$(上三角矩阵)，则

$$A^{(k+1)} = D_1^k D_2 Q_k^T Q_x^T Q_x R_x \Lambda R_x^{-1} Q_x^T Q_x Q_k D_2 D_1^k$$
$$= D_1^k D_2 Q_k^T R Q_k D_2 D_1^k.$$

由于已证得 $Q_k \to I(k \to \infty)$,因此有
$$Q_k^T R Q_k \to R \quad (k \to \infty).$$

D_1 可能不收敛，由 D_1 的结构知，这种收敛性仅能影响 $A^{(k)}$ 的对角线以上的元素，而 $A^{(k)}$ 的对角线以下的元素收敛于 0，于是 $A^{(k)}$ 本质收敛于 R. 由于是求 A 的特征值，这已足够了.

4.5.3 带原点位移的 QR 方法

基本的 QR 算法与乘幂法一样是线性收敛的，为加快其收敛速度，可使用原点位移方法进行加速．这种方法称为带原点位移的 QR 算法.

设序列 $\{S_k\}$ 作
$$A^{(k)} - S_k I = Q_k R_k, \quad A^{(k+1)} = R_k Q_k + S_k I, \tag{4.78}$$

$$A^{(k+1)} = Q_k^T A^{(k)} Q_k, \tag{4.79}$$

$$A^{(k+1)} = \tilde{Q}_k^T A \tilde{Q}_k, \tag{4.80}$$

$$A^{(k+1)} - S_{k+1} I = \tilde{Q}_k^T (A - S_{k+1} I) \tilde{Q}_k. \tag{4.81}$$

由式 (4.81)及式 (4.77)有
$$\prod_{i=1}^{k}(A - S_i I) = \tilde{Q}_k \tilde{R}_k,$$

$$\varphi_k(\lambda) = \prod_{i=1}^{k}(\lambda - S_i).$$

则
$$\varphi_k(\boldsymbol{A}) = \prod_{i=1}^{k}(\boldsymbol{A} - S_i \boldsymbol{I}).$$

于是有下面的带原点位移的 QR 方法收敛性定理.

> **定理 4.13** 设 $\boldsymbol{A} = \boldsymbol{X}\boldsymbol{\Lambda}\boldsymbol{X}^{-1} \in \mathbb{R}^{n\times n}, \boldsymbol{\Lambda} = \mathrm{diag}(\lambda_1, \lambda_2, \cdots, \lambda_n), \{S_k\}$ 是给定的序列, $\varphi_k(\lambda) = \prod_{i=1}^{k}(\lambda - S_i)$, 如果: $|\lambda_1| > |\lambda_2| > \cdots > |\lambda_n| > 0$; 对充分大的 k, $|\varphi_k(\lambda_i)| \neq |\varphi_k(\lambda_j)| \neq 0 (i \neq j)$; $\boldsymbol{X}^{-1} = \boldsymbol{Y}$ 有 LU 分解, 则式 (4.78) 本质收敛, 即 $\boldsymbol{A}^{(k)}$ 趋于一上三角矩阵.

4.5.4 单步 QR 方法计算上 Hessenberg 矩阵特征值

Hessenberg 矩阵的 QR 算法, $\boldsymbol{B} \in \mathbb{R}^{n\times n}$ 是 Hessenberg 矩阵

$$\boldsymbol{B}_1 - s\boldsymbol{I} = \boldsymbol{Q}_1 \boldsymbol{R}_1 \quad (s = b_{nn}^{(k)}),$$
$$\boldsymbol{B}_2 = \boldsymbol{R}_1 \boldsymbol{Q}_1 + s\boldsymbol{I},$$

$\boldsymbol{B}_2$ 覆盖 $\boldsymbol{B}(\boldsymbol{B}_1 = \boldsymbol{B})$

$$b_{11} \leftarrow b_{11} - s,$$
$$b_{k+1,k+1} \leftarrow b_{k+1,k+1} - s, \quad k = 1, 2, \cdots, n-1.$$

确定 $\boldsymbol{P}(k, k+1)$ 使

$$\begin{pmatrix} c_k & s_k \\ -s_k & c_k \end{pmatrix} \begin{pmatrix} b_{kk} \\ b_{k+1,k} \end{pmatrix} = \begin{pmatrix} r_{kk} \\ 0 \end{pmatrix}.$$

左变换

$$\begin{pmatrix} b_{kj} \\ b_{k+1,j} \end{pmatrix} \leftarrow \begin{pmatrix} c_k & s_k \\ -s_k & c_k \end{pmatrix} \begin{pmatrix} b_{kk} \\ b_{k+1,k} \end{pmatrix}, \quad j = 1, 2, \cdots, n,$$

右变换

$$(b_{ik}, b_{i,k+1}) \leftarrow (b_{ik}, b_{i,k+1}) \begin{pmatrix} c_k & -s_k \\ s_k & c_k \end{pmatrix}, \quad i = 1, 2, \cdots, k+1,$$

$$b_{kk} \leftarrow b_{kk} + s,$$
$$b_{nn} \leftarrow b_{nn} + s.$$

如果用不同的位移 $s_k = b_{nn}^{(k)}$, 反复应用本算法, 则产生正交相似的上 Hessenberg 序列 $\boldsymbol{B}_1, \boldsymbol{B}_2, \cdots, \boldsymbol{B}_k, \cdots$, 当 $b_{n,n-1}^{(k)}$ 充分小时, 可将其置换为 0 得到 $\boldsymbol{B}$ 的近似特征值 $\lambda_n \approx b_{nn}^{(k)}$, 再将矩阵降阶, 对较小的矩阵继续应用该算法.

4.5.5 双步 QR 方法

上面所讨论的 QR 算法,对于矩阵 A 具有复数特征值时,算法不收敛,为了能用实运算求得实矩阵的共轭复特征值,提出了双步 QR 算法,其基本思想是将带原点位移的 QR 算法的两步合并成一步以避免复数运算. 由于篇幅所限这里不再叙述,请参阅相关文献.

4.6 基于 MATLAB 的 QR 分解

QR 分解的理论及计算比较复杂,但基于 MATLAB 的 QR 分解十分简单,它的基本命令是:[Q,R]=qr(A). 其中 A 为待分解矩阵,Q, R 的意义早已十分明确.

例 4.5 求矩阵 $A = \begin{pmatrix} 5 & -2 & -5 & -1 \\ 1 & 0 & -3 & 2 \\ 0 & 2 & 2 & -3 \\ 0 & 0 & 1 & -2 \end{pmatrix}$ 的特征值.

解 A 的特征多项式为

$$\lambda^4 - 5\lambda^3 + 7\lambda^2 - 7\lambda - 20 = 0,$$

解得特征值为

$$\lambda_1 = 4, \quad \lambda_{2,3} = 1 \pm 2i, \quad \lambda_4 = -1.$$

在 MATLAB 命令窗口执行下列程序

```
A=[5 -2 -5 -1;1 0 -3 2;0 2 2 -3;0 0 1 -2]
[Q,R]=qr(A)
for i=1:11
    A=R*Q
    [Q,R]=qr(A)
end
A
```

迭代 11 次后得

$$A = \begin{matrix} 4.000\,3 & 2.015\,0 & -5.897\,8 & 0.846\,0 \\ 0.001\,4 & 0.228\,4 & -3.667\,9 & -4.008\,0 \\ 0 & 1.253\,7 & 1.771\,2 & 0.398\,5 \\ 0 & 0 & 0.000\,1 & -0.999\,9 \end{matrix}$$

于是得

$$\lambda_1 \approx 4, \quad \lambda_4 \approx -1$$

$\lambda_{2,3}$ 由特征方程

$$\begin{vmatrix} 0.2248-\lambda & -3.6679 \\ 1.2537 & 1.7712-\lambda \end{vmatrix}=0$$

解得.

习 题 4

1. 用乘幂法求下列矩阵的主特征值及相应的特征向量，(1)(2)取 $(v_0=(1,0,0)^T)$，(3)(4)取 $(v_0=(1,1,1)^T)$，迭代 3 次：

(1) $\begin{pmatrix} 1 & -1 & 0 \\ -2 & 4 & -2 \\ 0 & -1 & 1 \end{pmatrix}$;

(2) $\begin{pmatrix} 2 & -1 & 0 \\ -1 & 0 & 2 \\ 1 & 1 & 3 \end{pmatrix}$;

(3) $\begin{pmatrix} 7 & 4 & -2 \\ 3 & 3 & -1 \\ -2 & -1 & 3 \end{pmatrix}$;

(4) $\begin{pmatrix} 3 & -4 & 3 \\ -4 & 6 & 3 \\ 3 & 3 & 1 \end{pmatrix}$.

2. 用反幂法求下面矩阵的模数最小的特征值，取 $(v_0=(1,1,1)^T)$，迭代 3 次：

$$\begin{pmatrix} -4 & 14 & 0 \\ -5 & 13 & 0 \\ -1 & 0 & 2 \end{pmatrix}.$$

3. 用 Givens 变换把矩阵 A 化为对角阵后求其全部特征值：

$$A=\begin{pmatrix} 2 & -1 & -1 \\ -1 & 2 & -1 \\ -1 & -1 & 2 \end{pmatrix}.$$

4. 用 Givens 变换把矩阵 A 化为三对角阵：

$$A=\begin{pmatrix} 2 & 0 & 1 \\ 0 & 3 & -2 \\ 1 & -2 & -1 \end{pmatrix}.$$

习 题 4

5. 应用 Householder 变换再解第 4 题.

6. 应用 Householder 变换把矩阵 A 化为三对角矩阵：

$$A = \begin{pmatrix} 1 & 2 & 1 & 2 \\ 2 & 2 & -1 & 1 \\ 1 & -1 & 1 & 1 \\ 2 & 1 & 1 & 1 \end{pmatrix}.$$

7. 用反幂法求 A 最接近于 6 的特征值及特征向量：

$$A = \begin{pmatrix} 6 & 2 & 1 \\ 2 & 3 & 1 \\ 1 & 1 & 1 \end{pmatrix}.$$

8. 求矩阵 A 的特征值 4 对应的特征向量：

$$A = \begin{pmatrix} 4 & 0 & 0 \\ 0 & 3 & 1 \\ 0 & 1 & 3 \end{pmatrix}.$$

9. 利用初等反射矩阵将矩阵 A 正交相似约化为对称三对角矩阵.

$$A = \begin{pmatrix} 1 & 3 & 4 \\ 3 & 1 & 2 \\ 4 & 2 & 1 \end{pmatrix}.$$

10. 用带移位的 QR 方法计算下列矩阵的全部特征值：

(1) $\begin{pmatrix} 1 & 2 & 0 \\ 2 & -1 & 1 \\ 0 & 1 & 3 \end{pmatrix}$;   (2) $\begin{pmatrix} 3 & 1 & 0 \\ 1 & 2 & 1 \\ 0 & 1 & 1 \end{pmatrix}.$

11. 用 Jacobi 方法求下列矩阵的全部特征值及特征向量.

(1) $\begin{pmatrix} 1 & 1 & 0.5 \\ 1 & 1 & 0.25 \\ 0.5 & 0.25 & 2 \end{pmatrix}$;   (2) $\begin{pmatrix} 4 & 1 & 0 \\ 1 & 2 & 1 \\ 0 & 1 & 1 \end{pmatrix}.$

第 5 章　插 值 方 法

> **学习目标与要求**
>
> 1. 理解插值多项式的数值解法.
> 2. 掌握 Lagrange 插值及 MATLAB 实现.
> 3. 掌握 Aitken 和 Neville 插值值方法.
> 4. 掌握 Hermite 插值方法.
> 5. 掌握 Runge 插值方法及 MATLAB 实现.
> 6. 掌握三转角插值方法及 MATLAB 实现.
> 7. 掌握三弯矩插值方法及 MATLAB 实现.
> 8. 掌握 B-样条插值方法.

在科学研究和生产实践活动中所遇到的大量函数,有相当一部分是通过观测或实验得到的,虽然其函数关系 $y = f(x)$ 在某个区间 $[a,b]$ 上是存在的,但却不知道具体的解析表达式,只能通过观测或实验得到一些离散点的函数值、导数值,因此希望对这样的函数用一个简单的解析表达式近似地给出整体上的描述.还有些函数,虽然有明确的解析表达式,但却由于解析表达式过于复杂而不便于对其进行理论分析和数值计算,同样希望给出一个既能反映函数特性又能适于数值计算的简单函数,来近似代替原来的函数.

在现代机械工业中用计算机程序控制机械零件加工,根据设计可给出零件外形曲线的某些形值点的数据,加工时为控制每步走刀方向及步数,需要算出零件外形曲线其他点的坐标数据,才能加工出外表光滑的零件.在数学上,该问题相当于,函数 $y = f(x)$ 在某个区间 $[a,b]$ 上存在且连续,但不知道解析表达式,只给出 $[a,b]$ 上离散点 x_i 的函数值 $y = f(x_i)$,如何计算 $y = f(x)$ 在 $[a,b]$ 上其他点的函数值.

问题:选取什么函数 $P(x)$ 作为近似函数,如何求得具体表达式,误差如何?

寻求近似函数的方法通常有两种,一种是插值方法,另一种是曲线拟合方法.本章主要介绍插值方法.

5.1 插值多项式及存在唯一性

5.1.1 插值多项式的一般提法

下面给出插值多项式的概念.

定义 5.1 插值多项式

已知函数 $y = f(x)$ 在区间 $[a,b]$ 上 $n+1$ 个不同点 $a \leqslant x_0 < x_1 < x_2 < \cdots < x_n \leqslant b$ 的函数值 $f(x_0), f(x_1), \cdots, f(x_n)$,若存在一个简单函数 $P(x)$,使其经过 $y = f(x)$ 上的 $n+1$ 个已知点 $(x_0, y_0), (x_1, y_1), \cdots, (x_n, y_n)$,如图5.1所示,

$$P(x_i) = y_i = f(x_i), \quad i = 0, 1, 2, \cdots, n \tag{5.1}$$

成立,则称为 $P(x)$ 为 $f(x)$ 的**插值函数**,点 $x_0, x_1, \cdots, x_n$ 为**插值节点**,包含插值节点的区间 $[a,b]$ 称为**插值区间**,求插值函数 $P(x)$ 的方法称为**插值方法**. 若 $P(x)$ 是次数不超过 n 的多项式,即

$$P_n(x) = a_0 + a_1 x + a_2 x^2 + \cdots + a_n x^n, \tag{5.2}$$

其中 a_i 是实数,则称 $P(x)$ 为**插值多项式**,相应的插值方法称为**多项式插值**. 若 $P(x)$ 为分段多项式,则称为**分段插值**. 若 $P(x)$ 为三角多项式,则称为**三角插值**.

寻求满足条件 (5.1) 的插值函数 $P(x)$ 的方法很多. $P(x)$ 既可以是代数多项式、三角多项式等有理函数,也可以是任意光滑或分段光滑函数. 不同的插值函数 $P(x)$,逼近 $f(x)$ 的效果不同. 寻求插值函数 $P(x)$,首先想到的是多项式函数,这是因为多项式函数不仅表达式简单,而且有很多很好的特性,如连续光滑、可微可积,另外由 Weierstrass 定理知,任意连续函数都可以用代数多项式作任意精度的逼近,同时,代数多项式插值还是其他各类插值的基础等.

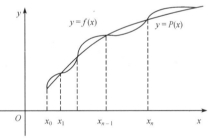

图 5.1 插值函数的几何描述

本章只讨论多项式插值和分段插值.

5.1.2 插值多项式存在唯一性

下面介绍插值多项式的唯一性定理.

定理 5.1 设节点 $x_0, x_1, \cdots, x_n$ 互异,则在次数不超过 n 的多项式集合 H_n 中,满足条件 (5.1) 的插值多项式 $P_n(x)$ 存在且唯一.

证明 将 $P_n(x) = a_0 + a_1 x + a_2 x^2 + \cdots + a_n x^n$ 代入式 (5.1) 式得

$$\begin{cases} a_0 + a_1 x_0 + \cdots + a_n x_0^n = y_0, \\ a_0 + a_1 x_1 + \cdots + a_n x_1^n = y_1, \\ \quad \vdots \\ a_0 + a_1 x_n + \cdots + a_n x_n^n = y_n. \end{cases} \tag{5.3}$$

这是一个关于 $a_0, a_1, \cdots, a_n$ 的 $n+1$ 元线性方程组, 其系数行列式

$$V(x_0, x_1, \cdots, x_n) = \begin{vmatrix} 1 & x_0 & \cdots & x_0^n \\ 1 & x_1 & \cdots & x_1^n \\ \vdots & \vdots & & \vdots \\ 1 & x_n & \cdots & x_n^n \end{vmatrix}$$

是 Vandermonde 行列式, 故

$$V(x_0, x_1, \cdots, x_n) = \prod_{i=1}^{n} \prod_{j=0}^{i-1} (x_i - x_j).$$

由于 $x_1, x_2, \cdots, x_n$ 互异, 所有因子 $x_i - x_j \neq 0 (i \neq j)$, 于是

$$V(x_0, x_1, \cdots, x_n) \neq 0.$$

于是方程组 (5.3) 有唯一的一组解 $a_0, a_1, \cdots, a_n$, 即满足条件 (5.1) 的多项式 $P_n(x)$ 存在且唯一.

5.2 Lagrange 插值

5.2.1 Lagrange 插值多项式

由定理 5.1 的证明过程可知, 求插值多项式 $P_n(x)$, 可以通过求方程组 (5.3) 的解 $a_0, a_1, \cdots, a_n$ 得到, 但这种算法计算量大, 不便于实际应用.

设 $\phi(c_0, c_1, \cdots, c_n)$ 是次数不超过 n 的多项式空间, 是否能构造出 $\phi(c_0, c_1, \cdots, c_n)$ 的一组基函数 $l_0(x), l_1(x), \cdots, l_n(x)$, 使求插值多项式

$$L_n(x) = \sum_{i=0}^{n} a_i l_i(x) \tag{5.4}$$

中的系数 a_i 变得容易些? 由于式 (5.3) 可改写为

$$P_n(x_i) = (1, x_i, x_i^2, \cdots, x_i^n)(a_0, a_1, \cdots, a_n)^{\mathrm{T}}, \quad i = 0, 1, 2, \cdots, n, \tag{5.5}$$

5.2 Lagrange 插值

因此有
$$L_n(x) = (l_0(x), l_1(x), \cdots, l_n(x))(a_0, a_1, \cdots, a_n)^{\mathrm{T}}, \tag{5.6}$$

且
$$L_n(x_i) = f(x_i), \quad i = 0, 1, 2, \cdots, n. \tag{5.7}$$

故
$$\begin{pmatrix} l_0(x_0) & l_1(x_0) & \cdots & l_n(x_0) \\ l_0(x_1) & l_1(x_1) & \cdots & l_n(x_1) \\ \vdots & \vdots & & \vdots \\ l_0(x_n) & l_1(x_n) & \cdots & l_n(x_n) \end{pmatrix} \begin{pmatrix} a_0 \\ a_1 \\ \vdots \\ a_n \end{pmatrix} = \begin{pmatrix} f(x_0) \\ f(x_1) \\ \vdots \\ f(x_n) \end{pmatrix}. \tag{5.8}$$

若方程组 (5.8) 的系数矩阵为单位矩阵,则立即可得
$$a_i = f(x_i), \quad i = 0, 1, 2, \cdots, n. \tag{5.9}$$

要使方程组 (5.8) 的系数矩阵为单位矩阵,要且只要
$$l_i(x_j) = \delta_{ij} = \begin{cases} 1, & i = j, \\ 0, & i \neq j, \end{cases} \quad i, j = 0, 1, 2, \cdots, n. \tag{5.10}$$

于是在多项式空间 $\phi(c_0, c_1, \cdots, c_n)$ 内,寻求一组基函数 $l_0(x), l_1(x), \cdots, l_n(x)$,使方程组 (5.8) 的系数矩阵为单位矩阵,就转化为构造满足条件 (5.10) 的基函数 $l_i(x)$,由于 $l_i(x)$ 在 $x = x_j (j = 0, 1, 2, \cdots, i-1, i+1, \cdots, n)$ 时的值为 0,故可令
$$l_i(x) = A(x - x_0)(x - x_1) \cdots (x - x_{i-1})(x - x_{i+1}) \cdots (x - x_n), \tag{5.11}$$

其中 A 为待定常数.在式 (5.11) 中令 $x = x_i$,则可确定 A 为
$$A = \frac{1}{(x_i - x_0)(x_i - x_1) \cdots (x_i - x_{i-1})(x_i - x_{i+1}) \cdots (x_i - x_n)}.$$

从而
$$l_i(x) = \frac{(x - x_0)(x - x_1) \cdots (x - x_{i-1})(x - x_{i+1}) \cdots (x - x_n)}{(x_i - x_0)(x_i - x_1) \cdots (x_i - x_{i-1})(x_i - x_{i+1}) \cdots (x_i - x_n)}$$
$$= \prod_{\substack{j=0 \\ j \neq i}}^{n} \frac{x - x_j}{x_i - x_j}. \tag{5.12}$$

记
$$\omega_{n+1}(x) = \prod_{i=0}^{n}(x - x_i), \tag{5.13}$$

则
$$l_i(x) = \frac{\omega_{n+1}(x)}{(x-x_i)\omega'_{n+1}(x_i)}. \tag{5.14}$$

于是可得满足条件 (5.1) 的 n 次插值多项式

$$L_n(x) = \sum_{i=0}^{n} f(x_i) l_i(x). \tag{5.15}$$

称 $L_n(x)$ 为 **Lagrange 插值多项式**，$l_i(x)$ 为 **Lagrange 插值基函数**.

5.2.2 线性插值与抛物线插值

已知函数 $y = f(x)$ 在点 x_0, x_1 处的函数值分别为 y_0, y_1. 在式 (5.15) 中当 $n=1$ 时，Lagrange 插值多项式为

$$\begin{aligned} L_1(x) &= f(x_0) l_0(x) + f(x_1) l_1(x) \\ &= y_0 \frac{x-x_1}{x_0-x_1} + y_1 \frac{x-x_0}{x_1-x_0} \\ &= y_0 + \frac{y_1-y_0}{x_1-x_0}(x-x_0), \end{aligned} \tag{5.16}$$

其中

$$l_0(x) = \frac{x-x_1}{x_0-x_1}, \quad l_1(x) = \frac{x-x_0}{x_1-x_0}$$

是经过两点 $(x_0, y_0), (x_1, y_1)$ 的一条直线，因此这种插值方法通常称为**线性插值**，如图5.2 所示.

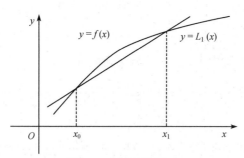

图 5.2　线性插值图示

已知函数 $y = f(x)$ 在点 x_0, x_1, x_2 处的函数值分别为 y_0, y_1, y_2. 在式 (5.15) 中当 $n=2$ 时，Lagrange 插值多项式为

$$\begin{aligned} L_2(x) &= f(x_0) l_0(x) + f(x_1) l_1(x) + f(x_2) l_2(x) \\ &= y_0 \frac{(x-x_1)(x-x_2)}{(x_0-x_1)(x_0-x_2)} + y_1 \frac{(x-x_0)(x-x_2)}{(x_1-x_0)(x_1-x_2)} + y_2 \frac{(x-x_0)(x-x_1)}{(x_2-x_0)(x_2-x_1)}, \end{aligned} \tag{5.17}$$

其中
$$l_0(x) = \frac{(x-x_1)(x-x_2)}{(x_0-x_1)(x_0-x_2)}, l_1(x) = \frac{(x-x_0)(x-x_2)}{(x_1-x_0)(x_1-x_2)}, l_2(x) = \frac{(x-x_0)(x-x_1)}{(x_2-x_0)(x_2-x_1)}.$$

式 (5.17) 是二次函数，是经过三点 $(x_0, y_0), (x_1, y_1), (x_2, y_2)$ 的抛物线，因此这种插值方法通常称为**抛物线插值**，如图5.3所示.

5.2.3 Lagrange 插值的 MATLAB 程序

1. Lagrange 插值的 MATLAB 程序

MATLAB 程序 5.1 **Lagrange 插值**

```
function yi=Lagrange(x,y,xi)
% 用Lagrange插值法求解
% yi=Lagrange(x,y,xi) x是节点向量,y是节点上的函数值
% xi是插值点(可以是多个),yi是返回插值
m=length(x);n=length(y);p=length(xi);
if m~=n error('向量x与y的长度必须一致'); end
s=0;
for k=1:n
    t=ones(1,p);
    for j=1:n
        if j~=k,
            t=t.*(xi-x(j))/(x(k)-x(j));
        end
    end
    s=s+t*y(k);
end
yi=s;
```

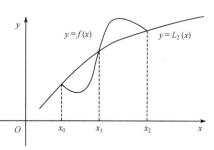

图 5.3 抛物线插值图示

2. Lagrange 插值方法实例

例 5.1 用线性插值和抛物线插值方法求 $\sqrt{115}$.

解 (线性插值) 取 $x_0 = 100, y_0 = 10, x_1 = 121, y_1 = 11$，由式 (5.16) 得
$$L_1(x) = \frac{x-121}{100-121} \times 10 + \frac{x-100}{121-100} \times 11,$$

于是
$$\sqrt{115} \approx \frac{115-121}{100-121} \times 10 + \frac{115-100}{121-100} \times 11 = 10.7143.$$

在 MATLAB 命令窗口执行

```
>> x=[100 121];y=[10 11]; y1=Lagrange(x,y,115)
```

得到

　　y1 =10.714 3

(抛物线插值)如果对线性插值的精度不满意，可增加一个插值节点 $x_2 = 144, y_2 = 12$，按式 (5.17) 构造抛物线插值 $L_2(x)$. 于是有

$$L_2(115) = \frac{(115-121)(115-144)}{(100-121)(100-144)} \times 10 + \frac{(115-100)(115-144)}{(121-100)(121-144)} \times 11$$

$$+ \frac{(115-100)(115-121)}{(144-100)(144-121)} \times 12 = 10.722\ 8.$$

在 MATLAB 命令窗口执行

```
>> x=[100 121 144];y=[10 11 12]; y1=Lagrange(x,y,115)
```

得到

　　y1 =10.722 8

$\sqrt{115}$ 的精确值是 10.723 805，线性插值是 10.714 3，有 3 位有效数字，抛物线插值是 10.722 8，有 4 位有效数字.

例 5.2 (线性插值) 已知 $x_0 = \pi/6, x_1 = \pi/4, y_0 = 0.5, y_1 = 0.701$，求 $x = 2\pi/9$ 的函数值.

解 在 MATLAB 命令窗口执行

```
>> x=pi*[1/6 1/4];y=[0.5 0.701];xi=2*pi/9; y1=Lagrange(x,y,xi)
```

得到

　　y1 = 0.634 0

(抛物线插值) 已知 $x_0 = \pi/6, x_1 = \pi/4, x_2 = \pi/3, y_0 = 0.5, y_1 = 0.701, y_2 = 0.866$，求 $x = 2\pi/9$ 的函数值.

在 MATLAB 命令窗口执行

```
>> x=pi*[1/6 1/4 1/3];y=[0.5 0.701 0.866]; y2=Lagrange(x,y,xi)
```

得到

　　y2 = 0.638 0

5.2.4　Lagrange 插值余项与误差估计

1. Lagrange 插值余项

定义 5.2　Lagrange 插值余项

称 $R_n(x) = f(x) - L_n(x)$ 为 **Lagrange 插值余项**或 **截断误差项**.

5.2 Lagrange 插值

定理 5.2 设函数 $f(x)$ 在区间 $[a,b]$ 上有 n 阶连续导数，$f^{(n+1)}(x)$ 在开区间 (a,b) 内存在，$x_0, x_1, \cdots, x_n$ 是 $[a,b]$ 上 $n+1$ 个互异节点，记

$$\omega_{n+1}(x) = \prod_{i=0}^{n}(x-x_i) = (x-x_0)(x-x_1)\cdots(x-x_n). \tag{5.18}$$

则插值多项式 $L_n(x)$ 的余项为

$$R_n(x) = f(x) - L_n(x) = \frac{f^{(n+1)}(\xi)}{(n+1)!}\omega_{n+1}(x), \quad (x \in [a,b]), \tag{5.19}$$

其中 $\xi = \xi(x) \in (a,b)$.

证明 由插值条件式 (5.1) 和式 (5.18)，当 $x = x_i$ 时，式 (5.19) 显然成立，且有

$$R_n(x_i) = 0, \quad i = 0, 1, 2, \cdots, n, \tag{5.20}$$

即 $x_0, x_1, \cdots, x_n$ 是 $R_n(x) = 0$ 的根，从而 $R_n(x)$ 可表示为

$$R_n(x) = f(x) - L_n(x) = K(x)\omega_{n+1}(x), \tag{5.21}$$

其中 $K(x)$ 是待定函数.

对于 $\forall x \in [a,b], x \neq x_i, i = 0, 1, 2, \cdots, n$，构造辅助函数

$$\varphi(t) = f(t) - L_n(t) - K(x)\omega_{n+1}(t). \tag{5.22}$$

由式 (5.20) 和式 (5.21) 知 $x_0, x_1, \cdots, x_n$ 和 x 是 $\varphi(t)$ 在区间 $[a,b]$ 上的 $n+2$ 个互异零点，因此根据 Roll 定理知，至少存在一点 $\xi = \xi(x) \in (a,b)$，使得

$$\varphi(\xi) = 0.$$

于是，由式 (5.22) 得

$$K(x) = \frac{f^{(n+1)}(\xi)}{(n+1)!},$$

代入式 (5.21) 即得式 (5.19).

2. Lagrange 插值误差估计

定理 5.3 如果 $f^{(n+1)}(x)$ 在区间 (a,b) 上有界，即存在常数 $M_{n+1} > 0$，使得

$$|f^{(n+1)}(x)| \leqslant M_{n+1}, \quad \forall x \in (a,b),$$

则有截断误差估计

$$|R_n(x)| \leqslant \frac{M_{n+1}}{(n+1)!}|\omega_{n+1}(x)|. \tag{5.23}$$

当 $f^{(n+1)}$ 在闭区间 $[a,b]$ 上连续时，可取 $M_{n+1} = \max_{x \in [a,b]}|f^{(n+1)}(x)|$.

性质 5.1 设节点 $x_0 < x_1, f''(x)$ 在 $[x_0, x_1]$ 上连续，记 $M_2 = \max\limits_{x\in[a,b]} |f''(x)|$，则过点 $(x_0, f(x_0)), (x_1, f(x_1))$ 的线性插值余项为

$$R_1(x) = \frac{f''(\xi)}{2}(x-x_0)(x-x_1), \quad \xi = \xi(x) \in (x_0, x_1). \tag{5.24}$$

由于在 $[x_0, x_1]$ 上，$|(x-x_0)(x-x_1)|$ 在 $x = (x_0+x_1)/2$ 达到最大值 $(x_1-x_0)^2/4$，可得余项的一个上界估计：对于 $\forall x \in [x_0, x_1]$ 有

$$|R_1(x)| \leqslant \frac{M_2}{8}(x_1-x_0)^2. \tag{5.25}$$

例 5.3 已知 $\sin 0.32 = 0.314\,567, \sin 0.34 = 0.333\,487, \sin 0.36 = 0.352\,274$，用线性插值及抛物线插值计算 $\sin 0.3367$ 的值并估计截断误差。

解 取 $x_0 = 0.32, y_0 = 0.314\,567, x_1 = 0.34, y_1 = 0.333\,487, x_2 = 0.36, y_2 = 0.352\,274$。
用线性插值计算，在 MATLAB 命令窗口执行

```
>> x=[0.32 0.34];y=[0.314 567 0.333 487];y1=Lagrange(x,y,0.336 7)
```

得到

```
    y1 = 0.330 365 200 000 00
```

截断误差由式 (5.25) 得

$$|R_1(x)| \leqslant \frac{M_2}{8}|(x-x_0)(x-x_1)|,$$

其中 $M_2 = \max\limits_{x_0 \leqslant x \leqslant x_1}|f''(x)|$。因为 $f(x) = \sin x$，所以 $f''(x) = -\sin x$，可取 $M_2 = \sin x_1 < 0.333\,5$，于是

$$|R_1(x)| \leqslant \frac{1}{2} \times 0.333\,5 \times 0.016\,7 \times 0.003\,3 \leqslant 0.92 \times 10^{-5}.$$

用抛物线插值计算，在 MATLAB 命令窗口执行

```
>> x=[0.32 0.34 0.36];y=[0.314 567 0.333 487 0.352 274];y1=Lagrange(x,y,0.336 7)
```

得到

```
    y1 = 0.330 374 362 037 50
```

截断误差由式 (5.23) 得

$$|R_2(0.336\,7)| \leqslant \frac{M_3}{6}|(x-x_0)(x-x_1)(x-x_2)|,$$

其中 $M_3 = \max\limits_{x_0 \leqslant x \leqslant x_2}|f'''(x)|$，因为 $f(x) = \sin x$，所以 $f'''(x) = -\cos x$，可取 $M_2 = \cos 0.32 < 0.828$，于是

$$|R_2(0.336\,7)| \leqslant \frac{1}{6} \times 0.828 \times 0.033 \times 0.023\,3 \leqslant 0.178 \times 10^{-6}.$$

可见，抛物线插值计算结果的精度是相当高的.

5.3 Aitken 和 Neville 插值

用 Lagrange 插值计算函数的近似值，若对 $n+1$ 个插值节点所得到的计算结果的精度不满意而需要增加新的插值节点时，式 (5.15) 的每一项都需要重新计算，这很不经济，改善这种算法的办法之一是逐步线性插值方法，也就是将高次插值问题用逐步线性插值的算法来实现.

设已给区间 $[a,b]$ 上 $n+1$ 个不同的插值节点 $x_0, x_1, x_2, \cdots, x_n$ 的函数值为 $y_0, y_1, y_2, \cdots, y_n$，用 $i_k(k=0,1,2,\cdots,n)$ 表示一个非负的整数序列，把由 $k+1$ 个节点 $x_{i_0}, x_{i_1}, \cdots, x_{i_k}$ 所确定的次数不超过 k 的插值多项式记作

$$P_{x_{i_0}, x_{i_1}, \cdots, x_{i_k}}(x),$$

特别地，零次多项式记作 $P_{i_r} = y_{i_r}(r=0,1,2,\cdots,k)$，于是

$$P_{x_{i_0}, x_{i_1}, \cdots, x_{i_k}}(x) = \frac{x - x_{i_0}}{x_{i_k} - x_{i_0}} P_{x_{i_1}, x_{i_2}, \cdots, x_{i_k}}(x) + \frac{x - x_{i_k}}{x_{i_0} - x_{i_k}} P_{x_{i_0}, x_{i_1}, \cdots, x_{i_{k-1}}}(x)$$

$$= \frac{1}{x_{i_k} - x_{i_0}} \begin{vmatrix} P_{x_{i_0}, x_{i_1}, \cdots, x_{i_{k-1}}}(x) & x_{i_0} - x \\ P_{x_{i_1}, x_{i_2}, \cdots, x_{i_k}}(x) & x_{i_k} - x \end{vmatrix}. \tag{5.26}$$

如果已经算出 $P_{x_{i_1}, x_{i_2}, \cdots, x_{i_k}}(x)$ 及 $P_{x_{i_0}, x_{i_1}, \cdots, x_{i_{k-1}}}(x)$ 在 x 点处的值，经过一次线性插值即可算出 $P_{x_{i_0}, x_{i_1}, \cdots, x_{i_k}}(x)$ 的值，这样由 $x_{i_0}, x_{i_1}, \cdots, x_{i_k}$ 确定的高次插值问题可以逐步转化为线性插值的算法来解决，由于实施逐步线性化使用节点的方法不同，而产生了两种不同的逐步线性插值方法，Aitken 方法和 Neville 方法.

5.3.1 Aitken 逐步线性插值

Aitken 逐步线性插值方法见表5.1.

表 5.1　Aitken 逐步线性插值方法计算步骤

x_0	y_0				$x_0 - x$
x_1	y_1	$P_{01}(x)$			$x_1 - x$
x_2	y_2	$P_{02}(x)$	$P_{012}(x)$		$x_2 - x$
x_3	y_3	$P_{03}(x)$	$P_{013}(x)$	$P_{0123}(x)$	$x_3 - x$

5.3.2 Neville 逐步线性插值

Neville 逐步线性插值方法见表5.2.

表 5.2　Neville 逐步线性插值方法计算步骤

x_0	y_0				$x_0 - x$
x_1	y_1	$P_{01}(x)$			$x_1 - x$
x_2	y_2	$P_{12}(x)$	$P_{012}(x)$		$x_2 - x$
x_3	y_3	$P_{23}(x)$	$P_{123}(x)$	$P_{0123}(x)$	$x_3 - x$

5.4　差商与 Newton 插值

Lagrange 插值方法的优点是插值多项式容易建立，形式整齐直观具有对称性，便于理解记忆和讨论；缺点是增加节点时原有已计算的插值多项式不能利用，这是因为在插值基函数 $l_k(x)$ 的表达式中，包含了所有插值节点 $x_i(i=0,1,2,\cdots,n)$，因此在进行节点修改时，必须全部重新计算，造成计算时间的浪费. 而 Newton 插值方法，在增加节点时具有"继承性"，这要用到差商的概念.

5.4.1　差商及其性质

下面学习差商的概念.

定义 5.3　差商的概念

已知函数 $f(x)$ 的 $n+1$ 个插值节点为 $(x_i, y_i), y_i = f(x_i), i = 0, 1, \cdots, n$, $\dfrac{f(x_i) - f(x_j)}{x_i - x_j}$ 称为 $f(x)$ 在点 x_i, x_j 的**一阶差商**，也称为**一阶均差**，记为 $f[x_i, x_j]$，即

$$f[x_i, x_j] = \frac{f(x_i) - f(x_j)}{x_i - x_j}. \tag{5.27}$$

一阶差商的差商 $\dfrac{f[x_i, x_j] - f[x_j, x_k]}{x_i - x_k}$ 称为 $f(x)$ 在点 x_i, x_j, x_k 的**二阶差商**，也称为**二阶均差**，记为 $f[x_i, x_j, x_k]$，即

$$f[x_i, x_j, x_k] = \frac{f[x_i, x_j] - f[x_j, x_k]}{x_i - x_k}. \tag{5.28}$$

一般地，$k-1$ 阶差商的差商 $\dfrac{f[x_0, x_1, \cdots, x_{k-1}] - f[x_1, x_2, \cdots, x_k]}{x_0 - x_k}$ 称为 $f(x)$ 在点 $x_0, x_1, \cdots, x_k$ 的 k **阶差商**，也称为 k **阶均差**，记为 $f[x_0, x_1, \cdots, x_k]$，即

$$f[x_0, x_1, \cdots, x_k] = \frac{f[x_0, x_1, \cdots, x_{k-1}] - f[x_1, x_2, \cdots, x_k]}{x_0 - x_k}. \tag{5.29}$$

差商具有下列性质.

性质 5.2 n 阶差商可以表示成 $n+1$ 个函数值 $f(x_0), f(x_1), \cdots, f(x_n)$ 的线性组合, 即
$$f[x_0, x_1, \cdots, x_n] = \sum_{i=0}^{n} \frac{f(x_i)}{(x_i - x_0) \cdots (x_i - x_{i-1})(x_i - x_{i+1}) \cdots (x_i - x_n)}.$$

证明 由式 (5.29) 知, 当 $n=1$ 时,
$$f[x_0, x_1] = \frac{f(x_0) - f(x_1)}{x_0 - x_1} = \frac{f(x_0)}{x_0 - x_1} + \frac{f(x_1)}{x_1 - x_0}.$$

当 $n=2$ 时,
$$\begin{aligned}
f[x_0, x_1, x_2] &= \frac{f[x_0, x_1] - f[x_1, x_2]}{x_0 - x_2} = \frac{f[x_0, x_1]}{x_0 - x_2} + \frac{f[x_1, x_2]}{x_2 - x_0} \\
&= \frac{1}{x_0 - x_2} \left(\frac{f(x_0)}{x_0 - x_1} + \frac{f(x_1)}{x_1 - x_0} \right) + \frac{1}{x_2 - x_0} \left(\frac{f(x_1)}{x_1 - x_2} + \frac{f(x_2)}{x_2 - x_1} \right) \\
&= \frac{f(x_0)}{(x_0 - x_1)(x_0 - x_2)} + \frac{f(x_1)}{x_0 - x_2} \left(\frac{1}{x_1 - x_0} - \frac{1}{x_1 - x_2} \right) + \frac{f(x_2)}{(x_2 - x_0)(x_2 - x_1)} \\
&= \frac{f(x_0)}{(x_0 - x_1)(x_0 - x_2)} + \frac{f(x_1)}{(x_1 - x_0)(x_1 - x_2)} + \frac{f(x_2)}{(x_2 - x_0)(x_2 - x_1)}.
\end{aligned}$$

一般地, 有
$$f[x_0, x_1, \cdots, x_n] = \sum_{i=0}^{n} \frac{f(x_i)}{(x_i - x_0) \cdots (x_i - x_{i-1})(x_i - x_{i+1}) \cdots (x_i - x_n)}. \tag{5.30}$$

性质 5.3 (对称性) 差商与节点的顺序无关, 如
$$f[x_0, x_1] = f[x_1, x_0],$$
$$f[x_0, x_1, x_2] = f[x_1, x_0, x_2] = f[x_0, x_2, x_1].$$

性质 5.4 若 $f(x)$ 是 x 的 n 次多项式, 则一阶差商 $f[x, x_0]$ 是 x 的 $n-1$ 次多项式, 二阶差商 $f[x, x_0, x_1]$ 是 x 的 $n-2$ 次多项式; 一般地, 函数 $f(x)$ 的 $k(k \leqslant n)$ 阶差商 $f[x, x_0, \cdots, x_{k-1}]$ 是 x 的 $n-k$ 次多项式, 而 $k > n$ 时, k 阶差商为零.

为了便于计算, 通常采用表格形式计算差商. 差商计算表见表 5.3.

表 5.3　差商计算表

x_k	$f(x_k)$	一阶差商	二阶差商	三阶差商	四阶差商
x_0	$f(x_0)$				
x_1	$f(x_1)$	$f[x_0,x_1]$			
x_2	$f(x_2)$	$f[x_1,x_2]$	$f[x_0,x_1,x_2]$		
x_3	$f(x_3)$	$f[x_2,x_3]$	$f[x_1,x_2,x_3]$	$f[x_0,x_1,x_2,x_3]$	
x_4	$f(x_4)$	$f[x_3,x_4]$	$f[x_2,x_3,x_4]$	$f[x_1,x_2,x_3,x_4]$	$f[x_0,x_1,x_2,x_3,x_4]$

5.4.2　Newton 插值多项式

构造 Newton 插值多项式

$$N_n(x) = a_0 + a_1(x-x_0) + \cdots + a_n(x-x_0)(x-x_1)\cdots(x-x_{n-1}), \tag{5.31}$$

其中系数 $a_i(i=0,1,2,\cdots,n)$ 可由插值条件

$$N_n(x_i) = y_i, \quad i = 0,1,2,\cdots,n$$

求得. 由插值条件 $N_n(x_0) = f(x_0)$ 得

$$a_0 = f(x_0) = f[x_0];$$

由插值条件 $N_n(x_1) = f(x_1)$ 得

$$a_1 = \frac{f(x_1) - f(x_0)}{x_1 - x_0} = f[x_0, x_1];$$

一般地，可得

$$a_k = f[x_0, x_1, \cdots, x_k], \quad k = 0,1,2,\cdots,n. \tag{5.32}$$

式 (5.31) 与式 (5.15) 只是形式的不同，比较两多项式 x^k 的系数得

$$a_k = \sum_{i=0}^{n} \frac{f(x_i)}{(x_i-x_0)(x_i-x_1)\cdots(x_i-x_{i-1})(x_i-x_{i+1})\cdots(x_i-x_k)}.$$

再由式 (5.30) 可得式 (5.32).

将 $a_k(k=0,1,2,\cdots,n)$ 代入式 (5.31) 得满足插值条件 $N_n(x_i) = f(x_i)(i=0,1,2,\cdots,n)$ 的 n 次 **Newton 插值多项式**

$$\begin{aligned}N_n(x) = &f(x_0) + f[x_0,x_1](x-x_0) + f[x_0,x_1,x_2](x-x_0)(x-x_1) + \cdots \\ &+ f[x_0,x_1,\cdots,x_n](x-x_0)(x-x_1)\cdots(x-x_{n-1}).\end{aligned} \tag{5.33}$$

Newton 插值多项式 (5.33) 还可以直接从差商的定义得到. 设 $\forall x \in [a,b]$，则由 $f(x)$ 的一阶差商定义式得

$$f(x) = f(x_0) + f[x,x_0](x-x_0);$$

由 $f(x)$ 的二阶差商定义式得

$$f[x,x_0] = f[x_0,x_1] + f[x,x_0,x_1](x-x_1);$$

一般地，由 $f(x)$ 的 $n+1$ 阶差商定义式得

$$f[x,x_0,x_1,\cdots,x_{n-1}] = f[x_0,x_1,\cdots,x_n] + f[x,x_0,x_1,\cdots,x_n](x-x_n).$$

依次将后式代入前式得

$$\begin{aligned}f(x) =& f(x_0) + f[x_0,x_1](x-x_0) + f[x_0,x_1,x_2](x-x_0)(x-x_1) + \cdots \\ & + f[x_0,x_1,\cdots,x_n](x-x_0)(x-x_1)\cdots(x-x_{n-1}) \\ & + f[x,x_0,x_1,\cdots,x_n](x-x_0)(x-x_1)\cdots(x-x_n).\end{aligned} \quad (5.34)$$

式 (5.34) 可以写成

$$f(x) = N_n(x) + R_n(x),$$

其中

$$\begin{aligned}N_n(x) =& f(x_0) + f[x_0,x_1](x-x_0) + f[x_0,x_1,x_2](x-x_0)(x-x_1) + \cdots \\ & + f[x_0,x_1,\cdots,x_n](x-x_0)(x-x_1)\cdots(x-x_{n-1}),\end{aligned} \quad (5.35)$$

$$R_n(x) = f[x,x_0,x_1,\cdots,x_n](x-x_0)(x-x_1)\cdots(x-x_{n-1})(x-x_n). \quad (5.36)$$

可以看出 $N_n(x)$ 是次数不超过 n 的多项式，当 $x=x_i$ 时

$$R_n(x_i) = 0, \quad i=0,1,2,\cdots,n,$$

所以有

$$N_n(x_i) = f(x_i), \quad i=0,1,2,\cdots,n,$$

即 $N_n(x_i)$ 满足插值条件，式 (5.35) 是 Newton 插值多项式.

5.4.3 Newton 插值余项与误差估计

由多项式的存在唯一性，Lagrange 插值多项式与 Newton 插值多项式对应的余项相等，即

$$\begin{aligned}R_n(x) &= f[x,x_0,x_1,\cdots,x_n](x-x_0)(x-x_1)\cdots(x-x_{n-1})(x-x_n) \\ &= f[x,x_0,x_1,\cdots,x_n]\omega_{n+1}(x) = \frac{f^{(n+1)}(\xi)}{(n+1)!}\omega_{n+1}(x).\end{aligned} \quad (5.37)$$

由此得到差商与导数的关系.

性质 5.5 若 $f(x)$ 在 $[a,b]$ 上存在 n 阶导数，且 $x_i \in [a,b](i=0,1,2,\cdots,n)$，则

$$f[x_0,x_1,\cdots,x_n] = \frac{f^{(n)}(\xi)}{n!}, \quad \xi \in (a,b). \tag{5.38}$$

5.4.4 Newton 插值的 MATLAB 程序

MATLAB 程序 5.2 Newton 插值

```
function yi=newtonint(x,y,xi)
% Newton插值,x为插值节点向量,按行输入
% y为插值节点函数值向量,按行输入
% xi为标量,自变量
m=length(x);n=length(y);
if m~=n error('向量x与y的长度必须一致');end
% 计算并显示差商表
k=2;x(1),f(1)=y(1)
while k~=n+1
    f(1)=y(k);k,x(k)
    for i=1:k-1
      if i~=k-1
        f(i+1)=(f(i)-y(i))/(x(k)-x(i));
      end
    end
    cs(i)=f(i+1);
    y(k)=f(k);
    k=k+1;
end
% 计算newton插值
cfwh=0;
for i=1:n-2
    w=1;
    for j=1:i
        w=w*(xi-x(j));
    end
    cfwh=cfwh+cs(i)*w;
end
yi=y(1)+cfwh;
```

例 5.4 已知函数 $f(x) = \text{sh}x$ 的函数值如表5.4所示，构造 4 次 Newton 插值多项式并计算 $f(0.596) = \text{sh}0.596$ 的值.

表 5.4 函数表

k	0	1	2	3	4	5
x_k	0.40	0.55	0.65	0.80	0.90	1.05
$f(x_k)$	0.410 75	0.578 15	0.696 75	0.888 11	1.026 52	1.253 86

解 在 MATLAB 命令窗口执行 (计算结果见表5.5)

```
>> x=[0.40 0.55 0.65 0.80 0.90 1.05];
>> y=[0.410 75 0.578 15 0.696 75 0.888 11 1.026 52 1.253 86];
>> xi=0.596;
>> ni=newtonint(x,y,xi)
```

表 5.5 计算结果

k	x_k	$f[x_k]$	$f[x_{0k}]$	$f[x_{01k}]$	$f[x_{012k}]$	$f[x_{0123k}]$	$f[x_{01234k}]$
0	0.400 0	0.410 8					
1	0.550 0	0.578 2	1.116 0				
2	0.650 0	0.696 7	1.144 0	0.280 0			
3	0.800 0	0.888 1	1.193 4	0.309 6	0.197 3		
4	0.900 0	1.026 5	1.231 5	0.330 1	0.200 5	0.031 2	
5	1.050 0	1.253 9	1.297 1	0.362 2	0.205 5	0.032 5	0.008 5

计算结果:

$$N_4(x) = 0.410\,8 + 1.116(x - 0.4) + 0.280\,0(x - 0.4)(x - 0.55)$$
$$+ 0.197\,3(x - 0.4)(x - 0.55)(x - 0.65)$$
$$+ 0.031\,2(x - 0.4)(x - 0.55)(x - 0.65)(x - 0.8),$$
$$\text{sh}0.596 = N_4(0.596) \approx 0.631\,9.$$

5.5 差分与等距节点的 Newton 插值

5.5.1 差分及其性质

设函数 $y = f(x)$ 在等距节点 $x_k = x_0 + kh (k = 1, 2, \cdots, n)$ 上的函数值 $f_k = f(x_k)$, $h = (b - a)/n$ 称为步长.

定义 5.4 差分及算子

引入记号

$$\Delta f_k = f_{k+1} - f_k, \tag{5.39}$$

$$\nabla f_k = f_k - f_{k-1}, \tag{5.40}$$

$$\delta f_k = f(x_k + h/2) - f(x_k - h/2) = f_{k+1/2} - f_{k-1/2}, \tag{5.41}$$

分别称为 $f(x)$ 在 x_k 处以 h 为步长向前一阶差分, 向后一阶差分和 一阶中心差分. 符号 Δ, ∇, δ 分别称为向前一阶差分算子, 向后一阶差分算子和中心一阶差分算子.

利用一阶差分可以定义二阶差分

$$\Delta^2 f_k = \Delta f_{k+1} - \Delta f_k = f_{k+2} - 2f_{k+1} + f_k.$$

一般地可定义 m 阶差分为

$$\Delta^m f_k = \Delta^{m-1} f_{k+1} - \Delta^{m-1} f_k,$$

$$\nabla^m f_k = \nabla^{m-1} f_k - \nabla^{m-1} f_{k-1},$$

$$\delta^m f_k = \delta^{m-1} f_{k+1/2} - \delta^{m-1} f_{k-1/2}.$$

再引入下列常用的算子符号

$$\mathrm{I} f_k = f_k, \qquad \mathrm{E} f_k = f_{k+1},$$

并称 I 为恒等算子, E 为位移算子. 各算子之间有如下关系:

$$\Delta f_k = f_{k+1} - f_k = \mathrm{E} f_k - \mathrm{I} f_k = (\mathrm{E} - \mathrm{I}) f_k.$$

故有 $\Delta = \mathrm{E} - \mathrm{I}$, 同理有

$$\delta = \mathrm{E}^{\frac{1}{2}} - \mathrm{E}^{-\frac{1}{2}}, \quad \nabla = \mathrm{I} - \mathrm{E}^{-1}.$$

性质 5.6 常数的差分等于零.

性质 5.7 函数值可以表示各阶差分

$$\Delta^n f_k = (\mathrm{E} - \mathrm{I})^n f_k = \sum_{j=0}^{n} (-1)^j \mathrm{C}_n^j \mathrm{E}^{n-j} f_k = \sum_{j=0}^{n} (-1)^j \mathrm{C}_n^j f_{n+k-j}; \tag{5.42}$$

$$\nabla^n f_k = (\mathrm{I} - \mathrm{E}^{-1})^n f_k = \sum_{j=0}^{n} (-1)^{n-j} \mathrm{C}_n^j \mathrm{E}^{j-n} f_k = \sum_{j=0}^{n} (-1)^{n-j} \mathrm{C}_n^j f_{k+j-n}. \tag{5.43}$$

5.5 差分与等距节点的 Newton 插值

性质 5.8 各阶差分可以表示函数值:

$$f_{n+k} = \mathrm{E}^n f_k = (\mathrm{I} + \Delta)^n f_k = \left(\sum_{j=0}^{n} \mathrm{C}_n^j \Delta^j\right) f_k.$$

于是

$$f_{n+k} = \mathrm{E}^n f_k = \sum_{j=0}^{n} \mathrm{C}_n^j \Delta^j f_k. \tag{5.44}$$

性质 5.9 差商与差分的关系:

$$f[x_k, x_{k+1}] = \frac{f_{k+1} - f_k}{x_{k+1} - x_k} = \frac{\Delta f_k}{h},$$

$$f[x_k, x_{k+1}, x_{k+2}] = \frac{f[x_{k+1}, x_{k+2}] - f[x_k, x_{k+1}]}{x_{k+2} - x_k} = \frac{1}{2h^2}\Delta^2 f_k.$$

一般地,有

$$f[x_k, x_{k+1}, \cdots, x_{k+m}] = \frac{1}{m!h^m}\Delta^m f_k, \tag{5.45}$$

同理对向后差分有

$$f[x_k, x_{k-1}, \cdots, x_{k-m}] = \frac{1}{m!h^m}\nabla^m f_k. \tag{5.46}$$

利用式 (5.45) 和式 (5.38) 得

$$\Delta^n f_k = h^n f^{(n)}(\xi), \quad \xi \in (x_k, x_{k+n}). \tag{5.47}$$

计算差分可用向前差分表 (表5.6) 和向后差分表 (表5.7).

表 5.6 向前差分表

x_k	$f(x_k)$	$\Delta f(x_k)$	$\Delta^2 f(x_k)$	$\Delta^3 f(x_k)$	$\Delta^4 f(x_k)$
x_0	$f(x_0)$				
x_1	$f(x_1)$	$\Delta f(x_0)$			
x_2	$f(x_2)$	$\Delta f(x_1)$	$\Delta^2 f(x_0)$		
x_3	$f(x_3)$	$\Delta f(x_2)$	$\Delta^2 f(x_1)$	$\Delta^3 f(x_0)$	
x_4	$f(x_4)$	$\Delta f(x_3)$	$\Delta^2 f(x_2)$	$\Delta^3 f(x_1)$	$\Delta^4 f(x_0)$

5.5.2 等距节点 Newton 插值多项式

在 Newton 插值多项式中为计算差商需进行多次除法运算,当节点为等距时,可用差分代替差商,从而减少了计算量,下面给出常用的 Newton 前插和后插公式.

如果节点 $x_k = x_0 + kh(k = 0, 1, \cdots, n)$, 计算 x_0 点附近的函数 $f(x)$ 的值, 可令 $x = x_0 + th(0 \leqslant t \leqslant 1)$, 于是

表 5.7 向后差分表

x_k	$f(x_k)$	$\nabla f(x_k)$	$\nabla^2 f(x_k)$	$\nabla^3 f(x_k)$	$\nabla^4 f(x_k)$
x_4	$f(x_4)$	$\nabla f(x_4)$	$\nabla^2 f(x_4)$	$\nabla^3 f(x_4)$	$\nabla^4 f(x_4)$
x_3	$f(x_3)$	$\nabla f(x_3)$	$\nabla^2 f(x_3)$	$\nabla^3 f(x_3)$	
x_2	$f(x_2)$	$\nabla f(x_2)$	$\nabla^2 f(x_2)$		
x_1	$f(x_1)$	$\nabla f(x_1)$			
x_0	$f(x_0)$				

$$\omega_{k+1}(x) = \prod_{j=0}^{k}(x - x_j) = t(t-1)\cdots(t-k)h^{k+1}.$$

代入式 (5.45) 和式 (5.35) 得

$$N_n(x_0 + th) = f_0 + t\Delta f_0 + \frac{t(t-1)}{2!}\Delta^2 f_0 + \cdots + \frac{t(t-1)\cdots(t-n+1)}{n!}\Delta^n f_0, \quad (5.48)$$

称为 **Newton** 向前插值公式，简称**前插公式**，其余项由式 (5.37) 得

$$R_n(x) = \frac{t(t-1)\cdots(t-n)}{(n+1)!}h^{n+1}f^{(n+1)}(\xi), \quad \xi \in (x_0, x_n). \quad (5.49)$$

如果求函数 $f(x)$ 在 x_n 附近的函数值 $f(x)$，则 Newton 插值公式 5.35，插值点应按 $x_n, x_{n-1}, \cdots, x_0$ 的次序排列，

$$N_n(x) = f(x_n) + f[x_n, x_{n-1}](x - x_n) + f[x_n, x_{n-1}, x_{n-2}](x - x_n)(x - x_{n-1}) + \cdots$$
$$+ f[x_n, x_{n-1}, \cdots, x_0](x - x_n)(x - x_{n-1})\cdots(x - x_1). \quad (5.50)$$

作变换 $x = x_n + th(-1 \leqslant t \leqslant 0)$，利用式 (5.46)，代入式 (5.50) 得

$$N_n(x_n + th) = f_n + t\nabla f_n + \frac{t(t+1)}{2!}\nabla^2 f_n + \cdots + \frac{t(t+1)\cdots(t+n-1)}{n!}\nabla^n f_n, \quad (5.51)$$

称为 **Newton** 向后插值公式，简称**后插公式**，其余项由式 (5.37) 得

$$R_n(x) = \frac{t(t+1)\cdots(t+n)}{(n+1)!}h^{n+1}f^{(n+1)}(\xi), \xi \in (x_0, x_n). \quad (5.52)$$

通常求插值节点开头部分插值点附近函数值时用 Newton 前插公式，求插值点末尾部分插值点附近函数值时用 Newton 后插公式。

5.5.3 等距节点 Newton 插值的 MATLAB 程序

1. 等距节点的 Newton 向前插值公式

MATLAB 程序 5.3 等距节点的 **Newton** 向前插值

```
function yi=newtonint1(x,y,xi)
% 等距节点的Newton向前插值公式,x为等距插值节点向量,按行输入
% y为插值节点函数值向量,按行输入,xi为标量,自变量
```

```
% 计算初始值
h=x(2)-x(1);t=(xi-x(1))/h;
% 计算差商表Y
n=length(y);Y=zeros(n);Y(:,1)=y';
for k=1:n-1
    Y(:,k+1)=[diff(y',k);zeros(k,1)];
end
% 计算向前插值公式
yi=Y(1,1);
for i=1:n-1
    z=t;
    for k=1:i-1
        z=z*(t-k);
    end
    yi=yi+Y(1,i+1)*z/prod([1:i]);
end
```

2. 等距节点的 Newton 向后插值公式

MATLAB 程序 5.4 等距节点的 **Newton** 向后插值

```
function yi=newtonint2(x,y,xi)
% 等距节点的Newton向后插值公式,x为等距插值节点向量,按行输入
% y为插值节点函数值向量,按行输入,xi为标量,自变量
% 计算初始值
n=length(x);h=x(n)-x(n-1);t=(x(n)-xi)/h;
% 计算差商表Y
n=length(y);Y=zeros(n);Y(:,1)=y';
for k=1:n-1
    Y(:,k+1)=[zeros(k,1);diff(y',k)];
end
% 计算向后插值公式
h=x(n)-x(n-1);t=(x(n)-xi)/h;yi=Y(n,1);
for i=1:n-1
    z=t;
    for k=1:i-1
        z=z*(t-k);
    end
    yi=yi+Y(n,i+1)*(-1)^i*z/prod([1:i]);
end
```

3. 等距节点的 Newton 插值公式应用实例

例 5.5 已知函数 $f(x)$ 的函数表5.8，求函数 $f(x)$ 在 $x = 5.6$ 处的函数值.

表 5.8 函数表

x_i	1	2	3	4	5	6
y_i	1.000 0	1.259 9	1.442 2	1.587 4	1.710 0	1.817 1

解 用 Newton 向前插值公式，在 MATLAB 命令窗口执行

```
>> x=[1 2 3 4 5 6];
>> y=[1.000 0 1.259 9 1.442 2 1.587 4 1.710 0 1.817 1];
>> yi=newtonint1(x,y,5.6)
```

得到

```
yi =  1.775 4
```

解 用 Newton 向后插值公式，在 MATLAB 命令窗口执行

```
>> x=[1 2 3 4 5 6];
>> y=[1.000 0 1.259 9 1.442 2 1.587 4 1.710 0 1.817 1];
>> yi=newtonint2(x,y,5.6)
```

得到

```
yi =  1.775 4
```

5.6　Hermite 插值

1. Hermite 插值问题的提法

Lagrange 插值多项式和 Newton 插值多项式的插值条件都是只要求插值函数在插值节点上的值与被插函数值相等，即 $l_n(x_i) = f(x_i)$ 和 $N_n(x_i) = f(x_i)$，有时不仅要求插值多项式在插值节点上的值与被插函数的函数值相等，还要求插值多项式在插值节点上的导数与被插函数的导数相等，即要求满足插值条件

$$H_{2n+1}(x_i) = f(x_i), \quad H'_{2n+1}(x_i) = f'(x_i), \quad i = 0, 1, 2, \cdots, n \tag{5.53}$$

的次数不超过 $2n+1$ 的插值多项式 $H_{2n+1}(x)$，这就是 Hermite 插值.

2. 三次 Hermite 插值多项式

设插值节点 x_0, x_1 上的函数值为 $y_0 = f(x_0), y_1 = f(x_1)$，导数值为 $y'_0 = f'(x_0), y'_1 = f'(x_1)$，求一个三次多项式 $H_3(x)$ 使之满足

$$\begin{cases} H_3(x_0) = y_0, & H_3(x_1) = y_1, \\ H'_3(x_0) = y'_0, & H'_3(x_1) = y'_1, \end{cases} \tag{5.54}$$

称 $H_3(x)$ 为三次 **Hermite** 插值多项式，式 (5.54)称为三次 **Hermite** 插值多项式的插值条件.

5.6 Hermite插值

3. 三次 Hermite 插值多项式的构造

仿照 Lagrange 插值多项式的推导方法,构造三次多项式

$$H_3(x) = \alpha_0(x)y_0 + \alpha_1(x)y_1 + \beta_0(x)y_0' + \beta_1(x)y_1', \tag{5.55}$$

其中 $\alpha_0(x), \alpha_1(x), \beta_0(x), \beta_1(x)$ 为 4 个基函数,每个基函数都为三次代数多项式,且满足

$$\begin{cases} \alpha_i(x_j) = \begin{cases} 0, & i \neq j, \\ 1, & i = j, \end{cases} & \alpha_i'(x_j) = 0, \quad i,j = 0,1; \\ \beta_i(x_i) = 0 \quad \beta_i'(x_j) = \begin{cases} 0, & i \neq j, \\ 1, & i = j, \end{cases} & i,j = 0,1. \end{cases} \tag{5.56}$$

$H_3(x)$ 是满足插条件式 (5.54) 的三次 Hermite 插值多项式.

为了确定 $\alpha_0(x), \alpha_1(x), \beta_0(x), \beta_1(x)$,根据多项式零点的性质,由于 x_0 是 $\beta_0(x)$ 的一重零点,是 $\alpha_1(x)$ 和 $\beta_1(x)$ 的二重零点,而 x_1 是 $\beta_1(x)$ 的一重零点,是 $\alpha_0(x)$ 和 $\beta_0(x)$ 的二重零点,因此可设 4 个基函数分别为

$$\alpha_0(x) = (Ax + B)(x - x_1)^2, \qquad \alpha_1(x) = (Cx + D)(x - x_0)^2,$$
$$\beta_0(x) = E(x - x_0)(x - x_1)^2, \qquad \beta_1(x) = F(x - x_1)(x - x_0)^2,$$

其中 A, B, C, D, E, F 均为待定常数.利用条件 (5.56) 分别解出 A, B, C, D, E, F 的值,整理得基函数的表达式为

$$\begin{cases} \alpha_0(x) = \left(1 + 2\dfrac{x - x_0}{x_1 - x_0}\right)\left(\dfrac{x - x_1}{x_0 - x_1}\right)^2, & \beta_0(x) = (x - x_0)\left(\dfrac{x - x_1}{x_0 - x_1}\right)^2, \\ \alpha_1(x) = \left(1 + 2\dfrac{x - x_1}{x_0 - x_1}\right)\left(\dfrac{x - x_0}{x_1 - x_0}\right)^2, & \beta_1(x) = (x - x_1)\left(\dfrac{x - x_0}{x_1 - x_0}\right)^2. \end{cases} \tag{5.57}$$

4. 三次 Hermite 插值的余项与误差估计

可以证明,三次 Hermite 插值的余项为

$$R_3(x) = f(x) - H_3(x) = \frac{f^{(4)}(\xi)}{4!}(x - x_0)^2(x - x_1)^2, \quad \xi \in (x_0, x_1). \tag{5.58}$$

5. Hermite 插值 MATLAB 程序

MATLAB 程序 5.5 Hermite 插值

```
function yi=hermite(x,y,ydot,xi)
% hermite插值,x为插值节点向量,按行输入,y为插值节点函数值向量,按行输入
% xi为标量,自变量,ydot为向量,插值节点处的导数值,如果此值默认,则用均差代替导数
% 端点用向前差商向后差商,中间点用中心差商(仿性质5.8可得中心差商)
if isempty(ydot)==1 ydot=gradient(y,x);end
n=length(x);m1=length(y);m2=length(ydot);
```

```
if n~=m1|n~=m2|m1~=m2 error('向量x,y与ydot的长度必须一致');end
p=zeros(1,n);q=zeros(1,n);yi=0; for k=1:n
    t=ones(1,n);z=zeros(1,n);
    for j=1:n
        if j~=k
            t(j)=(xi-x(j))/(x(k)-x(j));
            z(j)=1/(x(k)-x(j));
        end
    end
    p(k)=prod(t);q(k)=sum(z);
    yi=yi+y(k)*(1-2*(xi-x(k))*q(k))*p(k)^2
        +ydot(k)*(xi-x(k))*p(k)^2;
end
```

5.7 分段低次插值

5.7.1 高次插值的 Runge 现象及 MATLAB 程序

根据直观想象和插值余项估计,似乎插值节点的个数越多,插值多项式的次数越高,与被插函数越接近. 事实并非如此. 实际应用时,高次插值(如 7、8 次以上)的逼近效果并不好,节点的增多当然能使插值函数 $P(x)$ 在更多地方与 $f(x)$ 相等,但是在两个节点之间 $P(x)$ 不一定能很好地逼近 $f(x)$,有时差别很大.

例 5.6 考查经典的例子(这是 Runge 在 1901 年给出的)

$$f(x) = \frac{1}{1+x^2}. \tag{5.59}$$

画函数 $f(x)$ 图像的 MATLAB 程序如下:

MATLAB 程序 5.6　画函数 $f(x)$ 图像

```
function a=Runge(n,x)
% Y=1./(1+(X.*X))函数的n次多项式插值函数
X=linspace(-5,5,n+1)'; Y=1./(1+(X.*X)); a=0;
for i=1:n+1
    li=1;
    for j=1:n+1
        if i~=j
            li=li*(x-X(j))/(X(i)-X(j));
        end
    end
    a=a+li*Y(i);
end
```

在 MATLAB 命令窗口执行

```
%画原函数图像
X=linspace(-5,5,100)'; Y=1./(1+X.*X);
plot(X,Y,'r','LineWidth',1);
%画P10图像
    hold on;
    fplot('Runge(10,x)',[-5 5],'g');
%画P5图像
    fplot('Runge(5,x)',[-5 5],'b');
    hold off;
    grid on
legend('原图','P10','P5') title('龙格现象')
```

输出图像结果见图5.4. 通过 5.6 节研究表明, 随着插值节点的增加, 插值多项式的次数也在相应增加, 而高次插值多项式效果并不理想 (一般以不超过 6 次为宜), 既要增加插值节点, 减小插值区间, 又不增加插值多项式的次数以减小误差, 可以采用分段插值的办法.

设给定节点 $a = x_0 < x_1 <, \cdots, < x_n = b$, 记 $h_i = x_{i+1} - x_i, h = \max\limits_{0 \leqslant i \leqslant n-1}\{h_i\}$.

5.7.2 分段线性插值及 MATLAB 程序

1. 分段线性插值

已知函数 $y = f(x)$ 在给定节点 $a = x_0 < x_1 < \cdots < x_n = b$ 的函数值为 $y_i = f(x_i)(i = 0, 1, 2, \cdots, n)$, 求一分段插值函数 $P(x)$, 使其满足:

(1) $P(x) \in \mathbb{C}[a,b]$;

(2) $P(x_i) = y_i (i = 0, 1, \cdots, n)$;

(3) 在每个子区间 $[x_i, x_{i+1}]$ 上, $P(x)$ 是线性函数.

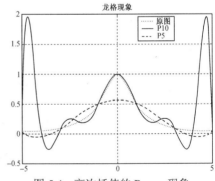

图 5.4 高次插值的 Runge 现象

如何构造具有这种性质的插值函数呢? 仍然采用基函数的方法, 先在每个插值子区间 $[x_i, x_{i+1}]$ 上构造分段线性插值基函数, 然后, 再作它们的线性组合, 分段线性插值函数 $l_i(x_k)$ 应满足 $l_i(x_k) = \delta_{ik}(i, k = 0, 1, \cdots, n)$, 并且在 $[x_{i-1}, x_i]$ 及 $[x_i, x_{i+1}]$ 上是线性函数, 在其余部分是 0. 下面函数是满足要求的:

$$l_0(x) = \begin{cases} \dfrac{x - x_1}{x_0 - x_1}, & x_0 \leqslant x \leqslant x_1, \\ 0, & x_1 < x \leqslant x_n, \end{cases}$$

$$l_i(x) = \begin{cases} \dfrac{x - x_{i-1}}{x_j - x_{i-1}}, & x_{i-1} \leqslant x \leqslant x_i, \\ \dfrac{x - x_{i+1}}{x_j - x_{i+1}}, & x_i < x \leqslant x_{i+1}, i = 1, 2, \cdots, n-1, \\ 0, & 其他. \end{cases}$$

$$l_n(x) = \begin{cases} \dfrac{x - x_{n-1}}{x_n - x_{n-1}}, & x_{n-1} \leqslant x \leqslant x_n, \\ 0, & x_0 < x \leqslant x_{n-1}. \end{cases}$$

所以插值函数

$$P(x) = I_n(x) = \sum_{i=0}^{n} f(x_i) l_i(x), \quad \forall x \in [a, b]. \tag{5.60}$$

2. 分段线性插值函数的余项

由线性插值函数的余项估计式

$$f(x) - L_1(x) = \frac{1}{2} f''(\xi_i)(x - x_i)(x - x_{i+1}), \xi_i \in (x_i, x_{i+1}),$$

有

$$\max_{x_i \leqslant x \leqslant x_{i+1}} |f(x) - L_1(x)| \leqslant \max_{x_i \leqslant x \leqslant x_{i+1}} \left| \frac{1}{2} f''(\xi_i)(x - x_i)(x - x_{i+1}) \right|$$

$$\leqslant \frac{1}{8} h_i^2 \max_{x_i \leqslant x \leqslant x_{i+1}} |f''(x)|,$$

其中 $h_i = x_{i+1} - x_i$. 于是

$$\max_{a \leqslant x \leqslant b} |f(x) - P(x)| = \max_{x_0 \leqslant x \leqslant x_n} |f(x) - P(x)| = \max_{0 \leqslant i \leqslant n-1} \max_{x_i \leqslant x \leqslant x_{i+1}} |f(x) - P(x)|$$

$$= \max_{0 \leqslant i \leqslant n-1} \max_{x_i \leqslant x \leqslant x_{i+1}} |f(x) - L_1(x)|$$

$$\leqslant \max_{0 \leqslant i \leqslant n-1} \frac{1}{8} h_i^2 \max_{x_i \leqslant x \leqslant x_{i+1}} |f''(x)|$$

$$\leqslant \frac{1}{8} h_i^2 \max_{a \leqslant x \leqslant b} |f''(x)|. \tag{5.61}$$

其中 $h = \max\limits_{0 \leqslant i \leqslant n-1} h_i$, 可见分段插值的余项依赖于二阶导数的界.

3. 分段线性插值函数的收敛性

由式 (5.61), 若 $f(x)$ 的二阶导数 $f''(x)$ 在 $[a, b]$ 上连续, 则当 $h \to 0$ 时

$$|R(x)| = |f(x) - P(x)| \leqslant \frac{1}{8} h_i^2 \max_{a \leqslant x \leqslant b} |f''(x)| \to 0,$$

所以 $P(x) = I_n(x)$ 在 $[a, b]$ 上一致收敛于 $f(x)$.

4. 分段线性插值的 MATLAB 程序

> **MATLAB 程序 5.7**　分段线性插值

```
function yi=lineint(x,y,xi)
% 分段线性插值,x为插值节点向量,按行输入,y为插值节点函数值向量按行输入
% xi为标量,自变量
n=length(x);m=length(y);
if n~=merror('向量x,与y的长度必须一致');end
for k=1:n-1
    if x(k)<=xi&xi<=x(k+1)
        yi=(xi-x(k+1))/(x(k)-x(k+1))*y(k)+(xi-x(k))
        /(x(k+1)-x(k))*y(k+1);
        return;
    end
end
```

例 5.7　$f(x) = \dfrac{1}{1+x^2}, x \in [-5,5]$，取等距节点 $x_k = -5+k(k=0,1,2,\cdots,10)$，试构造分段线性插值函数.

解　$P(x) = I_n(x) = \sum\limits_{i=0}^{10} f(x_i)l_i(x)$

在 MATLAB 命令窗口执行

```
a=-5;b=5;n=10;h=(b-a)/n; x=a:h:b;y=1./(1+x.^2);
xx=a:0.01:b;yy=1./(1+xx.^2);m=length(xx);z=zeros(1,m);
for i=1:m
    z(i)=lineint(x,y,xx(i));
end
plot(x,y,'o',xx,yy,'k:',xx,z,'k-');
```

也可以在 MATLAB 命令窗口执行

```
%用虚线画原函数f(x)的图像
X=linspace(-5,5,100)';
Y=1./(1+X.*X);
plot(X,Y,'r:','LineWidth',1);
%用折线画插值函数P10的图像
hold on;
X=linspace(-5,5,11)';
Y=1./(1+X.*X);
plot(X,Y,'b','LineWidth',1);
hold off;grid on
legend('原图','P10') title('线性插值')
```

画出函数 $f(x) = \dfrac{1}{1+x^2}, x \in [-5, 5]$ 的图像及分段线性插值函数 $P_{10}(x), x \in [-5, 5]$ 的图像如图5.5所示. 从图中可以看出, 分段线性插值函数图像的光滑性差一些, 但从整体上看, 逼近函数 $f(x)$ 的效果不错.

5.7.3 分段三次 Hermite 插值及 MATLAB 程序

1. 分段三次 Hermite 插值多项式

分段线性插值函数 $P(x)$ 的导数在插值节点是间断的, 若在节点 $x_i(i = 0, 1, 2, \cdots, n)$ 已知函数值 $y_i = f(x_i)(i = 0, 1, 2, \cdots, n)$ 和导数值 $y_i' = f'(x_i)$, 则可构造一个一阶导数连续的分段插值多项式函数 $P(x)$.

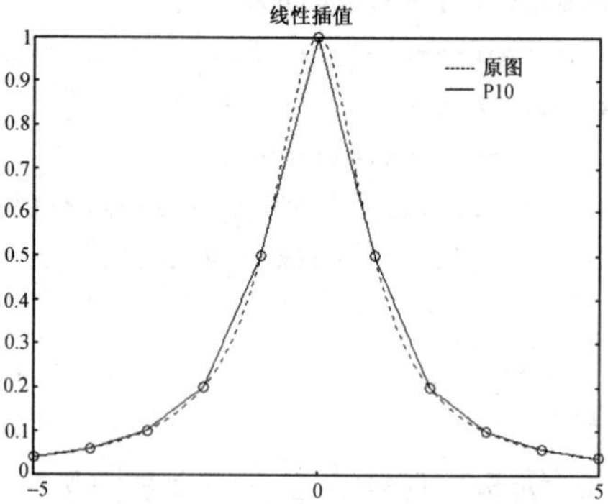

若分段插值多项式函数 $P(x) = H_3(x)$ 满足条件:

(1) $H_3(x) \in \mathbb{C}^1[a, b]$;

(2) $H_3(x_i) = y_i, H_3'(x_i) = y_i', \quad i = 0, 1, 2, \cdots, n$;

(3) $H_3(x)$ 在每个子区间 $[x_i, x_{i+1}]$ 上是 x 的三次多项式函数.

图 5.5 分段线性插值

则称函数 $H_3(x)$ 为分段三次 Hermite 插值多项式.

根据前面的研究结果, 不难作出各点上的分段三次 Hermite 插值基函数 $\alpha_i(x), \beta_i(x)(i = 0, 1, 2, \cdots, n)$:

$$\alpha_i(x) = \begin{cases} \left(\dfrac{x - x_{i-1}}{x_i - x_{i-1}}\right)^2 \left(1 + 2\dfrac{x - x_i}{x_{i-1} - x_i}\right), & x_{i-1} \leqslant x \leqslant x_i (i = 0略), \\ \left(\dfrac{x - x_{i+1}}{x_i - x_{i+1}}\right)^2 \left(1 + 2\dfrac{x - x_i}{x_{i+1} - x_i}\right), & x_i \leqslant x \leqslant x_{i+1} (i = n略), \\ 0, & 其他, \end{cases} \quad (5.62)$$

$$\beta_i(x) = \begin{cases} \left(\dfrac{x - x_{i-1}}{x_i - x_{i-1}}\right)^2 (x - x_i), & x_{i-1} \leqslant x \leqslant x_i (i = 0略), \\ \left(\dfrac{x - x_{i+1}}{x_i - x_{i+1}}\right)^2 (x - x_i), & x_i \leqslant x \leqslant x_{i+1} (i = n略), \\ 0, & 其他. \end{cases} \quad (5.63)$$

因此可得分段三次 Hermite 插值多项式函数

$$P(x) = H_3(x) = \sum_{i=0}^{n}(y_i \alpha_i(x) + y_i' \beta_i(x)). \quad (5.64)$$

2. 分段三次 Hermite 插值余项

由 Hermite 插值余项估计公式有

$$f(x) - H_3(x) = \frac{f^{(4)}(\xi_i)}{4!}(x-x_i)^2(x-x_{i+1})^2, \xi_i \in (x_i, x_{i+1}),$$

故有

$$\max_{x_i \leqslant x \leqslant x_{i+1}} |f(x) - H_3(x)| \leqslant \frac{1}{4!} \frac{h_i^4}{16} \max_{x_i \leqslant x \leqslant x_{i+1}} |f^{(4)}(x)|,$$

其中 $h_i = x_{i+1} - x_i (i = 0, 1, 2, \cdots, n-1)$. 于是

$$\max_{a \leqslant x \leqslant b} |f(x) - H_3(x)| = \max_{x_0 \leqslant x \leqslant x_n} |f(x) - H_3(x)| = \max_{0 \leqslant i \leqslant n-1} \max_{x_i \leqslant x \leqslant x_{i+1}} |f(x) - H_3(x)|$$

$$= \max_{0 \leqslant i \leqslant n-1} \frac{1}{4!} \frac{h_i^4}{16} \max_{x_i \leqslant x \leqslant x_{i+1}} |f^{(4)}(x)|$$

$$\leqslant \frac{1}{384} h^4 \max_{a \leqslant x \leqslant b} |f^{(4)}(x)|, \tag{5.65}$$

其中 $h = \max\limits_{0 \leqslant i \leqslant n-1} h_i$. 由此可见分段三次 Hermite 插值余项依赖于 4 阶导数的界.

3. 分段三次 Hermite 插值函数的收敛性

由式 (5.65), 若 $f(x)$ 的 4 阶导数在 $[a, b]$ 上连续, 则当 $h \to 0$ 时,

$$|R(x)| = |f(x) - H_3(x)| \leqslant \frac{1}{384} h^4 \max_{a \leqslant x \leqslant b} |f^{(4)}(x)| \to 0.$$

所以 $H_3(x)$ 在 $[a, b]$ 上一致收敛于 $f(x)$. 于是可以增加插值节点的密度, 缩小插值区间, 使 h 变小, 从而减小插值误差.

4. 分段三次 Hermite 插值的 MATLAB 程序

MATLAB 程序 5.8　分段三次 hermite 插值

```
function yi=hermite3(x,y,ydot,xi)
% 分段三次hermite插值,x为插值节点向量,按行输入,y为插值节点函数值向量,按行输入
% xi为标量,自变量,ydot为向量插值节点处的导数值,如果此值缺省,则用均差代替导数
% 端点用向前向后差商,中间点用中心差商
if isempty(ydot)==1 ydot=gradient(y,x);end
n=length(x);m1=length(y);m2=length(ydot);
if n~=m1|n~=m2|m1~=m2
    error('向量x,y与ydot的长度必须一致');
end
for k=1:n-1
    if x(k)<=xi&xi<=x(k+1)
        yi=y(k)*(1-2*(xi-x(k))/(x(k)-x(k+1)))*(xi-x(k+1))^2
/(x(k)-x(k+1))^2+y(k+1)*(1-2*(xi-x(k+1))
```

```
        /(x(k+1)-x(k)))*(xi-x(k))^2/(x(k+1)-x(k))^2
        +ydot(k)*(xi-x(k))*(xi-x(k+1))^2/(x(k)-x(k+1))^2
        +ydot(k+1)*(xi-x(k+1))*(xi-x(k))^2
        /(x(k+1)-x(k))^2;
        return;
    end
end
```

例 5.8 $f(x) = \dfrac{1}{1+x^2}, x \in [-5, 5]$,取等距节点 $x_i = -5 + i (i = 0, 1, 2, \cdots, 10)$,试构造分段三次 Hermite 插值函数.

解 在 MATLAB 命令窗口执行 MATLAB 程序,插值结果见图5.6.

```
a=-5;b=5;n=10;h=(b-a)/n; x=a:h:b;y=1./(1+x.^2);
xx=a:0.01:b;yy=1./(1+xx.^2); m=length(xx);z=zeros(1,m);
for i=1:m
    z(i)=hermite3(x,y,[],xx(i));
end
plot(x,y,'o',xx,yy,'k:',xx,z,'k-');
```

从图5.6可以看出,分段三次 Hermite 插值的逼近精度还是不错的.

5.8 三次样条插值

高次插值多项式光滑度好,但计算复杂,误差较大,有时会出现 Runge 现象,低次分段插值可以避免 Runge 现象,计算简单,分段线性插值和分段三次 Hermite 插值都具有一致收敛性,能很好地逼近被插函数,但光滑度较差,在分段插值节点处常有"尖点"出现,分段三次 Hermite 插值在插值节点处也只有一阶光滑度,这远不能满足科学工程实际应用的需要. 飞机的机翼型线设计,船体放样设计等往往要求具有二阶光滑度,即具有连续的二阶导数. 早期工程师绘图时,常把富有弹性的细木条(所谓样条)用压铁固定

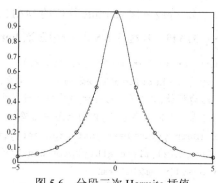

图 5.6 分段三次 Hermite 插值

在样值点上,让其他地方自由弯曲,然后画下长条的曲线,称为**样条曲线**. 样条曲线实际上是由分段三次曲线连接而成,且在连接点处具有连续的二阶导数.

5.8.1 三次样条函数

1. 三次样条函数

> **定义 5.5 三次样条插值**
>
> 若函数 $S(x) \in \mathbb{C}^2[a,b]$, 且在每个子区间 $[x_i, x_{i+1}](i=0,1,2,\cdots,n)$ 上是三次多项式, 其中 $a = x_0 < x_1 < \cdots < x_n = b$ 是给定的节点, 则称 $S(x)$ 是给定节点上的**三次样条函数**. 若函数 $y = f(x)$ 在区间 $[a,b]$ 上 $n+1$ 个给定节点 $a = x_0 < x_1 < \cdots < x_n = b$ 的函数值为 $y_i = f(x_i)(i=0,1,2,\cdots,n)$, 并成立
>
> $$S(x_i) = y_i, \quad i = 0,1,2,\cdots,n, \tag{5.66}$$
>
> 则称 $S(x)$ 为三次样条插值函数.

由样条插值函数的定义可知, $S(x)$ 在每个子区间 $[x_i, x_{i+1}]$ 上都是三次函数, 即

$$S(x) = A_i + B_i x + C_i x^2 + D_i x^3, \quad i = 0,1,2,\cdots,n, \tag{5.67}$$

其中 A_i, B_i, C_i, D_i 是待定系数, 且满足条件

$$S(x_i) = f(x_i), \quad i = 0,1,2,\cdots,n, \tag{5.68}$$

$$\begin{cases} S(x_i - 0) = S(x_i + 0) = f(x_i), \\ S'(x_i - 0) = S'(x_i + 0), \quad i = 1,2,\cdots,n-1. \\ S''(x_i - 0) = S''(x_i + 0), \end{cases} \tag{5.69}$$

式 (5.68) 和式 (5.69) 共给出了 $4n - 2$ 个条件, 而待定系数有 $4n$ 个, 因此还需要 2 个条件才能确定 $S(x)$. 通常是在区间端点 $a = x_0, b = x_n$ 上各加一个条件, 称为边界条件. 常用的边界条件有 3 种类型.

(1) (三转角边界条件) 已知两端点处 $f(x)$ 的一阶导数值, 即

$$S'(x_0) = f'(x_0), \quad S'(x_n) = f'(x_n). \tag{5.70}$$

(2) (三弯矩边界条件) 已知两端点处 $f(x)$ 的二阶导数值, 即

$$S''(x_0) = f''(x_0), \quad S''(x_n) = f''(x_n). \tag{5.71}$$

(3) 当 $f(x)$ 是以 $x_n - x_0$ 为周期的函数时, 则要求 $S(x)$ 也是周期函数, 这时边界条件应满足

$$\begin{cases} S(x_0 + 0) = S(x_n - 0), \\ S'(x_0 + 0) = S'(x_n - 0), \\ S''(x_0 + 0) = S''(x_n - 0). \end{cases} \tag{5.72}$$

实际上，由于 $y=f(x)$ 是以 $b-a=x_n-x_0$ 为周期，故有 $f(a)=f(b)$，即 $f(x_0)=f(x_n)$，从而必有 $S(x_0+0)=S(x_n-0)$.

2. 三次样条函数的 MATLAB 程序

MATLAB 程序 5.9　三次样条插值 (一阶导数边界条件)

```
function m=spline(x,y,dy0,dyn,xi)
% 三次样条插值(一阶导数边界条件)
% m=spline(x,y,dy0,dyn,xi) x是节点向量,y是节点上的函数值
% dy0,dyn是左右两端点的一阶导数值,如果xi默认,则输出各节点的一阶导数值
% m为xi的三次样条插值(可以是多个),y是返回插值
n=length(x)-1;
% 计算子区间的个数
h=diff(x);lemda=h(2:n)./(h(1:n-1)+h(2:n));mu=1-lemda;
g=3*(lemda.*diff(y(1:n))./h(1:n-1)
    +mu.*diff(y(2:n+1))./h(2:n));
g(1)=g(1)-lemda(1)*dy0;g(n-1)=g(n-1)-mu(n-1)*dyn;
% 求解三对角方程组
dy=nachase(lemda,2*ones(1:n-1),mu,g);
% 若给插值点计算插值
m=[dy0,dy,dyn]; if nargin>=5
    s=zeros(size(xi));
    for i=1:n
        if i==1,
            kk=find(xi<=x(2));
        elseif i==n
            kk=find(xi>x(n));
        else
            kk=find(xi>x(i)&xi<=x(i+1));
        end
        xbar=(xi(kk)-x(i))/h(i);
        s(kk)=alpha0(xbar)*y(i)+alpha1(xbar)*y(i+1)
             +h(i)*beta0(xbar)*m(i)+h(i)*beta1(xbar)*m(i+1);
    end
    m=s;
end
% 追赶法
function x=nachase(a,b,c,d) n=length(a);
for k=2:n
    b(k)=b(k)-a(k)/b(k-1)*c(k-1);
```

```
       d(k)=d(k)-a(k)/b(k-1)*d(k-1);
end x(n)=d(n)/b(n);
for k=n-1:-1:1
       x(k)=(d(k)-c(k)*x(k+1))/b(k);
end
x=x( : );
% 基函数
function y=alpha0(x)
y=2*x.^3-3*x.^2+1;
function y=alpha1(x)
y=-2*x.^3+3*x.^2;
function y=beta0(x)
y=x.^3-2*x.^2+x;
function y=beta1(x)
y=x.^3-x.^2;
```

例 5.9 已知 $y=f(x)$ 在节点 $x=-1,0,1$ 处的函数值 $y=-1,0,1$ 及在端点的导数值 $y_0'=f'(-1)=0, y_1'=f'(1)=-1$,求区间 $[-1,1]$ 步长为 0.25 的各点的函数值.

解 在 MATLAB 命令窗口执行

```
>>spline([-1 0 1],[-1 0 1],0,-1)
```

得到

```
    ans =0    1.750 0    -1.000 0
```

在 MATLAB 命令窗口执行

```
>>spline([-1 0 1],[-1 0 1],0,-1,-1:0.25:1)
```

得到

```
    ans = Columns 1 through 9
        -1.000 0   -0.925 8   -0.718 8   -0.402 3   0.000 0
         0.449 2    0.843 8    1.066 4    1.000 0
```

三次样条函数可以有很多种表示方法.

5.8.2 三转角插值函数 (方程) 及 MATLAB 程序

1. 用节点处的一阶导数表示的三次样条函数, 三转角插值函数 (方程)

已知 $S(x)$ 在节点 x_i 处函数值为 $y_i=f(x_i)(i=0,1,\cdots,n)$, 由于 $S(x)$ 的一阶导数连续, 设 $S(x)$ 在节点 x_i 处导数值为 m_i, 即

$$S(x_i)=y_i, \quad S'(x_i)=m_i, \quad i=0,1,2,\cdots,n, \tag{5.73}$$

其中 m_i 是未知的待定数. 设 $S(x)$ 是分段三次多项式, 则 $S(x)$ 在每个区间 $[x_i, x_{i+1}]$ 上是三次多项式, 且满足

$$S(x_i) = y_i, \quad S(x_{i+1}) = y_{i+1}, \quad S'(x_i) = m_i, \quad S'(x_{i+1}) = m_{i+1}. \tag{5.74}$$

因此, 可用 $[x_0, x_n]$ 上的分段三次 Hermite 插值多项式构造三转角插值函数 (方程).

设 $S(x)$ 是 $[x_0, x_n]$ 上的分段三次 Hermite 插值多项式, 则

$$S(x) = \sum_{i=0}^{n}(y_i\alpha_i(x) + y_i'\beta_i(x)) = \sum_{i=0}^{n}(y_i\alpha_i(x) + m_i\beta_i(x)).$$

当 $x \in [x_i, x_{i+1}]$ 时,

$$\begin{aligned}S(x) =& y_i\alpha_i(x) + y_{i+1}\alpha_{i+1}(x) + m_i\beta_i(x) + m_{i+1}\beta_{i+1}(x)\\ =& y_i\left(1 + 2\frac{x-x_i}{x_{i+1}-x_i}\right)\left(\frac{x-x_{i+1}}{x_i-x_{i+1}}\right)^2 + y_{i+1}\left(1 + 2\frac{x-x_{i+1}}{x_i-x_{i+1}}\right)\left(\frac{x-x_i}{x_{i+1}-x_i}\right)^2 \\ & + m_i(x-x_i)\left(\frac{x-x_{i+1}}{x_i-x_{i+1}}\right)^2 + m_{i+1}(x-x_{i+1})\left(\frac{x-x_i}{x_{i+1}-x_i}\right)^2, \end{aligned}\tag{5.75}$$

或写为

$$\begin{aligned}S(x) =& \frac{y_i}{h_i^3}(h_i + 2(x-x_i))(x-x_{i+1})^2 + \frac{y_{i+1}}{h_i^3}(h_i - 2(x-x_{i+1}))(x-x_i)^2 \\ & + \frac{m_i}{h_i^2}(x-x_i)(x-x_{i+1})^2 + \frac{m_{i+1}}{h_i^2}(x-x_{i+1})(x-x_i)^2.\end{aligned}\tag{5.76}$$

将式 (5.76) 在区间 $[x_i, x_{i+1}]$ 上求导两次, 得当 $x \in [x_i, x_{i+1}]$ 时,

$$\begin{aligned}S'(x) =& 6\frac{y_i}{h_i^3}(h_i + 2(x-x_i))(x-x_{i+1}) + 6\frac{y_{i+1}}{h_i^3}(h_i - 2(x-x_{i+1}))(x-x_i) \\ & + \frac{m_i}{h_i^2}(2h_i + 3(x-x_{i+1}))(x-x_{i+1}) + \frac{m_{i+1}}{h_i^2}(-2h_i + 3(x-x_i))(x-x_i),\end{aligned}\tag{5.77}$$

和

$$\begin{aligned}S''(x) =& \frac{y_i}{h_i^3}(6h_i - 12(x_{i+1}-x)) + \frac{y_{i+1}}{h_i^3}(6h_i - 12(x-x_i)) \\ & + \frac{m_i}{h_i^2}(2h_i - 6(x_{i+1}-x)) + \frac{m_{i+1}}{h_i^2}(-2h_i + 6(x-x_i)).\end{aligned}\tag{5.78}$$

利用 $S(x)$ 二阶导数的连续性, 在式 (5.78) 中令 $x = x_i$, 得

$$S''(x_i + 0) = -\frac{4}{h_i}m_i - \frac{2}{h_i}m_{i+1} + \frac{6}{h_i^2}(y_{i+1} - y_i). \tag{5.79}$$

5.8 三次样条插值

将式 (5.78) 和式 (5.79) 中的 i 换成 $i-1$，得 $S''(x)$ 在 $[x_{i-1}, x_i]$ 上的表达式

$$S''(x) = \frac{y_{i-1}}{h_{i-1}^3}(6h_{i-1} - 12(x_i - x)) + \frac{y_i}{h_{i-1}^3}(6h_{i-1} - 12(x - x_{i-1}))$$
$$+ \frac{m_{i-1}}{h_{i-1}^2}(2h_{i-1} - 6(x_i - x)) + \frac{m_i}{h_{i-1}^2}(-2h_{i-1} + 6(x - x_{i-1})). \tag{5.80}$$

用 $x = x_i$ 代入式 (5.80) 得

$$S''(x_i - 0) = \frac{4}{h_{i-1}} m_i + \frac{2}{h_{i-1}} m_{i-1} - \frac{6}{h_{i-1}^2}(y_i - y_{i-1}). \tag{5.81}$$

由 $S''(x_i - 0) = S''(x_i + 0)$ 得

$$\frac{1}{h_{i-1}} m_{i-1} + 2\left(\frac{1}{h_{i-1}} + \frac{1}{h_i}\right) m_i + \frac{1}{h_i} m_{i+1} = 3\left(\frac{1}{h_{i-1}^2}(y_i - y_{i-1}) + \frac{1}{h_i^2}(y_{i+1} - y_i)\right).$$

两边乘以 $\dfrac{h_{i-1} h_i}{h_{i-1} + h_i}$ 得

$$\lambda_i m_{i-1} + 2 m_i + \mu_i m_{i+1} = b_i, \quad i = 1, 2, \cdots, n-1, \tag{5.82}$$

其中

$$\begin{cases} \mu_i = \dfrac{h_{i-1}}{h_{i-1} + h_i}, \\ \lambda_i = \dfrac{h_i}{h_{i-1} + h_i} = 1 - \mu_i, & i = 1, 2, \cdots, n-1. \\ b_i = 3\left(\lambda_i \dfrac{y_i - y_{i-1}}{h_{i-1}} + \mu_i \dfrac{y_{i+1} - y_i}{h_i}\right), \end{cases} \tag{5.83}$$

式 (5.82) 是关于未知数 $m_1, m_2, \cdots, m_{n-1}$ 的 $n-1$ 个方程，补充三转角边界条件

$$S'(x_0) = m_0 = y_0', \quad S'(x_n) = m_n = y_n', \tag{5.84}$$

则可得关于未知数 $m_1, m_2, \cdots, m_{n-1}$ 的方程组

$$\begin{pmatrix} 2 & \mu_1 & & & & \\ \lambda_2 & 2 & \mu_2 & & & \\ & \ddots & \ddots & \ddots & & \\ & & \lambda_{n-2} & 2 & \mu_{n-2} \\ & & & \lambda_{n-1} & 2 \end{pmatrix} \begin{pmatrix} m_1 \\ m_2 \\ \vdots \\ m_{n-2} \\ m_{n-1} \end{pmatrix} = \begin{pmatrix} b_1 - \lambda_1 m_0 \\ b_2 \\ \vdots \\ b_{n-2} \\ b_{n-1} - \mu_{n-1} m_n \end{pmatrix}. \tag{5.85}$$

方程组 (5.85) 是三对角方程组，系数矩阵为对角占优矩阵，可用追赶法求解. 将解得的 $m_1, m_2, \cdots, m_{n-1}$ 及式 (5.84) 代入式 (5.75) 或式 (5.76) 即得所求的三转角插值函数 (方程).

2. 三转角插值函数(方程)MATLAB 程序

MATLAB 程序 5.10　三次样条插值(三转角方程)

```
function yi=cubicspline2(x,y,ydot,xi)
% 三次样条插值(三转角方程),x为插值节点向量,按行输入,y为插值节点函数值向量,按行输入
% xi为标量,自变量,ydot为向量,插值节点处的导数值
% 如果此值默认,则用差商代替导数,端点用向前向后差商,中间点用中心差商
n=length(x);m=length(y);
if n~=m error('向量x,y的长度必须一致');end
if isempty(ydot)==1
    ydot=[(y(2)-y(1))/(x(2)-x(1))(y(n)-y(n-1))
    /(x(n)-x(n-1))];
end
h=zeros(1,n);lambda=ones(1,n);mu=ones(1,n);
M=zeros(n,1);d=zeros(n,1);
for k=2:n
    h(k)=x(k)-x(k-1);
end
for k=2:n-1
    lambda(k)=h(k+1)/(h(k)+h(k+1));mu(k)=1-lambda(k);
    d(k)=3*(mu(k)*(y(k+1)-y(k))/h(k+1)
    +lambda(k)*(y(k)-y(k-1))/h(k));
end
d(2)=d(2)-lambda(2)*ydot(1);
d(n-1)=d(n-1)-mu(n-1)*ydot(2);
d(n)=[];d(1)=[];lambda(n)=[];lambda(1)=[];
mu(n)=[];mu(1)=[];A=diag(2*ones(1,n-2));
for i=1:n-3
    A(i,i+1)=mu(i);A(i+1,i)=lambda(i+1);
end
M=A\d;M=[ydot(1);M;ydot(2)];
for k=2:n
    if x(k-1)<=xi&xi<=x(k)
        yi=y(k-1)/h(k)^3*(xi-x(k))^2*(h(k)+2*(xi-x(k-1)))
        +y(k)/h(k)^3*(xi-x(k-1))^2*(h(k)+2*(x(k)-xi))
        +M(k-1)/h(k)^2*(xi-x(k-1))*(xi-x(k))^2+M(k)
        /h(k)^2*(xi-x(k))*(xi-x(k-1))^2;
        return;
    end
```

end

例 5.10 已知 $f(x)$ 在 $x = 1, 4, 9, 16$ 点的函数值为 $f(x) = 1, 2, 3, 4$，试求函数 $f(x)$ 满足边界条件 $S'(1) = 1/2, S'(16) = 1/8, x = 5$ 的三次样条插值.

解 在 MATLAB 命令窗口执行

```
>> x=[1 4 9 16];y=[1 2 3 4];ydot=[1/2 1/8];xi=5;
>> yi=cubicspline2(x,y,ydot,xi)
```

得到

```
    yi = 2.228 7
```

5.8.3 三弯矩插值函数(方程)及 MATLAB 程序

1. 用节点处的二阶导数表示的三次样条函数，三弯矩插值函数(方程)

如果补充三弯矩条件，两端点处 $f(x)$ 的二阶导数值，即

$$S''(x_0) = f''(x_0) = M_0, \quad S''(x_n) = f''(x_n) = M_n, \tag{5.86}$$

利用二阶导数式 (5.78)，当 $x \in [x_i, x_{i+1}]$ 时，

$$\begin{aligned}S''(x) =& \frac{y_i}{h_i^3}(6h_i - 12(x_{i+1} - x)) + \frac{y_{i+1}}{h_i^3}(6h_i - 12(x - x_i)) \\ &+ \frac{m_i}{h_i^2}(2h_i - 6(x_{i+1} - x)) + \frac{m_{i+1}}{h_i^2}(-2h_i + 6(x - x_i)).\end{aligned} \tag{5.87}$$

取 $i = 0, x = x_0$，得

$$M_0 = -\frac{4}{h_0}m_0 - \frac{2}{h_0}m_1 + \frac{6}{h_0^2}(y_1 - y_0). \tag{5.88}$$

取 $i = n-1, x = x_n$，得

$$M_n = \frac{2}{h_{n-1}}m_{n-1} + \frac{4}{h_{n-1}}m_n - \frac{6}{h_{n-1}^2}(y_n - y_{n-1}), \tag{5.89}$$

移项得

$$\begin{cases} 2m_0 + m_1 = b_0, \\ m_{n-1} + 2m_n = b_n, \end{cases} \tag{5.90}$$

其中 $b_0 = 3f[x_0, x_1] - \dfrac{h_0}{2}M_0, b_n = 3f[x_{n-1}, x_n] + \dfrac{h_{n-1}}{2}M_n$. 与式 (5.82) 联立可得方程组

$$\begin{pmatrix} 2 & \mu_1 & & & \\ \lambda_2 & 2 & \mu_2 & & \\ & \ddots & \ddots & \ddots & \\ & & \lambda_{n-2} & 2 & \mu_{n-2} \\ & & & \lambda_{n-1} & 2 \end{pmatrix} \begin{pmatrix} m_0 \\ m_1 \\ \vdots \\ m_{n-1} \\ m_n \end{pmatrix} = \begin{pmatrix} b_0 \\ b_1 \\ \vdots \\ b_{n-1} \\ b_n \end{pmatrix}. \tag{5.91}$$

方程组 (5.91) 是三对角方程组, 系数矩阵为对角占优矩阵, 可用追赶法求解. 将求得的 $m_i(i=0,1,2,\cdots,n)$ 代入式 (5.75) 或式 (5.76) 即得所求的三弯矩插值函数.

2. 用分段线性插值方法构造三弯矩插值函数 (方程)

设 $S''(x_i) = M_i(i=0,1,2,\cdots,n)$(待定), 由于 $S(x)$ 在区间 $[x_i, x_{i+1}]$ 上是三次多项式, 故 $S''(x)$ 在 $[x_i, x_{i+1}]$ 上是线性函数, 可表示为

$$S''(x) = M_i \frac{x_{i+1} - x}{h_i} + M_{i+1} \frac{x - x_i}{h_i}, \tag{5.92}$$

其中 $h_i = x_{i+1} - x_i$.

对式 (5.92) 两次积分, 并利用 $S(x_i) = y_i$ 和 $S(x_{i+1}) = y_{i+1}$, 可得

$$\begin{aligned} S(x) = & M_i \frac{(x_{i+1}-x)^3}{6h_i} + M_{i+1} \frac{(x-x_i)^3}{h_i} \\ & + \left(y_i - \frac{M_i h_i^2}{6}\right) \frac{x_{i+1}-x}{h_i} + \left(y_{i+1} - \frac{M_{i+1} h_i^2}{6}\right) \frac{x-x_i}{h_i}. \end{aligned} \tag{5.93}$$

对 $S(x)$ 求导, 得

$$S'(x) = -M_i \frac{(x_{i+1}-x)^2}{2h_i} + M_{i+1} \frac{(x-x_i)^2}{2h_i} + \frac{y_{i+1}-y_i}{h_i} - \frac{M_{i+1}-M_i}{6} h_i. \tag{5.94}$$

同理, 可得 $S'(x)$ 在 $[x_{i-1}, x_i]$ 上的表达式

$$S'(x) = -M_{i-1} \frac{(x_i-x)^2}{2h_{i-1}} + M_i \frac{(x-x_{i-1})^2}{2h_{i-1}} + \frac{y_i-y_{i-1}}{h_{i-1}} - \frac{M_i-M_{i-1}}{6} h_{i-1}. \tag{5.95}$$

由连续性条件 $S'(x_i - 0) = S'(x_i + 0)$ 得

$$\lambda_i M_{i-1} + 2M_i + \mu_i M_{i+1} = g_i, \quad i = 1, 2, \cdots, n-1, \tag{5.96}$$

其中

5.8 三次样条插值

$$\begin{cases} \mu_i = \dfrac{h_i}{h_{i-1}+h_i}, \\ \lambda_i = \dfrac{h_{i-1}}{h_{i-1}+h_i} = 1-\mu_i, \\ g_i = \dfrac{6}{h_{i-1}+h_i}\left(\dfrac{y_{i+1}-y_i}{h_i}-\dfrac{y_i-y_{i-1}}{h_{i-1}}\right), \end{cases} \qquad i=1,2,\cdots,n-1. \tag{5.97}$$

补充三弯矩边界条件 $S''(x_0)=M_0=y_0''$ 和 $S''(x_n)=M_n=y_n''$，可得三对角方程组

$$\begin{pmatrix} 2 & \mu_1 & & & \\ \lambda_2 & 2 & \mu_2 & & \\ & \ddots & \ddots & \ddots & \\ & & \lambda_{n-2} & 2 & \mu_{n-2} \\ & & & \lambda_{n-1} & 2 \end{pmatrix} \begin{pmatrix} M_1 \\ M_2 \\ \vdots \\ M_{n-2} \\ M_{n-1} \end{pmatrix} = \begin{pmatrix} g_1-\lambda_1 M_0 \\ g_2 \\ \vdots \\ g_{n-2} \\ g_{n-1}-\mu_{n-1}M_n \end{pmatrix}. \tag{5.98}$$

将解得的 $M_1, M_2, \cdots, M_{n-1}$ 及补充三弯矩边界条件 $S''(x_0)=M_0=y_0''$ 和 $S''(x_n)=M_n=y_n''$ 代入式 (5.93)，则得三弯矩插值函数 (方程)。

类似地对方程 (5.96) 补充三转角边界条件，可得三转角插值函数 (方程)。

3. 三弯矩插值函数 (方程) 的 MATLAB 程序

MATLAB 程序 5.11 三次样条插值 (三弯矩方程)

```
function yi=cubicspline1(x,y,ydot,xi)
% 三次样条插值(三弯矩方程),x为插值节点向量,按行输入
% y为插值节点函数值向量,按行输入,xi为标量,自变量
% ydot为向量,插值节点处的导数值,如果此值默认,则用差商代替导数
% 端点用向前向后差商,中间点用中心差商
n=length(x);m=length(y);
if n~=m error('向量x,y的长度必须一致');end
if isempty(ydot)==1
    ydot=[(y(2)-y(1))/(x(2)-x(1))
    (y(n)-y(n-1))/(x(n)-x(n-1))];
end
h=zeros(1,n);lambda=ones(1,n);mu=ones(1,n);
M=zeros(n,1);d=zeros(n,1);
for k=2:n
    h(k)=x(k)-x(k-1);
end
for k=2:n-1
```

```
        lambda(k)=h(k+1)/(h(k)+h(k+1));mu(k)=1-lambda(k);
        d(k)=6/(h(k)+h(k+1))*((y(k+1)-y(k))
        /h(k+1)-(y(k)-y(k-1))/h(k));
    end
d(1)=6/h(2)*((y(2)-y(1))/h(2)-ydot(1));
d(n)=6/h(n)*(ydot(2)-(y(n)-y(n-1))/h(n));A=diag(2*ones(1,n));
for i=1:n-2
    A(i,i+1)=lambda(i);A(i+1,i)=mu(i+1);
end M=A\d;
for k=2:n
    if x(k-1)<=xi&xi<=x(k)
        yi=M(k-1)/6/h(k)*(x(k)-xi)^3+M(k)/6/h(k)
        *(xi-x(k-1))^3+1/h(k)*(y(k)-M(k)*h(k)^2/6)
        *(xi-x(k-1))+1/h(k)*(y(k-1)
        -M(k-1)*h(k)^2/6)*(x(k)-xi);
        return
    end
end
```

例 5.11 已知 $f(x)$ 在 $x=1,4,9,16$ 点的函数值为 $f(x)=1,2,3,4$,试求函数 $f(x)$ 满足边界条件 $S'(1)=1/2, S'(16)=1/8, x=5$ 的三次样条插值.

解 在 MATLAB 命令窗口执行

```
>> x=[1 4 9 16];y=[1 2 3 4];ydot=[1/2 1/8];xi=5; yi=cubicspline1(x,y,ydot,xi)
```

得到

```
    yi = 2.228 7
```

5.8.4 三次样条插值函数的收敛性

下面给出三次样条插值函数的收敛性定理.

> **定理 5.4** 设 $f(x) \in C^4[a,b]$, $S(x)$ 为满足边界条件 (5.70) 或 (5.71) 的三次样条函数,令 $h = \max\limits_{0 \leqslant i \leqslant n-1} h_i, h_i = x_{i+1} - x_i (i = 0,1,2,\cdots,n-1)$,则有估计式
>
> $$\max_{a \leqslant x \leqslant b} |f^{(k)}(x) - S^{(k)}(x)| \leqslant C_k \max_{a \leqslant x \leqslant b} |f^{(4)}(x)| h^{4-k}, k = 0,1,2, \tag{5.99}$$
>
> 其中 $C_0 = \dfrac{1}{384}, C_1 = \dfrac{1}{24}, C_2 = \dfrac{3}{8}$.

这个定理不但给出了三次样条插值函数 $S(x)$ 的误差估计,而且当 $h \to 0$ 时,$S(x)$ 及其一阶导数 $S'(x)$ 和二阶导数 $S''(x)$ 均分别一致收敛于 $f(x)$,$f'(x)$ 及 $f''(x)$.

定理的证明较为复杂,此处略去.

5.9 B-样条插值

5.8 节讨论的三次样条函数 $S(x)$ 是分别在每个子区间 $[x_i, x_{i+1}]$ 上对应一个表达式,这无论是实际应用还是理论分析,都很不方便,如果能像 Lagrange 插值函数、Hermite 插值函数那样都用基函数来表示就好了,这将为实际应用和理论分析带来方便,为此给出 m 次样条函数的概念.

5.9.1 m 次样条函数

下面给出 m 次样条函数的概念.

定义 5.6 m 次样条函数

设 $[a,b]$ 上给定一个划分:
$$\Delta : a = x_0 < x_1 < \cdots < x_n = b$$

如果函数 $S(x)$ 满足下列条件:
(1) 函数 $S(x) \in \mathbb{C}^{m-1}[a,b]$;
(2) 函数 $S(x)$ 在每个子区间 $[x_i, x_{i+1}](i=0,1,2,\cdots,n)$ 上是 m 次代数多项式. 则称 $S(x)$ 是关于节点划分 Δ 的 **m 次样条函数**.

设满足上述条件的 m 次样条函数的全体组成的集合为 $S(m, \Delta)$,容易验证 $S(m, \Delta)$ 是一个 $m+n$ 维的线性空间.

定义 5.7 截断幂函数

定义截断幂函数为
$$x_+^m = \begin{cases} x^m, & x \geqslant 0, \\ 0, & x < 0. \end{cases}$$

定理 5.5 $S(m, \Delta)$ 中的 $n+m$ 个样条函数

$$\begin{cases} \{x^k\}, & k=0,1,2,\cdots,m, \\ \{(x-x_i)_+^m\}, & i=1,2,\cdots,n-1 \end{cases} \tag{5.100}$$

在区间 $[a,b]$ 上线性无关,从而可得出 $S(m, \Delta)$ 的维数为 $n+m$,即 $S(m, \Delta)$ 是 $n+m$ 维线性空间.

证明 用反证法. 假定式 (5.100) 中的 $n+m$ 个函数在 $[a,b]$ 上线性相关,即存在不全为零的常数 $\alpha_k(k=0,1,2,\cdots,m)$ 与 $\beta_i(i=1,2,\cdots,n-1)$,使

$$\sum_{k=0}^{m} \alpha_k x^k + \sum_{i=1}^{n-1} \beta_i (x-x_i)_+^m = 0. \tag{5.101}$$

这样，对于 $x < x_1$，由截断幂函数的定义，等式 (5.101) 变成

$$\alpha_0 + \alpha_1 x + \alpha_2 x^2 + \cdots + \alpha_m x^m = 0.$$

由 $1, x, x^2, \cdots, x^m$ 的线性无关性，可推出 $\alpha_k = 0, k = 0, 1, 2, \cdots, m$，对于 $x \in [x_1, x_2]$，得到

$$\beta_1 (x - x_1)_+^m = 0,$$

从而有 $\beta_1 = 0$，依此类推，可得所有的 $\beta_i = 0 (i = 1, 2, \cdots, n-1)$，这就证明了式 (5.100) 的 $n + m$ 个函数线性无关.

5.9.2 B-样条函数

为了构造 B-样条函数，先对划分 Δ 加入新点扩展为

$$x_{-m} < \cdots < x_{-1} < a = x_0 < x_1 < \cdots < x_n = b < x_{n+1} < \cdots < x_{n+m}.$$

令

$$\varphi_m(t; x) = (t - x)_+^m,$$

x 视为参数，$\varphi_m(t; x)$ 是 t 的函数，当

$$t = x_{-m}, \cdots, x_{-1}, x_0, x_1, \cdots, x_n, \cdots, x_{n+m}$$

时，$\varphi_m(x_{-m}; x), \cdots, \varphi_m(x_{-1}; x), \varphi_m(x_0; x), \cdots, \varphi_m(x_{n+m}; x)$ 都是关于划分 Δ 的样条函数，记为

$$\varphi_m(t) = \varphi_m(t; x).$$

关于 $t = x_j, x_{j+1}, \cdots, x_{j+m+1}$ 所作的 $m + 1$ 阶差商记为 $\varphi_m[x_j, x_{j+1}, \cdots, x_{j+m+1}]$.

定义 5.8 m 次 B-样条函数

设 $\{x_i\}$ 是节点序列，令 $\varphi_m(t) = (t - x)_+^m$，函数 $(x_{j+m+1} - x_j)\varphi_m(t)$ 关于 $t = x_j, \cdots, x_{j+m+1}$ 的 $m + 1$ 阶差商

$$B_{j,m}(x) = (x_{j+m+1} - x_j)\varphi_m[x_j, x_{j+1}, \cdots, x_{j+m+1}],$$
$$j = -m, -m+1, \cdots, n-1$$

(5.102)

称为第 j 个 m 次 B-样条函数，简称 B-样条函数.

利用差商的性质

$$\varphi_m[x_j, x_{j+1}, \cdots, x_{j+m+1}] = \sum_{k=j}^{j+m+1} \frac{(x_k - x)_+^m}{\omega'_{m,j}(x_k)},$$

其中 $\omega_{m,j}(t) = (t - x_j)(t - x_{j+1}) \cdots (t - x_{j+m+1})$. 得

$$B_{j,m}(x) = (x_{j+m+1} - x_j) \sum_{k=j}^{j+m+1} \frac{(x_k - x)_+^m}{\omega'_{m,j}(x_k)}. \tag{5.103}$$

由式 (5.102) 定义的 $n+m$ 个样条函数是线性无关的,所以 $B_{j,m}(x)$ 组成 $S(m,\Delta)$ 的一组基,这样对于定义于区间 $[a,b]$,关于划分 Δ 的 m 次样条函数 $S(x) \in S(m,\Delta)$ 都可以表示为

$$S(x) = \sum_{j=-m}^{n-1} a_j B_{j,m}(x). \tag{5.104}$$

这样,求划分 Δ 上的样条函数 $S(x)$ 的问题,就归结为求表达式 (5.104) 中的系数 $a_{-m}, a_{-m+1}, \cdots, a_{n-1}$ 的问题,求系数 a_j 一般归结为解线性方程组. 例如, 已知在点 $x_0, x_1, \cdots, x_n$ 的函数值 $y_0, y_1, \cdots, y_n$ 及 x_0, x_n 处的一阶导数值 y'_0 和 y'_n,要求三次样条插值函数 $S(x)$,由式 (5.104),为求系数 a_j,需要求解线性方程组

$$\begin{cases} \sum_{j=-3}^{n-1} a_j B'_{j,3}(x_0) = y'_0, \\ \sum_{j=-3}^{n-1} a_j B_{j,3}(x_i) = y_i, \quad i = 0, 1, \cdots, n, \\ \sum_{j=-3}^{n-1} a_j B'_{j,3}(x_n) = y'_n, \end{cases} \tag{5.105}$$

当求得 $n+3$ 个系数 $a_{-3}, a_{-2}, \cdots, a_{n-1}$,即得三次样条插值函数 $S(x)$. 为进一步研究式 (5.105) 的系数矩阵的特点并研究方程组的解的存在唯一性,以及确定系数 a_j,必须了解 B-样条函数的性质.

5.9.3 B 样条函数的性质

由 B-样条函数的定义, 注意到差商的性质, 可以得到 B-样条具有下列重要性质:

(1) 递推关系

$$B_{j,0}(x) = \begin{cases} 1, & x \in (x_j, x_{j+1}), \\ 0, & \text{其他}, \end{cases}$$

$$B_{j,k}(x) = \frac{x - x_j}{x_{j+k} - x_j} B_{j,k-1}(x) + \frac{x_{j+k+1} - x}{x_{j+k+1} - x_{j-1}} B_{j-1,k-1}(x), \quad k = 1, 2, \cdots, m. \tag{5.106}$$

(2) 正性与局部非零性

$$B_{j,m}(x) = \begin{cases} 0, & x \overline{\in} [x_j, x_{j+m+1}), \\ > 0, & x \in [x_j, x_{j+m+1}). \end{cases} \tag{5.107}$$

(3) 规范性
$$\sum_{j=-m}^{n-1} B_{j,m}(x) = \sum_{j=i-m}^{i} B_{j,m}(x) = 1, \quad x \in [x_i, x_{i+1}]. \tag{5.108}$$

(4) B-样条函数的导数

当 $m=0$ 时，$B'_{j,0}(x) = 0$；当 $m \geqslant 1 (m=1$ 时除 x 为节点外$)$ 时，

$$B'_{j,m}(x) = m\left(\frac{B_{j,m-1}(x)}{x_{j+m} - x_j} - \frac{B_{j+1,m-1}(x)}{x_{j+m+1} - x_{j+1}}\right). \tag{5.109}$$

在样条函数研究中，无论是理论分析还是实际数值计算，B-样条函数都有很重要的作用. 有关 B-样条函数更深入的研究请参阅文献 [16].

习 题 5

1. 设 $x_0 = 0, x_1 = 1$，求出 $f(x) = e^{-x}$ 的插值多项式 $L_1(x)$，并估计插值误差.
2. 已知函数表5.9，试选用合适的三次插值多项式计算 $f(0.2)$ 和 $f(0.8)$.

表 5.9 函数表

x_i	−0.1	0.3	0.7	1.1
$f(x_i)$	0.995	0.955	0.765	0.454

3. 已知函数表5.10，试用线性插值多项式计算 $f(2.3)$，并估计误差.

表 5.10 函数表

x_i	2.0	2.1	2.2	2.4
$f(x_i)$	1.414 214	1.449 138	1.483 20	1.549 19

4. 已知函数表5.11，试求 Newton 插值多项式和插值余项.

表 5.11 函数表

x_i	0	1	2	3	4
$f(x_i)$	0	16	46	88	0

5. 已知函数表5.12，试用三次 Newton 插值多项式求 $f(0.1581)$ 及 $f(0.636)$.

表 5.12 函数表

x_i	0.125	0.250	0.375	0.500	0.625	0.750
$f(x_i)$	0.79618	0.77334	0.74371	0.70414	0.65632	0.60228

6. 设 $f(x)$ 在 $[-4,4]$ 有连续的 4 阶导数且
$$f(-1)=1, f(0)=2, f'(0)=0, f(3)=1, f'(3)=1.$$

(1) 试构造一个次数最低的多项式 $P(x)$，使其满足
$$P(-1)=f(-1), P(0)=f(0), P'(0)=f'(0), P(3)=f(3), P'(3)=f'(3).$$

(2) 给出并证明余项 $f(x)-P(x)$ 的表达式.

7. 设 $f(x)=\mathrm{e}^x, x\in[0,1]$，试求一个二次多项式 $P(x)$ 使其满足
$$P(0)=f(0), \quad P'(0)=f'(0), \quad P(1)=f(1),$$
并推导余项估计式.

8. 给出 $\sin x$ 在 $[0,\pi]$ 上的等距节点函数表，用线性插值计算 $\sin x$ 的近似值，使截断误差为 $\frac{1}{2}\times 10^{-4}$. 问该函数表的步长 h 应取多少才能满足要求?

9. 已知函数表5.13，求三次样条插值函数.

表 5.13 函数表

x_i	0	1	2
$f(x_i)$	4.0	5.0	7.0
$f'(x_i)$	0.13		-0.13

10. 当 $x=-1,1,2$ 时，$f(x)=0,-3,4$，求 $f(x)$ 的二次插值多项式.

11. 给出 $f(x)=\ln x$ 的函数表，试用线性插值及二次插值计算 $\ln 0.54$ 的近似值.

12. 设 $f(x)=1/(1+x^2)$，在 $[-5,5]$ 上取 $n=10$，按等距节点求分段线性插值函数 $I_n(x)$，计算各节点中点处的 $I_n(x)$ 与 $f(x)$ 的值，并估计误差.

13. 已知函数表5.14，试求三次样条插值函数 $S(x)$，并满足条件 $S'(0.25) = 1.0000, S'(0.35) = 0.6868$; $S''(0.25) = S''(0.53) = 0$.

表 5.14 函数表

x_i	0.25	0.30	0.39	0.45	0.53
$f(x_i)$	0.5000	0.5477	0.6245	0.6708	0.7280

14. 利用 100，121，144 的平方根，分别用线性插值和抛物线插值求 $\sqrt{115}$.

15. 设 $f(x)$ 在 $[a,b]$ 上有连续的二阶导数，且 $f(a) = f(b) = 0$，求证

$$\max_{x \in [a,b]} |f(x)| \leqslant \frac{1}{8}(b-a)^2 \max_{x \in [a,b]} |f''(x)|.$$

第 6 章 函数最佳逼近

> **学习目标与要求**
> 1. 掌握正交多项式、最佳一致逼近、最佳平方逼近的相关概念和理论.
> 2. 掌握正交多项式的逼近性质、Fourier 级数的逼近性质.
> 3. 掌握有理函数逼近.
> 4. 掌握曲线拟合的最小二乘法及 MATLAB 实现.

函数最佳逼近理论,包括最佳一致逼近和最佳平方逼近.

6.1 正交多项式

正交多项式是函数逼近的重要工具,在数值积分中也有重要应用.

6.1.1 正交函数族

下面讨论正交函数.

> **定义 6.1 内积**
> 对于任意给定的函数 $f(x), g(x) \in \mathbb{C}[a,b]$,定义它们关于权函数 $\rho(x)$ 的内积为
> $$(f,g) = \int_a^b \rho(x) f(x) g(x) \mathrm{d}x. \tag{6.1}$$

同 n 维欧氏空间中的内积一样,定义6.1定义的内积具有下面的性质:
(1) 对称性: $(f,g) = (g,f), \forall f, g \in \mathbb{C}[a,b]$.
(2) 非负性: $(f,f) \geqslant 0, \forall f, g \in \mathbb{C}[a,b]. (f,f) = 0$ 当且仅当 $f(x) = 0$.
(3) 齐次性: $(\alpha f, g) = \alpha(f, g), \forall f, g \in \mathbb{C}[a,b], \forall \alpha \in \mathbb{R}$.
(4) 分配律: $(f + g, h) = (f, h) + (g, h), \forall f, g, h \in \mathbb{C}[a,b]$.

由内积定义易得 $\mathbb{C}[a,b]$ 上的一个度量,即平方度量:
$$\|f\|_2 = (f,f)^{1/2}, \quad \forall f \in \mathbb{C}[a,b]. \tag{6.2}$$

定义了内积之后,如同 n 维欧氏空间中一样可以定义非零函数之间的夹角:
$$\theta = \arccos \frac{(f,g)}{\|f\|_2 \|g\|_2}. \tag{6.3}$$

特别地，当两个函数 f 与 g 之间的夹角为 $\pi/2$ 时，称 f 与 g 正交．

定义 6.2 正交函数族
若函数族 $\{\phi_n(x)\}_0^\infty = \{\phi_0(x), \phi_1(x), \cdots, \phi_n(x), \cdots\}$ 满足关系

$$(\phi_i, \phi_j) = \int_a^b \rho(x)\phi_i(x)\phi_j(x)\mathrm{d}x = \begin{cases} 0, & i \neq j, \\ A_j > 0, & i = j, \end{cases} \tag{6.4}$$

则称 $\{\phi_i(x)\}_0^\infty$ 是 $[a, b]$ 上带权 $\rho(x)$ 的**正交函数族**；若 $A_j = 1$，则称为**标准正交函数族**．

定义 6.3 正交多项式
设 $\phi_n(x)$ 是 $[a, b]$ 上首项系数 $a_n \neq 0$ 的 n 次多项式，$\rho(x)$ 为 $[a, b]$ 的权函数，如果多项式序列 $\{\phi_n(x)\}_0^\infty$ 满足关系式 (6.4)，则称多项式序列 $\{\phi_n(x)\}_0^\infty$ 在 $[a, b]$ 上**带权 $\rho(x)$ 正交**，称 $\phi_n(x)$ 为 $[a, b]$ 上带权 $\rho(x)$ 的 n 次正交多项式．

只要给定区间 $[a, b]$ 和权 $\rho(x)$ 即可通过对线性无关的函数族 $\{1, x, x^2, \cdots, x^n, \cdots\}$，作 Schmidt 正交化变换得到正交多项式序列 $\{\phi_n(x)\}_0^\infty$：

$$\phi_0(x) = 1, \quad \phi_n(x) = x^n - \sum_{i=0}^{n-1} \frac{(x^n, \phi_i(x))}{(\phi_i(x), \phi_i(x))} \phi_i(x), \quad n = 1, 2, \cdots. \tag{6.5}$$

正交多项式序列 $\{\phi_n(x)\}_0^\infty$ 具有如下性质：

(1) $\phi(x)$ 是最高次项系数为 1 的 n 次多项式．

(2) 任何 n 次多项式 $P_n(x) \in H_n(x)$(次数不超过 n 的多项式集合)均可表示为

$$\phi_0(x), \phi_1(x), \cdots, \phi_n(x)$$

的线性组合．

(3) 当 $i \neq j$ 时，$(\phi_i(x), \phi_j(x)) = 0$，且 $\phi_j(x)$ 与任一次数小于 j 的多项式正交．

(4) 有递推关系

$$\phi_{n+1}(x) = (x - \alpha_n)\phi_n(x) - \beta_n \phi_{n-1}(x), n = 0, 1, \cdots, \tag{6.6}$$

其中

$$\phi_0(x) = 1, \quad \phi_{-1}(x) = 0,$$
$$\alpha_n = (x\phi_n(x), \phi_n(x))/(\phi_n(x), \phi_n(x)), \quad n = 1, 2, \cdots,$$
$$\beta_n = (\phi_n(x), \phi_n(x))/(\phi_{n-1}(x), \phi_{n-1}(x)), \quad n = 1, 2, \cdots,$$

这里 $(x\phi_n(x), \phi_n(x)) = \int_a^b \phi_n^2(x)\rho(x)\mathrm{d}x$．

(5) 设 $\{\phi_n(x)\}_0^\infty$ 是在 $[a, b]$ 上带权 $\rho(x)$ 的正交多项式序列，则 $\phi_n(x)(n \geq 1)$ 的 n 个根都是区间 (a, b) 上的单根．

下面给出几个常用的正交多项式.

6.1.2 几个常用的正交多项式

1. Legendre 多项式

当区间为 $[-1,1]$,权函数 $\rho(x) = 1$ 时,由 $\{1, x, x^2, \cdots, x^n, \cdots\}$ 正交化得到的多项式称为 Legendre 多项式,并用 $P_0(x), P_1(x), \cdots, P_n(x), \cdots$ 表示. Rodrigul 给出了简单的表达式

$$P_0(x) = 1, \quad P_n(x) = \frac{1}{2^n n!}\frac{\mathrm{d}^n}{\mathrm{d}x^n}(x^2 - 1)^n, \quad n = 1, 2, \cdots. \tag{6.7}$$

对 $(x^2 - 1)^n$ 求 n 阶导数得

$$P_n(x) = \frac{1}{2^n n!}(2n)(2n-1)\cdots(n+1)x^n + a_{n-1}x^{n-1} + \cdots + a_0,$$

即首项 x^n 的系数为 $a_n = \dfrac{(2n)!}{2^n (n!)^2}$. 最高项系数为 1 的 Legendre 多项式为

$$\widetilde{P}_n(x) = \frac{n!}{(2n)!}\frac{\mathrm{d}^n}{\mathrm{d}x^n}(x^2 - 1)^n. \tag{6.8}$$

Legendre 多项式如有下性质.

性质 6.1 正交性

$$\int_{-1}^{1} P_n(x) P_m(x) \mathrm{d}x = \begin{cases} 0, & m \neq n, \\ \dfrac{2}{2n+1}, & m = n. \end{cases} \tag{6.9}$$

证明 令 $\phi(x) = (x^2 - 1)^n$,则

$$\phi^{(k)}(\pm 1) = 0, \quad k = 0, 1, 2, \cdots, n-1.$$

设 $Q(x)$ 是在区间 $[-1, 1]$ 上 n 阶连续可导的函数,由分部积分得

$$\begin{aligned}
\int_{-1}^{1} P_n(x) Q(x) \mathrm{d}x &= \frac{1}{2^n n!} \int_{-1}^{1} Q(x) \phi^{(n)}(x) \mathrm{d}x \\
&= -\frac{1}{2^n n!} \int_{-1}^{1} Q'(x) \phi^{(n-1)}(x) \mathrm{d}x \\
&= \cdots = \frac{(-1)^n}{2^n n!} \int_{-1}^{1} Q^{(n)}(x) \phi(x) \mathrm{d}x.
\end{aligned} \tag{6.10}$$

下面分两种情况讨论:

(1) 若 $Q(x)$ 是次数小于 n 的多项式,则 $Q^{(n)}(x) = 0$,故得

$$\int_{-1}^{1} P_n(x) P_m(x) \mathrm{d}x = 0, \quad m \neq n.$$

(2) 若
$$Q(x) = P_n(x) = \frac{1}{2^n n!}\phi^{(n)}(x) = \frac{(2n)!}{2^n(n!)^2}x^n + \cdots,$$
$$Q^{(n)}(x) = P^{(n)}(x) = \frac{(2n)!}{2^n n!},$$

于是
$$\int_{-1}^{1} P_n^2(x)\mathrm{d}x = \frac{(-1)^n(2n)!}{2^{2n}(n!)^2}\int_{-1}^{1}(x^2-1)^n\mathrm{d}x$$
$$= \frac{(2n)!}{2^{2n}(n!)^2}\int_{-1}^{1}(1-x^2)^n\mathrm{d}x.$$

由于
$$\int_{-1}^{1}(1-x^2)\mathrm{d}x = \int_{0}^{\frac{\pi}{2}}\cos^{2n+1}t\mathrm{d}t = \frac{2\cdot 4\cdots(2n)}{1\cdot 3\cdots(2n+1)},$$

故
$$\int_{-1}^{1} P_n^2(x)\mathrm{d}x = \frac{2}{2n+1}.$$

性质 6.2 奇偶性
$$P_n(-x) = (-1)^n P_n(x). \tag{6.11}$$

证明 对于 $\phi(x) = (x^2-1)^n$,当 n 是偶数时,经过偶次求导仍是偶次,当 n 是奇数时,经过奇次求导仍是奇次,所以当 n 是偶数时,$P_n(x)$ 为偶函数,当 n 是奇数时,$P_n(x)$ 为奇函数.

性质 6.3 递推关系
$$P_0(x) = 1, \quad P_1(x) = x,$$
$$nP_n(x) - (2n-1)xP_{n-1}(x) + (n-1)P_{n-2}(x) = 0, \quad n = 2, 3, \cdots,$$

并且,$P_n(x)$ 是 Legendre 微分方程
$$\frac{\mathrm{d}^2 y}{\mathrm{d}x^2} - \frac{2x}{1-x^2}\frac{\mathrm{d}y}{\mathrm{d}x} + \frac{n(n+1)}{1-x^2}y = 0$$

的满足条件 $y(1) = 1$ 的多项式解.

这里给出 $\{P_n(x)\}$ 的前 7 项表达式:
$$P_0(x) = 1;$$
$$P_1(x) = x;$$

$$P_2(x) = \frac{1}{2}(3x^2 - 1);$$
$$P_3(x) = \frac{1}{2}(5x^3 - 3x);$$
$$P_4(x) = \frac{1}{8}(35x^4 - 30x^2 + 3);$$
$$P_5(x) = \frac{1}{8}(63x^5 - 70x^3 + 15x);$$
$$P_6(x) = \frac{1}{16}(231x^6 - 315x^4 + 105x^2 - 5).$$

图6.1是 Legendre 多项式次数小于等于 4 的图像.

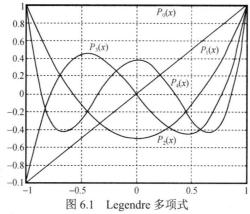

图 6.1 Legendre 多项式

2. Chebyshev 多项式

定义 6.4 Chebyshev 多项式

当权为 $\rho(x) = \dfrac{1}{\sqrt{1-x^2}}$,区间为 $[-1, 1]$ 时,由序列 $\{1, x, x^2, \cdots, x^n, \cdots\}$ 正交化得到的多项式称为 **Chebyshev 多项式**. 表达式为

$$T_n(x) = \cos(n \arccos x), \quad |x| \leqslant 1. \tag{6.12}$$

若令 $x = \cos\theta$,则 $T_n(x) = \cos n\theta, 0 \leqslant \theta \leqslant \pi$.

Chebyshev 多项式有如下一些性质.

性质 6.4 递推关系
$$\begin{cases} T_0(x) = 1, \\ T_1(x) = x, \\ T_{n+1}(x) = 2xT_n(x) - T_{n-1}(x), \quad n = 1, 2, \cdots. \end{cases} \tag{6.13}$$

由 $\cos(n+1)\theta = 2\cos\theta\cos n\theta - \cos(n-1)\theta$ $(n \geqslant 1)$,令 $x = \cos\theta$,可得 Chebyshev 多项式.

这里给出 $\{T_n(x)\}$ 的前 7 项表达式:
$$T_0(x) = 1;$$
$$T_1(x) = x;$$
$$T_2(x) = 2x^2 - 1;$$
$$T_3(x) = 4x^3 - 3x;$$
$$T_4(x) = 8x^4 - 8x^2 + 1;$$
$$T_5(x) = 16x^5 - 20x^3 + 5x;$$
$$T_6(x) = 32x^6 - 48x^4 + 18x^2 - 1.$$

图 6.2 是 Chebyshev 多项式次数小于等于 4 的图像.

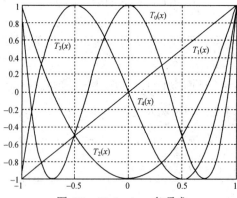

图 6.2 Chebyshev 多项式

性质 6.5 Chebyshev 多项式 $\{T_k(x)\}$ 在区间 $[-1,1]$ 上带权 $\rho(x) = 1/\sqrt{1-x^2}$ 正交，且

$$\int_{-1}^{1} \frac{T_n(x)T_m(x)\mathrm{d}x}{\sqrt{1-x^2}} = \begin{cases} 0, & n \neq m, \\ \dfrac{\pi}{2}, & n = m \neq 0, \\ \pi, & n = m = 0. \end{cases} \tag{6.14}$$

证明 令 $x = \cos\theta$，则 $\mathrm{d}x = -\sin\theta\mathrm{d}\theta$，于是

$$\int_{-1}^{1} \frac{T_n(x)T_m(x)\mathrm{d}x}{\sqrt{1-x^2}} = \int_{0}^{\pi} \cos n\theta \cos m\theta \mathrm{d}\theta = \begin{cases} 0, & n \neq m, \\ \dfrac{\pi}{2}, & n = m \neq 0, \\ \pi, & n = m = 0. \end{cases}$$

性质 6.6 $T_{2n}(x)$ 只含 x 的偶次项，$T_{2n+1}(x)$ 只含 x 的奇次项.

性质 6.7 $T_n(x)$ 在区间 $[-1,1]$ 上有 n 个零点

$$x_k = \cos\frac{2k-1}{2n}\pi, \quad k = 1, 2, \cdots, n. \tag{6.15}$$

性质 6.8 x^n 可用 $\{T_n(x)\}$ 表示，其公式为

$$x^n = 2^{1-n} \sum_{k=0}^{\left[\frac{n}{2}\right]} C_n^k T_{n-2k}(x). \tag{6.16}$$

规定 $T_0(x) = 1$. $n = 1, 2, \cdots, 6$ 的结果如下：

$$1 = T_0(x);$$
$$x = T_1(x);$$
$$x^2 = \frac{1}{2}(T_0(x) + T_2(x));$$
$$x^3 = \frac{1}{4}(3T_1(x) + T_3(x));$$
$$x^4 = \frac{1}{8}(3T_0(x) + 4T_2(x) + T_4(x));$$
$$x^5 = \frac{1}{8}(10T_1(x) + 5T_3(x) + T_5(x));$$
$$x^6 = \frac{1}{32}(10T_0(x) + 15T_2(x) + 6T_4(x) + T_6(x)).$$

3. 第二类 Chebyshev 多项式

在区间 $[-1,1]$ 上的带权 $\rho(x)=\sqrt{1-x^2}$ 的正交多项式称为**第二类 Chebyshev 多项式**，表达式为

$$U_n(x)=\frac{\sin((n+1)\arccos x)}{\sqrt{1-x^2}}, \quad n=0,1,2,\cdots. \tag{6.17}$$

令 $x=\cos\theta$，得

$$\int_{-1}^{1} U_n(x)U_m(x)\sqrt{1-x^2}\mathrm{d}x = \int_0^{\pi}\sin(n+1)\theta\sin(m+1)\theta\mathrm{d}\theta$$

$$= \begin{cases} 0, & m\neq n, \\ \dfrac{\pi}{2}, & m=n, \end{cases}$$

即 $\{U_n(x)\}$ 是 $[-1,1]$ 上带权 $\sqrt{1-x^2}$ 的正交多项式族. 也有递推关系

$$\begin{cases} U_0(x)=1, \\ U_1(x)=2x, \\ U_{n+1}(x)=2xU_n(x)-U_{n-1}(x), n=1,2,\cdots. \end{cases} \tag{6.18}$$

4. Laguerre 多项式

在区间 $[0,+\infty)$ 上带权 e^{-x} 的正交多项式称为 **Laguerre 多项式**，表达式为

$$L_n(x)=\mathrm{e}^x\frac{\mathrm{d}^n}{\mathrm{d}x^n}(x^n\mathrm{e}^{-x}), \quad n=0,1,2,\cdots, \tag{6.19}$$

正交性：

$$\int_0^{\infty}\mathrm{e}^{-x}L_n(x)L_m(x)\mathrm{d}x = \begin{cases} 0, & m\neq n, \\ (n!)^2, & m=n. \end{cases} \tag{6.20}$$

递推关系

$$\begin{cases} L_0(x)=1, \\ L_1(x)=1-x, \\ L_{n+1}(x)=(1+2n-x)L_n(x)-n^2L_{n-1}(x), \quad n=1,2,\cdots. \end{cases} \tag{6.21}$$

5. Hermite 多项式

在区间 $(-\infty,+\infty)$ 上关于权 $\rho(x)=\mathrm{e}^{-x^2}$ 的正交多项式，称为 **Hermite 多项式**，表达式为

$$H_n(x)=(-1)^n\mathrm{e}^{x^2}\frac{\mathrm{d}^n}{\mathrm{d}x^n}(\mathrm{e}^{-x^2}), \quad n=0,1,2,\cdots. \tag{6.22}$$

正交性：
$$\int_{-\infty}^{+\infty} e^{-x^2} H_n(x) H_m(x) dx = \begin{cases} 0, & m \neq n; \\ 2^n n! \sqrt{\pi}, & m = n. \end{cases} \quad (6.23)$$

递推关系：
$$\begin{cases} H_0(x) = 1, \\ H_1(x) = 2x, \\ H_{n+1}(x) = 2xH_n(x) - 2nH_{n-1}(x), n = 1, 2, \cdots. \end{cases} \quad (6.24)$$

6.2 最佳一致逼近

6.2.1 一致逼近的概念

插值方法要求插值函数与被插函数在指定的节点处有相同的函数值及若干阶相同的导数. 为了提高逼近精度, 可以增加插值节点, 但增加节点构造的高次插值多项式, 往往会产生 Runge 现象而得不到理想的插值效果. "一致逼近"是要求逼近函数与被逼近函数在整个闭区间上都很接近, 可以克服插值逼近的缺陷. 为此引进下面的概念.

定义 6.5 两个函数的距离

对于任意的 $f(x) \in \mathbb{C}[a,b]$, 在范数

$$\|f\|_\infty = \sup_{a \leqslant x \leqslant b} |f(x)| \quad (6.25)$$

的意义下定义两个函数的距离:

$$d(f,g) = \|f-g\|_\infty = \sup_{a \leqslant x \leqslant b} |f(x) - g(x)|. \quad (6.26)$$

定义 6.6 一致收敛

若一个函数序列 $\{f_n(x)\}_{n=1}^{\infty}$ 在如上定义的距离的意义下满足

$$\lim_{n \to \infty} \|f - f_n\|_\infty = 0, \quad (6.27)$$

则称 $f_n(x)$ 在 $[a,b]$ 上一致收敛于 $f(x)$.

通常也称在度量 $\|\cdot\|_\infty$ 下的逼近问题为一致逼近问题.

定理 6.1 设 $f(x) \in \mathbb{C}[a,b]$，则对于任意给定的 $\varepsilon > 0$，存在多项式 $p(x) = a_0 + a_1 x + a_2 x^2 + \cdots + a_n x^n$，使得

$$\|f - p\|_\infty = \sup_{a \leqslant x \leqslant b} |f(x) - p(x)| < \varepsilon \tag{6.28}$$

成立.

这里给出 Bernstein 的证明方法. Bernstein 不仅证明了 $p(x)$ 的存在性，而且给出了 $p(x)$ 的构造方法，为此先介绍 Bernstein 多项式.

定义 6.7 Bernstein 多项式
设 $f(x) \in \mathbb{C}[0,1]$，对于任意给定的自然数 n，

$$(B_n f)(x) = \sum_{k=0}^{n} f\left(\frac{k}{n}\right) \mathrm{C}_n^k x^k (1-x)^{(n-k)} \tag{6.29}$$

称为 **Bernstein 多项式**.

Bernstein 多项式有很多性质，仅为证明定理 6.1，给出 Bernstein 多项式的下列性质.

引理 6.1 对于任意给定的自然数 n，有

$$\sum_{k=0}^{n} (k - nx)^2 \mathrm{C}_n^k x^k (1-x)^{n-k} = nx(1-x). \tag{6.30}$$

证明 由 Newton 二项式定理

$$\sum_{k=0}^{n} \mathrm{C}_n^k x^k (1-x)^{n-k} = (x + (1-x))^n = 1,$$

得

$$\sum_{k=0}^{n} (k - nx)^2 \mathrm{C}_n^k x^k (1-x)^{n-k}$$

$$= \sum_{k=0}^{n} (k^2 + n^2 x^2 - 2knx) \mathrm{C}_n^k x^k (1-x)^{n-k}$$

$$= n^2 x^2 + \sum_{k=0}^{n} k^2 \mathrm{C}_n^k x^k (1-x)^{n-k} - 2nx \sum_{k=0}^{n} k \mathrm{C}_n^k x^k (1-x)^{n-k}$$

$$= n^2 x^2 + \sum_{k=0}^{n} k(k-1) \mathrm{C}_n^k x^k (1-x)^{n-k} + (1 - 2nx) \sum_{k=0}^{n} k \mathrm{C}_n^k x^k (1-x)^{n-k}.$$

由于
$$k(k-1)C_n^k = n(n-1)C_{n-2}^{k-2},$$
$$kC_n^k = nC_{n-1}^{k-1},$$
故
$$\sum_{k=0}^{n}(k-nx)^2 C_n^k x^k (1-x)^{n-k}$$
$$= n^2 x^2 + n(n-1)\sum_{k=0}^{n} C_{n-2}^{k-2} x^k (1-x)^{n-k} + (1-2nx)n\sum_{k=0}^{n} C_{n-1}^{k-1} x^k (1-x)^{n-k}$$
$$= n^2 x^2 + n(n-1)x^2 \sum_{k=0}^{n-2} C_{n-2}^{k} x^k (1-x)^{n-2-k} + (1-2nx)nx \sum_{k=0}^{n-1} C_{n-1}^{k} x^k (1-x)^{n-1-k}$$
$$= n^2 x^2 + n(n-1)x^2 + (1-2nx)nx = nx(1-x).$$

引理 6.2 对于任意的 $f(x) \in \mathbb{C}[0,1]$，有
$$\lim_{n\to\infty} \|f - B_n f\|_\infty = 0. \tag{6.31}$$

证明 $\forall \varepsilon > 0$，由于 $f \in \mathbb{C}[0,1]$，故 $f(x)$ 在 $[0,1]$ 上一致连续，所以，存在 $\delta > 0$，对于 $\forall x', x'' \in [0,1]$，只要 $|x' - x''| < \delta$，就有
$$|f(x') - f(x'')| < \frac{\varepsilon}{2}.$$

取足够大的自然数 n，使得 $\left(\frac{1}{n}\right)^{\frac{1}{4}} < \delta$，对于 n 及任意的 $x \in [0,1]$，将集合 $K = \{0, 1, 2, \cdots, n\}$ 分成两个不相交的子集 $K' = \left\{ k \in K : \left|\frac{k}{n} - x\right| < \left(\frac{1}{n}\right)^{\frac{1}{4}} \right\}$ 和 $K'' = \left\{ k \in K : \left|\frac{k}{n} - x\right| \geq \left(\frac{1}{n}\right)^{\frac{1}{4}} \right\}$，则有
$$f(x) - (B_n f)(x) = \sum_{k=0}^{n} \left(f(x) - f\left(\frac{k}{n}\right)\right) C_n^k x^k (1-x)^{n-k}$$
$$= \sum_{k \in K'} \left(f(x) - f\left(\frac{k}{n}\right)\right) C_n^k x^k (1-x)^{n-k}$$
$$+ \sum_{k \in K''} \left(f(x) - f\left(\frac{k}{n}\right)\right) C_n^k x^k (1-x)^{n-k}.$$

令 $M = \sup\limits_{0 \leqslant x \leqslant 1} |f(x)|$，由于当 $k \in K''$ 时，$n^{1/2}\left(\dfrac{k}{n} - x\right)^2 \geqslant 1$，从而有

$$|f(x) - (B_n f)(x)| \leqslant \sum_{k \in K'} \left|f(x) - f\left(\dfrac{k}{n}\right)\right| C_n^k x^k (1-x)^{n-k}$$

$$+ \sum_{k \in K''} \left|f(x) - f\left(\dfrac{k}{n}\right)\right| C_n^k x^k (1-x)^{n-k}$$

$$\leqslant \dfrac{\varepsilon}{2} \sum_{k \in K'} C_n^k x^k (1-x)^{n-k} + 2M \sum_{k \in K''} C_n^k x^k (1-x)^{n-k}$$

$$\leqslant \dfrac{\varepsilon}{2} + 2M n^{-\frac{3}{2}} \sum_{k=0}^{n} (k - nx)^2 C_n^k x^k (1-x)^{n-k}$$

$$= \dfrac{\varepsilon}{2} + \dfrac{x(1-x) 2M}{n^{\frac{1}{2}}} \leqslant \dfrac{\varepsilon}{2} + \dfrac{M}{2} \left(\dfrac{1}{n}\right)^{\frac{1}{2}}.$$

取 $N = \max\left\{\left[\dfrac{1}{\delta^4}\right] + 1, \left[\dfrac{M}{\varepsilon}\right]^2 + 1\right\}$，当 $n \geqslant N$ 时，有

$$|f(x) - (B_n f)(x)| < \dfrac{\varepsilon}{2} + \dfrac{\varepsilon}{2} = \varepsilon,$$

由 $x \in [0, 1]$ 的任意性，得

$$\sup_{0 \leqslant x \leqslant 1} |f(x) - (B_n f)(x)| \leqslant \varepsilon.$$

现在证明定理6.1.

证明 对于任意给定的 $f \in \mathbb{C}[a, b]$，作线性变换

$$x = (b - a)t + a, \quad 0 \leqslant t \leqslant 1,$$

可将 $f(x)$ 转换成 $\widetilde{f}(t), 0 \leqslant t \leqslant 1$，再由引理6.2，对于任意的 $\varepsilon > 0$，存在多项式 $\widetilde{p}(t) = (B_n \widetilde{f})(t)$ 使得

$$\sup_{0 \leqslant t \leqslant 1} |\widetilde{f}(t) - \widetilde{p}(t)| \leqslant \varepsilon.$$

再作变换 $t = \dfrac{x - a}{b - a}$，则得到关于 x 的多项式 $p(x) = \widetilde{p}(t)$，且

$$\sup_{a \leqslant x \leqslant b} |f(x) - p(x)| = \sup_{0 \leqslant t \leqslant 1} |\widetilde{f}(t) - \widetilde{p}(t)|$$

除引理 (6.1) 和引理 (6.2) 外，Bernstein 多项式还有其他性质.

6.2 最佳一致逼近

引理 6.3 如果 $f \in \mathbb{C}^r[0,1]$, r 为某一自然数, 即对于任意的 $f(x) \in \mathbb{C}[0,1]$ 具有直到 r 阶导数, 则

$$\lim_{n \to \infty} \left\| \frac{\mathrm{d}^k}{\mathrm{d}x^k} f - \frac{\mathrm{d}^k}{\mathrm{d}x^k}(B_n f) \right\|_\infty = 0, \quad k = 0, 1, 2, \cdots, r. \tag{6.32}$$

引理 6.4 如果 $f(x) \in \mathbb{C}[0,1]$ 并且是凸函数, 则 $(B_n f)(x)$ 在 $[0,1]$ 上也是凸函数.

6.2.2 最佳一致逼近多项式

1. 最佳一致逼近多项式

定义 6.8 最佳逼近

设 $P_n \in H_n, f(x) \in \mathbb{C}[a,b]$, 称

$$\Delta(f, P_n) = \sup_{a \leqslant x \leqslant b} |f(x) - P_n(x)| \tag{6.33}$$

为 $P_n(x)$ 对于 $f(x)$ 的**偏差**, 称

$$E_n(f) = \inf_{P_n \in H_n} \Delta(f, P_n) \tag{6.34}$$

为 $P_n(x)$ 对 $f(x)$ 的**最小偏差**, 或称**最佳逼近**.

定义 6.9 最佳一致逼近

设 $f(x) \in \mathbb{C}[a,b]$, 若 $\exists P_n^*(x) \in H_n$ 使得

$$\Delta(f, P_n^*) = E_n(f), \tag{6.35}$$

则称 $P_n^*(x)$ 是 $f(x)$ 在 $[a,b]$ 上的**最佳一致逼近多项式**或**最小偏差逼近多项式**, 简称**最佳逼近多项式**.

2. 最佳一致逼近多项式的存在性

定理 6.2 (Borel,1995) 对于任何 $f(x) \in \mathbb{C}[a,b]$, 在 H_n 中存在多项式 $P_n^*(x)$, 使得

$$\Delta(f, P_n^*) = E_n(f). \tag{6.36}$$

证明 设 $f(x) \in \mathbb{C}[a,b]$, 对于任意给定的 $P_n(x) = a_0 + a_1 x + a_2 x^2 + \cdots + a_n x^n$, 令

$$\phi(a_0, a_1, \cdots, a_n) = \Delta(f, P_n)$$
$$= \sup_{a \leqslant x \leqslant b} |f(x) - (a_0 + a_1 x + a_2 x^2 + \cdots + a_n x^n)|.$$

易证 ϕ 具有下列性质:

(1) ϕ 是变元 $a_0, a_1, \cdots, a_n$ 的连续函数. 事实上存在常数 C, 对于任意的 $a_i, a_i' \in \mathbb{R}, i = 0, 1, 2, \cdots, n$, 有

$$|\phi(a_0, a_1, a_2, \cdots, a_n) - \phi(a_0', a_1', a_2', \cdots, a_n')|$$
$$\leqslant C(|a_0 - a_0'| + |a_1 - a_1'| + |a_2 - a_2'| + \cdots + |a_n - a_n'|). \tag{6.37}$$

(2) 存在常数 $\alpha > 0, \beta > 0$, 使

$$\phi(a_0, a_1, a_2, \cdots, a_n) \geqslant \alpha \left(\sum_{i=0}^n a_i^2\right)^{\frac{1}{2}} - \beta. \tag{6.38}$$

事实上, 只要 $C = \sup\limits_{a \leqslant x \leqslant b} \{1, |x|, |x^2|, \cdots, |x^n|\}$,

$$\alpha = \inf \left\{ \sup_{a \leqslant x \leqslant b} |a_0 + a_1 x + a_2 x^2 + \cdots + a_n x^n|; \sum_{i=0}^n a_i^2 = 1 \right\},$$

并且 $\beta = \|f\|_\infty$ 即可.

由不等式 (6.38), 当 $\left(\sum\limits_{i=0}^n a_i^2\right)^{1/2} \to +\infty$ 时, $\phi(a_0, a_1, a_2, \cdots, a_n) \to +\infty$. 特别地, 存在某个充分大的整数 r, 使得当 $\left(\sum\limits_{i=0}^n a_i^2\right)^{1/2} > r$ 时, $\phi(a_0, a_1, \cdots, a_n) \geqslant \phi(0, 0, \cdots, 0)$, 又 $\phi(a_0, a_1, \cdots, a_n)$ 在闭区域 $G = \left\{(a_0, a_1, \cdots, a_n) : \left(\sum\limits_{i=0}^n a_i^2\right)^{1/2} \leqslant r\right\}$ 上连续, 故存在 $(a_0^*, a_1^*, \cdots, a_n^*)$, 使得

$$\phi(a_0^*, a_1^*, \cdots, a_n^*) = \inf_G \phi(a_0, a_1, \cdots, a_n) \leqslant \phi(0, 0, \cdots, 0).$$

令 $P_n^*(x) = a_0^* + a_1^* x + \cdots + a_n^* x^n$, 则

$$\Delta(f, P_n^*) = \inf_{P_n \in H_n} \Delta(f, P_n) = E_n(f).$$

一个值得注意的事实

$$E_0(f) \geqslant E_1(f) \geqslant E_2(f) \geqslant \cdots \geqslant E_n(f) \geqslant \cdots, \tag{6.39}$$

即最小偏差随着 n 的增大而单调下降, 这可从定义直接推出.

3. 最佳一致逼近多项式的唯一性

为了研究一致逼近多项式的特性下面引进偏差点的概念.

> **定义 6.10 偏差点**
>
> 设 $f(x) \in \mathbb{C}[a,b]$, $P_n(x) \in H_n$, 考虑偏差
>
> $$\Delta(f, P_n) = \sup_{a \leqslant x \leqslant b} |f(x) - P_n(x)|$$
>
> 由于 $|f(x) - P_n(x)| \in \mathbb{C}[a,b]$, 故 $|f(x) - P_n(x)|$ 在 $[a,b]$ 上取得最大值. 设有 $x_0, x_1, \cdots, x_n \in [a,b]$, 使得
>
> $$|f(x_i) - P_n(x_i)| = \Delta(f, P_n), \quad i = 0, 1, 2, \cdots, n, \tag{6.40}$$
>
> 称 x_i 为 $P_n(x)$ 对于 $f(x)$ 的**偏差点**. 若
>
> $$P_n(x_i) - f(x_i) = \Delta(f, P_n), \quad i = 0, 1, 2, \cdots, n, \tag{6.41}$$
>
> 则称 x_i 为**正偏差点**, 记为 $(+)$ 点; 若
>
> $$P_n(x_i) - f(x_i) = -\Delta(f, P_n), \quad i = 0, 1, 2, \cdots, n, \tag{6.42}$$
>
> 则称 x_i 为**负偏差点**, 记为 $(-)$ 点.

> **定义 6.11 交错点组**
>
> 设 $x_1, x_2, \cdots, x_n \in [a,b]$, 满足
>
> $$P_n(x_i) - f(x_i) = (-1)^{i-1} \sigma \Delta(f, P_n), \quad i = 1, 2, \cdots, n, \tag{6.43}$$
>
> 其中 $\sigma = 1$ 或 $\sigma = -1$, 则称 $\{x_i\}_{i=1}^n$ 为 $P_n(x)$ 的**交错点组**.

定理 6.3 (Chebyshev,1859) 设 $f(x) \in \mathbb{C}[a,b]$, 则 $P_n^*(x) \in H_n$ 为 $f(x)$ 的最佳一致逼近多项式的充分必要条件是: 在闭区间 $[a,b]$ 上至少存在 $n+2$ 个点 $a \leqslant x_1 \leqslant x_2 \leqslant \cdots \leqslant x_{n+2} \leqslant b$ 构成的交错点组.

证明 先证充分性. 设 $a \leqslant x_0 \leqslant x_1 \leqslant \cdots \leqslant x_{n+1} \leqslant b$ 为 $P_n(x)$ 的一个交错点组, 要证明 $\Delta(f, P_n) = E_n(f)$.

(反证法)假设不然, 则 $P_n^*(x) \in H_n$, $P_n^*(x) \neq P_n(x)$, 有

$$\Delta(f, P_n) > E_n(f),$$

而

$$\Delta(f, P_n^*) = E_n(f),$$

于是有

$$P_n(x_i) - P_n^*(x_i) = (P_n(x_i) - f(x_i)) - (P_n^*(x_i) - f(x_i)).$$

由于 $\Delta(f, P_n) > E_n(f)$, 故 $P_n(x_i) - P_n^*(x_i)$ 与 $P_n(x_i) - f(x_i)$ 同号, 从而, $P_n(x) - P_n^*(x)$

在 $x_1, x_2, \cdots, x_{n+2}$ 上依次变号，在每个子区间 $(x_1, x_2), (x_2, x_3), \cdots, (x_{n+1}, x_{n+2})$ 内，$P_n(x) - P_n^*(x)$ 至少有一个零点，但 $P_n(x) - P_n^*(x)$ 的次数不超过 n，所以 $P_n(x) \equiv P_n^*(x)$，矛盾.

再证必要性. 设 $P_n(x)$ 为 $f(x)$ 在 $[a, b]$ 上的最佳逼近多项式，由于 $P_n^*(x) - f(x)$ 在 $[a, b]$ 上连续，可以找到一组点
$$a = u_1 < u_2 < \cdots < u_s = b,$$
使得 $P_n^*(x) - f(x)$ 在每个区间 $[u_k, u_{k+1}]$ 上的振幅小于 $\dfrac{E_n(f)}{2}$，即有
$$-\frac{1}{2} E_n(f) \leqslant (P_n^*(x) - f(x)) - (P_n^*(y) - f(y))$$
$$\leqslant \frac{1}{2} E_n(f), \quad \forall x, y \in [u_k, u_{k+1}], \quad k = 1, 2, \cdots, s-1.$$

若 $[u_k, u_{k+1}]$ 上至少含有一个 $(+)$ 点，则称其为 $(+)$ 区间，若 $[u_k, u_{k+1}]$ 至少有一个 $(-)$ 点，则称其为 $(-)$ 区间. 由 u_k 的取法，区间 $[u_k, u_{k+1}]$ 不可能同时为 $(+)$ 区间和 $(-)$ 区间，所有 $(+)$ 区间和 $(-)$ 区间依次从左至右的次序记为 $d_1, d_2, \cdots, d_N$，不妨设 d_1 为 $(+)$ 区间，并有
$$(+) : d_1, d_2, \cdots, d_{k_1},$$
$$(-) : d_{k_1+1}, d_{k_1+2}, \cdots, d_{k_2},$$
$$(-)^{m-1} : d_{k_{m-1}+1}, d_{k_{m-1}+2}, \cdots, d_{k_m}.$$

为证定理，只需证明 $m \geqslant n+2$.

(反证法)假设 $m < n+2$，由于 $P_n^*(x) - f(x)$ 在 d_{k_1} 与 d_{k_1+1} 上反号，故 d_{k_1} 的右端与 d_{k_1+1} 的左端点不重合，所以，可在 d_{k_1} 与 d_{k_1+1} 之间选取一个点 α_1，同样可在 d_{k_2} 与 d_{k_2+1}，d_{k_3} 与 d_{k_3+1}，$\cdots$，$d_{k_{m-1}}$ 与 $d_{k_{m-1}+1}$ 之间选取点 $\alpha_2, \alpha_3, \cdots, \alpha_{m-1}$，令
$$\rho(x) = (\alpha_1 - x)(\alpha_2 - x) \cdots (\alpha_{m-1} - x),$$
由于 $m - 1 \leqslant n$，故 $\rho(x) \in H_n$，并且 $\rho(x)$ 在 $(+)$ 区间和 $(-)$ 区间上与 $P_n^*(x) - f(x)$ 同号，取 $Q(x) = P_n^*(x) - \varepsilon \rho(x)$，其中 ε 是一待定常数，当 ε 充分小时，有 $\Delta(f, Q) < E_n(f)$，矛盾.

若 $[u_k, u_{k+1}]$ 既不是 $(+)$ 区间，也不是 $(-)$ 区间，则有
$$\sup_{u_k \leqslant x \leqslant u_{k+1}} |P_n^*(x) - f(x)| < E_n(f).$$

若既非 $(+)$ 区间也非 $(-)$ 区间，记 $K = \{k : [u_k, u_{k+1}]\}$.
$$E^* = \max_{k \in K} \sup_{u_k \leqslant x \leqslant u_{k+1}} |P_n^*(x) - f(x)|,$$

则有 $E^* < E_n(f)$，取充分小的正数 ε，使得

$$\varepsilon \sup_{a \leqslant x \leqslant b} |\rho(x)| < \min\left\{E_n(f) - E^*, \frac{1}{2}E_n(f)\right\}.$$

则当 $x \in [a,b]$，既不属于 $(+)$ 区间也不属于 $(-)$ 区间时，

$$|Q(x) - f(x)| \leqslant |P_n^*(x) - f(x)| + \varepsilon|\rho(x)| \leqslant E^* + \varepsilon|\rho(x)| < E_n(f).$$

当 x 属于某个 $(+)$ 区间时，注意到 $\rho(x)$ 与 $P_n^*(x) - f(x)$ 同号，且

$$|P_n^*(x) - f(x)| \geqslant \frac{2}{2}E_n(f) > \varepsilon|\rho(x)|,$$

有

$$|Q(x) - f(x)| = |P_n^*(x) - f(x) - \varepsilon\rho(x)|$$
$$\leqslant |P_n^*(x) - f(x)| - \varepsilon|\rho(x)| \leqslant E_n(f) - \varepsilon\rho(x)| < E_n(f),$$

所以有

$$\Delta(f, Q) < E_n(f).$$

定理 6.4 设 $f(x) \in \mathbb{C}[a,b]$，则在 H_n 中，$f(x)$ 的最佳一致逼近多项式是唯一的.

证明 设 $f(x) \in \mathbb{C}[a,b]$，由定理6.2知在 H_n 中存在 $f(x)$ 的最佳一致逼近多项式. 设 $p_1, p_2 \in H_n$ 皆为 $f(x)$ 的最佳一致逼近多项式，现证明 $p_1(x) = p_2(x)$. 事实上，由于

$$-E_n(f) \leqslant p_1(x) - f(x) \leqslant E_n(f), \forall x \in [a,b], \tag{6.44}$$

$$-E_n(f) \leqslant p_2(x) - f(x) \leqslant E_n(f), \forall x \in [a,b], \tag{6.45}$$

由此得

$$-E_n(f) \leqslant \frac{p_1(x) + p_2(x)}{2} - f(x) \leqslant E_n(f), \quad \forall x \in [a,b].$$

记 $R(x) = \dfrac{p_1(x) + p_2(x)}{2}$，则由上述不等式知，$R(x)$ 也是 $f(x)$ 的最佳一致逼近多项式，由定理6.3 知，将存在一个 $R(x)$ 的交错点组

$$a = x_1 \leqslant x_2 \leqslant x_3 \leqslant \cdots \leqslant x_{n+2} = b.$$

现在证明 $p_1(x_i) = p_2(x_i) (i = 1, 2, 3, \cdots, n+2)$.

设 x_i 是 $R(x) - f(x)$ 的一个 $(+)$ 点，即

$$R(x_i) - f(x_i) = E_n(f),$$

由 $p_2(x_i) - f(x_i) \leqslant E_n(f)$ 知

$$\frac{1}{2}(p_1(x_i) - f(x_i)) \geqslant E_n(f) - \frac{1}{2}(p_2(x_i) - f(x_i)) \geqslant \frac{1}{2}E_n(f),$$

即 $p_1(x_i) - f(x_i) \geqslant E_n(f)$，再由式 (6.44) 得

$$p_1(x_i) - f(x_i) = E_n(f),$$

即 x_i 也是 $p_1(x)$ 的 (+) 点.

同理可以证明，若 x_i 是 $R(x)$ 的 (−) 点，x_i 也是 $p_1(x)$ 的 (−) 点. 从而 $\{x_i\}_{i=1}^{n+2}$ 也是 $p_1(x)$ 的交错点组，将上述推理中的 $p_1(x)$ 换成 $p_2(x)$，可以证明，$p_1(x)$ 与 $p_2(x)$ 有着完全相同的 $n+2$ 个点构成的交错点组 $\{x_i\}_{i=1}^{n+2}$，所以

$$p_1(x_i) = p_2(x_i), \quad i = 1, 2, 3, \cdots, n+2.$$

由于 $p_1(x), p_2(x) \in H_n$，所以

$$p_1(x) = p_2(x).$$

定理 6.5 在区间 $[-1,1]$ 上所有最高次数为 1 的 n 次多项式中，$\omega_n(x) = \dfrac{1}{2^{n-1}}T_n(x)$ 与零的偏差最小，其偏差为 $\dfrac{1}{2^{n-1}}$.

证明 由于

$$\omega_n(x) = \frac{1}{2^{n-1}}T_n(x) = x^n - P_{n-1}^*(x),$$

$$\max_{-1 \leqslant x \leqslant 1} |\omega_n(x)| = \frac{1}{2^{n-1}} \max_{-1 \leqslant x \leqslant 1} |T_n(x)| = \frac{1}{2^{n-1}},$$

且点 $x_k = \cos\dfrac{k}{n}\pi (k=0,1,2,\cdots,n)$ 是 $T_n(x)$ 的 Chebyshev 交错点组，由定理 6.4 可知，区间 $[a,b]$ 上 x^n 在 H_{n-1} 中的最佳逼近多项式为 $P_{n-1}^*(x)$，即 $\omega_n(x)$ 是与零的偏差最小的多项式.

6.2.3 最佳一致逼近多项式的计算

常用的求解最佳一致逼近多项式的数值算法——Remes algorithm 算法的基本思想是基于定理 6.3，先求出 $P_n(x) - f(x)$ 的交错点组的初始近似 $a \leqslant x_1 \leqslant x_2 \leqslant \cdots \leqslant x_{n+2} = b$，使最佳一致逼近多项式 $P_n(x) = a_0 + a_1 x + a_2 x^2 + \cdots + a_n x^n$ 的系数 $a_0, a_1, \cdots, a_n$ 及最小偏差 $E_n(f) = \Delta(f, P_n)$ 满足线性方程组

6.2 最佳一致逼近

$$\begin{cases} \sigma & + a_0 + a_1 x_1 + a_2 x_1^2 + \cdots + a_n x_1^n = f(x_1), \\ -\sigma & + a_0 + a_1 x_2 + a_2 x_2^2 + \cdots + a_n x_2^n = f(x_2), \\ & \quad \vdots \\ (-1)^{n+1}\sigma & + a_0 + a_1 x_{n+2} + a_2 x_{n+2}^2 + \cdots + a_n x_{n+2}^n = f(x_n), \end{cases} \quad (6.46)$$

求得 $P_n(x)$ 及 $f(x)$ 的近似值,其中 $\sigma = E_n(f)$ 或 $\sigma = -E_n(f)$,再通过分析 $P_n(x)$ 与 $f(x)$ 在 $[a.b]$ 上的差,找到交错点组的一个新的近似,这样反复进行,直到达到允许的计算精度为止. 其算法表示如下:

(1) 给定 $\varepsilon > 0$ 和 $[a,b]$ 上 $n+2$ 个交错点组 $\{x_{i,0}\}_{i=1}^{n+2}$,满足

$$a \leqslant x_{1,0} < x_{2,0} < \cdots < x_{n+2,0} \leqslant b.$$

(2) 将 $\{x_{i,0}\}_{i=1}^{n+2}$ 代入方程组 (6.46),解得 $P_n(x)$ 的初始近似 $P_n^{(0)}(x) = a_0^{(0)} + a_1^{(0)}x + \cdots + a_n^{(0)}x^n$ 及 $\sigma^{(0)}$.

(3) 对于 $k = 0, 1, 2, \cdots$

① 计算 $\Delta_k = \sup\limits_{a \leqslant x \leqslant b} |f(x) - P_n^{(k)}(x)|, P_n^{(k)}(x) = a_0^{(k)} + a_1^{(k)}x + \cdots + a_n^{(k)}x^n$,求点 $x^* \in [a,b]$ 且 $x^* \in \{x_{i,k}\}_{i=1}^{n+2}$,使得 $|f(x^*) - P_n^{(k)}(x^*)| = \Delta_k$,若此 x^* 不存在,则取 $P_n(x) = P_n^{(k)}(x)$ 为最佳一致逼近多项式,转 (4).

② 用 x^* 替代 $\{x_{i,k}\}_{i=1}^{n+2}$ 中某个点,构成新的交错点组 $\{x_{i,k+1}\}_{i=1}^{n+2}$,具体规则是:

若 $x_{i,k} < x^* < x_{i+1,k}, 1 \leqslant i \leqslant n+1$,则用 x^* 替换 $x_{i,k}, x_{i+1,k}$ 中满足 $f(x) - P_n^{(k)}(x)$ 与 $f(x^*) - P_n^{(k)}(x^*)$ 同号者.

若 $a \leqslant x^* < x_{1,k}$,则当 $f(x_{1,k}) - P_n^{(k)}(x^*)$ 与 $f(x^*) - P_n^k(x^*)$ 同号时,用 x^* 替换 $x_{1,k}$,否则, 取 $x^*, x_{1,k}, x_{2,k}, \cdots, x_{n+1,k}$ 作为 $\{x_{i,k+1}\}_{i=1}^{n+2}$;若 $x_{n+2,k} < x^* \leqslant b$,则当 $f(x_{n+2,k}) - P_n^{(k)}(x_{n+2,k})$ 与 $f(x^*) - P_n^{(k)}(x^*)$ 同号时,用 x^* 替换 $x_{n+2,k}$,否则,取 $x_{2,k}, x_{3,k}, \cdots, x_{n+2,k}$ 作为 $\{x_{i,k+1}\}_{i=1}^{n+2}$.

③ 将 $\{x_{i,k+1}\}_{i=1}^{n+2}$ 代入方程 (6.46),解得 $P_n^{(k+1)}$ 及 $\sigma^{(k+1)}$.若 $\left|a_i^{(k+1)-a_i^{(k)}}\right| \leqslant \varepsilon, i = 0, 1, 2, \cdots, n$,则取 $P_n(x) = P_n^{(k+1)}(x)$,转到 (4).

(4) 终止计算.

Remes algorithm 算法,不仅得到了 $P_n(x)$,同时也得到了交错点组 $\{x_i\}_{i=1}^{n+2}$ 及最佳逼近 $E_n(f)$ 的近似.

将上面的算法稍加改变,可得 Remes algorithm 第二算法:

(1) 给定 $\varepsilon > 0$ 和 $[a,b]$ 上 $n+2$ 个交错点组 $\{x_{i,0}\}_{i=1}^{n+2}$,满足

$$a \leqslant x_{1,0} < x_{2,0} < \cdots < x_{n+2,0} \leqslant b.$$

(2) 将 $\{x_{i,0}\}_{i=1}^{n+2}$ 代入方程组 (6.46),解得 $P_n(x)$ 的初始近似 $P_n^{(0)}(x) = a_0^{(0)} + a_1^{(0)}x + \cdots +$

$a_n^{(0)} x^n$ 及 $\sigma^{(0)}$.

(3) 对于 $k = 0, 1, 2, \cdots$

由于 $\{x_{i,k}\}_{i=1}^{n+2}$ 满足方程组 (6.46), 令 $P_n^{(k)}(x) = a_0^{(k)} + a_1^{(k)} x + \cdots + a_n^{(k)} x^n$, 则 $f(x) - P_n^{(k)}(x)$ 在 $[a, b]$ 上至少有 $n+1$ 个零点, 记为 $\xi_{i,k}, (i = 1, 2, \cdots, n+1)$, 满足

$$x_{i,k} < \xi_{i,k} < x_{i+1,k}, \quad i = 1, 2, \cdots, n+1.$$

令 $\xi_{0,k} = 1, \xi_{n+2,k} = b$, 在区间 $[\xi_{i,k}, \xi_{i+1,k}]$ 上确定点 $x_{i+1,k+1}$, 其具体规则是:

若 $f(x_{i+1,k}) - P_n^{(k)}(x_{i+1,k}) > 0$, 取使 $f(x) - P_n^{(k)}(x)$ 在 $[\xi_{i,k}, \xi_{i+1,k}]$ 上达到最大值的点为 $x_{i+1,k+1}$.

若 $f(x_{i+1,k}) - P_n^{(k)}(x_{i+1,k}) < 0$, 取使 $f(x) - P_n^{(k)}(x)$ 在 $[\xi_{i,k}, \xi_{i+1,k}]$ 上达到最小值的点为 $x_{i+1,k+1}$.

将 $\{x_{i,k+1}\}_{i=1}^{n+2}$ 代入方程 (6.46), 解得 $a_i^{(k)}, i = 0, 1, 2(\cdots, n$ 及 $\sigma^{k+1})$. 若 $|a_i^{(k+1)} - a_i^{(k)}| \leqslant \varepsilon (i = 0, 1, 2, \cdots, n)$, 则取 $P_n(x) = P_n^{(k+1)}(x)$, 转 (4).

(4) 终止计算.

6.2.4 最佳一致逼近三角多项式

下面讨论三角多项式逼近.

> **定义 6.12 三角多项式**
>
> 称形如
>
> $$S_n(x) = a_0 + \sum_{k=1}^{n}(a_k \cos kx + b_k \sin kx) \tag{6.47}$$
>
> 的函数为三角多项式, 其中 $a_0, a_k, b_k (k = 1, 2, \cdots, n)$ 为常数. 特别地, 当 $a_n^2 + b_n^2 \neq 0$ 时, 称 $S_n(x)$ 为 n 阶三角多项式. 用 $\mathbb{C}_{2\pi}$ 表示所有以 2π 为周期的连续函数的集合, Γ 表示所有三角多项式的集合.

下面研究, 对 $\mathbb{C}_{2\pi}$ 中的函数, 用 Γ 中的三角多项式 $S(x)$ 在度量

$$\|f - S\|_\infty = \sup_x |f(x) - S_n(x)|$$

意义下的逼近问题.

1. 三角多项式的性质

(1) 设 $S_n(x)$ 和 $S_m(x)$ 分别为 n 阶和 m 阶多项式, 则积 $S_n(x) S_m(x)$ 为 $n+m$ 阶三角多项式.

(2) 若三角多项式为偶函数, 即 $S_n(x) = S_n(-x)$, 则

$$S_n(x) = a_0 + \sum_{k=1}^{n} a_k \cos kx. \tag{6.48}$$

若三角多项式 $S_n(x)$ 为奇函数，即 $S_n(x) = -S_n(-x)$，则

$$S_n(x) = a_0 + \sum_{k=1}^{n} b_k \sin kx. \tag{6.49}$$

(3) 三角多项式 $S_n(x)$ 在 $[0, 2\pi)$ 内零点的个数 (包括重数) 不超过 $2n$.

(4) 若两个三角多项式在 $[0, 2\pi)$ 中在 $2n+1$ 个点上相等，则它们必恒等.

2. 一致逼近三角多项式

定理 6.6 (Weierstrass, 1885) 设 $f \in \mathbb{C}_{2\pi}$，则对于 $\forall \varepsilon > 0$，存在三角多项式 $S \in \Gamma$，使得

$$\|f - S\|_\infty = \sup_x |f(x) - S(x)| < \varepsilon. \tag{6.50}$$

证明 下面是 Valleepoussin 给出的构造性证明方法. 先定义 Valleepoussin 算子

$$V_n(f; x) = \frac{\int_{-\pi}^{\pi} f(t) \left(\cos \frac{t-x}{2}\right)^{2n} dt}{\int_{-\pi}^{\pi} \left(\cos \frac{t-x}{2}\right)^{2n} dt}. \tag{6.51}$$

对于任意给定的 $f(x) \in \mathbb{C}_{2\pi}$，$V_n(f; x)$ 为阶数不超过 n 的三角多项式，$V_n(1; x) = 1$ 利用分部积分法可得

$$\int_{-\pi}^{\pi} \left(\cos \frac{t-x}{2}\right)^{2n} dt = \frac{(2n-1)!!}{(2n)!!} 2\pi,$$

因而

$$V_n(f; x) = \frac{(2n)!!}{(2n-1)!!} \frac{\int_{-\pi}^{\pi} f(t) \left(\cos \frac{t-x}{2}\right)^{2n} dt}{2\pi}.$$

由于 $f(x) \in \mathbb{C}_{2\pi}$，对于 $\forall \varepsilon > 0, \exists \delta > 0$，使当 $|t-x| < \delta$ 时有 $|f(t) - f(x)| < \frac{\varepsilon}{2}$ 对于 x 和 t 一致成立. 依 $|t-x| < \delta$ 和 $|t-x| \geqslant \delta$ 将 $[-\pi, \pi]$ 分成 P 和 Q 两部分.

$$V_n(f; x) - f(x) = \frac{\int_{-\pi}^{\pi} (f(t) - f(x)) \left(\cos \frac{t-x}{2}\right)^{2n} dt}{(2n-1)!! 2\pi} (2n)!!$$

$$= \frac{\left(\int_P + \int_Q\right)(f(t) - f(x)) \left(\cos \frac{t-x}{2}\right)^{2n} dt}{(2n-1)!! 2\pi} (2n)!!,$$

而

$$\left| \int_P (f(t)-f(x)) \left(\cos\frac{t-x}{2}\right)^{2n} \mathrm{d}t \frac{(2n)!!}{(2n-1)!!2\pi} \right| < \frac{\varepsilon}{2} \frac{\int_{-\pi}^{\pi} \left(\cos\frac{t-x}{2}\right)^{2n} \mathrm{d}t \cdot (2n)!!}{(2n-1)!!2\pi} = \frac{\varepsilon}{2}.$$

对于 Q 有 $\left|\cos\dfrac{t-x}{2}\right| \leqslant \cos\dfrac{\delta}{2} < 1$, 令 $M = \|f\|_\infty$, 则

$$\left| \int_Q (f(t)-f(x)) \left(\cos\frac{t-x}{2}\right)^{2n} \mathrm{d}t \frac{(2n)!!}{(2n-1)!!2\pi} \right|$$

$$< 2M \cdot 2\pi \left(\cos\frac{\delta}{2}\right)^{2n} 2n \frac{1}{2\pi} \frac{2n-2}{2n-1} \frac{2n-3}{2n-2} \cdots \frac{1}{2} < n\left(\cos\frac{\delta}{2}\right)^{2n}.$$

由于 $n\left(\cos\dfrac{\delta}{2}\right) \to 0 (n\to\infty)$, 可取 n 使

$$4M \cdot n \left(\cos\frac{\delta}{2}\right)^{2n} < \frac{\varepsilon}{2}.$$

3. 最佳一致逼近三角多项式

用三角多项式逼近, 同样有最佳一致逼近问题

设 Γ_n 表示所有 n 阶三角多项式的集合, 对于给定的 $f \in \mathbb{C}_{2\pi}, S_n \in \Gamma_n$, 称

$$\Delta(f, S_n) = \sup_x |f(x) - S_n(x)|$$

为 Γ_n 对 f 的**偏差**, 称

$$E_n^*(x) = \inf_{s_n \in \Gamma_n} \Delta(f, S_n)$$

为 Γ_n 对 f 的**最小偏差**.

定理 6.7 对于任意给定的 $f \in \mathbb{C}_{2\pi}$ 及 $n \in \mathbb{N}$, 存在 $S_n \in \Gamma_n$ 使得

$$\Delta(f, S_n) = E_n^*(f).$$

定理 6.8 给定 $f \in \mathbb{C}_{2\pi}$, 则 $S_n \in \Gamma_n$ 为 $f(x)$ 的最佳一致逼近多项式的充分必要条件是: 在 $[0, 2\pi)$ 上存在不少于 $2n+2$ 个点构成的交错点组.

定理 6.9 $f \in \mathbb{C}_{2\pi}$ 在 Γ_n 中的最佳一致逼近多项式是唯一的.

6.3 最佳平方逼近

使用不同的度量会产生不同的逼近理论，下面讨论在平方度量意义下的最佳逼近问题.

6.3.1 平方度量与平方逼近

在 n 维欧氏空间中，给定两点 $x = (x_1, x_2, \cdots, x_n), y = (y_1, y_2, \cdots, y_n)$，定义

$$||x - y|| = \sqrt{\sum_{i=1}^{n}(x_i - y_i)^2} \tag{6.52}$$

表示两点 x, y 之间的距离.

对于 $f, g \in \mathbb{C}[a, b]$，定义度量

$$||f - g||_2 = \left(\int_a^b (f(x) - g(x))^2 \mathrm{d}x\right)^{1/2}. \tag{6.53}$$

容易验证 $||\cdot||_2$ 是 $\mathbb{C}[a, b]$ 上的一个范数，即满足

(1) 非负性：$||f||_2 \geqslant 0, \forall f \in \mathbb{C}[a, b], ||f||_2 = 0$ 当且仅当 $f(x) \equiv 0$;

(2) 交齐次：$||\alpha f||_2 = |\alpha| ||f||_2, \forall \alpha \in \mathbb{R}, \forall f \in \mathbb{C}[a, b]$;

(3) 三角不等式：$||f + g||_2 \leqslant ||f||_2 + ||g||_2, \forall f, g \in \mathbb{C}[a, b]$.

在实际应用中还会用到加权度量，给定权函数 $\rho(x)$，$\rho(x) \geqslant 0$ 在 (a, b) 连续，有有限多个零点，积分 $\int_a^b \rho(x) \mathrm{d}x$ 存在.

定义度量

$$||f - g||_{2,\rho} = \left(\int_a^b \rho(x)(f(x) - g(x))^2 \mathrm{d}x\right)^{1/2}, \quad \forall f, g \in \mathbb{C}[a, b]. \tag{6.54}$$

容易验证 $||\cdot||_{2,\rho}$ 同样具有 $||\cdot||_2$ 所具有的性质 (1)~(3). 特别地当 $\rho(x) = 1$ 时，$||\cdot||_{2,\rho} = ||\cdot||_2$ 称 $||\cdot||_{2,\rho}$ 为 $\mathbb{C}[a, b]$ 上的权为 $\rho(x)$ 的**平方度量**. 以下在不发生混淆的情况下，略去下标 ρ，简记 $||\cdot||_{2,\rho}$ 为 $||\cdot||_2$.

> **定理 6.10** 对于 $\forall f \in \mathbb{C}[a, b], \forall \varepsilon > 0$，存在多项式 $p(x)$，使得
> $$||f - p||_2 = \left(\int_a^b \rho(x)(f(x) - p(x))^2 \mathrm{d}x\right)^{1/2} < \varepsilon. \tag{6.55}$$

证明 因为

$$||f - p||_2 = \left(\int_a^b \rho(x) \mathrm{d}x\right)^{1/2} ||f - p||_\infty,$$

由 Weierstrass 逼近定理可知，结论正确.

6.3.2 最佳平方逼近

设 $\phi_0, \phi_1, \cdots, \phi_n \in \mathbb{C}[a,b]$，$\Phi_n$ 是由 $\phi_i(i=0,1,2,\cdots,n)$ 的所有线性组合构成的函数集合，记 $\Phi_n = \text{span}\{\phi_0, \phi_1, \cdots, \phi_n\}$，即

$$\Phi_n = \{\phi : \phi(x) = \sum_{i=0}^n \alpha_i \phi_i(x), \quad \alpha_i \in R, i = 0, 1, 2, \cdots, n\}.$$

定义 6.13 最佳平方逼近

对于给定的 $f \in \mathbb{C}[a,b]$，如果存在多项式 $\phi^*(x) \in \Phi_n$，使得

$$\|f - \phi^*\|_2^2 = \inf_{\phi \in \Phi_n} \|f - \phi\|_2^2 = \inf_{\phi \in \Phi_n} \int_a^b \rho(x)(f(x) - \phi(x))^2 dx, \tag{6.56}$$

则称 $\phi^*(x)$ 为函数 $f \in \mathbb{C}[a,b]$ 在 Φ_n 中的**最佳平方逼近函数**.

定义 6.14 Gram 矩阵与 Gram 行列式

设 $\Phi_n = \text{span}\{\phi_0, \phi_1, \cdots, \phi_n\}$，令

$$g_{i,j} = \int_a^b \rho(x) \phi_i(x) \phi_j(x) dx, \quad i,j = 0, 1, 2, \cdots, n \tag{6.57}$$

记 $G = (g_{i,j})_{(n+1)\times(n+1)}$ 为 $n+1$ 阶矩阵，称矩阵 G 为函数族 $\{\phi_i\}_{i=0}^n$ 的 **Gram 矩阵**，称行列式 $\Delta_n = \det G$ 为此函数族的 **Gram 行列式**.

定理 6.11 对于任意给定的函数 $f \in \mathbb{C}[a,b]$，在 Φ_n 中存在唯一最佳平方逼近函数 $\phi^*(x)$ 的充要条件是：函数族 $\{\phi_i\}_{i=0}^n$ 的 Gram 行列式 $\Delta_n = \det G \neq 0$.

证明 对于任意的 $\phi \in \Phi_n$，总有 $\phi(x) = \sum_{i=0}^n c_i \phi_i(x)$，其中 $c_i(i=0,1,2,\cdots,n)$ 为常数. 定义函数

$$S(c_0, c_1, \cdots, c_n) = \|f - \phi\|_2^2 = \int_a^b \rho(x) \left(f(x) - \sum_{i=0}^n c_i \phi_i(x)\right)^2 dx,$$

则 $\phi^*(x) = \sum_{i=0}^n c_i^* \phi_i(x)$ 为 $f(x)$ 在 Φ_n 中的最佳平方逼近函数的充要条件是：$(c_0^*, c_1^*, \cdots, c_n^*)$ 是 $S(c_0, c_1, \cdots, c_n)$ 的最小值点.

由 $S(c_0, c_1, \cdots, c_n)$ 的可微性得

$$\frac{\partial S(c_0, c_1, \cdots, c_n)}{\partial c_i} = 0, \quad i = 0, 1, 2, \cdots, n,$$

得关于 $c_0, c_1, \cdots, c_n$ 的线性方程组

$$g_{i,0}c_0 + g_{i,1}c_1 + \cdots + g_{i,n}c_n = b_i, \quad i = 0,1,2,\cdots,n, \tag{6.58}$$

其中
$$g_{i,j} = \int_a^b \rho(x)\phi_i(x)\phi_j(x)\mathrm{d}x, \quad i,j = 0,1,2,\cdots,n.$$
$$b_i = \int_a^b \rho(x)f(x)\phi_i(x)\mathrm{d}x, \quad i = 0,1,2,\cdots,n.$$

此方程组的系数矩阵为函数族 $\{\phi_i\}_{i=0}^n$ 的 Gram 矩阵, 此方程组对于任意的 $f(x) \in \mathbb{C}[a,b]$ 存在唯一解的充要条件是 $\Delta_n \neq 0$.

为证明定理, 只要证明线性方程组 (6.58) 存在唯一解 $c_0^*, c_1^*, \cdots, c_n^*$ 的充要条件是: $c_0^*, c_1^*, \cdots, c_n^*$ 为函数 $S(c_0, c_1, \cdots, c_n)$ 的最小值点.

$S(c_0, c_1, \cdots, c_n)$ 是 $c_0, c_1, \cdots, c_n$ 的二次函数, 且恒有 $S(c_0, c_1, \cdots, c_n) \geq 0$, 所以一定存在最小值点 $c_0^*, c_1^*, \cdots, c_n^*$, 满足方程 $\dfrac{\partial S(c_0, c_1, \cdots, c_n)}{\partial c_i} = 0 (i=0,1,2,\cdots,n)$. 另一方面, 令 $\phi^*(x) = \sum_{i=0}^n c_i^* \phi_i(x)$, 则对任意 $\phi(x) = \sum_{i=0}^n c_i \phi_i(x)$, 有

$$S(c_0, c_1, \cdots, c_n) = \|f - \phi\|_2^2 = \int_a^b \rho(x)(f(x) - \phi(x))^2 \mathrm{d}x$$
$$= \int_a^b \rho(x)(f(x) - \phi^*(x))^2 \mathrm{d}x + 2\int_a^b \rho(x)(f(x) - \phi^*(x))(\phi^*(x) - \phi(x))$$
$$+ \int_a^b \rho(x)(\phi^*(x) - \phi(x))^2 \mathrm{d}x$$
$$\geq \int_a^b \rho(x)(f(x) - \phi^*(x))^2 \mathrm{d}x + 2\sum_{i=0}^n \left(\int_a^b \rho(x)(f(x) - \phi^*(x))\phi_i(x)\mathrm{d}x\right)(c_i^* - c_i)$$
$$= \|f - \phi^*\|_2^2 + 2\sum_{i=0}^n \left(\int_a^b \rho(x)(f(x) - \phi^*(x))\phi_i(x)\mathrm{d}x\right)(c_i^* - c_i).$$

由于上式满足方程 $\dfrac{\partial S(c_0, c_1, \cdots, c_n)}{\partial c_i} = 0 (i=0,1,2,\cdots,n)$, 所以
$$\int_a^b \rho(x)(f(x) - \phi^*(x))\phi_i(x)\mathrm{d}x = 0, \quad i = 0,1,2,\cdots,n.$$

于是, 有
$$\|f - \phi\|_2^2 \geq \|f - \phi^*\|_2^2,$$

即 $\phi^*(x)$ 为 $f(x)$ 在 Φ_n 上的最佳平方逼近.

> **定义 6.15 函数族线性相关性**
> 如果对任何实数 $\alpha_i(i=0,1,2,\cdots,n)$，只要 $\alpha_0\phi_0(x)+\alpha_1\phi_1(x)+\cdots+\alpha_n\phi_n(x)\equiv 0$，必有 $\alpha_i=0, i=0,1,2,\cdots,n$，则称函数族 $\{\phi_i\}_{i=0}^n \subset \mathbb{C}[a,b]$ 为**线性无关**. 否则称函数族 $\{\phi_i\}_{i=0}^n \subset \mathbb{C}[a,b]$ 为**线性相关**.

> **定理 6.12** 函数空间 $\mathbb{C}[a,b]$ 中函数族 $\{\phi_i\}_{i=0}^n$ 线性无关的充要条件是函数族 $\{\phi_i\}_{i=0}^n$ 的 Gram 行列式 $\Delta_n = \det G \neq 0$.

证明 由齐次线性方程组

$$\sum_{j=0}^n g_{i,j}\alpha_j = 0, \quad i=0,1,2,\cdots,n, \tag{6.59}$$

其中 $g_{i,j} = \int_a^b \rho(x)\phi_i(x)\phi_j(x)\mathrm{d}x$. 易证，函数族线性无关的充要条件是方程 (6.59) 没有非零解，即系数矩阵 (Gram) 的行列式不为零.

特别地，取 $\phi_i(x) = x^i (i=0,1,2,\cdots,n)$，显然，函数族 $\{\phi_i\}_{i=0}^n$ **线性无关**.

注意到

$$H_n = \mathrm{span}\{1, x, x^2, \cdots, x^n\},$$

可得下面定理.

> **定理 6.13** 对于任何给定的函数 $f \in \mathbb{C}[a,b]$，在 H_n 中存在唯一的最佳平方逼近多项式 $p_n^* \in H_n$，即
>
> $$\|f - p_n^*\|_2 = \inf_{p_n \in H_n} \|f - p_n\|_2.$$

6.4 正交多项式的逼近性质

使用正交性概念，可以给出最佳平方逼近和最佳一致逼近的描述.

对于给定区间 $[a,b]$ 和权函数 $\rho(x)$ 可以构造一个标准正交多项式序列 $\{\phi_i(x)\}_{i=0}^{\infty}$，令 $\Phi_n = \mathrm{span}\{\phi_1, \phi_2, \cdots, \phi_n\}$，从而对于任意给定的 $f \in \mathbb{C}[a,b]$，在 Φ_n 中关于权函数 $\rho(x)$ 的最佳平方逼近多项式 $s_n^*(x)$ 可表示为

$$s_n^*(x) = \sum_{i=0}^n (f, \phi_i)\phi_i(x).$$

设 $f \in C[a,b]$，关于正交多项式 $\{\phi_i(x)\}_{i=0}^{\infty}$ 的展开式为

$$f(x) \sim \sum_{i=0}^{\infty} (f, \phi_i)\phi_i(x),$$

记前 $n+1$ 项部分和为

$$s_n(f)(x) = \sum_{i=0}^{n}(f,\phi_i)\phi_i(x),$$

则有 $s_n(f)(x) = s_n^*(x)$.

下面研究 $s_n(f)(x)$ 的收敛性.

6.4.1 用正交多项式作最佳平方逼近

按平方度量收敛.

定理 6.14 设 $f \in \mathbb{C}[a,b]$, $s_n^*(x) \in \Phi_n$ 为 $f(x)$ 在 $\Phi_n = \text{span}\{\phi_0, \phi_1, \cdots, \phi_n\}$ 中的最佳平方逼近多项式, $\{\phi_i(x)\}_{i=0}^n$ 是正交多项式族, 则有

$$\lim_{n\to\infty} \|f(x) - s_n^*(x)\|_2 = 0,$$

即 $s_n^*(x)$ 按平方度量收敛于 $f(x)$.

证明 对于任意给定的 $f \in \mathbb{C}[a,b]$, 由一致逼近理论可知, 存在最佳一致逼近多项式 $s_n^*(x) \in \Phi_n$, 使得

$$E_n(f) = \sup_{x\in[a,b]} |f(x) - s_n^*(x)| = \inf_{s_n \in \Phi_n} \sup_{x\in[a,b]} |f(x) - s_n(x)|.$$

由于 $s_n^*(x)$ 为 $f(x)$ 在 Φ_n 中的最佳平方逼近多项式, 有

$$\|f - s_n^*(x)\|_2 \leqslant \left(\int_a^b \rho(x)(f(x) - s_n^*(x))^2 \mathrm{d}x\right)^{1/2}$$

$$\leqslant E_n(f)\left(\int_a^b \rho(x)\mathrm{d}x\right)^{1/2},$$

当 $n \to \infty$ 时, $E_n(f) \to 0$, 定理得证.

定理 6.15 设 $f(x) \in \mathbb{C}[a,b]$, $\{\phi_i(x)\}_{i=0}^n$ 是正交多项式族, 则 $s_n^*(x) \in \Phi_n$ 为 $f(x)$ 在 $\Phi_n = \text{span}\{\phi_0, \phi_1, \cdots, \phi_n\}$ 中的最佳平方逼近函数的充要条件是

$$(f - s_n^*, \phi_j) = 0, \quad j = 0, 1, 2, \cdots, n. \tag{6.60}$$

证明 由于对 $\forall s_n \in \Phi_n$, 总有

$$s_n(x) = c_0\phi_0(x) + c_1\phi_1(x) + \cdots + c_n\phi_n(x),$$

其中 $c_0, c_1, \cdots, c_n$ 为常数. 易证

$$s_n^*(x) = c_0^*\phi_0(x) + c_1^*\phi_1(x) + \cdots + c_n^*\phi_n(x)$$

满足式 (6.60) 的充要条件是 $c_0^*, c_1^*, \cdots, c_n^*$ 为方程组

$$g_{i,0}c_0 + g_{i,1}c_1 + \cdots + g_{i,n}c_n = 0, \quad i = 0, 1, 2, \cdots, n$$

的解.

定理 6.16 设 $\{\phi_i(x)\}_{i=0}^n$ 是标准正交函数族，$\Phi_n = \mathrm{span}\{\phi_0(x), \phi_1(x), \cdots, \phi_n(x)\}$，则对 $\forall f(x) \in \mathbb{C}[a,b]$，在 Φ_n 中的最佳平方逼近函数 $s_n^*(x)$ 可以写成

$$s_n^*(x) = c_0^*\phi_0(x) + c_1^*\phi_1(x) + \cdots + c_n^*\phi_n(x), \tag{6.61}$$

其中

$$c_k^* = (f, \phi_k) = \int_a^b \rho(x)f(x)\phi_k(x)\mathrm{d}x, \quad k = 0, 1, 2, \cdots, n.$$

6.4.2 用正交多项式作最佳一致逼近

下面研究 $s_n(f)(x)$ 在一致度量下的收敛性.

命题 6.1 对于任意给定的函数 $f(x) \in \mathbb{C}[a,b]$，$f(x)$ 在 $[a,b]$ 上关于标准正交多项式族 $\{\phi_i(x)\}_{i=0}^\infty$ 展开式的部分和 $s_n(f)(x)$ 可表示为

$$s_n(f)(x) = \int_a^b \rho(t)f(t)q_n(t,x)\mathrm{d}t,$$

其中 $q_n(t,x) = \sum_{i=0}^n \phi_i(t)\phi_i(x)$.

证明

$$s_n(f)(x) = \sum_{i=0}^n (f, \phi_i)\phi_i(x) = \sum_{i=0}^n \left(\int_a^b \rho(t)f(t)\phi_i(t)\mathrm{d}t\right)\phi_i(x)$$

$$= \int_a^b \rho(t)f(t)\left(\sum_{i=0}^n \phi_i(t)\phi_i(x)\right)\mathrm{d}t = \int_a^b \rho(t)f(t)q_n(t,x)\mathrm{d}t.$$

称 $q_n(t,x)$ 为 $f(x)$ 关于正交函数族 $\{\phi_i(x)\}_{i=0}^\infty$ 的**广义 Dirichlet 核**.

命题 6.2 对于任意给定的函数 $f(x) \in \mathbb{C}[a,b]$，有如下估计

$$|s_n(f) - f(x)| \leqslant (1 + \lambda_n(x))E_n(f),$$

其中 $E_n(f)$ 是 Φ_n 对 $f(x)$ 在 $[a,b]$ 上的最佳一致逼近，并且

$$\lambda_n(x) = \int_a^b \rho(t)|q_n(t,x)|\mathrm{d}t.$$

通常称 $\lambda_n(x)$ 为正交多项式族 $\{\phi_i(x)\}_{i=0}^\infty$ 的 **Lebesgue 函数**.

证明 对于 $f(x) \in \mathbb{C}[a,b]$，在 $\varPhi_n$ 中存在最佳一致逼近多项式 $s_n^*(x)$，使得

$$E_n(f) = \sup_{x \in [a,b]} |f(x) - s_n^*(x)| = \inf_{s_n \in \varPhi_n} \sup_{x \in [a,b]} |f(x) - s_n(x)|,$$

于是，对于 $x \in [a,b]$，有

$$|f(x) - s_n(f)(x)| \leqslant |f(x) - s_n^*(x)| + |s_n^*(x) - s_n(f)(x)|.$$

由于 $s_n^* \in \varPhi_n$，故 $s_n(f)(x) = s_n^*(x)$，所以

$$|s_n^*(x) - s_n(f)(x)| \leqslant |s_n(s_n^* - f)(x)| = \left| \int_a^b \rho(t)(s_n^*(t) - f(t))q_n(t,x)\mathrm{d}t \right|$$

$$\leqslant \int_a^b \rho(t)|s_n^*(t) - f(t)||q_n(t,x)|\mathrm{d}t \leqslant E_n(f)\lambda_n(x),$$

即

$$|f(x) - s_n(f)(x)| \leqslant (1 + \lambda_n(x))E_n(f).$$

命题得证.

定理 6.17 对于任意给定的函数 $f(x) \in \mathbb{C}[a,b]$，若 $\{\phi_i(x)\}_{i=0}^{\infty}$ 的 Lebesgue 函数 $\lambda_n(x)$ 满足条件

$$\lim_{n \to \infty} E_n(f) \sup_{x \in [a,b]} \lambda_n(x) = 0,$$

则 $s_n(f)(x)$ 在 $[a,b]$ 上一致收敛于 $f(x)$.

定理 6.18 对于 $[a,b]$ 上的 Legendre 多项式 $\{P_n(x)\}_{n=0}^{\infty}$，其 Lebesgue 函数有如下估计：

$$\lambda_n(x) \leqslant (1+n)^2.$$

当 $f(x) \in \mathbb{C}[-1,1]$ 且具有连续的二阶导数时，关于 Legendre 多项式的展开式部分和 $s_n(f)(x)$ 在 $[-1,1]$ 上一致收敛于 $f(x)$.

证明 易证

$$|P_n(x)| \leqslant 1,$$

于是，对于标准正交多项式 $\widetilde{P}_n(x)(n = 0, 1, 2, \cdots)$，有

$$|\widetilde{P}_n(x)| \leqslant \sqrt{\frac{2n+1}{2}}.$$

所以，$\widetilde{P}_n(x)(n = 0, 1, 2, \cdots)$，的 Lebesgue 函数有如下估计：

$$\lambda_n(x) = \int_{-1}^{1} |q_n(t,x)| \mathrm{d}t = \int_{-1}^{1} \left| \sum_{i=0}^{n} \widetilde{P}_i(t) \widetilde{P}_n(x) \right| \mathrm{d}t \leqslant \sum_{i=0}^{n} \frac{2i+1}{2} = (1+n)^2.$$

> **定理 6.19** 对于 $[a,b]$ 上的 Chebyschev 多项式 $\{T_n(x)\}_{n=0}^{\infty}$，其 Lebesgue 函数有如下估计
> $$\lambda_n(x) \leqslant 2 + \ln n.$$
> 当 $f \in \mathbb{C}[a,b]$，且满足 Lipschitz 条件
> $$\lim_{\delta \to 0} (\omega(\delta) \ln \delta) = 0$$
> 时，$f(x)$ 关于 Chebyschev 多项式展开式部分和 $s_n(f)(x)$ 在 $[-1,1]$ 上一致收敛于 $f(x)$，其中 $\omega(\delta)(\omega(\delta) = \sup\limits_{|x-y|\leqslant \delta} |f(x) - f(y)|)$ 为函数 $f(x)$ 的连续模.

6.5 Fourier 级数的逼近性质

当 $f(x)$ 是周期函数时，用三角多项式逼近 $f(x)$ 比用代数多项式更合适. 设 $f(x)$ 是以 2π 为周期的平方可积函数，用多项式

$$s_n(f)(x) = \frac{1}{2}a_0 + a_1 \cos x + b_1 \sin x + \cdots + a_n \cos nx + b_n \sin nx \tag{6.62}$$

作最佳平方逼近函数. 三角函数族

$$\frac{1}{\sqrt{2\pi}}, \frac{1}{\sqrt{\pi}} \cos x, \frac{1}{\sqrt{\pi}} \sin x, \cdots, \frac{1}{\sqrt{\pi}} \cos kx, \frac{1}{\sqrt{\pi}} \sin kx, \cdots$$

是 $[-\pi, \pi]$ 上关于权 $\rho(x) \equiv 1$ 的标准正交函数族. 所以 $f(x)$ 在 $[-\pi, \pi]$ 上的最佳平方三角逼近多项式 $s_n(f)(x)$ 的系数是

$$\begin{cases} a_k = \int_{-\pi}^{\pi} f(x) \cos kx \mathrm{d}x, & k = 0, 1, 2, \cdots, n, \\ b_k = \int_{-\pi}^{\pi} f(x) \sin kx \mathrm{d}x, & k = 1, 2, \cdots, n, \end{cases} \tag{6.63}$$

a_k, b_k 称为 Fourier 系数，函数 $f(x)$ 按 Fourier 系数展开得到的级数

$$\frac{1}{2}a_0 + \sum_{k=1}^{\infty} (a_k \cos kx + b_k \sin kx) \tag{6.64}$$

称为 **Fourier 级数**.

下面讨论 $s_n(f)(x)$ 对 $f(x)$ 的逼近性质.

6.5.1 最佳平方三角逼近

Fourier 级数 $s_n(f)(x)$ 在平方度量下收敛于 $f(x)$.

定理 6.20 设 $f(x) \in \mathbb{C}_{2\pi}$, 则
$$\lim_{n\to\infty} \|f - s_n(f)(x)\|_2 = 0,$$
即 Fourier 级数 $s_n(f)(x)$ 在平方度量下收敛于 $f(x)$.

证明 由一致逼近理论 (连续周期函数的 Weierstrass 定理), 对于任意给定的 $f(x) \in \mathbb{C}_{2\pi}$ 和 $\varepsilon > 0$, 存在三角多项式 $s_n^*(x)$(其中 n 为某个自然数, 是三角多项式的阶数), 使得
$$\sup_{x \in [-\pi,\pi]} |f(x) - s_n^*(x)| \leqslant \frac{\varepsilon}{\sqrt{2\pi}}.$$

再由 Fourier 级数的前 $2n+1$ 项部分和 s_n 为 $f(x) \in \mathbb{C}_{2\pi}$ 在 S_n 中的最佳平方逼近三角多项式 (S_n 为阶数不超过 n 的所有多项式的集合), 于是有
$$\|f(x) - s_n(f)(x)\|_2 \leqslant \|f(x) - s_n^*(x)\|_2$$
$$\leqslant \left(\int_{-\pi}^{\pi} |f(x) - s_n^*(x)|^2 dx\right)^{1/2} \leqslant \frac{\varepsilon}{\sqrt{2\pi}} \left(\int_{-\pi}^{\pi} dx\right)^{1/2} \leqslant \varepsilon.$$

由于 $S_n \subset S_{n+1}$, 定理得证.

6.5.2 最佳一致三角逼近

$s_n(f)(x)$ 的积分表示由如下命题给出.

命题 6.3 对于 $f \in \mathbb{C}[-\pi, \pi]$, 有
$$s_n(f)(x) = \frac{1}{2} \int_0^{\frac{\pi}{2}} \frac{\sin(2n+1)t}{\sin t} (f(x+2l) + f(x-2l)) dl.$$

证明 易证
$$\frac{1}{2} + \sum_{k=1}^{n} \cos kx = \frac{\sin(n+\frac{1}{2})x}{2 \sin \frac{x}{2}}.$$

于是
$$s_n(f)(x) = \frac{1}{2\pi} \int_{-\pi}^{\pi} f(t) dt + \sum_{k=1}^{n} \frac{1}{\pi} \int_{-\pi}^{\pi} f(t)(\cos kt \cos kx + \sin kt \sin kx) dt$$
$$= \frac{1}{\pi} \int_{-\pi}^{\pi} \left(\frac{1}{2} \sum_{k=0}^{n} \cos k(t-x)\right) f(t) dt = \frac{1}{\pi} \int_{-\pi}^{\pi} \frac{\sin(n+\frac{1}{2})(t-x)}{2\sin \frac{1}{2}(t-x)} f(t) dt$$

$$= \frac{1}{\pi}\int_{-\frac{\pi}{2}}^{\frac{\pi}{2}} \frac{\sin(2n+1)t}{\sin t} f(x+2t)\mathrm{d}t = \frac{1}{\pi}\int_{0}^{\frac{\pi}{2}} \frac{\sin(2n+1)t}{\sin t}(f(x+2t)+f(x-2t))\mathrm{d}t.$$

命题 6.4 对于任意自然数 $n \geqslant 2$，有

$$\frac{1}{\pi}\int_{0}^{\frac{\pi}{2}} \left|\frac{\sin(2n+1)t}{\sin t}\right| \mathrm{d}t < \frac{1}{2}(2+\ln n).$$

证明 由数学归纳法得，对于任意的 $n \in \mathbb{N}$，有

$$|\sin nt| \leqslant n|\sin t|.$$

当 $0 \leqslant t \leqslant \dfrac{\pi}{2}$ 时，有

$$\frac{2}{\pi} \leqslant \sin t \leqslant t.$$

于是，当 $n \geqslant 2$ 时，有

$$\frac{1}{\pi}\int_{0}^{\pi} \left|\frac{\sin(2n+1)t}{\sin t}\right|\mathrm{d}t = \frac{1}{\pi}\int_{0}^{\frac{\pi}{4n+2}} \left|\frac{(2n+1)\sin t}{\sin t}\right|\mathrm{d}t + \frac{1}{\pi}\int_{\frac{\pi}{4n+2}}^{\frac{\pi}{2}} \frac{\pi}{2t}\mathrm{d}t$$

$$= \frac{1}{2} + \frac{1}{2}\ln(2n+1) < \frac{1}{2} + \frac{1}{2}\ln(\mathrm{e}n) = \frac{1}{2}(2+\ln n).$$

定理 6.21 对于任意给定的 $f \in \mathbb{C}_{2\pi}$，当 $n \geqslant 2$ 时，有估计式

$$\sup_{x}|f(x) - s_n(f)(x)| \leqslant (3+\ln n)E_n^*(f),$$

其中 $E_n^*(f)$ 为 n 阶三角多项式对 $f(x)$ 的一致逼近.

证明 由命题 6.4，对于任意 $g \in \mathbb{C}_{2\pi}$，有估计式

$$|s_n(g)(x)| = \frac{1}{\pi}\left|\int_{0}^{\frac{\pi}{2}} \frac{\sin(2n+1)t}{\sin t}(g(x+2t)+g(x-2t))\right|$$

$$\leqslant \frac{1}{2}(2+\ln n) 2\sup_{x}|g(x)| = (2+\ln n)\sup_{x}|g(x)|.$$

设 $s_n^*(x)$ 是 $f(x)$ 在 S_n 中的最佳一致三角多项式，由 $s_n(s_n^*)(x) = s_n^*(x)$，得

$$|s_n(f)(x) - f(x)| \leqslant |s_n(f)(x) - s_n^*(x)| + |s_n^*(x) - f(x)| \leqslant E_n^*(f) + |s_n(f - s_n^*)(x)|$$

$$\leqslant E_n^*(f) + (2+\ln n)E_n^*(f) = (3+\ln n)E_n^*(f).$$

由定理 6.21 可得：当 $n \to \infty$ 时，若 $\ln n E_n^*(f) \to 0$，则 $f(x)$ 的 Fourier 级数在一致度量下收敛于 $f(x)$.

6.5 Fourier 级数的逼近性质

定理 6.22 对于 $f \in \mathbb{C}_{2\pi}$，若 $f(x)$ 满足 Lipschitz 条件
$$\lim_{\delta \to 0^+} (\omega(\delta) \ln \delta) = 0,$$
则 $f(x)$ 的 Fourier 级数一致收敛于 $f(x)$.

定义 6.16 诱导函数
对于 $f \in \mathbb{C}[-1,1]$，令 $g(y) = f(\cos y), y \in [0, \pi]$，由于 $g(y)$ 为偶函数，且 $g(-\pi) = g(\pi)$，可将 $g(y)$ 延拓，使 $g \in \mathbb{C}_{2\pi}$，称 $g(y)$ 为 $f(x)$ 的**诱导函数**.

易证，下面命题成立.

命题 6.5 设 $f \in \mathbb{C}[-1,1], g \in \mathbb{C}_{2\pi}$ 为 $f(x)$ 的诱导函数，则
$$\omega_g(\delta) \leqslant \omega_f(\delta),$$
其中 ω_g 和 ω_f 分别为函数 g 和 f 的连续模.

下面给出定理 6.19(Chebyschev 多项式展开的收敛性定理)的证明.

证明 设 $f \in \mathbb{C}[-1,1]$，Chebyschev 多项式展开的前 $n+1$ 项部分和为
$$\tilde{s}_n(f)(x) = \frac{a_0}{2}T_0(x) + \sum_{k=1}^{n} a_k T_k(x), \tag{6.65}$$
其中 $T_0(x) = 1, T_k(x) = \cos(k \arccos x)(k = 1, 2, \cdots, n)$，
$$a_k = \frac{2}{\pi} \int_{-1}^{1} \frac{1}{\sqrt{1-t^2}} f(t) T_k(t) \mathrm{d}t, \quad k = 0, 1, \cdots, n. \tag{6.66}$$
令 $x = \cos y$，代入式 (6.65) 和式 (6.66) 得
$$\tilde{s}_n(f)(\cos y) = \frac{a_0}{2} + \sum_{k=1}^{n} a_k \cos ky,$$

$$\begin{aligned} a_k &= \frac{2}{\pi} \int_{-1}^{1} \frac{1}{\sqrt{1-t^2}} f(t) \cos(k \arccos t) \mathrm{d}t \\ &= \frac{2}{\pi} \int_{0}^{\pi} f(\cos y) \cos(ky) \mathrm{d}y = \frac{1}{\pi} \int_{-\pi}^{\pi} g(y) \cos(ky) \mathrm{d}y, \end{aligned}$$

其中 $g(y)$ 是函数 $f(x)$ 的诱导函数. 由于 $g(y)$ 是偶函数，所以
$$\tilde{s}_n(f)(x) = s_n(g)(y),$$
即 $f(x)$ 关于 Chebyschev 多项式展开的前 $n+1$ 项部分和为 $g(y)$ 的 Fourier 级数的前 $2n+1$ 项部分和，所以由 Fourier 级数一致收敛的条件，定理得证.

定义 6.17 Fejer 和

对于任意 $f \in \mathbb{C}_{2\pi}$，设 $s_n(f)(x)$ 是 Fourier 级数的前 $2n+1$ 项部分和，称

$$\sigma_n(f)(x) = \frac{1}{n}(s_0(f)(x) + s_1(f)(x) + \cdots + s_n(f)(x))$$

为 $f(x)$ 的 **Fejer** 和.

命题 6.6 对于任意 $n \in \mathbb{N}$，有

$$\sum_{k=0}^{n-1} \sin(2k+1)t = \frac{\sin^2 nt}{\sin t}.$$

证明

$$2\sin t \sum_{k=0}^{n-1} \sin(2k+1)t = \sum_{k=0}^{n-1}(\cos 2kt - \cos(2k+1)t)$$
$$= 1 - \cos 2nt = 2\sin^2 nt.$$

命题 6.7 Fejer 和可表示成如下积分形式

$$\sigma_n(f)(x) = \frac{1}{n\pi} \int_0^{\frac{\pi}{2}} (f(x+2t) + f(x-2t)) \left(\frac{\sin nt}{\sin t}\right)^2 \mathrm{d}t.$$

证明 由 Fejer 和的定义和 Fourier 级数部分和的积分表达式，有

$$\sigma_n(f)(x) = \frac{1}{n}\sum_{k=0}^{n-1} \frac{1}{\pi} \int_0^{\frac{\pi}{2}} \frac{\sin(2k+1)t}{\sin t}(f(x+2t) + f(x-2t))\mathrm{d}t$$
$$= \frac{1}{n\pi} \int_0^{\frac{\pi}{2}} \frac{f(x+2t) + f(x-2t)}{\sin t} \left(\sum_{k=0}^{n-1}\sin(2k+1)t\right) \mathrm{d}t$$
$$= \frac{1}{n\pi} \int_0^{\frac{\pi}{2}} \frac{f(x+2t) + f(x-2t)}{\sin t} \left(\frac{\sin nt}{\sin t}\right)^2 \mathrm{d}t.$$

定理 6.23 (Bernstein,1912) 若 $f \in \mathbb{C}_{2\pi}$，且 $f \in LipM\alpha, 0 < \alpha < 1$，则对一切 x，有如下估计

$$|\sigma_n(f)(x) - f(x)| \leqslant \frac{AM}{n^\alpha},$$

其中，A 是依赖于 α 的常数，$LipM\alpha$ 表示所有满足条件 $|f(x) - f(y)| \leqslant M|x-y|(0 < \alpha \leqslant 1)$，$M$ 为常数的函数 $f(x)$ 的集合.

证明 设 $f \in \mathbb{C}_{2\pi}$，由 $s_n(1)(x) = 1$ 及命题6.6得

$$\sigma_n(f)(x) - f(x) = \frac{1}{n\pi} \int_0^{\frac{\pi}{2}} (f(x+2t) + f(x-2t) - 2f(x)) \left(\frac{\sin nt}{\sin t}\right)^2 dt.$$

由于 $f \in LipM\alpha$，且当 $0 \leqslant t \leqslant \frac{\pi}{2}$ 时，有

$$\sin^2 t \geqslant \left(\frac{2}{\pi}\right)^2 t^2.$$

于是，得

$$|\sigma_n(f)(x) - f(x)| \leqslant \frac{2^{1+\alpha}M}{n\pi} \int_0^{\frac{\pi}{2}} \left(\frac{\sin nt}{\sin t}\right)^2 t^2 dt \leqslant \frac{M\pi}{2^{1-\alpha}n} \int_0^{\frac{\pi}{2}} \frac{\sin^2 nt}{t^{2-\alpha}} dt$$

$$= \frac{M\pi}{n^\alpha 2^{1-\alpha}} \int_0^{\frac{n\pi}{2}} \frac{\sin^2 u}{u^{2-\alpha}} du \leqslant \frac{AM}{n^\alpha} \int_0^\infty \frac{\sin^2 u}{u^{2-\alpha}} du \leqslant \frac{AM}{n^\alpha},$$

其中常数依赖于 α.

6.5.3 快速 Fourier 变换

1. 离散的 Fourier 变换

定义 6.18 Fourier 变换

设 $f(t)$ 是定义在 $(-\infty, \infty)$ 上的函数，且满足

$$\int_{-\infty}^\infty |f(t)| dt < \infty,$$

则称

$$F(\omega) = \int_{-\infty}^\infty f(t) e^{-2\pi i\omega t} dt \quad (\omega \in (-\infty, \infty), i = \sqrt{-1}) \tag{6.67}$$

为函数 $f(t)$ 的 **Fourier 变换**.

易证

$$f(t) = \frac{1}{2\pi} \int_{-\infty}^\infty F(\omega) e^{2\pi i\omega t} d\omega. \tag{6.68}$$

在实际应用中，通常等距给(测)出 $f(t)$ 的 $2N+1$ 个采样点，来估计 $f(t)$ 的性质.

$$f(k\Delta t), \quad k = 0, \pm 1, \pm 2, \cdots, \pm N, \quad \Delta t > 0,$$

当 N 充分大时，有

$$F(\omega) = \int_{-N\Delta t}^{N\Delta t} f(t) e^{-2\pi i \omega t} dt.$$

由积分的定义可得

$$\begin{aligned} F(\omega) &\approx \sum_{k=-N}^{N-1} f(k\Delta t) e^{-2\pi i \omega k \Delta t} \Delta t \\ &= \sum_{k=-N}^{-1} f(k\Delta t) e^{-2\pi i \omega k \Delta t} \Delta t + \sum_{k=0}^{N-1} f(k\Delta t) e^{-2\pi i \omega k \Delta t} \Delta t. \end{aligned} \quad (6.69)$$

式 (6.69) 右边第一项

$$\begin{aligned} \sum_{k=-N}^{-1} f(k\Delta t) e^{-2\pi i \omega k \Delta t} \Delta t &= \sum_{k'=0}^{N-1} f((k'-N)\Delta t) e^{-2\pi i \omega (k'-N) \Delta t} \Delta t \\ &= \sum_{k=0}^{N-1} f((k-N)\Delta t) e^{-2\pi i \omega k \Delta t} e^{2\pi i \omega N \Delta t} \Delta t, \end{aligned} \quad (6.70)$$

于是，当 $\omega = \dfrac{j}{N\Delta t} (j = 0, 1, 2, \cdots, N-1)$ 时，有

$$\begin{aligned} F\left(\frac{j}{N\Delta t}\right) &\approx \sum_{k=0}^{N-1} f((k-N)\Delta t) e^{-2\pi k j/N} \Delta t + \sum_{k=0}^{N-1} f(k\Delta t) e^{-2\pi i j k/N} \Delta t \\ &= \sum_{k=0}^{N-1} A_k e^{-2\pi i k j/N}, \end{aligned}$$

其中 $A_k = (f(k\Delta t) + f((k-N)\Delta t))\Delta t$.

通过上面的讨论，计算 $f(t)$ 的 Fourier 变换在 $\omega = \dfrac{j}{N\Delta t} (j = 0, 1, 2, \cdots, N-1)$ 的值可以写成如下形式

$$x_j = \sum_{k=0}^{N-1} A_k e^{-2\pi i j k/N}, \quad j = 0, 1, 2, \cdots, N-1. \quad (6.71)$$

序列 $\{x_j\}_{j=0}^{N-1}$ 称为序列 $\{A_j\}_{j=0}^{N-1}$ 的**离散 Fourier 变换**.

将式 (6.71) 两端乘以 $e^{2\pi i j l/N}$，l 为 $0, 1, 2, \cdots, N-1$ 中的某个数，对 j 求和

$$\sum_{j=0}^{N-1} x_j e^{2\pi i j l/N} = \sum_{j=0}^{N-1} \sum_{k=0}^{N-1} A_k e^{2\pi i j (l-k)/N} = \sum_{k=0}^{N-1} A_k g_{k,l},$$

其中 $g_{k,l} = \sum_{j=0}^{N-1} e^{2\pi i j (l-k)/N}$，记 $q = e^{2\pi i j (l-k)/N}$，则当 $l \neq k$ 时，有

$$g_{k,l} = \sum_{j=0}^{N-1} q^j = \frac{1-q^N}{1-q} = \frac{1-e^{2\pi i j(l-k)}}{1-e^{2\pi i j(l-k)/N}} = 0.$$

当 $l=k$ 时，$g_{k,l} = N$，所以有

$$\sum_{j=0}^{N-1} x_j e^{2\pi i j l/N} = N A_l.$$

即

$$A_l = \frac{1}{N} \sum_{j=0}^{N-1} x_j e^{2\pi i j l/N}, \quad l = 0, 1, 2, \cdots, N-1.$$

由 $\{x_j\}_{j=0}^{N-1}$ 到 $\{A_l\}_{l=0}^{N-1}$ 的变换称为**离散 Fourier 变换的逆变换**.

2. 快速 Fourier 变换

由式 (6.71) 可以看出，通过 $\{A_l\}_{l=0}^{N-1}$ 计算 $\{x_j\}_{j=0}^{N-1}$ 需要计算 N^2 个复数乘法，当 N 很大时，会使计算量很大，将严重影响计算速度，20 世纪 60 年代中期产生了快速 Fouriersrtd(FFT) 算法大大提高了运算速度，下面介绍快速 Fourier 变换算法的原理.

令 $W = e^{i2\pi/N}$，FFT 算法的思想是尽量减少乘法的次数，用公式 (6.71) 计算 x_j，表面看要计算 N^2 次乘法，实际上所有的 $e^{i2\pi k j}, j = 0, 1, 2, \cdots, N-1$ 中，只有 N 个不同的值 $W^0, W^1(\cdots, W^{N-1})$，特别地，当 $N = 2^p$ 时，只有 $\frac{N}{2}$ 个不同的值，因此可把同一个 W^r 对应的 x_k 相加后再乘 W^r.

设 $m = qN + r (m, N, q, r$ 为正整数)，由 $W = e^{i2\pi/N}$，得

$$W^N = e^{i2\pi} = 1, \quad W^m = (W^N)^q W^r = W^r.$$

设 $N = 2^m$，将 j, k 作如下分解

$$j = j_{m-1} 2^{m-1} + j_{m-2} 2^{m-2} + \cdots + j_1 2^1 + j_0 2^0,$$

$$k = k_{m-1} 2^{m-1} + k_{m-2} 2^{m-2} + \cdots + k_1 2^1 + k_0 2^0,$$

其中 $j_v, k_v (v = 0, 1, 2, \cdots, m-1)$ 取 0 或 1. 记

$$x_j = X(j_{m-1}, j_{m-2}, \cdots, j_1, j_0),$$

$$A_k = A(k_{m-1}, k_{m-2}, \cdots, k_1, k_0),$$

则离散的 Fourier 变换可以写成

$$X(j_{m-1},j_{m-2},\cdots,j_1,j_0) = \sum_{k_0=0}^{1}\sum_{k_1=0}^{1}\cdots\sum_{k_{m-1}=0}^{1} A(k_{m-1},k_{m-2},\cdots,k_1,k_0)$$
$$\cdot W^{j(k_{m-1}2^{m-1}+k_{m-2}2^{m-2}+\cdots+k_1 2^1+k_0 2^0)}.$$

当 n 为正整数时,$(W^{2^m})^n = e^{\frac{2\pi i}{2^m}2^m n} = 1$,故有

$$X(j_{m-1},j_{m-2},\cdots,j_1,j_0)$$
$$= \sum_{k_0=0}^{1}\sum_{k_1=0}^{1}\cdots\sum_{k_{m-2}=0}^{1}\left(\sum_{k_{m-1}=0}^{1} A(k_{m-1},k_{m-2},\cdots,k_1,k_0)W^{jk_{m-1}2^{m-1}}\right)$$
$$\cdot W^{j(k_{m-2}2^{m-2}+k_{m-3}2^{m-3}+\cdots+k_1 2^1+k_0 2^0)}$$
$$= \sum_{k_0=0}^{1}\sum_{k_1=0}^{1}\cdots\sum_{k_{m-2}=0}^{1}\left(\sum_{k_{m-1}=0}^{1} A(k_{m-1},k_{m-2},\cdots,k_1,k_0)W^{j_0 k_{m-1}2^{m-1}}\right)$$
$$\cdot W^{j(k_{m-2}2^{m-2}+k_{m-3}2^{m-3}+\cdots+k_1 2^1+k_0 2^0)}$$
$$= \sum_{k_0=0}^{1}\sum_{k_1=0}^{1}\cdots\sum_{k_{m-2}=0}^{1} A_1(j_0,k_{m-2},k_{m-3},\cdots,k_1,k_0)W^{j(k_{m-2})2^{m-2}+\cdots+K_0 2^0},$$

其中

$$A_1(j_0,k_{m-2},\cdots,k_1,k_0) = \sum_{k_{m-1}=0}^{1} A(k_{m-1},k_{m-2},\cdots,k_1,k_0)W^{j_0 k_{m-1}2^{m-1}}.$$

计算 A_1 需要 2^m 次乘法运算.

类似地,可继续分解 $X(j_{m-1},j_{m-2},\cdots,j_0)$:

$$X(j_{m-1},j_{m-2},\cdots,j_0)$$
$$= \sum_{k_0=0}^{1}\sum_{k_1=0}^{1}\cdots\sum_{k_{m-2}=0}^{1} A_1(j_0,k_{m-2},k_{m-3},\cdots,k_1,k_0)W^{j(k_{m-2})2^{m-2}+\cdots+K_0 2^0}$$
$$= \sum_{k_0=0}^{1}\sum_{k_1=0}^{1}\cdots\sum_{k_{m-3}=0}^{1} A_2(j_0,j_1,k_{m-3},\cdots,k_1,k_0)W^{j(k_{m-3})2^{m-3}+\cdots+K_0 2^0},$$

其中

$$A_2(j_0,j_1,k_{m-3},\cdots,k_1,k_0) = \sum_{k_{m-2}=0}^{1} A_1(j_0,k_{m-2},k_{m-3},\cdots,k_1,k_0)W^{(j_1 2+j_0)k_{m-2}2^{m-2}}.$$

计算 A_2 也需要 2^m 次乘法运算.

继续下去可得

$$A_l(j_0, j_1, \cdots, j_{l-1}, k_{m-l-1}, \cdots, k_0)$$
$$= \sum_{k_{m-1}=0}^{1} A_{l-1}(j_0, j_1, \cdots, j_{l-2}, k_{m-1}, \cdots, k_0) W^{(j_{l-1}2^{l-1}+\cdots+j_0)k_{m-l}2^{m-l}}, \quad l = 1, 2, \cdots, m,$$
$$X(j_{m-1}, j_{m-2}, \cdots, j_0) = A_m(j_0, j_1, \cdots, j_{m-1}).$$

对于每个 l 计算所有的 A_l 需进行 2^m 次乘法运算，故计算所有 $X(j_{m-1}, j_{m-2}, \cdots, j_0)$ 的总计算量为 $T = m2^m$ 次乘法运算．由于 $N = 2^m$，所以

$$T = N \log_2 N.$$

6.6 有理函数逼近

6.6.1 连分式逼近

多项式函数简单，对 $f(x) \in \mathbb{C}[a,b]$ 的逼近精度很好，但不是全能的，当函数在某点附近无界时用多项式逼近效果很不理想，用有理函数逼近可得到很好的逼近效果．所谓有理函数逼近是指用形如

$$R_{nm}(x) = \frac{P_n(x)}{Q_m(x)} = \frac{\sum_{k=0}^{n} a_k x^k}{\sum_{k=0}^{m} b_k x^k} \tag{6.72}$$

的函数逼近 $f(x)$．类似多项式逼近理论，如果

$$\|f(x) - R_{nm}(x)\|_\infty$$

最小，则得最佳有理一致逼近；如果

$$\|f(x) - R_{nm}(x)\|_2$$

最小，则得最佳有理平方逼近．

例 6.1 对 $\ln(1+x)$ 用 Taylor 展开得

$$\ln(1+x) = \sum_{k=1}^{\infty} (-1)^{k-1} \frac{x^k}{k} \quad x \in [-1, 1], \tag{6.73}$$

部分和为

$$S_n(x) = \sum_{k=1}^{n} (-1)^{k-1} \frac{x^k}{k} \approx \ln(1+x).$$

另外用辗转相除法易得 $\ln(1+x)$ 如下，称为无穷连分式展开.

$$\ln(1+x) = \cfrac{x}{1+\cfrac{1\cdot x}{2+\cfrac{1\cdot x}{3+\cfrac{2^2\cdot x}{4+\cfrac{2^2\cdot x}{5+\cdots}}}}}$$

$$= \frac{x}{1+}\frac{1\cdot x}{2+}\frac{1\cdot x}{3+}\frac{2^2\cdot x}{4+}\frac{2^2\cdot x}{5+}\cdots. \qquad(6.74)$$

取式无穷连分式 (6.74) 的前 2、4、6、8 项，分别可得 $\ln(1+x)$ 的有理逼近

$$\begin{cases} R_{11}(x) = \dfrac{2x}{2+x}, \\ R_{22}(x) = \dfrac{6x+3x^2}{6+6x+x^2}, \\ R_{33}(x) = \dfrac{60x+60x^2+11x^3}{60+90x+36x^2+3x^3}, \\ R_{44}(x) = \dfrac{420x+630x^2+260x^3}{420+840x+540x^2+120x^3+6x^4}. \end{cases} \qquad(6.75)$$

若用同样多项的 Taylor 展开式的部分和 $S_{2n}(x)$ 逼近 $\ln(1+x)$，并计算 $S_{2n}(1)$ 与 $R_{nn}(1)$，计算结果见表 6.1，$\ln 2 = 0.693\,147\,18\cdots$.

表 6.1 计算结果

n	$S_{2n}(1)$	$\ln 2 - S_{2n}(1)$	$R_{nn}(1)$	$\ln 2 - R_{nn}(1)$
1	0.500	0.190	0.667	0.026
2	0.580	0.110	0.692 31	0.000 84
3	0.617	0.076	0.693 122	0.000 025
4	0.634	0.058	0.693 146 42	0.000 000 76

计算结果表明 $R_{44}(1)$ 的精度比 $S_8(1)$ 高出近 10 万倍.

6.6.2 Padé 逼近

利用 Taylor 展开可得 $f(x)$ 的有理逼近. 设 $f(x)$ 在 $x=0$ 的 Taylor 展开式为

$$f(x) = \sum_{k=0}^{n}\frac{1}{k!}f^{(k)}(0)x^k + \frac{f^{(n+1)}(\xi)}{(n+1)!}x^{n+1}, \qquad(6.76)$$

部分和记作
$$S_n(x) = \sum_{k=0}^{n} \frac{1}{k!} f^{(k)}(0) x^k = \sum_{k=0}^{n} c_k x^k. \tag{6.77}$$

定义 6.19 Padé 逼近

设 $f \in \mathbb{C}^{N+1}(-a, a), N = n + m$，如果存在有理函数
$$R_{nm}(x) = \frac{a_0 + a_1 x + \cdots + a_n x^n}{1 + b_1 x + \cdots + b_m x^m} = \frac{P_n(x)}{Q_m(x)}, \tag{6.78}$$
其中 $P_n(x), Q_m(x)$ 无公因式，且满足条件
$$R_{nm}^{(k)}(0) = f^{(k)}(0), \quad k = 0, 1, 2, \cdots, N, \tag{6.79}$$
则称 $R_{nm}(x)$ 为函数 $f(x)$ 在 $x = 0$ 处的 (n, m) 阶 **Padé 逼近**，记作 $R(n, m)$。

令
$$h(x) = S_n(x) Q_m(x) - P_n(x),$$
则式 (6.79) 等价于
$$h^{(k)}(0) = 0, \quad k = 0, 1, 2, \cdots, N,$$
即
$$h^{(k)}(0) = (S_n(x) Q_m(x) - P_n(x))^{(k)}|_{x=0} = 0, \quad k = 0, 1, 2, \cdots, N.$$
因为 $P_n^{(k)}(0) = k! a_k$，所以
$$h^{(k)}(0) = (S_n(x) Q_m(x) - P_n(x))^{(k)}|_{x=0} = k! \sum_{j=0}^{k} c_j b_{k-j} - k! a_k = 0, \quad k = 0, 1, 2, \cdots, N,$$
其中 $c_j = \frac{1}{j!} f^{(j)}(0)$ 是由式 (6.76) 得到的，两端同时除以 $k!$，并由 $b_0 = 1, b_j = 0$，当 $j > m$ 时，可得
$$a_k = \sum_{j=0}^{k-1} c_j b_{k-j} + c_k, \quad k = 0, 1, 2, \cdots, N, \tag{6.80}$$

$$-\sum_{j=0}^{k-1} c_j b_{k-j} = c_k, \quad k = n+1, \cdots, n+m. \tag{6.81}$$

由于当 $j > m$ 时，$b_j = 0$，故式 (6.81) 可写成

$$\begin{cases} -c_{n-m+1}b_m - \cdots - c_{n-1}b_2 - c_n b_1 = c_{n+1}, \\ -c_{n-m+2}b_m - \cdots - c_n b_2 - c_{n+1}b_1 = c_{n+2}, \\ \quad\quad\quad\quad\quad\quad\quad\quad \vdots \\ -c_n b_m - \cdots - c_{n+m-2}b_2 - c_{n+m-1}b_1 = c_{n+m}, \end{cases} \quad (6.82)$$

其中 $j < 0$ 时, $c_j = 0$. 若记

$$H = \begin{pmatrix} -c_{n-m+1}b_m & \cdots & -c_{n-1}b_2 & -c_n b_1 \\ -c_{n-m+2}b_m & \cdots & -c_n b_2 & -c_{n+1}b_1 \\ \vdots & & \vdots & \vdots \\ -c_n b_m & \cdots & -c_{n+m-2}b_2 & -c_{n+m-1}b_1 \end{pmatrix},$$

$$\overline{b} = (b_m, b_{m-1}, \cdots, b_1)^\mathrm{T}, \quad \overline{c} = (c_{n+1}, c_{n+2}, \cdots, c_{n+m})^\mathrm{T},$$

则方程组 (6.82) 的矩阵形式为

$$H\overline{b} = \overline{c}.$$

定理 6.24 设 $f \in \mathbb{C}^{N+1}(-a, a), N = n + m$, 则 $R_{nm}(x)$ 是 $f(x)$ 的 (n, m) 阶 Padé 逼近的充要条件是: 多项式 $P_n(x)$ 及 $Q_m(x)$ 的系数 $a_0, a_1, \cdots, a_n$ 及 $b_1, b_2, \cdots, b_m$ 满足方程组 (6.80) 和 (6.82).

6.7 曲线拟合的最小二乘法及 MATLAB 程序

6.7.1 曲线拟合的最小二乘法

设 $\phi_0, \phi_1, \cdots, \phi_n$ 是 n 个线性无关的连续函数, $\varPhi_n$ 是由 $\phi_i(i = 0, 1, 2, \cdots, n)$ 的所有线性组合构成的函数集合, 记 $\varPhi_n = \text{span}\{\phi_0, \phi_1, \cdots, \phi_n\}$, 任取 $\phi(x) \in \varPhi_n(x)$, 则

$$\phi(x) = \sum_{k=0}^{n} a_k \phi_k(x).$$

对已知点 $(x_i, y_i)(i = 0, 1, 2, \cdots, m)$, 在 $\varPhi_n$ 中求一函数 $\phi(x)$, 使得

$$||\delta||_2^2 = \sum_{i=0}^{m}(\phi(x_i) - y_i)^2 = \sum_{i=0}^{m}\left(\sum_{k=0}^{n}a_k\phi_k(x_i) - y_i\right)^2 \quad (6.83)$$

达到最小, 这就是一般线性最小二乘拟合问题. 最小二乘拟合问题, 实质也是对离散点的最佳平方逼近问题.

要使 $\|\delta\|_2^2$ 达到最小，就是求函数

$$F(a_0,a_1,\cdots,a_m) = \sum_{i=0}^{m}(\phi(x_i)-y_i)^2 = \sum_{i=0}^{m}\left(\sum_{k=0}^{n}a_k\phi_i(x_i)-y_i\right)^2$$

的极小值点 $(a_0^*, a_1^*, \cdots, a_m^*)$，为此令

$$\frac{\partial F}{\partial a_k} = 0, \quad k=0,1,2,\cdots,m,$$

由此得

$$\sum_{i=0}^{n}\left(\sum_{j=0}^{m}a_j\phi_j(x_i) - y_i\right)\phi_k(x_i) = 0, \quad k=0,1,2,\cdots,m. \tag{6.84}$$

记

$$(\phi_j, \phi_k) = \sum_{i=0}^{n}\phi_j(x_i)\phi_k(x_i),$$

$$(f, \phi_k) = \sum_{i=0}^{n}y_i\phi_k(x_i) = d_k,$$

则式 (6.84) 可写为

$$\sum_{j=0}^{m}(\phi_k,\phi_j)a_j = d_k,$$

改写成矩阵的形式为

$$\begin{pmatrix} (\phi_0,\phi_0) & (\phi_0,\phi_1) & \cdots & (\phi_0,\phi_m) \\ (\phi_1,\phi_0) & (\phi_1,\phi_1) & \cdots & (\phi_1,\phi_m) \\ \vdots & \vdots & & \vdots \\ (\phi_m,\phi_0) & (\phi_m,\phi_1) & \cdots & (\phi_m,\phi_m) \end{pmatrix} \begin{pmatrix} a_0 \\ a_1 \\ \vdots \\ a_m \end{pmatrix} = \begin{pmatrix} d_0 \\ d_1 \\ \vdots \\ d_m \end{pmatrix}. \tag{6.85}$$

这是关于系数 $a_j(j=0,1,2,\cdots,m)$ 的线性方程组，也称正则方程组。由于 $\phi_0,\phi_1,\cdots,\phi_m$ 线性无关，故方程组 (6.85) 的系数矩阵的行列式不为零，因此方程组 (6.85) 有唯一解 $a_0^*, a_1^*, \cdots, a_m^*$.

6.7.2 曲线拟合最小二乘法的 MATLAB 程序

MATLAB 程序 6.1 最小二乘法

```
function p=nafit(x,y,m)
% 多项式拟合p=nafit(x,y,m)
% x,y 为数据向量,m为拟合多项式次数,p返回多项式降幂排列
A=zeros(m+1,m+1);
for i=0:m
```

```
for j=0:m
    A(i+1,j+1)=sum(x.^(i+j));
end
b(i+1)=sum(x.^i.*y);
end
a=A\b'; p=fliplr(a');
```

例 6.2 已知一组实验数据，见表6.2. 求它的拟合曲线.

表 6.2 实验数据

i	1	2	3	4	5
x_i	165	123	150	123	141
y_i	187	126	172	125	148

解 在 MATLAB 命令窗口执行

```
>> x=[165 123 150 123 141]; y=[187 126 172 125 148];
>> nafit(x,y,1) nafit(x,y,2)
```

得到

```
    ans = 1.513 8    -60.939
    ans =-0.002 2    2.132 6   -104.423 4
```

即所求一次拟合曲线为

$$y = 1.513\,8x - 60.939.$$

二次拟合曲线为

$$y = -0.002\,2x^2 + 2.132\,6x - 104.423\,4.$$

习 题 6

1. 已知 $f(x) = \sin\dfrac{\pi}{2}x$，试给出在 $[0,1]$ 上的 Bernstein 多项式 $B_1(f,x)$ 及 $B_3(f,x)$.

2. 当 $f(x) = x$ 时，求证 $B_n(f,x) = x$.

3. 设 $f(x) = \dfrac{1}{x}$.

   (1) 求 $f(x)$ 在 $[1,2]$ 上的零次和一次最佳一致逼近多项式.

   (2) 求 $f(x)$ 在 $[1,2]$ 上的零次和一次最佳平方逼近多项式.

4. 求 $f(x) = \sin x$ 在 $[0,\pi/2]$ 上的最佳一次逼近多项式.

习　题　6

5. 求 $f(x) = e^x$ 在 $[0,1]$ 上的最佳一次逼近多项式.

6. 求 $f(x) = 2x^4 + 3x^3 - x^2 + 1$ 在 $[-1,1]$ 上的三次最佳一致逼近多项式.

7. 求 $f(x) = x^4 + 3x^3 - 1$ 在 $[0,1]$ 上的三次最佳一致逼近多项式.

8. 求 $f(x) = \sqrt{x}$ 在 $[0,1]$ 上的最佳平方逼近多项式 $P(x) = a_0 + a_1 x$.

9. 求函数 $f(x)$ 在指定区间上关于 $\Phi(x) = \mathrm{span}\{1, x\}$ 的最佳平方逼近多项式:

(1) $f(x) = \dfrac{1}{x}, x \in [1,3]$;　　(2) $f(x) = e^x, x \in [0,1]$;

(3) $f(x) = \cos \pi x, x \in [0,1]$;　　(4) $f(x) = \ln x, x \in [1,2]$.

10. 对第 9 题中的函数及区间求二次最佳平方逼近多项式, 取 $\Phi(x) = \mathrm{span}\{1, x, x^2\}$.

11. $f(x) = \sin \dfrac{\pi}{2} x$ 在 $[-1,1]$ 上按 Legendre 多项式展开, 求三次最佳平方逼近多项式.

12. 求 $f(x) = \dfrac{1}{1+x}$ 在 $[0,1]$ 上的一次最佳逼近多项式.

13. 求 $f(x) = \arctan x$ 在 $[-1,1]$ 上的三次 Chebyshev 插值多项式.

14. 求 $f(x) = \ln x$ 在 $[1,2]$ 上的二次 Chebyshev 插值多项式.

15. 用辗转相除法将 $R_{22}(x) = \dfrac{3x^2 + 6x}{x^2 + 6x + 6}$ 化为连分式.

16. 求 $f(x) = \left(\dfrac{1+x}{2}\right)^{\frac{1}{2}}$ 的 Chebyshev 级数.

17. 求 $f(x) = \arcsin x$ 的 Chebyshev 级数.

18. 已知数据见表6.3, 试求一次、二次代数多项式对其拟合.

表 6.3　已知数据

x_i	-1	-0.5	0	0.5	1
y_i	-0.22	0.88	2.00	3.13	4.28

19. 已知数据见表6.4, 试求拟合公式 $y = a e^{bx}$.

表 6.4　已知数据

x_i	1	2	3	4	5	6	7	8
y_i	15.3	20.5	27.4	34.6	49.1	65.6	87.8	117.6

20. 已知数据见表6.5, 试求拟合公式 $y = a + bx^2$.

表 6.5 已知数据

x_i	19	25	31	38	44
y_i	19.0	32.3	49.0	73.3	97.8

21. 已知数据见表6.6, 试求拟合公式 $y = a + \dfrac{b}{x}$.

表 6.6 已知数据

x_i	1	2	3	4	5
y_i	0.33	0.40	0.44	0.45	

22. 已知数据见表6.7, 试求拟合公式 $y = a + b\ln x$.

表 6.7 已知数据

x_i	3	5	10	20
y_i	3.5	4.8	4.2	4.5

第 7 章 数 值 积 分

> **学习目标与要求**
> 1. 理解极数值积分的概念,掌握常用数值积分的方法.
> 2. 掌握机械求积公式.
> 3. 掌握 Newton-Cotes 公式及 MATLAB 实现.
> 4. 掌握复合梯形求积公式、Simpson 求积公式、Cotes 求积公式及 MATLAB 实现.
> 5. 掌握变步长梯形求积公式和自适应 Simpson 求积公式及 MATLAB 实现.
> 6. 掌握 Romberg 求积公式及 MATLAB 实现.
> 7. 掌握 Gauss 求积公式及 MATLAB 实现.

在科学研究与工程技术应用中,经常要进行积分 $\int_a^b f(x)dx$ 的数值计算,似乎这个问题已被 Newton-Leibniz 解决,可实际问题并非如此简单,有些积分问题理论上可证明其原函数存在,但却无法用初等函数表示,如积分 $\int_a^b e^{-x^2}dx, \int_a^b \sin x^2 dx$ 等,还有一些用图表示的函数,Newton-Leibniz 公式都不能直接运用. 为解决这些问题,下面研究积分的数值计算方法.

7.1 机械求积公式

7.1.1 数值积分的基本思想

求积分 $\int_a^b f(x)dx$ 的关键困难在于被积函数的复杂性,为此,将 $f(x)$ 用简单的函数近似替代是构造积分数值算法的最基本思想,从几何观点来看,$\int_a^b f(x)dx$ 即为由曲线 $y=f(x)$,直线 $x=a, x=b$ 及 x 轴所围平面图形面积的代数和.

因此,若用直线段
$$y = f(\theta a + (1-\theta)b), \quad \theta \in [0,1]$$
近似代替曲线段 $y = f(x)(x \in [a,b])$,则可得矩形积分公式

$$\int_a^b f(x)dx \approx (b-a)f(\theta a + (1-\theta)b), \quad \theta \in [0,1]. \tag{7.1}$$

特别地,当 $\theta = 0, \dfrac{1}{2}, 1$ 时,分别称为**左矩形公式**、**中矩形公式**、**右矩形公式**.

若用过点 $A(a,f(a)), B(b,f(b))$ 的直线段

$$y = f(a) + \frac{f(b)-f(a)}{b-a}(x-a), \quad x \in [a,b]$$

近似代替曲线段 $y = f(x)(x \in [a,b])$，则可得**梯形积分公式**

$$\int_a^b f(x)\mathrm{d}x \approx \frac{b-a}{2}(f(a)+f(b)). \tag{7.2}$$

考虑过三点 $A(a,f(a)), C\left(\frac{a+b}{2}, f\left(\frac{a+b}{2}\right)\right), B(b,f(b))$ 的抛物线段

$$y = px^2 + qx + r, \quad (x \in [a,b])$$

其中 p,q,r 由方程组

$$\begin{cases} pa^2 + qa + r = f(a), \\ p\left(\frac{a+b}{2}\right)^2 + q\frac{a+b}{2} + r = f\left(\frac{a+b}{2}\right), \\ pb^2 + qb + r = f(b) \end{cases} \tag{7.3}$$

确定. 若用此抛物线段近似代替曲线段 $y = f(x), (x \in [a,b])$，则可得 **Simpson 积分公式**

$$\int_a^b f(x)\mathrm{d}x \approx \frac{b-a}{6}\left(f(a) + 4f\left(\frac{a+b}{2}\right) + f(b)\right). \tag{7.4}$$

式 (7.1)、式 (7.2) 和式 (7.4) 实质是采用 $[a,b]$ 上若干节点 x_k 处的函数值 $f(x_k)$ 进行适当加权平均得到的. 这类公式的一般形式为

$$\int_a^b f(x)\mathrm{d}x \approx \sum_{k=0}^{n} A_k f(x_k), \tag{7.5}$$

其中 x_k 称为求积节点，A_k 为求积系数. A_k 仅与节点的选择有关，而与被积函数 $f(x)$ 无关，因此求积公式 (7.5) 具有通用性.

这类数值积分方法通常称为**机械求积**，其特点是将积分求值问题转化为求函数值问题，避免了寻求原函数的困难.

7.1.2 待定系数法

数值求积方法是一种近似方法，要确保精度，自然希望求积公式能对"尽可能多"的函数精确成立，为此引入代数精度的概念.

> **定义 7.1** m **次代数精度**
> 如果某求积公式对于次数不超过 m 的多项式，均能精确成立，但对于 $m+1$ 次多项式不能精确成立，则称该求积公式具有 m 次代数精度.

易证，矩形公式 (7.1) 具有 0 次代数精度；中矩形公式 (7.1)、梯形公式 (7.2) 均具有 1 次代数精度；Simpson 公式 (7.4) 具有 3 次代数精度．

以代数精度为标准构造求积公式的方法，称**待定系数法**．

一般地，要使求积公式 (7.5) 具有 m 次代数精度，只要令它对于 $f(x) = x^i (i = 0, 1, \cdots, m)$ 都能精确成立，即要求

$$\sum_{k=0}^{n} A_k x_k^i = \frac{b^{i+1} - a^{i+1}}{i+1}, \quad i = 0, 1, \cdots, n, \tag{7.6}$$

当节点 $x_k (k = 0, 1, \cdots, n)$ 给定且互异时，诸系数 A_k 即可由式 (7.6) 确定．

例 7.1 试确定一个具有三次代数精度的求积公式．

$$\int_0^3 f(x) \mathrm{d}x \approx A_0 f(0) + A_1 f(1) + A_2 f(2) + A_3 f(3).$$

解 由式 (7.6)，要使求积公式具有 3 次代数精度，则

$$\begin{cases} A_0 + A_1 + A_2 + A_3 = 3, \\ A_1 + 2A_2 + 3A_3 = \dfrac{9}{2}, \\ A_1 + 4A_2 + 9A_3 = 9, \\ A_1 + 8A_2 + 27A_3 = \dfrac{81}{4}. \end{cases} \tag{7.7}$$

解得

$$A_0 = \frac{3}{8}, \quad A_1 = \frac{9}{8}, \quad A_2 = \frac{9}{8}, \quad A_3 = \frac{3}{8}.$$

由此得公式

$$\int_0^3 f(x) \mathrm{d}x \approx \frac{3}{8}(f(0) + 3f(1) + 3f(2) + f(3))$$

且当将 $f(x) = x^4$ 代入上式时，不能精确成立，故所求公式具有 3 次代数精度．

7.1.3 插值型求积公式

下面给出插值型求积公式的概念．

> **定义 7.2 插值型求积公式**
> 用插值方法构造求积公式，即根据节点处的函数值，构造一个插值多项式 $p_n(x)$，用 $\int_a^b p_n(x) \mathrm{d}x$ 作为积分 $\int_a^b f(x) \mathrm{d}x$ 的近似值，这样获得的积分公式称为**插值型求积公式**．

对于积分 $\int_a^b f(x) \mathrm{d}x$，在区间 $[a, b]$ 上给定 $(n+1)$ 个节点 $a \leqslant x_0 < x_1 < \cdots < x_n \leqslant b$ 及函

数值 $f(x_k)(k=0,1,\cdots,n)$，构造函数 $f(x)$ 的 Lagrange 插值多项式

$$f(x) = \sum_{k=0}^{n} \frac{\omega_{n+1}(x)}{(x-x_k)\omega'_{n+1}(x_k)} f(x_k) + R_n(f,x), \tag{7.8}$$

其中

$$\omega_{n+1}(x) = \prod_{i=0}^{n}(x-x_i),$$

$$R_n(f,x) = \frac{f^{(n+1)}(\xi)}{(n+1)!}\omega_{n+1}(x), \quad \xi \in (a,b).$$

将式(7.8)代入积分 $\int_a^b f(x)\mathrm{d}x$，得

$$\int_a^b f(x)\mathrm{d}x = \sum_{k=0}^{n} A_k f(x_k) + R_n(f), \tag{7.9}$$

其中

$$A_k = \int_a^b \frac{\omega_{n+1}(x)}{(x-x_k)\omega'_{n+1}(x_k)}\mathrm{d}x, \quad R_n(f) = \int_a^b R_n(f,x)\mathrm{d}x. \tag{7.10}$$

在式(7.9)中略去余项 $R_n(f)$，即得插值型求积公式

$$\int_a^b f(x)\mathrm{d}x \approx \sum_{k=0}^{n} A_k f(x_k). \tag{7.11}$$

若有 $\max\limits_{x\in[a,b]} |f^{(n+1)}(x)| = M_{n+1}$，则得余项 $R_n(f)$ 的估计式

$$|R_n(f)| \leqslant \frac{M_{n+1}}{(n+1)!}\int_a^b |\omega_{n+1}(x)|\mathrm{d}x. \tag{7.12}$$

定理 7.1 $n+1$ 个节点的求积公式为插值型的充要条件是该公式至少有 n 次代数精度.

证明 先证必要性. 设公式(7.5)是插值型求积公式，即为公式(7.11)，因为对 $f(x) = x^i (i = 0,1,\cdots,n)$，均有 $f^{(n+1)}(x) = 0$，从而

$$R_n(f) = 0,$$

即公式(7.11)对 $f(x) = x^i (i=0,1,\cdots,n)$ 均能成立，故公式(7.11)至少有 n 次代数精度.

再证充分性. 设公式(7.5)至少具有 n 次代数精度，则其对 n 次多项式

$$l_k(x) = \frac{\omega_{n+1}(x)}{(x-x_k)\omega'_{n+1}(x_k)}, \quad k=0,1,\cdots,n$$

精确成立，即
$$\int_a^b l_k(x)\mathrm{d}x = \sum_{j=0}^n A_j l_k(x_j).$$

而 $l_k(x_j) = \delta_{kj}$，因此
$$A_k = \int_a^b l_k(x)\mathrm{d}x,$$

故公式 (7.11) 成立，即公式 (7.5) 为插值型的.

7.1.4 求积公式的收敛性与稳定性

在求积公式 (7.5) 中，若
$$\lim_{\substack{n\to\infty \\ h\to 0}} \sum_{k=0}^n A_k f(x_k) = \int_a^b f(x)\mathrm{d}x.$$

其中 $h = \max\limits_{1\leqslant i\leqslant n}(x_i - x_{i-1})$，则称求积公式 (7.5) 是收敛的.

在积分公式 (7.5) 中，计算 $f(x_k)$ 可能产生误差 δ_k，实际得到 $\widetilde{f}_k$，即 $f(x_k) = \widetilde{f}_k + \delta_k$. 记
$$I_n(f) = \sum_{k=0}^n A_k f(x_k), \quad I_n(\widetilde{f}) = \sum_{k=0}^n A_k \widetilde{f}_k.$$

如果对于任意的 $\varepsilon > 0$，只要误差 $|\delta_k|$ 充分小，则有
$$|I_n(f) - I_n(\widetilde{f})| = \left|\sum_{k=0}^n A_k(f(x_k) - \widetilde{f}_k)\right| \leqslant \varepsilon, \tag{7.13}$$

这表明求积公式 (7.5) 稳定.

> **定义 7.3 求积公式稳定性**
>
> 对于任意给定 $\varepsilon > 0$，若 $\exists \delta > 0$，只要 $|f(x_k) - \widetilde{f}_k| \leqslant \delta(k = 0, 1, \cdots, n)$ 就有式 (7.13) 成立，则称**求积公式** (7.5) **稳定**.

> **定理 7.2** 若求积公式 7.5 中的系数 $A_k > 0 (k = 0, 1, \cdots, n)$，则求积公式稳定.

证明 对于 $\forall \varepsilon > 0$，若取 $\delta = \dfrac{\varepsilon}{b-a}$，有 $|f(x_k) - \widetilde{f}_k| \leqslant \delta(k = 0, 1, \cdots, n)$，则
$$\begin{aligned}|I_n(f) - I_n(\widetilde{f})| &= \left|\sum_{k=0}^n A_k(f(x_k) - \widetilde{f}_k)\right| \\ &\leqslant \sum_{k=0}^n |A_k||(f(x_k) - \widetilde{f}_k)| \leqslant \delta\sum_{k=0}^n A_k = \delta(b-a) = \varepsilon.\end{aligned}$$

由定义知求积公式 (7.5) 稳定.

7.2 Newton-Cotes 求积公式

7.2.1 Newton-Cotes 求积公式的一般形式

将区间 $[a,b]n$ 等分,步长为 $h = \dfrac{b-a}{n}$,分点为 $x_k = a + kh(k=0,1,2,\cdots,n)$,以此分点为节点,构造插值型求积公式

$$\int_a^b f(x)\mathrm{d}x \approx (b-a)\sum_{k=0}^n C_k^{(n)} f(x_k), \tag{7.14}$$

称为 **Newton-Cotes 求积公式**. 其中

$$C_k^{(n)} = \frac{1}{b-a}\int_a^b \left(\prod_{\substack{i=0\\i\neq k}}^n \frac{x-x_i}{x_k-x_i}\right)\mathrm{d}x \tag{7.15}$$

称为 **Cotes 系数**. 令 $x = a + th$,则有

$$C_k^{(n)} = \frac{1}{n}\int_0^n \left(\prod_{\substack{i=0\\i\neq k}}^n \frac{t-i}{k-i}\right)\mathrm{d}t = \frac{(-1)^{n-k}}{nk!(n-k)!}\int_0^n \prod_{\substack{i=0\\i\neq k}}^n (t-i)\mathrm{d}t. \tag{7.16}$$

7.2.2 两种低阶的 Newton-Cotes 求积公式

当 $n=1$ 时,由式 (7.16) 得 Cotes 系数为

$$C_0^{(1)} = \int_0^1 (t-1)\mathrm{d}t = \frac{1}{2},$$

$$C_1^{(1)} = \int_0^1 t\,\mathrm{d}t = \frac{1}{2},$$

相应的求积公式是**梯形公式**

$$\int_a^b f(x)\mathrm{d}x \approx \frac{b-a}{2}(f(a)+f(b)). \tag{7.17}$$

当 $n=2$ 时,由式 (7.16) 得 Cotes 系数为

$$C_0^{(2)} = \frac{1}{4}\int_0^2 (t-1)(t-2)\mathrm{d}t = \frac{1}{6},$$

$$C_1^{(2)} = \frac{1}{2}\int_0^2 t(t-2)\mathrm{d}t = \frac{4}{6},$$

$$C_2^{(2)} = \frac{1}{4}\int_0^2 t(t-1)\mathrm{d}t = \frac{1}{6},$$

相应的求积公式是 Simpson 公式

$$\int_a^b f(x)\mathrm{d}x \approx \frac{b-a}{6}\left(f(a) + 4f\left(\frac{a+b}{2}\right) + f(b)\right). \tag{7.18}$$

当 $n=4$ 时，Newton-Cotes 求积公式为

$$\int_a^b f(x)\mathrm{d}x \approx \frac{b-a}{90}(7f(x_0) + 32f(x_1) + 12f(x_2) + 32f(x_3) + 7f(x_4)). \tag{7.19}$$

表 7.1 给出了 $n=1,2,\cdots,8$ 的 Cotes 系数.

表 7.1 Cotes 系数

n	$C_k^{(n)}$								
1	$\frac{1}{2}$	$\frac{1}{2}$							
2	$\frac{1}{6}$	$\frac{4}{6}$	$\frac{1}{6}$						
3	$\frac{1}{8}$	$\frac{3}{8}$	$\frac{3}{8}$	$\frac{1}{8}$					
4	$\frac{7}{90}$	$\frac{32}{90}$	$\frac{2}{90}$	$\frac{32}{90}$	$\frac{7}{90}$				
5	$\frac{19}{228}$	$\frac{75}{228}$	$\frac{50}{228}$	$\frac{50}{228}$	$\frac{75}{228}$	$\frac{19}{228}$			
6	$\frac{41}{840}$	$\frac{216}{840}$	$\frac{27}{840}$	$\frac{272}{840}$	$\frac{27}{840}$	$\frac{216}{840}$	$\frac{41}{840}$		
7	$\frac{751}{17\,280}$	$\frac{3\,577}{17\,280}$	$\frac{1\,323}{17\,280}$	$\frac{2\,989}{17\,280}$	$\frac{2\,989}{17\,280}$	$\frac{1\,323}{17\,280}$	$\frac{3\,577}{17\,280}$	$\frac{751}{17\,280}$	
8	$\frac{989}{28\,350}$	$\frac{5\,888}{28\,350}$	$-\frac{928}{28\,350}$	$\frac{10\,496}{28\,350}$	$-\frac{4\,540}{28\,350}$	$\frac{10\,496}{28\,350}$	$-\frac{928}{28\,350}$	$\frac{5\,888}{28\,350}$	$\frac{989}{28\,350}$
$\cdots$				$\cdots$					

7.2.3 误差估计

作为插值型求积公式，n 阶 Newton-Cotes 公式的代数精度至少是 n.

定理 7.3 当 n 为偶数时，n 阶 Newton-Cotes 公式的代数精度至少是 $n+1$.

证明 只要验证，当 n 为偶数时，Newton-Cotes 公式 $f(x) = x^{(n+1)}$ 的余项为 0 即可. 由于 $f^{(n+1)}(x) = (n+1)!$，从而有

$$R_n(f) = \int_a^b \omega_{n+1}(x)\mathrm{d}x = h^{n+2}\int_0^n \prod_{j=0}^n (t-j)\mathrm{d}t.$$

令 $n = 2k$, k 为正整数，令 $t = u + k$，则有

$$R_n(f) = h^{n+2} \int_{-k}^{k} \prod_{j=0}^{n} (u + k - j) \mathrm{d}u.$$

因为被积函数

$$H(u) = \prod_{j=0}^{2k} (u + k - j) = \prod_{j=-k}^{k} (u - j)$$

是奇函数，所以 $R_n(f) = 0$.

下面给出梯形公式与 Simpson 公式的误差估计.

定理 7.4 设函数 $f(x) \in \mathbb{C}^2[a,b]$，则梯形公式 (7.2) 的截断误差为

$$R_1(f) = -\frac{(b-a)^3}{12} f''(\eta), \quad \eta \in [a,b]. \tag{7.20}$$

证明 由定义可知，梯形公式的余项为

$$R_1(f) = \frac{1}{2} \int_a^b f''(\xi)(x-a)(x-b) \mathrm{d}x, \quad \xi \in [a,b].$$

由 $\omega_2(x) = (x-a)(x-b)$ 在区间 (a,b) 内不变号，函数 $f'(\xi)$ 在 $[a,b]$ 上连续，故由积分中值定理得，在 $[a,b]$ 内存在一点 η，使

$$R_1(f) = \frac{1}{2} f''(\eta) \int_a^b (x-a)(x-b) \mathrm{d}x = -\frac{(b-a)^3}{12} f''(\eta).$$

定理得证.

定理 7.5 设函数 $f(x) \in \mathbb{C}^4[a,b]$，则 Simpson 公式 (7.4) 的截断误差为

$$R_2(f) = -\frac{(b-a)^5}{2\,880} f^{(4)}(\eta), \quad \eta \in [a,b]. \tag{7.21}$$

证明 对区间 $[a,b]$ 上的 $f(x)$，构造次数小于等于 3 的多项式 $P_3(x)$，使满足

$$P_3(a) = f(a), \qquad P_3(b) = f(b)$$
$$P_3\left(\frac{a+b}{2}\right) = f\left(\frac{a+b}{2}\right), \qquad P_3'\left(\frac{a+b}{2}\right) = f'\left(\frac{a+b}{2}\right).$$

由于 Simpson 公式 (7.4) 的代数精度是 3，所以 Simpson 公式对 $P_3(x)$ 精确成立. 于是

$$f(x) - P_3(x) = \frac{f^{(4)}(\xi)}{4!} (x-a)\left(x - \frac{a+b}{2}\right)^2 (x-b), \quad \xi \in [a,b],$$

故有
$$R_2(f) = \frac{1}{4!}\int_a^b f^{(4)}(\xi)(x-a)\left(x-\frac{a+b}{2}\right)^2(x-b)\mathrm{d}x.$$

由于函数 $(x-a)\left(x-\dfrac{a+b}{2}\right)^2(x-b)$ 在 (a,b) 内不变号，而 $f^{(4)}(\xi)$ 在 $[a,b]$ 上连续，由积分中值定理得，在 $[a,b]$ 内存在一点 η，使

$$R_2(f) = \frac{1}{4!}\int_a^b f^{(4)}(\xi)(x-a)\left(x-\frac{a+b}{2}\right)^2(x-b)\mathrm{d}x = -\frac{(b-a)^5}{2\,880}f^{(4)}(\eta),$$

或

$$R_2(f) = -\frac{(b-a)}{180}\left(\frac{b-a}{2}\right)^4 f^{(4)}(\eta).$$

定理得证.

对于 Newton-Cotes 求积公式 (7.19) 的积分余项同理可证明下面定理.

定理 7.6 设函数 $f(x) \in \mathbb{C}^6[a,b]$，则 Newton-Cotes 求积公式 (7.19) 的截断误差为

$$R_4(f) = -\frac{2(b-a)}{945}\left(\frac{b-a}{4}\right)^6 f^{(6)}(\eta), \quad \eta \in [a,b]. \tag{7.22}$$

7.2.4 Newton-Cotes 求积公式 MATLAB 程序

MATLAB 程序 7.1 定步长梯形法求积分

```
function t=trapz(fname,a,b,n)
% 定步长梯形法求积分
% t=trpz(fname,a,b,n) fname 为被积函数,a,b为积分上下限,n为等分数
h=(b-a)/n;
fa=feval(fname,a);fb=feval(fname,b);f=feval(fname,a+h:h:b-h+0.001*h);
t=h*(0.5*(fa+fb)+sum(f))
```

例 7.2 用 $1,2,4$ 阶 Newton-Cotes 公式计算积分 $\int_{0.5}^{1}\sqrt{x}\mathrm{d}x$ (精确值是 $\dfrac{4-\sqrt{2}}{6} \approx 0.430\,964\,41$)

解 (1) 利用梯形公式 $(n=1)$

$$\int_{0.5}^{1}\sqrt{x}\mathrm{d}x \approx \frac{1-0.5}{2}(\sqrt{0.5}+1) \approx 0.426\,776\,695\,2.$$

在 MATLAB 命令窗口执行

```
>> format long
>> t=trapz(inline('sqrt(x)'),0.5,1,1)
```

得到

t =0.426 776 695 296 64

(2) 利用 Simpson 公式 ($n = 2$)

$$\int_{0.5}^{1} \sqrt{x} \mathrm{d}x \approx \frac{1-0.5}{6}(\sqrt{0.5} + 4\sqrt{0.75} + \sqrt{1}) \approx 0.430\ 934\ 03.$$

(3) 利用 Newton-Cotes 公式 ($n = 4$)

$$\int_{0.5}^{1} \sqrt{x} \mathrm{d}x \approx \frac{1-0.5}{90}(7\sqrt{0.5} + 32\sqrt{0.725} + 12\sqrt{0.75} + 32\sqrt{0.875} + 7\sqrt{1}) \approx 0.430\ 964\ 07.$$

7.3 复合求积公式

从 Newton-Cotes 求积公式的余项可知,被积函数所用的插值多项式的次数越高,相应求积公式的代数精度也越高,高次插值多项式有数值不稳定性,从而导致高次插值求积公式具有数值不稳定性,因此,为提高数值积分的精度,经常把积分区间 $[a,b]$ 分成若干个小区间,在每个小区间上使用低阶的 Newton-Cotes 求积公式,如梯形公式或 Simpson 公式,然后把结果加起来得到整个区间上的求积公式,这种求积公式称为**复合求积公式**.

7.3.1 复合梯形求积公式及 MATLAB 程序

1. 复合梯形求积公式

把积分区间 $[a,b]$ n 等分,步长为 $h = \dfrac{b-a}{n}$,节点 $x_k = a + kh (k = 0, 1, 2, \cdots, n)$,在每个子区间 $[x_k, x_{k+1}]$ 上使用梯形公式

$$\int_{x_k}^{x_{k+1}} f(x) = \frac{h}{2}(f(x_k) + f(x_{k+1})) - \frac{h^3}{12} f''(\xi_k), \quad \xi_k \in [x_k, x_{k+1}],$$

相加后得

$$\int_a^b f(x)\mathrm{d}x = \frac{h}{2} \sum_{k=0}^{n-1} (f(x_k) + f(x_{k+1})) - \frac{h^3}{12} \sum_{k=0}^{n-1} f''(\xi_i),$$

于是,得复合梯形公式

$$\int_a^b f(x)\mathrm{d}x \approx \frac{h}{2}(f(x_0) + f(x_n) + 2\sum_{k=1}^{n-1} f''(\xi_k)). \tag{7.23}$$

若 $f''(x)$ 在 $[a,b]$ 连续,由连续函数的介值定理,在 $[a,b]$ 上存在一点 η,使得

$$\frac{1}{n} \sum_{k=0}^{n-1} f''(\xi_k) = f''(\eta),$$

于是,得余项为

$$R = -\frac{h^3}{12} \sum_{k=0}^{n-1} f''(\xi_k) = -\frac{(b-a)^3}{12n^2} f''(\eta). \tag{7.24}$$

2. 复合梯形求积公式 MATLAB 程序

MATLAB 程序 7.2 复合梯形法求积分

```
function I=tquad(x,y)
% 复合梯形求积公式
% x为向量,被积函数自变量等距节点
% y为向量,被积函数在节点处的函数值
n=length(x);m=length(y);
if n~=m error('向量x,y的长度必须一致');end
h=(x(n)-x(1))/(n-1);a=[1 2*ones(1,n-2) 1];
I=h/2*sum(a.*y);
```

例 7.3 利用复合梯形公式求 $\int_{-1}^{1} \mathrm{e}^{-x^2}\mathrm{d}x$.

解 在 MATLAB 命令窗口执行

```
>>x=-1:0.1:1;y=exp(-x.^2);I=tquad(x,y)
```

得到

```
I = 1.492 4
```

7.3.2 复合 Simpson 求积公式及 MATLAB 程序

1. 复合 Simpson 求积公式

由于 Simpson 求积公式用到了区间的中点,所以在构造复合 Simpson 求积公式时,要把积分区间进行偶数等分,把区间 $[a,b]$ $2n$ 等分,步长 $h=\dfrac{b-a}{2n}$,节点 $x_k=a+kh(k=0,1,2,\cdots,2n)$,在每个子区间 $[x_{2k},x_{2k+2}]$ 上使用 Simpson 求积公式

$$\int_{x_{2k}}^{x_{2k+2}} f(x)\mathrm{d}x = \frac{h}{3}(f(x_{2k})+4f(x_{2k+1})+f(x_{2k+2})) - \frac{h^5}{90}f^{(4)}(\xi_k), \quad \xi \in [x_{2k},x_{2k+2}],$$

相加后得

$$\int_a^b f(x)\mathrm{d}x = \frac{h}{3}\sum_{k=0}^{n-1}(f(x_{2k})+4f(x_{2k+1})+f(x_{2k+2})) - \frac{h^5}{90}\sum_{k=0}^{n-1}f^{(4)}(\xi_k), \quad \xi \in [x_{2k},x_{2k+2}].$$

于是得复合 Simpson 求积公式

$$\int_a^b f(x)\mathrm{d}x \approx \frac{h}{3}\left(f(x_0)+f(x_{2n})+4\sum_{k=0}^{n-1}f(x_{2k+1})+2\sum_{k=0}^{n-1}f(x_{2k})\right). \tag{7.25}$$

若 $f^{(4)}$ 在 $[a,b]$ 上连续,则得其余项为

$$R = -\frac{h^5}{90}\sum_{k=0}^{n-1}f^{(4)}(\xi_k) = -\frac{(b-a)^5}{2\,880 n^4}f^{(4)}(\eta), \quad \eta \in [a,b]. \tag{7.26}$$

2. 复合 Simpson 求积公式 MATLAB 程序

MATLAB 程序 7.3 复合 Simpson 求积公式

```
function I=squad(x,y)
% 复合Simpson求积公式
% x为向量,被积函数自变量等距节点
% y为向量,被积函数在节点处的函数值
n=length(x);m=length(y);
if n~=m error('向量x,y的长度必须一致');end
if rem(n-1,2)~=0
    I=tquad(x,y);
    return;
end
N=(n-1)/2;h=(x(n)-x(1))/N;a=zeros(1,n);
for k=1:N
    a(2*k-1)=a(2*k-1)+1;
    a(2*k)=a(2*k)+4;
    a(2*k+1)=a(2*k+1)+1;
end
I=h/6*sum(a.*y);
```

例 7.4 利用复合 Simpson 公式求 $\int_{-1}^{1} e^{-x^2} dx$。

解 在 MATLAB 命令窗口执行

```
>> x=-1:0.1:1;y=exp(-x.^2);I=squad(x,y)
```

得到

```
I = 1.493 6
```

例 7.5 利用梯形公式和 Simpson 公式求积分 $\int_0^1 \frac{\sin x}{x} dx$。

解 取步长 $h = \dfrac{1}{8}$，$f(0) = \lim\limits_{x \to 0} \dfrac{\sin x}{x} = 1$，利用公式 (7.23) 得

$$\int_0^1 \frac{\sin x}{x} dx \approx \frac{1}{16}\left(f(0) + 2\sum_{k=1}^{7} f\left(\frac{n}{8}\right) + f(1)\right)$$

$$= \frac{1}{16}(1 + 2(0.997\,397\,8 + 0.989\,661\,58 + 0.976\,726\,7 + 0.958\,851\,0$$

$$+ 0.936\,155\,6 + 0.908\,851\,6 + 0.877\,102\,5) + 0.841\,470\,9)$$

$$= 0.945\,690\,8.$$

利用式 (7.25) 得

$$\int_0^1 \frac{\sin x}{x} dx \approx \frac{1}{24}\left(f(0) - f(1) + 2\sum_{k=1}^{4}\left(2f\left(\frac{2n-1}{8}\right) + f\left(\frac{n}{4}\right)\right)\right)$$

$$= \frac{1}{24}(1 - 0.841\ 470\ 9$$

$$+ 4(0.997\ 397\ 8 + 0.976\ 726\ 7 + 0.936\ 155\ 6 + 0.877\ 192\ 5)$$

$$+ 2(0.989\ 615\ 8 + 0.958\ 851\ 0 + + 0.908\ 851\ 6 + 0.841\ 470\ 9))$$

$$= 0.946\ 083\ 2.$$

上述两个近似值与精确值 $0.946\ 083\ 1\cdots$ 比较，复合梯形公式有 2 位有效数字，复合 Simpson 公式有 6 位有效数字，两者比较，其优劣是很明显的.

7.3.3 复合 Cotes 求积公式及 MATLAB 程序

1. 复合 Cotes 求积公式

同理可得复合 Cotes 求积公式，n 是 4 的倍数

$$\int_a^b f(x)dx \approx \frac{b-a}{90}\sum_{k=0}^{\frac{n}{4}}(7f(x_k) + 32f(x_{k+1}) + 12f(x_{k+2}) + 32f(x_{k+3}) + 7f(x_{k+4})). \tag{7.27}$$

2. 复合 Cotes 求积公式 MATLAB 程序

MATLAB 程序 7.4　复合 Cotes 求积公式

```
function I=cquad(x,y)
% 复合Cotes求积公式
% x为向量,被积函数自变量等距节点
% y为向量,被积函数在节点处的函数值
n=length(x);m=length(y);
if n~=m error('向量x,y的长度必须一致');end
if rem(n-1,4)~=0
    I=squad(x,y); return;
end
N=(n-1)/4;h=(x(n)-x(1))/N;a=zeros(1,n);
for k=1:N
    a(4*k-3)=a(4*k-3)+7;  a(4*k-2)=a(4*k-2)+32;
    a(4*k+1)=a(4*k+1)+12; a(4*k)=a(4*k)+32;
    a(4*k+1)=a(4*k+1)+7;
end
I=h/90*sum(a.*y);
```

例 7.6 利用复合 Cotes 公式求 $\int_{-1}^{1} e^{-x^2} dx$.

解 在 MATLAB 命令窗口执行

```
>> x=-1:0.1:1;y=exp(-x.^2);I=cquad(x,y)
```

得到

```
I = 1.489 7
```

7.4 变步长求积公式

7.4.1 变步长梯形求积公式及 MATLAB 程序

1. 变步长梯形求积公式

复合梯形公式与复合 Simpson 公式,使求积精度得到了改善,两者均属定步长公式,若要求达到某个计算精度,则必需选取适当的步长,这不是一件很容易的事情,复合求积公式的截断误差随着 n 的增大而减小,但对于一个给定的积分,选定了某种积分方法之后,如何选择适当的 n,使得计算结果达到预先选定的精度要求呢? 当然可以用前面的误差估计来求 n,这需要求高阶导数,一般比较困难,在实际应用中,经常采用自动选择积分步长 h 的方法,即在求积分的过程中,将步长逐步折半,反复利用复合求积公式,直到相邻两次的计算结果之差的绝对值小于允许的误差为止. 这是一种事后估计误差的方法.

在区间 $[a,b]$ 上使用梯形公式及复合形式逐次计算积分 $\int_{a}^{b} f(x) dx$,先利用梯形公式可得积分近似值

$$T_0 \approx \frac{b-a}{2}(f(a) + f(b)),$$

此时步长 $h_0 = b - a$. 将 $[a,b]$ 二等分,取步长 $h_1 = \dfrac{b-a}{2}$,使用 $n=2$ 时的复合梯形公式得

$$T_1 \approx \frac{b-a}{4}\left(f(a) + 2f\left(\frac{a+b}{2}\right) + f(b)\right)$$

$$= \frac{1}{2}T_0 + \frac{b-a}{2}f\left(a + \frac{b-a}{2}\right).$$

将 $[a,b]$ 四等分,取步长 $h_2 = \dfrac{b-a}{2^2}$,使用 $n=4$ 时的复合梯形公式得

$$T_2 \approx \frac{b-a}{2^3}\left(f(a) + 2\sum_{j=1}^{3} f\left(a + \frac{j(b-a)}{2^2}\right) + f(b)\right)$$

$$= \frac{1}{2}T_1 + \frac{b-a}{2^2}\sum_{j=1}^{2} f\left(a + \frac{2j-1}{2^2}(b-a)\right).$$

将 $[a,b]$ 八等分，取步长 $h_3 = \dfrac{b-a}{2^3}$，使用 $n=8$ 时的复合梯形公式得

$$T_3 \approx \frac{b-a}{2^4}\left(f(a) + 2\sum_{j=1}^{7} f\left(a + \frac{j(b-a)}{2^3}\right) + f(b)\right)$$

$$= \frac{1}{2}T_2 + \frac{b-a}{2^3}\sum_{j=1}^{2^2} f\left(a + \frac{2j-1}{2^3}(b-a)\right).$$

如此继续下去可得变步长梯形求积公式

$$T_k \approx \frac{1}{2}T_{k-1} + \frac{b-a}{2^k}\sum_{j=1}^{2^{k-1}} f\left(a + \frac{2j-1}{2^k}(b-a)\right), \quad j=1,2,\cdots. \tag{7.28}$$

2. 变步长梯形求积公式事后误差估计

由式 (7.24) 得

$$\begin{cases} \displaystyle\int_a^b f(x)\mathrm{d}x - T_k \approx -\frac{h^2}{12}(f'(b) - f'(a)), \\ \displaystyle\int_a^b f(x)\mathrm{d}x - T_{k+1} \approx -\frac{h^2}{48}(f'(b) - f'(a)), \end{cases} \tag{7.29}$$

其中步长 $h = \dfrac{b-a}{2^k}$，由式 (7.29) 得事后误差估计

$$\int_a^b f(x)\mathrm{d}x - T_{k+1} \approx -\frac{1}{3}(T_{k+1} - T_k). \tag{7.30}$$

由于式 (7.30) 是一个近似估计，因此实际计算往往采用 $|T_{k+1} - T_k|$ 作为 T_{k+1} 的误差值，若预定的精度为 ε，则以式 (7.28) 计算积分的近似值，直至 $|T_{k+1} - T_k| < \varepsilon$ 终止计算，并以当前值 T_{k+1} 作为欲求近似值．

3. 变步长梯形求积公式 MATLAB 程序

MATLAB 程序 7.5 变步长梯形求积公式

```
function I=tquad1(fun,a,b,ep)
% 变步长梯形求积公式
% fun为被积函数，a,b为积分上下限,ep为精度(默认值为1e-5)
if nargin<4 ep=1e-5;end
N=1;h=b-a;
T=h/2*(feval(fun,a)+feval(fun,b));
while 1
    h=h/2;I=T/2;
    for k=1:N
        I=I+h*feval(fun,a+(2*k-1)*h);
```

```
        end
        if abs(I-T)<ep
            break;
        end
        N=2*N;T=I;
end
```

例 7.7 利用变步长梯形求积公式求 $\int_{-1}^{1} \mathrm{e}^{-x^2}\mathrm{d}x$, $\varepsilon = 1\mathrm{e}-5$.

解 在 MATLAB 命令窗口执行

```
>> fun=inline('exp(-x.^2)');I=tquad1(fun,-1,1)
```

得到

```
    I = 1.493 6
```

7.4.2 自适应 Simpson 求积公式及 MATLAB 程序

1. 自适应 Simpson 求积公式

在计算定积分的方法中,有很大一部分工作量是用在计算函数值上,因此尽量减少计算函数值的次数,有可能提高算法的计算效率. 一种办法是, 使已经算出来的函数值在以后的计算过程中尽可能多地使用以减少计算新函数值的次数; 在变步长梯形公式和 Romberg 算法中这一思想得到了体现. 此外还有一种情况值得研究, 即被积函数 $f(x)$ 在整个积分区间上的变化是不均衡的. 把 $[a,b]$ 分成若干个子区间时, 被积函数在一些子区间上变化缓慢 (变化小), 在另一些子区间上变化较快 (变化大), 为了使计算结果达到预定的精度, 对函数值变化较大的子区间分得细些, 对函数值变化较小的子区间分得粗些, 这样可以减少对一些函数值的不必要的计算. 自适应 Simpson 求积公式就是体现这一思想的算法.

为计算积分 $\int_a^b f(x)\mathrm{d}x$, 给定 $\varepsilon > 0$, 首先取步长 $h = (b-a)/2$, 使用 Simpson 公式得

$$\int_a^b f(x)\mathrm{d}x = S(a,b) - \frac{h^5}{90}f^{(4)}(\eta), \quad \eta \in (a,b), \tag{7.31}$$

其中

$$S(a,b) = \frac{h}{3}(f(a) + 4f(a+h) + f(b)).$$

其次, 取步长为 $\dfrac{b-a}{4} = \dfrac{h}{2}$, 应用复合 Simpson 公式得

$$\int_a^b f(x)\mathrm{d}x = \frac{h}{6}\left(f(a) + 4f\left(a+\frac{h}{2}\right) + 2f(a+h) + 4f\left(a+\frac{3h}{2}\right) + f(b)\right)$$
$$- \left(\frac{h}{2}\right)^4 \frac{b-a}{180} f^{(4)}(\tilde{\eta}), \quad \tilde{\eta} \in (a,b). \tag{7.32}$$

7.4 变步长求积公式

令

$$S\left(a, \frac{a+b}{2}\right) = \frac{h}{6}\left(f(a) + 4f\left(a + \frac{h}{2}\right) + f(a+h)\right),$$

$$S\left(\frac{a+b}{2}, b\right) = \frac{h}{6}\left(f(a+h) + 4f\left(a + \frac{3h}{2}\right) + f(b)\right),$$

则式 (7.32) 可改写成

$$\int_a^b f(x)\mathrm{d}x = S\left(a, \frac{a+b}{2}\right) + S\left(\frac{a+b}{2}, b\right) - \frac{1}{16}\left(\frac{h^5}{90}\right)f^{(4)}(\widetilde{\eta}), \tag{7.33}$$

若 $f^{(4)}(x)$ 变化缓慢,则可令 $f^{(4)}(\eta) \approx f^{(4)}(\widetilde{\eta})$,根据式 (7.31) 和式 (7.33) 有

$$S\left(a, \frac{a+b}{2}\right) + S\left(\frac{a+b}{2}, b\right) - \frac{1}{16}\left(\frac{h^5}{90}\right)f^{(4)}(\widetilde{\eta}) \approx S(a,b) - \left(\frac{h^5}{90}\right)f^{(4)}(\widetilde{\eta}),$$

于是

$$\left(\frac{h^5}{90}\right)f^{(4)}(\widetilde{\eta}) \approx \frac{16}{15}\left(S(a,b) - S\left(a, \frac{a+b}{2}\right) - S\left(\frac{a+b}{2}, b\right)\right).$$

由式 (7.33) 得误差估计式

$$\left|\int_a^b f(x)\mathrm{d}x - S\left(a, \frac{a+b}{2}\right) - S\left(\frac{a+b}{2}, b\right)\right|$$

$$\approx \frac{1}{15}\left|S(a,b) - S\left(a, \frac{a+b}{2}\right) - S\left(\frac{a+b}{2}, b\right)\right|. \tag{7.34}$$

因此,若

$$\left|S(a,b) - S\left(a, \frac{a+b}{2}\right) - S\left(\frac{a+b}{2}, b\right)\right| < 15\varepsilon, \tag{7.35}$$

则

$$\left|\int_a^b f(x)\mathrm{d}x - S\left(a, \frac{a+b}{2}\right) - S\left(\frac{a+b}{2}, b\right)\right| < \varepsilon, \tag{7.36}$$

即

$$S\left(a, \frac{a+b}{2}\right) + S\left(\frac{a+b}{2}, b\right)$$

可作为 $\int_a^b f(x)\mathrm{d}x$ 的近似值,能达到所要求的精度.如果式 (7.35) 不成立,则分别对子区间 $\left[a, \frac{a+b}{2}\right]$ 和 $\left[\frac{a+b}{2}, b\right]$ (称为一级子区间) 应用式 (7.36) 的误差估计过程,以确定每个一级子区间中积分近似值的误差限是否在 $\frac{\varepsilon}{2}$ 内,则两个子区间的积分近似值之和作为 $\int_a^b f(x)\mathrm{d}x$ 的近似

值，其误差限在 ε 之内，若两个子区间中有一个子区间的积分近似值不在 $\dfrac{\varepsilon}{2}$ 内，则将该子区间二分为二级子区间，要求其误差限在 $\dfrac{\varepsilon}{4}$ 内，按照这种办法，从左到右直到整个区间，使每一部分所在的误差限都在允许的范围内．

2. 自适应 Simpson 求积公式 MATLAB 程序

MATLAB 程序 7.6　自适应 Simpson 求积公式

```
function I=squad1(fun,a,b,ep)
% 自适应Simpson求积公式
% fun为被积函数，a,b为积分上下限,ep为精度(默认值为1e-5)
if nargin<4 ep=1e-5;end
N=1;h=b-a;
T1=h/2*(feval(fun,a)+feval(fun,b));S0=T1;
while 1
    h=h/2;T2=T1/2;
    for k=1:N
        T2=T2+h*feval(fun,a+(2*k-1)*h);
    end
    I=(4*T2-T1)/3;
    if abs(I-S0)<ep
        break;
    end
    N=2*N;T1=T2;S0=I;
end
```

例 7.8　利用自适应 Simpson 求积公式，求 $\int_{-1}^{1} \mathrm{e}^{-x^2}\mathrm{d}x$，$\varepsilon = 1\mathrm{e}-5$．

解　在 MATLAB 命令窗口执行

```
>> fun=inline('exp(-x.^2)');I=squad1(fun,-1,1)
```

得到

```
    I = 1.493 6
```

7.5　Romberg 求积算法

7.5.1　Romberg 求积公式

变步长求积算法不仅提高了低阶求积公式的精度，而且能在计算机上自动实现，但一切均以增加计算量为代价，为此介绍 Romberg 求积公式，基本思想是采用 Richardson 外推加速．

其加速过程如下：

7.5 Romberg 求积算法

(1) 计算初值
$$T_0^{(0)} = \frac{b-a}{2}(f(a)+f(b)). \tag{7.37}$$

(2) 将积分区间 $[a,b]$ 二分一次，并使用复合梯形公式
$$T_0^{(1)} = \frac{1}{2}T_0^{(0)} + \frac{b-a}{2}f(a+\frac{1}{2}(b-a)). \tag{7.38}$$

(3) 梯形值 $T(h)$ 具有如下误差渐近展开式
$$T(h) - I = \sum_{k=1}^{\infty} A_k h^{2k},$$

其中 $I = \int_a^b f(x)\mathrm{d}x$，$A_k$ 与 h 无关. 将 (1)、(2) 的梯形值用 Richardson 外推公式

$$\begin{cases} T_0(h) = T(h), \\ T_m(h) = \dfrac{4^m T_{m-1}\left(\dfrac{h}{2}\right) - T_{m-1}(h)}{4^m - 1}, \quad m = 1, 2, \cdots \end{cases} \tag{7.39}$$

外推一次得积分逼近值
$$T_1^{(0)} = \frac{4T_0^{(1)} - T_0^{(0)}}{4-1},$$

其截断误差为 $O(h^4)$.

(4) 再将区间 $[a,b]$ 二分一次计算梯形值
$$T_0^{(2)} = \frac{1}{2}T_0^{(1)} + \frac{b-a}{2^2}\sum_{i=1}^{2} f\left(a + \frac{2i-1}{2^2}(b-a)\right).$$

(5) 由 Richardson 外推公式 (7.39)，将 $T_0^{(1)}, T_0^{(2)}$ 外推一次，得积分逼近值
$$T_1^{(1)} = \frac{4T_0^{(2)} - T_0^{(1)}}{4-1},$$

其截断误差为 $O(h^4)$.

(6) 将 $T_1^{(0)}, T_1^{(1)}$ 外推一次，得积分逼近值
$$T_2^{(0)} = \frac{4^2 T_1^{(1)} - T_1^{(0)}}{4^2 - 1},$$

其截断误差为 $O(h^6)$.

(7) 依公式

$$\begin{cases} T_0^{(k)} = \frac{1}{2}T_0^{(k-1)} + \frac{b-a}{2^k}\sum_{i=1}^{2^{k-1}} f\left(a + (2i-1)\frac{b-a}{2^k}\right), & k = 1, 2, \cdots, \\ T_m^{(l)} = \frac{4^m T_{m-1}^{(l+1)} - T_{m-1}^{(l)}}{4^m - 1}, & m = 1, 2, \cdots. \end{cases}$$

重复上述过程, 可得逼近值

$$\begin{array}{cccc} T_0^{(0)} & & & \\ \downarrow \searrow & & & \\ T_0^{(1)} \to T_1^{(0)} & & & \\ \downarrow \searrow & \searrow & & \\ T_0^{(2)} \to T_1^{(1)} \to T_2^{(0)} & & \\ \downarrow \searrow & \searrow & \searrow & \\ T_0^{(3)} \to T_1^{(2)} \to T_2^{(1)} \to T_3^{(0)} \\ \vdots & \ddots & \ddots & \ddots \end{array}$$

(8) 精度控制 (假定预定的精度为 ε): 若 $|T_m^{(0)} - T_{m-1}^{(0)}| < \varepsilon$, 则停止计算, 取 $T_m^{(0)}$ 为积分逼近近似值, 否则转入 (7) 继续计算至 $|T_m^{(0)} - T_{m-1}^{(0)}| < \varepsilon$.

7.5.2 Romberg 求积算法的 MATLAB 程序

MATLAB 程序 7.7 Romberg 法求积分-程序 1

```
function t=romberg(fname,a,b,ep)
% Romberg法求积分,  t=romberg(fname,a,b,ep)
% fname 为被积函数,a,b为积分上下限,  ep为精度(默认值为1e-5)
if nargin<4,ep=1e-5;end;
i=1;j=1;h=b-a;
T(i,1)=h/2*(feval(fname,a)+feval(fname,b));
T(i+1,1)=T(i,1)/2+sum(feval(fname,a+h/2:b-h/2+0.001*h))*h/2;
T(i+1,j+1)=4^j*T(i+1,j)/(4^j-1)-T(i,j)/(4^j-1);
while abs(T(i+1,i+1)-T(i,i))>ep
    i=i+1;h=h/2;
    T(i+1,1)=T(i,1)/2
            +sum(feval(fname,a+h/2:h:b-h/2+0.001*h))*h/2;
    for j=1:i
        T(i+1,j+1)=4^j*T(i+1,j)/(4^j-1)-T(i,j)/(4^j-1);
    end
```

7.5 Romberg 求积算法

```
end
T
t=T(i+1,j+1);
```

MATLAB 程序 7.8   **Romberg 法求积分 - 程序 2**

```
funvtion [quad,R]=Romberg(f,a,b,eps)
% f:被积函数，a,b:积分区间的两个端点
% eps:精度，t:用 Romberg 加速算法求得的积分值
h=b-a;
R(1,1)=h*(feval(f,a)+feval(f,b))/2;
M=1; J=0; err=1;
while err>eps
    J=J+1;
    h=h/2;
    S=0;
    for p=1:M
        x=a+h*(2*p-1);
        S=S+feval(f,x);
    end
    R(J+1,1)=R(J,1)/2+h*S;
    M=2*M;
    for k=1:J
        R(J+1,k+1)=R(J+1,k)+(R(J+1,k)-R(J,k))/(4^k-1);
    end
    err=abs(R(J+1,J)-R(J+1,J+1));
end
t=R(J+1,J+1);
```

例 7.9 用 Romberg 求积公式求 $\int_0^1 \dfrac{\sin x}{x}\mathrm{d}x$, $\varepsilon = 0.5\mathrm{e}-6$.

解 在 MATLAB 命令窗口执行

```
>> T=romberg(inline('sin(x)./x'),eps,1,0.5e-6);
```

得到

T =	0.920 735 492	0	0	0
	0.939 793 284	0.946 145 882	0	0
	0.944 513 521	0.946 086 933	0.946 083 004	0
	0.945 690 863	0.946 083 310	0.946 083 069	0.946 083 070

例 7.10 用 Romberg 求积公式求 $\int_0^1 \dfrac{1}{1+x^2}\mathrm{d}x$, $\varepsilon = 1\mathrm{e}-4$.

解 在 MATLAB 命令窗口执行

```
>> T=romberg(inline('1./(1+x.*x)'),eps,1,1e-4)
```

得到

```
T =   0.7500    0        0        0        0
      0.7750   0.7833    0        0        0
      0.7828   0.7854   0.7855    0        0
      0.7847   0.7854   0.7854   0.7854    0
      0.7852   0.7854   0.7854   0.7854   0.7854
```

7.6 Gauss 求积公式

通过前面章节的研究得知,插值型求积公式的代数精度与节点的个数有关,提高求积公式的精度,要以增加节点的个数为代价,但节点的无限增加会减弱求积公式的稳定性,且当 $n \to \infty$ 时, $\sum\limits_{k=0}^{n} A_k f(x_k)$ 不一定收敛于积分 $\int_a^b f(x)\mathrm{d}x$ 的值,为了在一定程度上克服这些缺陷,下面介绍的 Gauss 求积公式,通过适当地选取节点和求积系数,可使求积公式达到最高的代数精度.

不论节点如何选取, $n+1$ 个节点的求积公式

$$\int_a^b f(x)\mathrm{d}x \approx \sum_{k=0}^{n} A_k f(x_k) \tag{7.40}$$

含有 $2n+2$ 个待定常数 $x_k, A_k(k=0,1,\cdots,n)$,如果求积公式 (7.40) 具有 m 次代数精度,则应使 $m+1$ 个方程

$$\sum_{k=0}^{n} A_k (x_k)^i = \int_a^b x^k \mathrm{d}x, \quad i = 0,1,2,\cdots,n \tag{7.41}$$

精确成立. 一方面,由定理 7.1 可知,插值型求积公式 (7.40) 至少有 n 次代数精度. 另一方面,对于任意给定节点 $x_0, x_1, \cdots, x_n$ 和任意给定的求积系数 A_k 取

$$f(x) = \prod_{k=0}^{n}(x-x_k)^2,$$

则 $f(x)$ 是 $2n+2$ 次多项式. 用求积公式 (7.40) 计算得

$$\sum_{k=0}^{n} A_k f(x_k) = 0.$$

而积分值
$$\int_a^b f(x)\mathrm{d}x > 0,$$

这说明对于任意给定 $n+1$ 个节点的求积公式，都可以找到一个 $2n+2$ 次多项式，使得求积公式 (7.40) 对该多项式的积分不精确成立，但要确定方程 (7.41) 中的 $2n+2$ 个常数 $x_k, A_k (k=0,1,\cdots,n)$，最多需要 $2n+2$ 个独立条件，所以 m 最大取 $2n+1$，因此具有 $n+1$ 个插值节点的插值型求积公式 (7.40) 的代数精度最小值是 n，最大值是 $2n+1$。

7.6.1 Gauss 求积公式的构造

下面给出 Gauss 求积公式.

定理 7.7 以 $x_0, x_1, \cdots, x_n$ 为节点的插值型求积公式 (7.40) 具有 $2n+1$ 次代数精度的充要条件是以 $n+1$ 个节点 $x_0, x_1, \cdots, x_n$ 为零点的多项式

$$\omega_{n+1}(x) = \prod_{k=0}^{n}(x-x_k), \quad k=0,1,\cdots,n \tag{7.42}$$

与任意次数不超过 n 的多项式 $P(x)$ 在区间 $[a,b]$ 上正交，即

$$\int_a^b P(x)\omega_{n+1}(x)\mathrm{d}x = 0. \tag{7.43}$$

证明 必要性：如果式 (7.40) 具有 $2n+1$ 次代数精度，则对于任意次数不超过 n 的多项式 $P(x)$，多项式 $P(x)\omega_{n+1}(x)$ 的次数不超过 $2n+1$，因此求积公式 (7.40) 对于 $P(x)\omega_{n+1}(x)$ 精确成立，即

$$\int_a^b P(x)\omega_{n+1}(x)\mathrm{d}x = \sum_{k=1}^{n} A_k P(x_k)\omega_{n+1}(x_k).$$

但 $\omega_{n+1}(x_k) = 0 (k=0,1,\cdots,n)$，故式 (7.43) 成立.

充分性：对于任意给定的次数不超过 $2n+1$ 的多项式 $f(x)$，用 $\omega_{n+1}(x)$ 除 $f(x)$，记商为 $P(x)$，余式为 $Q(x)$，则 $P(x)$ 与 $Q(x)$ 都是次数不超过 n 的多项式，且有

$$f(x) = P(x)\omega_{n+1}(x) + Q(x).$$

利用式 (7.43)，得

$$\int_a^b f(x)\mathrm{d}x = \int_a^b Q(x)\mathrm{d}x.$$

由于所给公式是插值型的，对于 $Q(x)$ 精确成立，即

$$\int_a^b Q(x)\mathrm{d}x = \sum_{k=0}^{n} A_k Q(x).$$

注意到 $\omega_{n+1}(x) = 0$，即 $f(x_k) = Q(x_k)$，从而有

$$\int_a^b f(x)\mathrm{d}x = \sum_{k=0}^n A_k f(x_k).$$

故插值型求积公式具有 $2n+1$ 次代数精度.

> **定义 7.4 Gauss 点**
> 具有 $2n+1$ 次代数精度的插值型求积公式 (7.40) 称为 **Gauss 求积公式**，其节点 $x_0, x_1, \cdots, x_n$ 称为 **Gauss 点**.

为方便起见，下面假定公式 (7.40) 的积分限为 $a = -1, b = 1$，对于一般的情形可作变换

$$x = \frac{2}{b-a}\left(t - \frac{a+b}{2}\right), \tag{7.44}$$

使区间 $[a, b]$ 变为 $[-1, 1]$. 因此定理 7.7 可叙述为如下.

> **定理 7.8** $x_0, x_1, \cdots, x_n$ 为 Gauss 点的充要条件是 $n+1$ 次多项式
>
> $$\omega_{n+1}(x) = \prod_{k=0}^n (x - x_k), \quad k = 0, 1, \cdots, n \tag{7.45}$$
>
> 与任意次数不超过 n 的多项式 $P(x)$ 正交，即
>
> $$\int_{-1}^1 P(x)\omega_{n+1}(x)\mathrm{d}x = 0. \tag{7.46}$$

> **定理 7.9** Gauss 求积公式 (7.40) 的求积系数 $A_k > 0 \, (k = 0, 1, \cdots, n)$，且
>
> $$A_k = \int_a^b l_k(x)\mathrm{d}x = \int_a^b l_k^2(x)\mathrm{d}x, \quad k = 0, 1, \cdots, n. \tag{7.47}$$

证明 因为 $l_k(x)$ 是 n 次多项式，所以 $l_k^2(x)$ 是 $2n$ 次多项式，从而 Gauss 求积公式精确成立，即

$$\int_a^b l_k(x)\mathrm{d}x = \sum_{i=0}^n A_i l_k(x_i),$$

$$\int_a^b l_k^2(x)\mathrm{d}x = \sum_{i=0}^n A_i l_k^2(x_i).$$

注意到 $l_k(x_i) = \delta_{ki}$，上面两式实际上等于 A_k，从而有

$$A_k = \int_a^b l_k(x)\mathrm{d}x = \int_a^b l_k^2(x)\mathrm{d}x > 0.$$

定理 7.10 Gauss 求积公式 (7.40) 的余项为

$$R(f) = \frac{1}{(2n+2)!} f^{(2n+2)}(\eta) \int_a^b \omega_{n+1}^2(x)\mathrm{d}x, \quad \eta \in [a,b]. \tag{7.48}$$

证明 以 $x_0, x_1, \cdots, x_n$ 为节点构造 Hermite 插值多项式 $H(x)$

$$H(x_k) = f(x_k), \quad H'(x_k) = f'(x_k), \quad k = 0, 1, \cdots, n.$$

因为 $H(x)$ 是 $2n+1$ 次多项式，余项是

$$f(x) - H(x) = \frac{1}{(2n+2)!} f^{(2n+2)}(\xi) \omega_{n+1}^2(x),$$

所以 Gauss 求积公式对 $H(x)$ 能精确成立，即

$$\int_a^b H(x)\mathrm{d}x = \sum_{k=0}^n A_k H(x_k) = \sum_{k=0}^n A_k f(x_k).$$

从而

$$R(f) = \int_a^b f(x)\mathrm{d}x - \sum_{k=0}^n A_k f(x_k) = \int_a^b f(x)\mathrm{d}x - \int_a^b H(x)\mathrm{d}x$$

$$= \int_a^b \frac{1}{(2n+2)!} f^{(2n+2)}(\xi) \omega_{n+1}^2(x)\mathrm{d}x.$$

若 $f^{(2n+2)}(x)$ 在区间 $[a,b]$ 上连续，由于 $\omega_{n+1}^2(x)$ 在 $[a,b]$ 上不变号，故应用积分中值定理，可得

$$R(f) = \frac{1}{(2n+2)!} f^{(2n+2)}(\eta) \int_a^b \omega_{n+1}^2(x)\mathrm{d}x, \quad \eta \in [a,b].$$

定理 7.10 说明，与 Newton-Cotes 求积公式比较，Gauss 求积公式不但精度高，而且数值稳定，但节点和求积系数的计算比较麻烦．

由定理 7.8 可知，若能找到满足条件 (7.45) 的 $n+1$ 次多项式 $\omega_{n+1}(x)$，则求积公式的 Gauss 点就确定了，从而确定了 Gauss 求积公式．

7.6.2 5 种 Gauss 型求积公式

1. Gauss-Legendre 求积公式

Legendre 多项式

$$P_{n+1}(x) = \frac{1}{2^{n+1}(n+1)!} \frac{\mathrm{d}^{n+1}}{\mathrm{d}x^{n+1}} (x^2 - 1)^{n+1} \tag{7.49}$$

是区间 $[-1, 1]$ 上的正交多项式．因此，$P_{n+1}(x)$ 的 $n+1$ 个零点就是 Gauss 求积公式的 $n+1$ 个

零点，形如式 (7.50) 的 Gauss 公式称为 **Gauss-Legendre 求积公式**.

$$\int_{-1}^{1} f(x)dx \approx \sum_{k=0}^{n} A_k f(x_k), \tag{7.50}$$

其中 Gauss-Legendre 求积系数为

$$A_k = \int_{-1}^{1} \prod_{\substack{i=0 \\ i \neq k}}^{n} \frac{x - x_i}{x_k - x_i} dx, \quad k = 0, 1, 2, \cdots, n. \tag{7.51}$$

或者利用 Legendre 多项式的一个性质

$$(1 - x^2) P'_{n+1}(x) = (n+1)(P_n(x) - x P_{n+1}(x))$$

可得，Gauss-Legendre 求积系数

$$A_k = \frac{2(1 - x_k^2)}{((n+1)P_n(x_k))^2}, \quad k = 0, 1, \cdots, n. \tag{7.52}$$

由式 (7.48) 可推得余项

$$R(f) = \frac{2^{2n+3}((n+1)!)^4}{(2n+3)((2n+2)!)^3} f^{(2n+2)}(\eta). \tag{7.53}$$

若取 $P_1(x) = x$ 的零点 $x_0 = 0$ 为节点，则

$$A_0 = \frac{2(1-0)}{(L_0(0))^2} = 2,$$

从而得一点 Gauss-Legendre 求积 (中矩形) 公式为

$$\int_{-1}^{1} f(x)dx \approx 2f(0), \tag{7.54}$$

其余项为

$$R(f) = \frac{1}{3} f''(\eta).$$

若取 $P_2(x) = \frac{1}{2}(3x^2 - 1)$ 的两个零点 $\pm \frac{1}{\sqrt{3}}$ 为节点，则

$$A_0 = \frac{2\left(1 - \left(-\frac{1}{\sqrt{3}}\right)^2\right)}{\left(2L_1\left(-\frac{1}{\sqrt{3}}\right)\right)^2} = 1,$$

$$A_1 = \frac{2\left(1-\left(\frac{1}{\sqrt{3}}\right)^2\right)}{\left(2L_1\left(\frac{1}{\sqrt{3}}\right)\right)^2} = 1,$$

从而得两点 Gauss-Legendre 求积公式为

$$\int_{-1}^{1} f(x)\mathrm{d}x \approx f\left(-\frac{1}{\sqrt{3}}\right) + f\left(\frac{1}{\sqrt{3}}\right), \tag{7.55}$$

其余项为

$$R(f) = \frac{2^5 \cdot 2^4}{5 \cdot 24^3} f^{(4)}(\eta) = \frac{1}{135} f^{(4)}(\eta).$$

同理，可得三点 Gauss-Legendre 求积公式为

$$\int_{-1}^{1} f(x)\mathrm{d}x \approx \frac{5}{9}f\left(-\frac{\sqrt{15}}{5}\right) + \frac{8}{9}f(0) + \frac{5}{9}f\left(\frac{\sqrt{15}}{5}\right), \tag{7.56}$$

其余项为

$$R(f) = \frac{1}{15\,750} f^{(6)}(\eta).$$

2. Gauss-Laguerre 求积公式

Laguerre 多项式

$$L_{n+1}(x) = \mathrm{e}^x \frac{\mathrm{d}^{n+1}(x^{n+1}\mathrm{e}^{-x})}{\mathrm{d}x^{n+1}} \tag{7.57}$$

是区间 $[0,\infty)$ 上关于权函数 $\rho(x) = \mathrm{e}^{-x}$ 的 $n+1$ 次正交多项式. 取 $L_{n+1}(x)$ 的 $n+1$ 个根作为求积节点，则得 Gauss-Laguerre 求积公式

$$\int_0^\infty f(x)\mathrm{e}^{-x}\mathrm{d}x \approx \sum_{k=0}^n A_k f(x_k), \tag{7.58}$$

其中 Gauss-Laguerre 求积系数为

$$A_k = \int_{-1}^{1} \prod_{\substack{i=0 \\ i\neq k}}^{n} \frac{x-x_i}{x_k-x_i} \mathrm{e}^{-x}\mathrm{d}x, \quad k=0,1,2,\cdots,n, \tag{7.59}$$

或者为

$$A_k = \frac{((n+1)!)^2}{x_k(L'_{n+1}(x_k))^2}, \quad k=0,1,2,\cdots,n. \tag{7.60}$$

其余项为

$$R(f) = \frac{((n+1)!)^2}{(2n+2)!} f^{(2n+2)}(\eta), \quad \eta \in (0,\infty). \tag{7.61}$$

如 $L_2(x) = x^2 - 4x + 2$ 的两根为
$$x_1 = 2 - \sqrt{2}, \quad x_2 = 2 + \sqrt{2},$$
由式 (7.59) 得 Gauss-Laguerre 求积系数为
$$A_1 = \int_0^\infty \frac{x - 2 - \sqrt{2}}{-2\sqrt{2}} e^{-x} dx = \frac{1}{4}(2 + \sqrt{2}),$$
$$A_2 = \int_0^\infty \frac{x - 2 + \sqrt{2}}{2\sqrt{2}} e^{-x} dx = \frac{1}{4}(2 - \sqrt{2}).$$
因此得两点 Gauss-Laguerre 求积公式
$$\int_0^\infty f(x)e^{-x} dx \approx \frac{1}{4}((2+\sqrt{2})f(2-\sqrt{2}) + (2-\sqrt{2})f(2+\sqrt{2})). \tag{7.62}$$

3. Gauss-Chebyshev 求积公式

Chebyshev 多项式 $T_{n+1}(x) = \cos((n+1)\arccos x)$ 是区间 $[-1,1]$ 上关于权函数 $\rho(x) = \frac{1}{\sqrt{1-x^2}}$ 的 $n+1$ 次正交多项式. 取 $T_{n+1}(x)$ 的 $n+1$ 个根
$$x_k = \cos\left(\frac{2k+1}{2(n+1)}\pi\right), \quad k = 0, 1, 2, \cdots, n$$
作为求积节点, 得到的求积公式称为 Gauss-Chebyshev 求积公式. 其求积系数为
$$A_k = \int_{-1}^1 \frac{(1-x^2)^{-\frac{1}{2}} T_{n+1}(x)}{(x-x_k) T'_{n+1}(x_k)} dx, \quad k = 0, 1, 2, \cdots, n. \tag{7.63}$$
从 Chebyshev 多项式递推关系不难得到
$$\frac{1}{2}(T_{n+1}(x)T_n(y) - T_{n+1}(y)T_n(x)) = (x-y)\left(\frac{1}{2} + \sum_{i=1}^n T_i(x)T_i(y)\right). \tag{7.64}$$
令 $y = x_k$, 由 $T_{n+1}(x_k) = 0$ 得
$$\frac{1}{2}(T_{n+1}(x)T_n(x_k) - T_{n+1}(x_k)T_n(x)) = (x-x_k)\left(\frac{1}{2} + \sum_{i=1}^n T_i(x)T_i(x_k)\right). \tag{7.65}$$
用 $\frac{1}{2}(x-x_k)T_n(x_k)T'_{n+1}(x_k)$ 除式 (7.65) 两端, 得
$$\frac{T_{n+1}(x)}{(x-x_k)T'_{n+1}(x_k)} = \frac{2}{T_n(x_k)T'_{n+1}(x_k)}\left(\frac{1}{2} + \sum_{i=1}^n T_i(x)T_i(x_k)\right),$$
代入式 (7.63), 由正交性得

$$A_k = \int_{-1}^{1} \frac{(1-x^2)^{-\frac{1}{2}}}{T_n(x_k)T'_{n+1}(x_k)}dx + 2\sum_{i=1}^{n}\frac{T_i(x_k)}{T_n(x_k)T'_{n+1}(x_k)}\int_{-1}^{1}T_i(x)(1-x^2)^{-\frac{1}{2}}dx$$

$$= \frac{1}{T_n(x_k)T'_{n+1}(x_k)}\int_{-1}^{1}(1-x^2)^{-\frac{1}{2}}dx = \frac{\pi}{T_n(x_k)T'_{n+1}(x_k)}. \tag{7.66}$$

令 $x = \cos\theta$,则

$$T'_{n+1}(x) = \frac{\mathrm{d}}{\mathrm{d}\theta}\cos(n+1)\theta \frac{\mathrm{d}\theta}{\mathrm{d}x} = \frac{(n+1)\sin(n+1)\theta}{\sin\theta},$$

于是

$$T_n(x)T'_{n+1}(x) = \frac{(n+1)\sin(n+1)\theta\cos n\theta}{\sin\theta}.$$

注意到 $\cos(n+1)\theta_k = 0$,可得

$$T_n(x_k)T'_{n+1}(x_k) = n+1.$$

由式 (7.66) 有

$$A_k = \frac{\pi}{n+1},$$

从而得 Gauss-Chebyshev 求积公式

$$\int_{-1}^{1}f(x)(1-x^2)^{-\frac{1}{2}}dx \approx \frac{\pi}{n+1}\sum_{k=1}^{n+1}f(x_k), \tag{7.67}$$

其中

$$x_k = \cos\left(\frac{2k-1}{2(n+1)}\pi\right), \quad k = 0,1,2,\cdots,n.$$

由 Chebyshev 多项式的性质得误差为

$$R(f) = \frac{\pi}{2^{2n+1}(2n+1)!}f^{(2n+2)!}(\eta), \quad \eta \in (-1,1). \tag{7.68}$$

4. Gauss-Hermite 求积公式

Hermite 多项式

$$H_{n+1}(x) = (-1)^{(n+1)}e^{x^2}\frac{\mathrm{d}^{n+1}}{\mathrm{d}x^{n+1}}(e^{-x^2}) \tag{7.69}$$

是 $(-\infty,\infty)$ 上关于权函数 $\rho(x) = e^{-x^2}$ 的正交多项式. 若 $x_k(k=0,1,2,\cdots,n)$ 为 $n+1$ 次 Hermite 多项式的零点,则 Gauss-Hermite 求积公式为

$$\int_{-\infty}^{\infty}e^{-x^2}f(x)dx \approx \sum_{k=0}^{n}A_kf(x_k), \tag{7.70}$$

其中
$$A_k = \frac{2^{n+2}(n+1)!\sqrt{\pi}}{(H'_{n+1}(x_k))^2}, \quad k = 0, 1, 2, \cdots, n. \tag{7.71}$$

节点和系数如表7.2所示.

表 7.2 节点和系数

$n+1$	x_k	A_k	$n+1$	x_k	A_k
2	±0.707 106 8	0.886 2269		±2.350 605 0	0.004 530 0
4	±0.524 647 6	0.894 9141	8	±0.381 187 0	0.661 147 0
	±1.650 680 1	0.081 3128		±1.157 193 7	0.207 802 3
6	±0.436 077 4	0.724 6296		±1.981 656 8	0.017 078 0
	±1.335 849 1	0.157 0673		±2.930 637 4	0.000 199 6

Gauss-Hermite 求积公式的余项为
$$R(f) = \frac{(n+1)!\sqrt{\pi}}{2^{n+1}(2n+2)!} f^{2n+2}(\eta), \quad \eta \in (-\infty, \infty). \tag{7.72}$$

5. Gauss-Lobatto 求积公式
$$\int_a^b f(x)\mathrm{d}x \approx A_0 f(a) + \sum_{k=1}^{n-1} A_k f(x_k) + A_n f(b). \tag{7.73}$$

7.6.3 Gauss 求积公式及 MATLAB 程序

1. Gauss-Legendre 求积公式

MATLAB 程序 7.9 Gauss-Legendre 求积公式

```
function I=gsquad3(fun,a,b,N)
% Gauss-Legendre求积公式
% fun被积函数a,b为积分上下限
% N为等分区间数
h=(b-a)/N;I=0;
for k=1:N
    t=[-sqrt(3/5) 0 sqrt(3/5)];A=[5/9 8/9 5/9];
    F=feval(fun,h/2*t+a+(k-1/2)*h);
    I=I+sum(A.*F);
end
I=h/2*I;
```

例 7.11 用 Gausss-Legendre 求积公式，求 $\int_1^3 \dfrac{1}{x}\mathrm{d}x$.

解 在 MATLAB 命令窗口执行

```
>> fun=inline('1./x'); I=gsquad3(fun,1,3,4)
```

得到

```
    I = 1.098 6
```

2. Gauss-Lobatto 求积公式

MATLAB 程序 7.10　　**Gauss-Lobatto 求积公式**

```
function I=gsquad4(fun,a,b,N)
% Gauss-Lobatto求积公式
% fun为被积函数a,b为积分上下限
% N为等分区间数
h=(b-a)/N;I=0;
for k=1:N
    t=[-1 -1/sqrt(5) 1/sqrt(5) 1];A=[1/6 5/6 5/6 1/6];
    F=feval(fun,h/2*t+a+(k-1/2)*h);
    I=I+sum(A.*F);
end
I=h/2*I;
```

例 7.12 用 Gauss-Lobatto 求积公式求 $\int_1^3 \dfrac{1}{x}\mathrm{d}x$.

解 在 MATLAB 命令窗口执行

```
>> fun=inline('1./x'); I=gsquad4(fun,1,3,2)
```

得到

```
    I = 1.098 6
```

3. 定步长 Gauss 法求积分

MATLAB 程序 7.11　　**定步长 Gauss 法求积分**

```
function t=gaussint(fname,a,b,n,m)
% 定步长Gauss法求积分
% t=gaussint(fname,a,b,n,m) fname为被积函数
% a,b为积分上下限,n为等分数,m为每段Gauss点数.
switch m case 1
    t=0,A=2;
case 2
    t=[-1/sqrt(3),1/sqrt(3)];A=[1,1];
```

```
case 3
    t=[-sqrt(0.6),0,sqrt(0.6)];A=[5/9,8/9,5/9];
case 4
    t=[-0.861 136 -0.339 981 0.339 981 0.861 136];
    A=[0.347 855 0.652 145 0.652 145 0.347 855];
case 5
    t=[-0.906 180 -0.538 469 0 0.538 469 0.906 180];
    A=[0.236 927 0.478 629 0.568 889 0.478 629 0.236 927];
otherwise
    error('本程序Gauss点只能取1,2,3,4,5');
end
x=linspace(a,b,n+1); g=0;
for i=1:n
    g=g+gsint(fname,x(i),x(i+1),A,t)
end
% 子函数
function g=gsint(fname,a,b,A,t)
g=(b-a)/2*sum(A.*feval(fname,(b-a)/2*t+(a+b)/2));
```

例 7.13 用定步长 Gauss 法求积分，求 $\int_0^1 \dfrac{\sin x}{x} \mathrm{d}x$，$\varepsilon = 1\mathrm{e}-10$。

解 在 MATLAB 命令窗口执行

```
>>format long;gaussint(inline('sin(x)./x'),1e-10,1,2,3);
```

得到

    g = 0.946 083 071 243 03

4. 三点 Gauss 求积分

MATLAB 程序 7.12 三点 Gauss 公式求积分

```
function G=TGauss(f,a,b)
% f: 被积函数, a,b: 积分区间的两个端点
% G: 用三点 Gauss 公式法求得的积分值
x1=(a+b)/2-sqrt(3/5)*(b-a)/2;
x2=(a+b)/2+sqrt(3/5)*(b-a)/2;
G=(b-a)*(5*feval(f,x1)/9+8*feval(f,(a+b)/2)/9+5*feval(f,x2)/9)/2;
```

7.7 MATLAB 中的数值积分函数

7.7.1 MATLAB 数值积分函数

数值积分有开型、闭型之分. 闭型数值积分需要计算积分区间端点的函数值, 开型数值积分不需要计算积分端点的函数值. 在 MATLAB 中典型的闭型数值积分方法有: 用常数 (0 次多项式) 近似函数的矩形法; 用直线 (一次多项式) 近似函数曲线的梯形法; 用抛物线 (二次多项式) 近似函数曲线的 Simpson 方法; 用一般多项式近似函数曲线的 Romberg 方法. 下面给出 MATLAB 中一元函数数值积分的指令表 7.3.

表 7.3 一元函数数值积分指令

指令	格式和特点
quad	Numerically evaluate integral, adaptive Simpson quadrature
	q = quad(fun,a,b)
	q = quad(fun,a,b,tol)
	q = quad(fun,a,b,tol,trace)
	[q,fcnt] = quad(fun,a,b,...)
quadl	Numerically evaluate integral, adaptive Lobatto quadrature
	q = quadl(fun,a,b),
	q = quadl(fun,a,b,tol)
	q = quadl(fun,a,b,tol,trace)
	[q,fcnt] = quadl(fun,a,b,...)
quadv	Vectorized quadrature
	Q = quadv(fun,A,B)
	Q = quadv(fun,A,B,tol)
	Q = quadv(fun,A,B,tol,trace)
	[Q,fcnt]=quadv(...)
dblquad	Numerically evaluate double integral
	q = dblquad(fun,xmin,xmax,ymin,ymax)
	q = dblquad(fun,xmin,xmax,ymin,ymax,tol)
	q =dblquad(fun,xmin,xmax,ymin,ymax,tol,method)
triplequad	Numerically evaluate triple integral
	triplequad(fun,xmin,xmax,ymin,ymax,zmin,zmax)
	triplequad(fun,xmin,xmax,ymin,ymax,zmin,zmax,tol)
	triplequad(fun,xmin,xmax,ymin,ymax,zmin,zmax,tol,method)

下面详细介绍两个常用指令.

(1) 连续被积函数

```
quad('f',a,b,t,trace)
quadl('f',a,b,t,trace)
```

(2) 离散被积函数

trapz(x,y)

cumsum(y)

参数说明：$'f'$ 是被积函数表达式字符串或者函数文件名，a,b 是积分上下限，t 是定义积分的精度，$trace$ 设置是否用图形展示积分过程，1 表示展示，0 表示不展示。

trapz 积分中给出 y 相对于 x 的积分值。当 y 是 $m \times n$ 方阵时，积分对 y 的向量分别进行，得到一个 $(1 \times n)$ 矩阵是列向量对应于 x 的积分结果。

cumsum 对 y 的列向量进行积分运算采用等距离单位步长，但积分精度较差。积分结果和 y 是同维的，计算结果要除以采样频率才是实际积分值。

7.7.2 应用实例

例 7.14 求积分 $\int_0^\pi \sin x \mathrm{d}x$。

解 在 MATLAB 命令窗口执行

```
x=[ ];                    %生成一个空向量
t=0:pi/100:2*pi;          %生成一个[0,2*pi]中间隔为pi/100的数组
m=max(size(t))-1;         %size(t)获得t的下标的范围,max()取最大值
for n=(1:m)
   x(n)=quadl('sin(x)',t(n),t(n+1));
   n=n+1;
end
plot(x)                   %绘出序列x的图像
x
```

得到

```
    x =
    Columns 1 through 6
      0.000 5    0.001 5    0.002 5    0.003 4    0.004 4    0.005 4
        ...        ...        ...
    Columns 195 through 200
     -0.005 4   -0.004 4   -0.003 4   -0.002 5   -0.001 5   -0.000 5
```

quadl 积分值序列图像见图 7.1。

例 7.15 求积分 $\int_0^2 \frac{(\sin x)^2 + x^3}{x - 2\cos 3x} \mathrm{d}x$。

解 在 MATLAB 命令窗口执行

```
x=0:0.001:2; y=(sin(x).^2)+x.^3./(x-2.*cos(3.*x)); z=trapz(x,y)
s=cumsum(y); plot(x,s)
```

得到

```
z = 10.736 4
```
cumsum 积分值序列图像见图7.2.

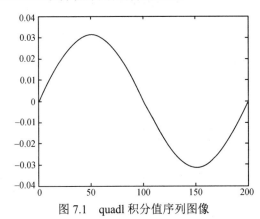

图 7.1　quadl 积分值序列图像　　　　图 7.2　cumsum 积分值序列图像

习　题　7

1. 用梯形公式和 Simpson 公式计算下列积分：

(1) $\int_0^1 \dfrac{x}{4+x^2}\mathrm{d}x, n=8$；

(2) $\int_0^1 \dfrac{(1-\mathrm{e}^{-x})^{\frac{1}{2}}}{x}\mathrm{d}x, n=10$；

(3) $\int_1^9 \sqrt{x}\mathrm{d}x, n=4$；

(4) $\int_0^{\frac{\pi}{6}} \sqrt{4-\sin^2 x}\mathrm{d}x, n=6$.

2. 用复合梯形公式和 Simspon 公式求下列积分：

(1) $\int_0^1 \dfrac{1}{1+x^3}\mathrm{d}x, n=8$；

(2) $\int_1^2 \dfrac{x}{\ln(1+x)}\mathrm{d}x, n=6$.

3. 计算积分：

(1) $\int_0^1 \dfrac{\sin x}{x}\mathrm{d}x$；

(2) $\int_0^1 \mathrm{e}^{-x^2}\mathrm{d}x$.

4. 用 Romberg 方法求积分，使误差不超过 10^{-5}.

(1) $\dfrac{2}{\sqrt{\pi}}\int_0^1 \mathrm{e}^{-x^2}\mathrm{d}x$；

(2) $\int_0^{2\pi} x\sin x\mathrm{d}x$；

(3) $\int_0^3 x\sqrt{1+x^2}\mathrm{d}x$；

(4) $\int_0^1 \dfrac{1}{1+x^2}\mathrm{d}x$.

5. 求积分 $\int_0^1 \frac{1}{x} \mathrm{d}x$，分别用下列方法 (1) 复合梯形公式，$n=16$；(2) 复合 Simpson 公式，$n=4$；(3) Romberg 算法；(4) 将积分区间 4 等分，在每个区间上用两点 Gauss 公式计算，然后累加得积分值.

6. 用 Gauss 型求积公式求积分：

(1) 用 3 点 Gauss 公式求 $\quad \int_0^{\frac{\pi}{2}} \sqrt{1-\frac{1}{2}\sin^2 x}\mathrm{d}x$；

(2) 用 2 点 Gauss 公式求 $\quad \int_0^{\infty} \mathrm{e}^{-x}\sqrt{x}\mathrm{d}x$；

(3) 用 2 点 Gauss 公式求 $\quad \int_{-\infty}^{\infty} \mathrm{e}^{-x^2}\sqrt{1+x^2}\mathrm{d}x$；

(4) 用 3 点 Gauss 公式求 $\quad \int_{-1}^{1} \frac{x^2}{\sqrt{1-x^2}}\mathrm{d}x$.

7. 推导下列三种矩形公式

$$\int_a^b f(x)\mathrm{d}x = (b-a)f(a) + \frac{f'(\eta)}{2}(b-a)^2,$$

$$\int_a^b f(x)\mathrm{d}x = (b-a)f(b) - \frac{f'(\eta)}{2}(b-a)^2,$$

$$\int_a^b f(x)\mathrm{d}x = (b-a)f\left(\frac{a+b}{2}\right) + \frac{f''(\eta)}{24}(b-a)^3.$$

8. 用 $n=2,3$ 的 Gauss-Legendre 公式计算积分

$$\int_1^3 \mathrm{e}^x \sin x \mathrm{d}x.$$

9. 设函数 $f(x) \in \mathbb{C}^6[-1,1]$，$P_5(x) \in \Phi_6(x)$ 是满足插值条件

$$P_5(x_i) = f(x_i), P'(x_i) = f'(x_i), x_i = -1, 0, 1$$

的 Hermite 插值多项式.证明

$$\int_{-1}^1 f(x)\mathrm{d}x \approx \int_{-1}^1 P_5(x)\mathrm{d}x = \frac{7}{15}f(-1) + \frac{16}{15}f(0) + \frac{7}{15}f(1)\frac{1}{15}f'(-1) - \frac{1}{15}f'(1),$$

并推导余项.

10. 证明三点 Hermite 求积公式

$$\int_{-\infty}^{\infty} \mathrm{e}^{-x^2} f(x)\mathrm{d}x \approx \frac{\pi}{6}\left(f\left(-\sqrt{\frac{3}{2}}\right) + 4f(0) + f\left(\sqrt{\frac{3}{2}}\right)\right),$$

对 $f(x)$ 为不超过 5 次的多项式，都是精确成立的.

11. 构造 Gauss 型求积公式
$$\int_{-1}^{1} f(x)\mathrm{d}x \approx A_0 f(x_0) + A_1 f(x_1) + A_2 f(x_2),$$
并由此计算
$$\int_0^1 \frac{\sqrt{x}}{(1+x)^2}\mathrm{d}x.$$

12. 构造两点 Gauss 公式
$$\int_{-1}^{1} f(x)\mathrm{d}x \approx A_0 f(x_0) + A_1 f(x_1),$$
并由此计算积分
$$\int_0^1 \sqrt{1+2x}\,\mathrm{d}x.$$

第 8 章 数 值 微 分

> **学习目标与要求**
> 1. 理解数值微分的概念,掌握数值微分的方法.
> 2. 掌握中点微分公式,学会用插值方法求微分.
> 3. 学会用数值积分方法求微分、学会用三次样条方法求微分.

在微分学中,函数的导数是通过导数定义或求导法则求得的,当函数是表格形式给出时,就不能用上述方法求导数了,因此有必要研究用数值方法求函数的导数的方法. 下面介绍几种求导数的数值方法.

8.1 中 点 方 法

8.1.1 微分中点数值算法

由导数的定义,导数 $f'(a)$ 是差商 $\dfrac{f(a+h)-f(a)}{h}$ 当 $h \to 0$ 时的极限,如果精度要求不高,可取向前差商作导数的近似值,这样可建立一种数值微分方法

$$f'(a) \approx \frac{f(a+h)-f(a)}{h}. \tag{8.1}$$

若用向后差商作导数的近似值,则有

$$f'(a) \approx \frac{f(a)-f(a-h)}{h}. \tag{8.2}$$

若用中心差商作导数的近似值,则有

$$f'(a) \approx \frac{f(a+h)-f(a-h)}{2h}. \tag{8.3}$$

称后一种方法为**中点方法**,式 (8.3) 称作**中点公式**. 数值微分的中点公式,其实是式 (8.1) 和式 (8.2) 两种算法的算术平均值. 三种微分数值算法比较,就精确度而言,中点数值算法最为可取. 实际上,从三种数值微分数值算法的截断误差也可得出这个结论.

8.1.2 微分中点数值算法误差分析

分别将 $f(a \pm h)$ 在 $x = a$ 处 Taylor 展开

$$f(a \pm h) = f(a) \pm f'(a)h + \frac{h^2}{2!}f''(a) \pm \frac{h^3}{3!}f'''(a) + \frac{h^4}{4!}f^{(4)}(a) \pm \cdots,$$

于是

$$\frac{f(a \pm h) - f(a)}{\pm h} = f'(a) \pm \frac{h}{2!}f''(a) + \frac{h^2}{3!}f'''(a) + \cdots,$$

$$\frac{f(a+h) - f(a-h)}{2h} = f'(a) + \frac{h^2}{3!}f'''(a) + \frac{h^4}{5!}f^{(5)}(a) + \cdots.$$

所以公式 (8.1) 和公式 (8.2) 的截断误差是 $O(h)$，中点数值微分公式 (8.3) 的截断误差是 $O(h^2)$.

用中点公式计算导数近似值，必须选取合适的步长 h，从中点公式的截断误差看，步长 h 越小，计算结果就越精确，但从舍入误差的角度看，当 h 很小时，$f(a+h) - f(a-h)$ 很接近，两相近数直接相减会造成有效数字的严重损失，因此，步长 h 不宜取得太小.

例 8.1 用中点公式求 $f(x) = \sqrt{x}$ 在 $x = 2$ 处的导数，计算公式为

$$f'(2) \approx G(h) = \frac{\sqrt{2+h} - \sqrt{2-h}}{2h}. \tag{8.4}$$

如取 4 位小数，计算结果见表 8.1，导数 $f'(2)$ 的准确值为 0.353 553，可见 $h = 0.1$ 时逼近效果最好，如果进一步缩小步长，则逼近效果会越来越差.

表 8.1 数值微分计算结果

h	$G(h)$	h	$G(h)$	h	$G(h)$
1.0	0.366 0	0.500	0.353 0	0.001 0	0.350 0
0.5	0.356 4	0.010	0.350 0	0.000 5	0.300 0
0.1	0.353 5	0.005	0.350 0	0.000 1	0.300 0

8.2 利用插值方法求微分

8.2.1 插值型求导方法

当函数 $f(x)$ 以表格的形式给出：$y_i = f(x_i)(i = 0, 1, \cdots, n)$，用插值多项式 $P_n(x)$ 作为 $f(x)$ 的近似函数 $f(x) \approx P_n(x)$，由于多项式的导数容易求得，取 $P_n(x)$ 的导数 $P_n'(x)$ 作为 $f'(x)$ 的近似值，这样建立的数值公式

$$f'(x) \approx P_n'(x) \tag{8.5}$$

统称为**插值型求微分公式**.

其截断误差可用插值多项式的余项得到，于是

$$f(x) = P_n(x) + \frac{f^{(n+1)}(\xi)}{(n+1)!}\omega_{n+1}(x), \quad \xi \in (a,b).$$

两边求导数得

$$f'(x) = P_n'(x) + \frac{f^{(n+1)}(\xi)}{(n+1)!}\omega_{n+1}'(x) + \frac{\omega_{n+1}(x)}{(n+1)!}\frac{\mathrm{d}}{\mathrm{d}x}f^{(n+1)}(\xi), \quad \xi \in (a,b). \tag{8.6}$$

由于式 (8.6) 中的 ξ 是 x 的未知函数，无法对 $\frac{\mathrm{d}}{\mathrm{d}x}f^{(n+1)}(\xi)$ 作出估计，因此，对于任意的 x，无法对截断误差 $f'(x) - P_n'(x)$ 作出估计，但是如果求节点 x_i 处的导数，则截断误差为

$$R_n(x_i) = f'(x_i) - P_n'(x_i) = \frac{f^{(n+1)}(\xi)}{(n+1)!}\omega_{n+1}'(x_i), \quad \xi \in (a,b). \tag{8.7}$$

8.2.2 常用插值型求数值微分公式

下面给出几个常用的插值型数值微分公式.

1. 两点式数值微分公式

过节点 x_0, x_1 作线性插值多项式 $P_1(x)$，记 $h = x_1 - x_0$，则

$$P_1(x) = \frac{x - x_1}{h}f(x_0) - \frac{x - x_0}{h}f(x_1),$$

两边求导数得

$$P_1'(x) = \frac{1}{h}(f(x_1) - f(x_0)).$$

于是，可得两点数值微分公式

$$f'(x_0) = f'(x_1) \approx \frac{1}{h}(f(x_1) - f(x_0)), \tag{8.8}$$

其截断误差为

$$\begin{cases} R_1(x_0) = -\dfrac{h}{2}f''(\xi), \\ R_1(x_1) = \dfrac{h}{2}f''(\xi). \end{cases} \tag{8.9}$$

2. 三点式数值微分公式

过点 x_0, x_1, x_2 作二次插值多项式 $P_2(x)$，记步长为 h，则

$$P_2(x) = \frac{(x-x_1)(x-x_2)}{2h^2}f(x_0) - \frac{(x-x_0)(x-x_2)}{h^2}f(x_1)$$
$$+ \frac{(x-x_0)(x-x_1)}{2h^2}f(x_2),$$

两边求导数得

$$P_2'(x) = \frac{(2x - x_1 - x_2)}{2h^2}f(x_0) - \frac{(2x - x_0 - x_2)}{h^2}f(x_1)$$
$$+ \frac{(2x - x_0 - x_1)}{2h^2}f(x_2).$$

于是，可得三点求数值微分公式

$$\begin{cases} f'(x_0) \approx \dfrac{1}{2h}(-3f(x_0) + 4f(x_1) - f(x_2)), \\ f'(x_1) \approx \dfrac{1}{2h}(f(x_2) - f(x_0)), \\ f'(x_2) \approx \dfrac{1}{2h}(f(x_0) - 4f(x_1) + 3f(x_2)), \end{cases} \tag{8.10}$$

其截断误差为

$$\begin{cases} R_2'(x_0) = f'(x_0) - P_2'(x_0) = \dfrac{1}{3}h^2 f'''(\xi), \\ R_2'(x_1) = f'(x_1) - P_2'(x_1) = -\dfrac{1}{6}h^2 f'''(\xi), \\ R_2'(x_2) = f'(x_2) - P_2'(x_2) = \dfrac{1}{3}h^2 f'''(\xi). \end{cases} \tag{8.11}$$

如果要求 $f(x)$ 的二阶导数，可用 $P_2''(x)$ 作为 $f''(x)$ 的近似值，于是，有

$$f''(x_i) \approx P_2''(x_i) = \frac{1}{h^2}(f(x_0) - 2f(x_1) + f(x_2)), \tag{8.12}$$

其截断误差为

$$f''(x_i) - P_2''(x_i) = O(h^2). \tag{8.13}$$

3. 五点式数值微分公式

同理，过 $x_k = x_0 + kh(k = 0, 1, 2, 3, 4)$，可得五点数值微分公式

$$\begin{cases} f'(x_0) \approx \dfrac{1}{12h}(-25f(x_0) + 48f(x_1) - 36f(x_2) + 16f(x_3) - 3f(x_4)), \\ f'(x_1) \approx \dfrac{1}{12h}(-3f(x_0) - 10f(x_1) + 18f(x_2) - 6f(x_3) + f(x_4)), \\ f'(x_2) \approx \dfrac{1}{12h}(f(x_0) - 8f(x_1) + 8f(x_3) - f(x_4)), \\ f'(x_3) \approx \dfrac{1}{12h}(-f(x_0) + 6f(x_1) - 18f(x_2) + 10f(x_3) + 3f(x_4)), \\ f'(x_4) \approx \dfrac{1}{12h}(3f(x_0) - 16f(x_1) + 36f(x_2) - 16f(x_3) + 3f(x_4)), \end{cases} \tag{8.14}$$

与

$$\begin{cases} f''(x_0) \approx \dfrac{1}{12h^2}(35f(x_0) - 104f(x_1) + 114f(x_2) - 56f(x_3) + 11f(x_4)), \\ f''(x_1) \approx \dfrac{1}{12h^2}(11f(x_0) - 20f(x_1) + 6f(x_2) + 4f(x_3) - f(x_4)), \\ f''(x_2) \approx \dfrac{1}{12h^2}(-f(x_0) + 16f(x_1) - 30f(x_2) + 16f(x_3) - f(x_4)), \\ f''(x_3) \approx \dfrac{1}{12h^2}(-f(x_0) + 4f(x_1) + 6f(x_2) - 20f(x_3) + 11f(x_4)), \\ f''(x_4) \approx \dfrac{1}{12h^2}(11f(x_0) - 56f(x_1) + 11f(x_2) - 104f(x_3) + 35f(x_4)). \end{cases} \quad (8.15)$$

8.3 利用数值积分求微分

8.3.1 矩形积分方法

设 $\varphi(x) = f'(x), x_k = a + kh(k = 0, 1, \cdots, n), h = \dfrac{b-a}{n}$，则有

$$f(x_{k+1}) = f(x_{k-1}) + \int_{x_{k-1}}^{x_{k+1}} \varphi(x)\mathrm{d}x, \quad k = 1, 2, \cdots, n-1. \tag{8.16}$$

对两边分别采用不同的积分公式，即可得不同的数值微分公式.

若对 $\int_{x_{k-1}}^{x_{k+1}} \varphi(x)\mathrm{d}x$ 用中矩形公式，则

$$\int_{x_{k-1}}^{x_{k+1}} \varphi(x)\mathrm{d}x = 2h\varphi(x_k) + \dfrac{1}{24}(2h)^3 \varphi''(\xi_k), \quad \xi_k \in (x_{k-1}, x_{k+1}),$$

从而得中点数值微分公式

$$f'(x) = \dfrac{f(x_{k+1}) - f(x_{k-1})}{2h} - \dfrac{1}{6}h^2 f''(\xi_k). \tag{8.17}$$

8.3.2 Simpson 积分方法

若对 $\int_{x_{k-1}}^{x_{k+1}} \varphi(x)\mathrm{d}x$ 用 Simpson 公式，则

$$\int_{x_{k-1}}^{x_{k+1}} \varphi(x)\mathrm{d}x = \dfrac{h}{3}(\varphi(x_{k-1}) + 4\varphi(x_k) + \varphi(x_{k+1})) - \dfrac{h^5}{90}\varphi^{(4)}(\xi_k), \quad \xi_k \in (x_{k-1}, x_{k+1}).$$

略去余项，记 $\varphi(x_k) = f'(x_k) \approx m_k$，得 Simpson 数值微分公式

$$m_{k-1} + 4m_k + m_{k+1} = \dfrac{3}{h}(f(x_{k+1}) - f(x_{k-1})), \quad k = 1, 2, \cdots, n-1. \tag{8.18}$$

这是关于 $m_0, m_1, \cdots, m_n$ 的方程组，若已知 $m_0 = f(x_0), m_n = f'(x_n)$，则可得

$$\begin{pmatrix} 4 & 1 & & & \\ 1 & 4 & 1 & & \\ & \ddots & \ddots & \ddots & \\ & & 1 & 4 & 1 \\ & & & 1 & 4 \end{pmatrix} \begin{pmatrix} m_1 \\ m_2 \\ \vdots \\ m_{n-2} \\ m_{n-1} \end{pmatrix} = \begin{pmatrix} \frac{3}{h}(f(x_2) - f(x_0)) - f'(x_0) \\ \frac{3}{h}(f(x_3) - f(x_1)) \\ \vdots \\ \frac{3}{h}(f(x_{n-1}) - f(x_{n-3})) \\ \frac{3}{h}(f(x_n) - f(x_{n-2})) - f'(x_n) \end{pmatrix}. \quad (8.19)$$

这是关于 $m_1, m_2, \cdots, m_{n-1}$ 的三对角方程组，且系数矩阵为严格对角占优矩阵，可用追赶法求解.

如果不知道端点的导数值，则取

$$m_1 = \frac{1}{1h}(f(x_2) - f(x_0)), \quad m_{n-1} = \frac{1}{2h}(f(x_n) - f(x_0)),$$

然后再求 $m_2, m_3, \cdots, m_{n-2}$.

8.4 利用三次样条求微分

三次样条函数 $S(x)$ 作为 $f(x)$ 的近似，函数值和导数值都很接近，且有

$$||f^{(k)}(x) - S^{(k)}(x)||_\infty \leqslant C_k ||f^{(4)}||_\infty h^{4-k}, \quad k = 0, 1, 2, \quad (8.20)$$

因此，利用三次样条可直接得

$$f^{(k)}(x) \approx S^{(k)}(x), \quad k = 0, 1, 2.$$

利用第 5 章中有关三次样条插值理论，可得

$$f'(x_k) \approx S'(x_k) = -\frac{h_k}{3}M_k - \frac{h_k}{6} + f[x_k, x_{k+1}],$$
$$f''(x_k) = M_k,$$

其中 $f[x_k, x_{k+1}]$ 为一阶均差. 误差由式 (8.20) 可得

$$||f' - S'||_\infty \leqslant \frac{1}{24}||f^{(4)}||_\infty h^3,$$
$$||f'' - S''||_\infty \leqslant \frac{3}{8}||f^{(4)}||_\infty h^2.$$

8.5 外推法在数值微分中的应用

利用中点公式计算导数时

$$f'(x) \approx G(h) = \frac{1}{2h}(f(x+h) - f(x-h)).$$

对 $f(x)$ 在点 x 作 Taylor 展开有

$$f'(x) = G(h) + \alpha_1 h^2 + \alpha_2 h^4 + \cdots,$$

其中 $\alpha_i(i = 1, 2, \cdots)$ 与 h 无关.利用由 Richardson 外推对 h 逐次分半,若记 $G_0(h) = G(h)$,则有

$$\frac{4^m G_{m-1}(\frac{h}{2}) - G_{m-1}(h)}{4^m - 1}, \quad m = 1, 2, \cdots, \tag{8.21}$$

$$
\begin{array}{l}
G(h) \\
\downarrow \quad \searrow \\
G(\frac{h}{2}) \to G_1(h) \\
\downarrow \quad \searrow \quad \searrow \\
G(\frac{h}{2^2}) \to G_1(\frac{h}{2}) \to G_2(h) \\
\downarrow \quad \searrow \quad \searrow \quad \searrow \\
G(\frac{h}{2^3}) \to G_1(\frac{h}{2^2}) \to G_2(\frac{h}{2}) \to G_3(h) \\
\vdots \quad \ddots \quad \ddots \quad \ddots
\end{array}
$$

由 Richardson 外推方法,可得式 (8.21) 的误差为

$$f'(x) - G_m(h) = O(h^{2(m+1)}).$$

考虑到舍入误差,m 不能取得太大.

例 8.2 利用外推法计算 $f(x) = x^2 \mathrm{e}^{-x}$ 在 $x = 0.5$ 处的导数.

解 由计算可得计算结果为 0.454 897 994.

习 题 8

1. 用三点公式求 $f(x)$ 在 $x = 1.0, 1.1, 1.2$ 处的导数值，并估计误差. $f(x)$ 的值见表8.2.

表 8.2 函数值表

x	1.0	1.1	1.2
$f(x)$	0.250 0	0.226 8	0.206 6

2. 利用表8.3，求 $x = 0.6$ 处的导数.

表 8.3 函数值表

x	0.4	0.5	0.6	0.7	0.8
$f(x)$	1.583 649 4	1.797 442 6	2.044 237 6	2.327 505 4	2.651 081 8

第 9 章 常微分方程数值解法

> **学习目标与要求**
> 1. 掌握常微分方程数值解法.
> 2. 掌握 Euler 方法及 MATLAB 程序实现.
> 3. 掌握 Runge-Kutta 方法及 MATLAB 程序实现.
> 4. 掌握线性多步法一般公式.
> 5. 掌握线性多步法的 Adams 公式、Milne 公式、Simpson 公式、Hamming 公式.

9.1 数值解法的构造途径

9.1.1 数值解法的基本思想

在科学和工程技术中经常要解常微分方程初值问题. 本章主要考察一阶微分方程初值问题

$$\begin{cases} \dfrac{\mathrm{d}y}{\mathrm{d}x} = f(x,y(x)), & x \in [a,b], \\ y(x_0) = \eta. \end{cases} \tag{9.1}$$

在常微分方程课程中已经知道, 只要 $f(x,y) \in \mathbb{C}([a,b] \times R)$, 且关于 y 满足 Lipschitz 条件

$$|f(x,y) - f(x,\tilde{y})| \leqslant L|y - \tilde{y}|, \tag{9.2}$$

则方程 (9.1) 存在唯一解 $y = f(x)$.

理论上虽已证明在适当条件下其解的存在性, 但在求解许多实际问题时, 仍十分困难, 甚至对一些非常简单的问题, 如

$$\begin{cases} \dfrac{\mathrm{d}y}{\mathrm{d}x} = \mathrm{e}^{-x^2}, & x \in [0,1], \\ y(x_0) = 1. \end{cases} \tag{9.3}$$

也无法用解析方法求解. 级数解法逐次逼近法等一些近似解法虽能求解部分初值问题, 但仍有很大的局限性, 为此本章介绍一种通用的微分方程数值解法.

所谓数值解法, 就是求 $y = f(x)$ 在一系列离散节点

$$x_0 < x_1 < \cdots < x_n < x_{n+1} < \cdots$$

上的近似值

$$y_0, y_1, \cdots, y_n, y_{n+1}, \cdots$$

约定：相邻两个节点的距离 $h_n = x_{n+1} - x_n$ 称为步长，如没有特殊说明，总假定节点 $x_0 < x_1 < \cdots < x_n < x_{n+1} < \cdots$ 等距，$h_i = h(i = 1, 2, \cdots)$ 为定值，$x_n = x_0 + nh$，$y_n \approx y(x_n)$，$f_n = f(x_n, y_n) \approx y'(x_n)(n = 1, 2, \cdots)$.

初值问题 (9.1) 数值解法的基本思想是：采用"离散化"、"步进式"，即求解过程依节点排列的次序一步一步地向前推进. 描述这类算法，只要给出用已知信息 $y_n, y_{n-1}, \cdots$ 计算 y_{n+1} 的递推公式.

对方程 (9.1) 离散化，建立求数值解的递推公式，一般有两种做法：一种是计算 y_{n+1} 时只用到前一点的值 y_n，称为**单步法**. 另一类是用到 y_{n+1} 前面 k 点的值 $y_n, y_{n-1}, \cdots, y_{n-k+1}$，称为 k**(多)步法**.

不仅如此，还需要研究数值求解公式的局部截断误差，数值解 y_n 与精确解 $y(x_n)$ 的误差估计及收敛性，递推公式的数值稳定性等问题.

9.1.2 差商逼近法

差商逼近法，即是用适当差商逼近导数值使方程 (9.1) 离散化的方法. 如取

$$y'(x_n) \approx \frac{y(x_{n+1}) - y(x_n)}{h}, \quad y'(x_{n+1}) \approx \frac{y(x_n) - y(x_{n+1})}{-h}, \tag{9.4}$$

引入参数 $\theta \in [0, 1]$，则由式 (9.4) 得

$$\theta y'(x_n) + (1-\theta) y'(x_{n+1}) \approx \frac{y(x_{n+1}) - y(x_n)}{h},$$

即

$$y(x_{n+1}) \approx y(x_n) + h(\theta y'(x_n) + (1-\theta) y'(x_{n+1})), \tag{9.5}$$

$$y_{n+1} = y_n + h(\theta f_n + (1-\theta) f_{n+1}). \tag{9.6}$$

特别地，取 $\theta = 1$，则得显式 Euler 法

$$y_{n+1} = y_n + h f_n; \tag{9.7}$$

若取 $\theta = 0$，则得隐式 Euler 法

$$y_{n+1} = y_n + h f_{n+1}; \tag{9.8}$$

若取 $\theta = \frac{1}{2}$，则得梯形法

$$y_{n+1} = y_n + \frac{h}{2}(f_n + f_{n+1}). \tag{9.9}$$

9.1.3 数值积分法

数值积分方法的基本思想是将式 (9.1) 转化为积分方程

$$y(x_m) - y(x_n) = \int_{x_n}^{x_m} f(x, y(x))\mathrm{d}x, \quad y(x_0) = y_0, m > n, \tag{9.10}$$

然后将式 (9.10) 用第 7 章介绍的数值积分方法离散化，从而获得原初值问题的一个离散差分格式. 若取 $m = n+1$，将矩形求积公式代入式 (9.10)，则得

$$y_{n+1} = y_0 + hf(\theta x_n + (1-\theta)x_{n+1}, \theta y_n + (1-\theta)y_{n+1}) \quad (\theta \in [0,1]). \tag{9.11}$$

9.1.4 Taylor 展开法

1. Taylor 展开法

由 Taylor 公式有

$$\begin{aligned} y(x+h) =\ & y(x) + hy'(x) + \frac{1}{2}h^2 y''(x) + \frac{1}{3!}h^3 y'''(x) + \cdots + \frac{1}{p!}h^p y^{(p)}(x) \\ & + \frac{1}{(p+1)!}h^{p+1} y^{(p+1)}(\xi) \quad (\xi \in (x, x+h)), \end{aligned} \tag{9.12}$$

或

$$\begin{aligned} y(x+h) =\ & y(x) + hf(x,y(x)) + \frac{1}{2}h^2 f'(x,y(x)) + \frac{1}{3!}h^3 f''(x,y(x)) + \cdots \\ & + \frac{1}{p!}h^p f^{(p-1)}(x,y(x)) + \frac{1}{(p+1)!}h^{p+1} y^{(p+1)}(\xi) \quad (\xi \in (x, x+h)). \end{aligned} \tag{9.13}$$

记

$$\begin{aligned} \varPhi(x,y,h) =\ & f(x,y(x)) + \frac{1}{2}h^1 f'(x,y(x)) + \frac{1}{3!}h^2 f''(x,y(x)) + \cdots \\ & + \frac{1}{p!}h^{p-1} f^{(p-1)}(x,y(x)), \end{aligned} \tag{9.14}$$

将式 (9.13) 改写为

$$y(x+h) = y(x) + h\varPhi(x,y,h) + \frac{1}{(p+1)!}h^{p+1} y^{(p+1)}(\xi),$$

以 $x = x_n$ 代入得

$$y(x_{n+1}) = y(x_n) + h\varPhi(x_n, y(x_n), h) + \frac{1}{(p+1)!}h^{p+1} y^{(p+1)}(\xi). \tag{9.15}$$

截去式 (9.15) 中的余项

$$\frac{1}{(p+1)!}h^{p+1} y^{(p+1)}(\xi),$$

可得
$$y(x_{n+1}) \approx y(x_n) + h\Phi(x_n, y(x_n), h),$$

这样得到初值问题(9.1)解的近似计算公式

$$y_{n+1} = y_n + h\Phi(x_n, y_n, h), \quad n = 0, 1, \cdots, n-1, y_0 = \eta. \tag{9.16}$$

式(9.16)是一个一阶差分方程. 由于初值问题(9.1)的精确解 $y(x)$ 满足式(9.15),因此称

$$R_n = \frac{1}{(p+1)!} h^{p+1} y^{(p+1)}(\xi) \tag{9.17}$$

为数值算法(9.16)的局部离散误差,或局部截断误差. 由式(9.15)和式(9.17)可知

$$y(x_{n+1}) = y_{n+1} + R_n,$$

因此,局部离散截断误差式(9.17)表示 $y_n = y(x_n)$ 为精确时,利用式(9.16)计算 $y(x_{n+1})$ 的近似值 y_{n+1} 的误差.根据式(9.17)有

$$R_n = O(h^{p+1}). \tag{9.18}$$

假如 y_n 是在无舍入误差的情况下,用式(9.16)计算微分方程初值问题(9.1)的近似解,则称

$$\varepsilon_n = y(x_n) - y_n$$

为数值方法(9.16)的整体离散误差.

2. Taylor 展开方法 MATLAB 程序

计算 y', y'', y''' 和 $y^{(4)}$,并在每一步使用 Taylor 多项式,求解区间 $[a,b]$ 上的初值问题

$$\begin{cases} \dfrac{\mathrm{d}y}{\mathrm{d}x} = f(x, y(x)), & x \in [a,b], \\ y(a) = y_0. \end{cases}$$

MATLAB 程序 9.1 **Taylor 方法求解初值问题**

```
function T4=taylor(df,a,b,ya,M)
%  df=[y' y'' y''' y''''] 是f的各阶导数,y'=f(x,y)
%  a,b是左右端点, ya= y(a),M是步长
%  X4=[X' Y'],X'是行向量,Y'是列向量
h=(b-a)/M;
X=zeros(1,M+1);
Y=zeros(1,M+1);
X=a:h:b;
Y(1)=ya;
for i=1:M
    D=feval(df,X(i),Y(i));
```

```
    Y(i+1)=Y(i)+h*(D(1)+h*(D(2)/2+h*(D(3)/6+h*D(4)/24)));
end
X4=[X' Y'];
```

9.2　Euler 方法及其改进

9.2.1　Euler 方法及 MATLAB 程序

1. Euler 方法

Euler 方法实际上已经很少用了，但因概念简单，易于分析，并且它的误差和稳定性较为典型，因此，再来讨论 Euler 方法，在式 (9.16) 中，取 $\Phi(x,y,h) = f(x,y)$，即得 Euler 方法 (显式格式)：

$$\begin{cases} y_{n+1} = y_n + hf(x_n, y_n), \\ y_0 = \eta, \end{cases} n = 0, 1, 2, \cdots, N-1, \qquad (9.19)$$

N 是一个正整数，$h = \dfrac{b-a}{N}$。由式 (9.19)，从 $y_0 = \eta$ 出发，可依次计算出 $y_1, y_2, \cdots, y_N$，它们分别为初值问题 9.1 的解 $y(x)$ 在 $x_1, x_2, \cdots, x_N$ 处值 $y(x_1), y(x_2), \cdots, y(x_N)$ 的近似值，其中 $x_0 = a, x_n = a + nh, n = 1, 2, \cdots, N$.

2. Euler(显式格式)方法的 MATLAB 程序

> **MATLAB 程序 9.2**　　Euler(显式格式)方法

```
function [x,y]=euler1(dyfun,xspan,y0,h)
% 显式Euler格式解常微分方程y'=f(x,y),y(x0)=y0
% [x,y]=euler1(dyfun,xspan,y0,h)
% dyfun为函数f(x,y),xspan,为求解区间[x0,xN],y0为初值,
% h为步长,x返回节点,y返回数值解.
x=xspan(1):h:xspan(2);y(1)=y0;
for n=1:length(x)-1
    y(n+1)=y(n)+h*feval(dyfun,x(n),y(n));
end
x=x';y=y';
```

例 9.1　求解初值问题

$$\begin{cases} \dfrac{\mathrm{d}y}{\mathrm{d}x} = y - \dfrac{2x}{y}, & x \in [0,1], \\ y(0) = 1. \end{cases}$$

解　在 MATLAB 命令窗口执行

```
>>dyfun=inline('y-2*x/y');
>>[x,y]=euler1(dyfun,[0,1],1,0.2);[x,y]
```
得到

```
ans =   0          1.000 0
        0.200 0    1.200 0
        0.400 0    1.373 3
        0.600 0    1.531 5
        0.800 0    1.681 1
        1.000 0    1.826 9
```

例 9.2 求解初值问题

$$\begin{cases} \dfrac{\mathrm{d}y}{\mathrm{d}x} = \dfrac{2y}{x} - x^2 \mathrm{e}^x, & x \in [1,2], \\ y(1) = 0. \end{cases}$$

解 数值解见图 9.1. 在 MATLAB 命令窗口执行

```
>> dyfun=inline('2*y/x+x*x*exp(x)');
>> [x,y]=naeuler(dyfun,[1,2],0,0.1);[x,y]
```
得到

```
ans = 1.000 0    0
      1.100 0    0.271 8
      1.200 0    0.684 8
      1.300 0    1.277 0
      1.400 0    2.093 5
      1.500 0    3.187 4
      1.600 0    4.620 8
      1.700 0    6.466 4
      1.800 0    8.809 1
      1.900 0    11.748 0
      2.000 0    15.398 2
```

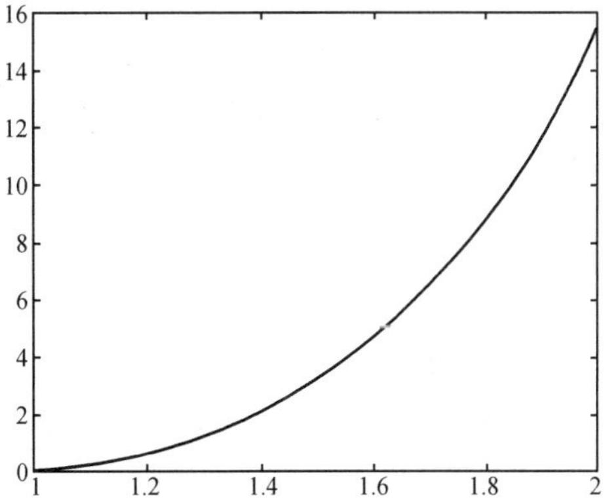

图 9.1 初值问题数值解图像

9.2.2 改进的 Euler 方法及 MATLAB 程序

1. 改进的 Euler 方法

Euler 方法计算量小, 精度不高. 如果对计算结果的精度要求较高, 必须使用其他方法. 在 1.1.2 节得到了初值问题 (9.1) 的梯形公式

$$\begin{cases} y_{n+1} = y_n + \dfrac{h}{2}(f(x_n,y_n) + f(x_{n+1},y_{n+1})), \\ y_0 = \eta, \end{cases} \quad n=0,1,2,\cdots,N-1, \tag{9.20}$$

其中 $h = \dfrac{b-a}{N}$. 它的局部离散误差为

$$R_n = -\frac{h^3}{12} y'''(\xi_n) = O(h^3),$$

因而是一个二阶方法，较 Euler 方法提高了精度.

梯形方法与 Euler 方法的不同之处是式 (9.20) 右端的 $f(x_{n+1}, y_{n+1})$ 中出现 y_{n+1}. 若函数 $f(x,y)$ 对 y 来说不是线性的，则式 (9.20) 为隐式差分方程，一般要用迭代方法来计算 y_{n+1}. 在应用迭代法时，需要取 y_{n+1} 的一个初始值 $y_{n+1}^{(0)}$，即

$$y_{n+1}^{(0)} = y_n + h f(x_n, y_n),$$

然后以 $y_{n+1}^{(0)}$ 代替差分方程 (9.20) 中的 y_{n+1}，得

$$y_{n+1}^{(1)} = y_n + \frac{h}{2}(f(x_n, y_n) + f(x_{n+1}, y_{n+1}^{(0)})).$$

一般地，迭代公式为

$$y_{n+1}^{(k+1)} = y_n + \frac{h}{2}(f(x_n, y_n) + f(x_{n+1}, y_{n+1}^{(k)})), \quad k = 0, 1, 2, \cdots, \tag{9.21}$$

假设 $f(x,y)$ 关于 y 满足 Lipschitz 条件，且 $q = \dfrac{hL}{2} < 1$，其中 L 为 Lispchitz 常数，则迭代法式 (9.21) 是收敛的. 事实上，在上述假设条件下，根据迭代法 (9.21) 有

$$\begin{aligned}
\left| y_{n+1}^{(p+1)} - y_{n+1}^{(p)} \right| &= \frac{hL}{2} \left| y_{n+1}^{(p)} - y_{n+1}^{(p-1)} \right| \\
&\leqslant \left(\frac{hL}{2} \right)^p \left| y_{n+1}^{(1)} - y_{n+1}^{(0)} \right| \\
&= q^p \left| y_{n+1}^{(1)} - y_{n+1}^{(0)} \right|.
\end{aligned}$$

因为 $q < 1$，故级数

$$\sum_{p=0}^{\infty} \left| y_{n+1}^{(p+1)} - y_{n+1}^{(p)} \right|$$

收敛，从而级数

$$y_{n+1}^{(0)} + \sum_{p=0}^{\infty} \left| y_{n+1}^{(p+1)} - y_{n+1}^{(p)} \right|$$

收敛，进而部分和

$$y_{n+1}^{(k)} + \sum_{p=0}^{k-1} \left| y_{n+1}^{(p+1)} - y_{n+1}^{(p)} \right|$$

当 $k \to \infty$ 时存在极限，设其为 y_{n+1}，由式 (9.21) 两端取极限，得

$$y_{n+1} = y_n + \frac{h}{2}(f(x_n, y_n) + f(x_{n+1}, y_{n+1})),$$

y_{n+1} 满足差分方程 (9.20).

当步长 h 取得很小，且由 Euler 方法计算得 $y_{n+1}^{(0)}$ 已是较好的近似，由式 (9.21)迭代一次，得

$$\begin{cases} y_{n+1}^{(0)} = y_n + hf(x_n, y_n), \\ y_{n+1} = y_n + \dfrac{h}{2}(f(x_n, y_n) + f(x_{n+1}, y_{n+1}^{(0)})), \quad n = 0, 1, 2, \cdots, N-1, \\ y_0 = \eta, \end{cases} \quad (9.22)$$

或者

$$\begin{cases} y_{n+1} = y_n + \dfrac{h}{2}(f(x_n, y_n) + f(x_{n+1}, y_n + hf(x_n, y_n))), \quad n = 0, 1, 2, \cdots, N-1, \\ y_0 = \eta, \end{cases} \quad (9.23)$$

由式 (9.21)迭代 k 次，得

$$\begin{cases} y_{n+1}^{(0)} = y_n + hf(x_n, y_n), \\ y_{n+1}^{(k+1)} = y_n + \dfrac{h}{2}(f(x_n, y_n) + f(x_{n+1}, y_{n+1}^{(k)})), \quad n = 0, 1, 2, \cdots, N-1, \\ y_0 = \eta. \end{cases} \quad (9.24)$$

公式9.24在实际应用时，计算量较大，所以一般不用.

由此可见，改进的 Euler 方法算得的 y_{n+1} 可以看作是两步结果的平均值.

2. 改进的 Euler 方法及 MATLAB 程序

改进的 Euler 格式解常微分方程序 1

MATLAB 程序 9.3 改进的 Euler(显式)方法

```
function [x,y]=eulerg2(dyfun,x0,y0,h,N)
% 改进的Euler格式解常微分方程y'=f(x,y),y(x0)=y0
% [x,y]=eulerg2(dyfun,x0,y0,h,N)
% dyfun为函数f(x,y),N为区间的个数,x0,y0为初值
% h为步长,x为Xn构成的向量,y为Yn构成的向量
x=zeros(1,N+1);y=zeros(1,N+1);x(1)=x0;y(1)=y0;
for n=1:N
    x(n+1)=x(n)+h;
    ybar=y(n)+h*feval(dyfun,x(n),y(n));
    y(n+1)=y(n)+h/2*(feval(dyfun,x(n),y(n))
    +feval(dyfun,x(n+1),ybar));
```

```
end
```

改进的 Euler 格式解常微分方程程序 2

MATLAB 程序 9.4　改进的 Euler(显式)方法

```
function [x,y]=eulerg3(dyfun,xspan,y0,h)
% 改进的Euler格式解常微分方程y'=f(x,y),y(x0)=y0
% [x,y]=eulerg3(dyfun,xspan,y0,h)
% dyfun为函数f(x,y),xspan,为求解区间[x0,xN],y0为初值
% h为步长,x返回节点,y返回数值解
x=xspan(1):h:xspan(2);y(1)=y0;
for n=1:length(x)-1
    k1=feval(dyfun,x(n),y(n));
    y(n+1)=y(n)+h*k1;
    k2=feval(dyfun,x(n+1),y(n+1));
    y(n+1)=y(n)+h*(k1+k2)/2;
end
x=x';y=y';
```

例 9.3　求解初值问题

$$\begin{cases} \dfrac{\mathrm{d}y}{\mathrm{d}x} = x+y, & x \in [0,1], \\ y(0) = 1. \end{cases}$$

解　在 MATLAB 命令窗口执行

```
>> dyfun=inline('x+y','x','y');
>> [x,y]=eulerg2(dyfun,0,1,0.02,5)
```

得到

```
    x = 0         0.020 0    0.040 0    0.060 0    0.080 0    0.100 0
    y = 1.0000    1.020 4    1.041 6    1.063 7    1.086 6    1.110 3
```

例 9.4　求解初值问题

$$\begin{cases} \dfrac{\mathrm{d}y}{\mathrm{d}x} = y - \dfrac{2x}{y}, & x \in [0,1], \\ y(0) = 1. \end{cases}$$

解　在 MATLAB 命令窗口执行

```
>>dyfun=inline('y-2*x/y');
>>[x,y]=eulerg3(dyfun,[0,1],1,0.2);[x,y]
```

得到

```
ans =  0           1.000 0
       0.200 0     1.186 7
       0.400 0     1.348 3
       0.600 0     1.493 7
       0.800 0     1.627 9
       1.000 0     1.754 2
```

隐式 Euler 格式解常微分方程程序 3

MATLAB 程序 9.5　　隐式 Euler 方法

```
function [x,y]=euler4(dyfun,xspan,y0,h)
% 隐式Euler格式解常微分方程y'=f(x,y),y(x0)=y0
% [x,y]=euler4(dyfun,xspan,y0,h)
% dyfun为函数f(x,y),xspan为求解区间[x0,xN],y0为初值
% h为步长,x返回节点,y返回数值解
x=xspan(1):h:xspan(2);y(1)=y0;
for n=1:length(x)-1
    y(n+1)=iter(dyfun,x(n+1),y(n),h);
end
x=x';y=y';
function y=iter(dyfun,x,y,h)
y0=y;e=1e-5;K=1e+4;
y=y+h*feval(dyfun,x,y); y1=y+2*e;k=1;
while abs(y-y1)>e
    y1=y;
    y=y0+h*feval(dyfun,x,y);
    k=k+1;
    if k>K,error('迭代发散');end
end
```

例 9.5　求解初值问题

$$\begin{cases} \dfrac{\mathrm{d}y}{\mathrm{d}x} = y - \dfrac{2x}{y}, & x \in [0,1], \\ y(0) = 1. \end{cases}$$

解　在 MATLAB 命令窗口执行

```
>>dyfun=inline('y-2*x/y');
>>[x,y]=euler4(dyfun,[0,1],1,0.2);[x,y]
```

得到

```
ans =  0           1.000 0
```

0.200 0	1.164 1
0.400 0	1.301 4
0.600 0	1.414 6
0.800 0	1.501 9
1.000 0	1.556 1

向前 Euler 格式解常微分方程程序 4

MATLAB 程序 9.6　　向前 Euler 格式

```
function[x,y]=eulerq5(dyfun,x0,y0,h,N)
% 向前Euler格式解常微分方程y'=f(x,y),y(x0)=y0
% [x,y]=eulerq5(dyfun,x0,y0,n,N)
% dyfun为函数f(x,y),N为区间的个数,x0,y0为初值
% h为步长,x为Xn构成的向量,y为Yn构成的向量
x=zeros(1,N+1);y=zeros(1,N+1);x(1)=x0;y(1)=y0;
for n=1:N
    x(n+1)=x(n)+h;
    y(n+1)=y(n)+h*feval(dyfun,x(n),y(n));
end
```

例 9.6　求解初值问题

$$\begin{cases} \dfrac{\mathrm{d}y}{\mathrm{d}x} = x + y, & x \in [0,1], \\ y(0) = 1. \end{cases}$$

解　在 MATLAB 命令窗口执行

```
>> dyfun=inline('x+y','x','y');
>> [x,y]=eulerq5(dyfun,0,1,0.02,5)
```

得到

```
    x = 0        0.020 0   0.040 0   0.060 0   0.080 0   0.100 0
    y = 1.000 0  1.020 0   1.040 8   1.062 4   1.084 9   1.108 2
```

向后 Euler 格式解常微分方程程序 5

MATLAB 程序 9.7　　向后 Euler 格式

```
function [x,y]=eulerh6(dyfun,x0,y0,h,N)
% 向后Euler格式解常微分方程y'=f(x,y),y(x0)=y0
% [x,y]=eulerh6(dyfun,x0,y0,n,N)
% dyfun为函数f(x,y),N为区间的个数,x0,y0为初值
% h为步长,x为Xn构成的向量,y为Yn构成的向量
x=zeros(1,N+1);y=zeros(1,N+1);x(1)=x0;y(1)=y0;
```

```
for n=1:N
    x(n+1)=x(n)+h;
    z0=y(n)+h*feval(dyfun,x(n),y(n));
    for k=1:3
        z1=y(n)+h*feval(dyfun,x(n+1),z0);
        if abs(z1-z0)<1e-5
            break;
        end
        z0=z1;
    end
    y(n+1)=z1;
end
```

例 9.7 求解初值问题

$$\begin{cases} \dfrac{\mathrm{d}y}{\mathrm{d}x} = x+y, & x \in [0,1], \\ y(0)=1. \end{cases}$$

解 在 MATLAB 命令窗口执行

```
>> dyfun=inline('x+y','x','y');
>> [x,y]=eulerh6(dyfun,0,1,0.02,5)
```

得到

```
    x = 0        0.020 0   0.040 0   0.060 0   0.080 0   0.100 0
    y = 1.000 0  1.020 8   1.042 5   1.065 0   1.088 3   1.112 6
```

梯形 Euler 格式解常微分方程程序 6

MATLAB 程序 9.8   梯形 Euler 格式

```
function [x,y]=eulert(dyfun,x0,y0,h,N)
% 梯形Euler格式解常微分方程y'=f(x,y),y(x0)=y0
% [x,y]=eulert(dyfun,x0,y0,n,N)
% dyfun为函数f(x,y),N为区间的个数,x0,y0为初值
% h为步长,x为Xn构成的向量,y为Yn构成的向量
x=zeros(1,N+1);y=zeros(1,N+1);x(1)=x0;y(1)=y0;
for n=1:N
    x(n+1)=x(n)+h;
    z0=y(n)+h*feval(dyfun,x(n),y(n));
    for k=1:3
        z1=y(n)+h/2*(feval(dyfun,x(n),y(n))
            +feval(dyfun,x(n+1),z0));
```

```
            if abs(z1-z0)<1e-5
                break;
            end
            z0=z1;
        end
        y(n+1)=z1;
end
```

例 9.8 求解初值问题

$$\begin{cases} \dfrac{\mathrm{d}y}{\mathrm{d}x} = x+y, & x \in [0,1], \\ y(0) = 1. \end{cases}$$

解 在 MATLAB 命令窗口执行

```
>> dyfun=inline('x+y','x','y');
>> [x,y]=eulert(dyfun,0,1,0.02,5)
```

得到

```
    x = 0          0.020 0    0.040 0    0.060 0    0.080 0    0.100 0
    y = 1.000 0    1.020 4    1.041 6    1.063 7    1.086 6    1.110 3
```

9.2.3 预估-校正方法

公式 (9.22) 只迭代了一次, 即先用 Euler 公式 (9.19) 算出 y_{n+1} 的预估值 $y_{n+1}^{(0)}$, 再用改进的 Euler 公式 (9.21) 进行一次迭代, 得到校正值 y_{n+1}, 即公式 (9.22). 预估-校正公式也常写成

$$\begin{cases} k_1 = hf(x_n, y_n), \\ k_2 = hf(x_n+h, y_n+k_1), \\ y_{n+1} = y_n + \dfrac{h}{2}k_1 + \dfrac{h}{2}k_2, \end{cases} \quad n=0,1,2,\cdots,N-1. \tag{9.25}$$

9.2.4 公式的截断误差

下面给出截断误差的概念.

定义 9.1 截断误差

若有某种微分方程数值解公式的截断误差是 $O(h^{p+1})$, 则称这种方法是 p 阶的.

由 Tayler 公式

$$y(x_{n+1}) = y(x_n+h) = y(x_n) + hy'(x_n) + \dfrac{h^2}{2}y''(x_n) + \cdots$$

对于 Euler 公式有

$$y_{n+1} = y_n + hf(x_n,y_n) = y(x_n) + hy'(x_n),$$

于是
$$y(x_{n+1}) - y_{n+1} = O(h^2).$$
则 Euler 公式的截断误差为 $O(h^2)$，所以 Euler 公式是一阶的.

对于预估-校正公式，有
$$\begin{aligned}k_1 &= hf(x_n, y_n) = hy'(x_n),\\ k_2 &= hf(x_n + h, y_n + k_1) = hf(x_n + h, y(x_n) + k_1)\\ &= h(f(x_n, y(x_n)) + hf_x(x_n, y(x_n)) + k_1 f_y(x_n, y(x_n)) + \cdots)\\ &= hf(x_n, y(x_n)) + h^2(f_x(x_n, y(x_n)) + y'(x_n) f_y(x_n, y(x_n))) + \cdots,\end{aligned}$$
而
$$\begin{aligned}y'(x) &= f(x, y(x)),\\ y''(x) &= f_x(x, y(x)) + y'(x) f_y(x, y(x)),\end{aligned}$$
于是
$$k_2 = hy'(x_n) + h^2 y''(x_n) + \cdots.$$
因此
$$\begin{aligned}y_{n+1} &= y_n + \frac{1}{2} k_1 + \frac{1}{2} k_2\\ &= y(x_n) + hy'(x_n) + \frac{h^2}{2} y''(x_n) + \cdots.\end{aligned}$$
所以 $y(x_{n+1}) - y_{n+1} = O(h^3)$，这说明预估-校正公式的截断误差为 $O(h^3)$，即预估-校正公式是二阶的.

9.3 Runge-Kutta 方法

9.3.1 Runge-Kutta 方法的基本思想

前面讨论的 Euler 方法与改进的 Euler 方法都是一步方法，即计算 y_{n+1} 时只用到前面一步值. Runge-Kutta 方法是一类高精度的一步法. 下面讨论 Runge-Kutta 方法.

Runge-Kutta 方法不是通过求导数的方法构造近似公式，而是通过计算不同点的函数值，并对这些函数值作线性组合，构造近似公式，再把近似公式与解的 Taylor 展开式进行比较，使前面的若干项相同，从而使近似公式达到一定的阶数.

考查 Euler 公式与预估-校正公式，对于 Euler 公式，

$$\begin{cases} k_1 = hf(x_n, y_n), \\ y_{n+1} = y_n + k_1, \end{cases}$$

每步计算 f 的值一次，其截断误差为 $O(h^2)$；对于预估-校正算法，

$$\begin{cases} k_1 = hf(x_n, y_n), \\ k_2 = hf(x_n + h, y_n + k_1), \\ y_{n+1} = y_n + \frac{1}{2}k_1 + \frac{1}{2}k_2, \end{cases}$$

每步计算 f 的值两次，其截断误差为 $O(h^3)$.

类似地，在式 (9.16)

$$y_{n+1} = y_n + h\Phi(x_n, y_n, h) \tag{9.26}$$

中，令

$$\Phi(x_n, y_n, h) = \sum_{i=1}^{r} c_i k_i,$$

其中

$$k_1 = f(x_n, y_n),$$
$$k_i = f(x_n + a_i, y_n + h\sum_{j=1}^{i-1} b_{ij} k_j), \quad i = 2, 3, \cdots, r,$$

c_i, a_i, b_{ij} 均为常数. 式 (9.26) 称为 r 阶 Runge-Kutta 方法.

这就是 Runge-Kutta 方法的基本思想.

9.3.2 二阶 Runge-Kutta 方法

特别地，当 $r = 1, \Phi(x_n, y_n, h) = f(x_n, y_n)$，$p = 1$ 时，Runge-Kutta 方法是 Euler 方法. 当 $r = 2$，$p = 2$ 时，Runge-Kutta 是改进的 Euler 方法中的一种. 下面推导 $r = 2$ 时的 Runge-Kutta 方法.

$$\begin{cases} y_{n+1} = y_n + h(c_1 k_1 + c_2 k_2), \\ k_1 = f(x_n, y_n), \\ k_2 = f(x_n + a_2 h, y_n + b_{21} k_1), \end{cases} \tag{9.27}$$

其中 c_1, c_2, a_2, b_{21} 为待定常数. 选择这些常数的原则是在 $y_n = y(x_n), f_n = f(x_n, y_n)$ 的前提下，使 $y(x_{n+1}) - y_{n+1}$ 的阶尽量高. 为此作 Taylor 展开

$$T_{n+1} = y(x_{n+1}) - y(x_n) - h(c_1 f(x_n, y_n) + c_2 f(x_n + a_2 h, y_n + b_{21} h f_n)). \tag{9.28}$$

9.3 Runge-Kutta 方法

为得到 T_{n+1} 的阶 p，要将上式各项在 (x_n, y_n) 处 Taylor 展开：

$$y(x_{n+1}) = y_n + hy'_n + \frac{h^2}{2}y''_n + \frac{h^3}{3!}y'''_n + O(h^4),$$

其中

$$\begin{aligned}y'_n =& f(x_n, y_n) = f_n,\\ y''_n =& f'_x(x_n, y_n) + f'_y(x_n, y_n)f_n,\\ y'''_n =& f''_{xx}(x_n, y_n) + 2f_n f'_{xy}(x_n, y_n) + f_n^2 f''_{yy}(x_n, y_n)\\ & + f'_y(x_n, y_n)(f'_x(x_n, y_n) + f_n f'_y(x_n, y_n)),\end{aligned}$$

$$f(x_n + a_2 h, y_n + b_{21} h f_n) = f_n + f'_n(x_n, y_n) b_{21} h f_n + O(h^2).$$

将上述结果代入式 (9.28) 得

$$\begin{aligned}T_{n+1} =& hf_n + \frac{h^2}{2}(f'_x(x_n, y_n) + f'_y(x_n, y_n)f_n)\\ & - h(c_1 f_n + c_2(f_n + a_2 f'x(x_n, y_n)h + b_{21} f'_y(x_n, y_n)f_n h)) + O(h^3)\\ =& (1 - c_1 - c_2)f_n h + \left(\frac{1}{2} - c_2 a_2\right) f'_x(x_n, y_n) h^2\\ & + \left(\frac{1}{2} - c_1 b_{21}\right) f'_y(x_n, y_n) f_n h^2 + O(h^3).\end{aligned}$$

要使公式 (9.27) 具有 $p = 2$ 阶，必须

$$\begin{cases} 1 - c_1 - c_2 = 0, \\ \dfrac{1}{2} - c_2 a_2 = 0, \\ \dfrac{1}{2} - c_2 b_{21} = 0, \end{cases} \tag{9.29}$$

方程组 (9.29) 的解不是唯一的. 可令 $c_2 = \alpha \neq 0$，则

$$c_1 = 1 - \alpha, \quad a_2 = b_{21} = \frac{1}{2\alpha},$$

这样得到的公式 (9.27) 称为二阶 Runge-Kutta 方法. 如取 $\alpha = \dfrac{1}{2}$，则 $c_1 = 1 - \alpha = \dfrac{1}{2}$, $a_2 = b_{21} = 1$，是改进的 Euler 方法式 (9.25).

若取 $\alpha = 1$，则 $c_2 = 1, c_1 = 0, a_2 = b_{21} = \dfrac{1}{2}$，得

$$\begin{cases} y_{n+1} = y_n + hk_2, \\ k_1 = f(x_n, y_n), \\ k_2 = f\left(x_n + \dfrac{h}{2}, y_n + \dfrac{k}{2}k_1\right), \end{cases} \quad (9.30)$$

称为中点公式，也可表示为

$$y_{n+1} = y_n + hf\left(x_n + \dfrac{h}{2}, y_n + \dfrac{h}{2}f(x_n, y_n)\right).$$

9.3.3　三阶与四阶 Runge-Kutta 方法及 MATLAB 程序

1. 三阶与四阶 Runge-Kutta 方法

要得到三阶显示 Runge-Kutta 方法，必须 $r = 3$，此时式 (9.26) 可表示为

$$\begin{cases} y_{n+1} = y_n + h(c_1 k_1 + c_2 k_2 + c_3 k_3), \\ k_1 = f(x_n, y_n), \\ k_2 = f(x_n + a_2 h, y_n + b_{21} h k_1), \\ k_3 = f(x_n + a_3 h, y_n + b_{31} h k_1 + b_{32} h k_2), \end{cases} \quad (9.31)$$

其中 $c_1, c_2, c_3, a_2, a_3, b_{21}, b_{31}, b_{32}$ 均为待定常数，公式 (9.31) 的截断误差为

$$T_{n+1} = y(x_{n+1}) - y(x_n) - h(c_1 k_1 + c_2 k_2 + c_3 k_3).$$

将 k_2, k_3 按二元函数展开，使 $T_{n+1} = O(h^4)$，可得待定参数方程

$$\begin{cases} c_1 + c_2 + c_3 = 1, \\ a_2 = b_{21}, \\ a_3 = b_{31} + b_{32}, \\ c_2 a_2 + c_3 a_3 = \dfrac{1}{2}, \\ c_2 a_2^2 + c_3 a_3^2 = \dfrac{1}{3}, \\ c_3 a_2 b_{32} = \dfrac{1}{6}. \end{cases} \quad (9.32)$$

方程 (9.32) 的解不唯一，可以得到很多公式. 满足条件 (9.32) 的公式统称为三阶 Runge-Kutta 公式.

下面给出其中常见的一种三阶 Runge-Kutta 公式：

$$\begin{cases} y_{n+1} = y_n + \dfrac{h}{6}(k_1 + 4k_2 + k_3), \\ k_1 = f(x_n, y_n), \\ k_2 = f(x_n + \dfrac{h}{2}, y_n + \dfrac{h}{2}k_1), \\ k_3 = f(x_n + h, y_n - hk_1 + 2hk_2). \end{cases} \quad (9.33)$$

同理可得四阶 Runge-Kutta 公式，下面给出其中最经典的一种

$$\begin{cases} y_{n+1} = y_n + \dfrac{h}{6}(k_1 + 2k_2 + 2k_3 + k_4), \\ k_1 = f(x_n, y_n), \\ k_2 = f(x_n + \dfrac{h}{2}, y_n + \dfrac{h}{2}k_1), \\ k_3 = f(x_n + \dfrac{h}{2}, y_n + \dfrac{h}{2}k_2), \\ k_4 = f(x_n + h, y_n + 2hk_3). \end{cases} \quad (9.34)$$

二阶 Runge-Kutta 方法需要计算二次函数值，三阶 Runge-Kutta 方法需要计算三次函数值，四阶 Runge-Kutta 方法需要计算四次函数值. 可以证明四阶 Runge-Kutta 方法的截断误差为 $O(h^5)$.

2. 三阶与四阶 Runge-Kutta 方法的 MATLAB 程序

四阶 Runge-Kutta Euler 方法程序 1

MATLAB 程序 9.9 **四阶 Runge-Kutta Euler 方法**

```
function[x,y]=RungKutta41(dyfun,x0,y0,h,N)
% 四阶Runge-Kutta格式解常微分方程y'=f(x,y),y(x0)=y0
% [x,y]=RungKutta41(dyfun,x0,y0,h,N)
% dyfun为函数f(x,y),求解区间[x0,xN]
% y0为初值,h为步长,x返回节点,y返回数值解
x=zeros(1,N+1);y=zeros(1,N+1);x(1)=x0;y(1)=y0;
for n=1:N
    x(n+1)=x(n)+h;
    k1=h*feval(dyfun,x(n),y(n));
    k2=h*feval(dyfun,x(n)+h/2,y(n)+1/2*k1);
    k3=h*feval(dyfun,x(n)+h/2,y(n)+1/2*k2);
    k4=h*feval(dyfun,x(n+1)+h,y(n)+k3);
    y(n+1)=y(n)+(k1+2*k2+2*k3+k4)/6;
end
```

例 9.9 求解初值问题

$$\begin{cases} \dfrac{\mathrm{d}y}{\mathrm{d}x} = x+y, & x \in [0,1], \\ y(0) = 1. \end{cases}$$

解 在 MATLAB 命令窗口执行

```
>> dyfun=inline('x+y','x','y');
>> [x,y]=RungKutta41(dyfun,0,1,0.02,5)
```

得到

```
x =0         0.020 0   0.040 0   0.060 0   0.080 0   0.100 0
y = 1.000 0  1.020 5   1.041 8   1.063 9   1.086 8   1.110 7
```

四阶 Runge-Kutta Euler 方法程序 2

MATLAB 程序 9.10　四阶 **Runge-Kutta Euler** 方法

```
function [x,y]=RungKutta4(dyfun,xspan,y0,h)
% 四阶Runge-Kutta格式解常微分方程y'=f(x,y),y(x0)=y0
% [x,y]=RungKutta4(dyfun,xspan,y0,h)
% dyfun为函数f(x,y),xspan为求解区间[x0,xN]
% y0为初值,h为步长,x返回节点,y返回数值解
x=xspan(1):h:xspan(2);y(1)=y0;
for n=1:length(x)-1
    k1=feval(dyfun,x(n),y(n));
    k2=feval(dyfun,x(n)+h/2,y(n)+h/2*k1);
    k3=feval(dyfun,x(n)+h/2,y(n)+h/2*k2);
    k4=feval(dyfun,x(n+1),y(n)+h*k3);
    y(n+1)=y(n)+h*(k1+2*k2+2*k3+k4)/6;
end
```

例 9.10 求解初值问题

$$\begin{cases} \dfrac{\mathrm{d}y}{\mathrm{d}x} = y - \dfrac{2x}{y}, & x \in [0,1], \\ y(0) = 1. \end{cases}$$

解 在 MATLAB 命令窗口执行

```
>>dyfun=inline('y-2*x/y');
>>[x,y]=RungKutta4(dyfun,[0,1],1,0.4)
```

得到

```
x =  0          0.400 0    0.800 0
```

```
       y =   1.000 0    1.342 1    1.613 4
```

9.3.4 变步长的 Runge-Kutta 方法及 MATLAB 程序

1. 变步长的 Runge-Kutta 方法

单从每一步的角度看，步长越小，截断误差越小，但随着步长缩小，要完成的步数就会增加. 步数的增加不但引起计算量的增大，而且还会导致误差的严重积累. 因此同数值积分一样也有选择步长的问题.

选择步长要考虑两个因素，一个是怎样计算和检验计算结果的精度，另一个是如何依据所获得的精度处理步长. 下面以经典的四阶 Runge-Kutta，Euler 方法 (9.34) 为例，从节点 x_n 出发，先以 h 为步长求出一个近似值，记为 $y_{n+1}^{(h)}$，由公式的截断误差为 $O(h^5)$，故有

$$y(x_{n+1}) - y_{n+1}^{(h)} \approx ch^5. \tag{9.35}$$

然后将步长折半，即取 $\dfrac{h}{2}$ 为步长，从 x_n 跨两步到 x_{n+1} 再求得一个近似值 $y_{n+1}^{(\frac{h}{2})}$，每跨一步的截断误差是 $c\left(\dfrac{h}{2}\right)^5$，因此有

$$y(x_{n+1}) - y_{n+1}^{(\frac{h}{2})} \approx 2c(\tfrac{h}{2})^5. \tag{9.36}$$

比较式 (9.35) 和式 (9.36) 两式可知，步长折半后，误差大约减少到 $\dfrac{1}{16}$，即

$$\frac{y(x_{n+1}) - y(x_{n+1})^{(\frac{h}{2})}}{y(x_{n+1}) - y(x_{n+1})^{(h)}} \approx \frac{1}{16}$$

由此得事后误差估计

$$y(x_{n+1}) - y_{n+1}^{(\frac{h}{2})} \approx \frac{1}{15}\left(y_{n+1}^{(\frac{h}{2})} - y_{n+1}^{(h)}\right)$$

这样，可以通过检查步长折半前后两次计算结果的偏差

$$\delta = \left|y_{n+1}^{(\frac{h}{2})} - y_{n+1}^{(h)}\right|$$

来判定所选的步长是否合适.

(1) 对于给定的精度 ε，如果 $\delta > \varepsilon$，反复折半进行计算，直至 $\delta < \varepsilon$ 为止，最终 $y_{n+1}^{(\frac{h}{2})}$ 作为结果.

(2) 如果 $\delta < \varepsilon$，反复将步长加倍，直到 $\delta > \varepsilon$ 为止，这时将步长折半一次即得所要的结果. 表面上看，为了选择步长，每一步的计算量增加了，但总体考虑往往是合适的.

2. 变步长的 Runge-Kutta 方法的 MATLAB 程序

MATLAB 程序 9.11　变步长的 **Runge-Kutta** 方法

```
function [x,y]=RungKutta4v(dyfun,xspan,y0,ep,h)
```

```
% 变步长四阶Runge-Kutta格式解常微分方程y'=f(x,y),y(x0)=y0
% [x,y]=naRungKutta4v(dyfun,xspan,y0,ep,h)
% dyfun为函数f(x,y),xspan为求解区间[x0,xN]
% y0为初值,ep为精度要求,h为步长(默认值为xspan/10)
% x返回节点,y返回数值解
if nargin<5,h=(xspan(2)-xspan(1))/10;end
n=1;x(n)=xspan(1);y(n)=y0;
[y1,y2]=comput(dyfun,x(n),y(n),h);
while x(n)<xspan(2)-ep
    if abs(y2-y1)/10>ep
        while abs(y2-y1)/10>ep
            h=h/2;
            [y1,y2]=comput(dyfun,x(n),y(n),h);
        end
    else
        while abs(y2-y1)/10<=ep
            h=2*h;
            [y1,y2]=comput(dyfun,x(n),y(n),h);
        end
        h=h/2;h=min(h,xspan(2)-x(n));
        [y1,y2]=comput(dyfun,x(n),y(n),h);
    end
    n=n+1;x(n)=x(n-1)+h;y(n)=y2;
    [y1,y2]=comput(dyfun,x(n),y(n),h);
end
function [y1,y2]=comput(dyfun,x,y,h)
y1=rk4(dyfun,x,y,h);
y21=rk4(dyfun,x,y,h/2);
y2=rk4(dyfun,x+h/2,y21,h/2);
function y=rk4(dyfun,x,y,h)
k1=feval(dyfun,x,y);
k2=feval(dyfun,x+h/2,y+h/2*k1);
k3=feval(dyfun,x+h/2,y+h/2*k2);
k4=feval(dyfun,x+h,y+h*k3);
y=y+h*(k1+2*k2+2*k3+k4)/6;
```

9.3 Runge-Kutta 方法

例 9.11 求解初值问题
$$\begin{cases} \dfrac{\mathrm{d}y}{\mathrm{d}x} = y - \dfrac{2x}{y}, & x \in [0,1], \\ y(0) = 1. \end{cases}$$

解 在 MATLAB 命令窗口执行

```
>>dyfun=inline('y-2*x/y');
>>[x,y]=RungKutta4v(dyfun,[0,1],1,0.5e-6,0.4)
```

得到

```
x =0       0.100 0  0.200 0  0.300 0  0.400 0  0.500 0  0.600 0  0.800 0  1.000 0
y =10 000  1.095 4  1.183 2  1.264 9  1.341 6  1.414 2  1.483 2  1.612 5  1.732 1
```

例 9.12 求解初值问题
$$\begin{cases} \dfrac{\mathrm{d}y}{\mathrm{d}x} = y - \dfrac{2x}{y}, & x \in [0,1], \\ y(0) = 1. \end{cases}$$

解 在 MATLAB 命令窗口执行

```
hold on
%解析解
plot(x,sqrt(2.*x+1))
%Euler显示格式
dyfun=inline('y-2*x/y'); [x,y]=naeuler(dyfun,[0,1],1,0.2)
plot(x,y,'g:')
%改进的Euler格式
dyfun=inline('y-2*x/y'); [x,y]=naeuler2(dyfun,[0,1],1,0.2)
plot(x,y,'r-.')
%Runge-Kutta方法
dyfun=inline('y-2*x/y'); [x,y]=RungKutta4(dyfun,[0,1],1,0.2)
plot(x,y,'k*')
```

图 9.2 用 Euler 显示方法、改进的 Euler 方法、Runge-Kutta 方法求解的结果，实线为解析解，虚线是 Euler 显示方法的数值解，点画线是改进的 Euler 方法的数值解，"*"是 Runge-Kutta 方法的数值解.

这三种方法的精度显然是依次逐渐提高，Euler 显示方法最差，Runge-Kutta 方法最好.

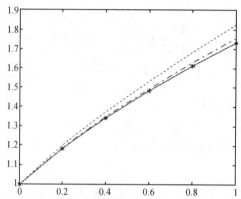

图 9.2 用 Euler 显示方法,改进 Euler 方法,Runge-Kutta 方法,求解结果比较

9.4 单步法的相容性、收敛性与稳定性

9.4.1 相容性

求解初值问题 (9.1) 的显式单步法的一般格式为

$$\begin{cases} y_{n+1} = y_n + h\Phi(x_n, y_n, h), \\ y_0 = \eta, \end{cases} \quad n = 0, 1, \cdots, N-1, \qquad (9.37)$$

其中 $h = \dfrac{b-a}{N}, x_n = a + nh$. 用差分方程 (9.37) 的解 y_n 作为初值问题 (9.1) 的解 $y(x_n)$ 在 $x = x_n$ 处的近似值,即 $y(x_n) \approx y_n$. 因此,只有在初值问题 9.1 的解使得

$$\frac{y(x+h) - y(x)}{h} - \Phi(x, y(x), h) \to y'(x) - f(x, y(x)) = 0$$

时,才可能使方程 (9.37) 的解逼近初值问题 (9.1) 的解. 期望对于任一固定的 $x \in [a, b]$,有

$$\lim_{h \to 0} \left(\frac{y(x+h) - y(x)}{h} - \Phi(x, y(x), h) \right) = 0. \qquad (9.38)$$

假设 $\Phi(x, y(x), h)$ 对所有变元是连续的,则有

$$y'(x) = \Phi(x, y(x), 0),$$

即

$$\Phi(x, y(x), 0) = f(x, y(x)).$$

9.4 单步法的相容性、收敛性与稳定性

> **定义 9.2 相容性**
> 若
> $$\Phi(x,y(x),0) = f(x,y(x)) \tag{9.39}$$
> 成立，则称单步法 (9.37) 与初值问题 (9.1) 相容，简称单步法 (9.37) 是相容的，称式 (9.39) 为**相容条件**.

设单步法为 p 阶的，$y(x)$ 为初值问题 (9.1) 的解，则应有

$$y(x+h) - y(x) = h\Phi(x,y(x),h) + R(x,h), \tag{9.40}$$

其中 $R(x,h)$ 是单步法 (9.37) 的局部离散误差，且

$$R(x,h) = O(h^{p+1}), \tag{9.41}$$

p 为式 (9.41) 成立的最大整数. 假设单步法 (9.37) 是相容的，则根据式 (9.40) 有

$$\lim_{h \to 0} \frac{R(x,h)}{h} = y'(x) - \Phi(x,y(x),0)$$
$$= f(x,y(x)) - \Phi(x,y(x),0) = 0.$$

而由式 (9.41) 有

$$\frac{R(x,h)}{h} = O(h^p),$$

即有

$$\left| \frac{R(x,h)}{h} \right| \leqslant Mh^p,$$

其中 M 为常数，从而 p 至少为 1. 因此有下面的定理.

> **定理 9.1** 假设 $\Phi(x,y(x),h)$ 关于 h 是连续的，若单步法 (9.37) 是相容的，则它至少是一阶方法.

9.4.2 收敛性

一个有实用价值的离散格式，必须具有这样的性质:只要步长取得足够小，由它所确定的数值解 y_n 能以任意指定的精度逼近初值问题 (9.1) 的精确解 $y(x_n)$.

> **定义 9.3 收敛性**
> 设 $\{y_n\}$ 是由离散格式 (9.37) 所确定的数值解，如果当 $h \to 0$ 时，有
> $$|y_n - y(x_n)| \to 0,$$
> 则称格式 (9.37) 是收敛的.

定理 9.2 若 $\Phi(x,y,h) = f(x,y)$ 对于 $x \in [a,b], h \in (0,h_0]$ 以及一切实数 y，关于 x,y,h 满足 Lipschitz 条件，则单步法 (9.37) 收敛的充要条件是相容条件成立，即
$$\Phi(x,y,0) = f(x,y).$$

证明 令
$$\Phi(x,y,0) = g(x,y),$$
则初值问题
$$\begin{cases} \dfrac{\mathrm{d}z}{\mathrm{d}x} = g(x,z), \\ z(a) = \eta. \end{cases} \tag{9.42}$$

存在唯一连续可微函数解 $z(x)$. 现证明在定理的条件下，差分方程初值问题
$$\begin{cases} z_{n+1} = z_n + h\Phi(x_n, z_n, h), \\ z_0 = \eta \end{cases} \tag{9.43}$$

的解 z_n 收敛于初值问题 (9.42) 的解 $z(x)$，即当 $h \to 0, x = x_n = a + nh$ 固定时，$z_n \to z(x)$.

令
$$\begin{cases} z_{n+1} = z_n + h\Delta(x_n, z(x_n), h), \\ \varepsilon_n = z_n - z(x_n). \end{cases} \tag{9.44}$$

从式 (9.43) 减去式 (9.44) 得
$$\varepsilon_{n+1} = \varepsilon_n + h(\Phi(x_n, z_n, h) - \Delta(x_n, z(x_n), h)).$$

由中值定理可得
$$\Delta(x_n, z(x_n), h) = \frac{z(x_{n+1}) - z(x_n)}{h} = z'(x_n + \theta h)$$
$$= g(x_n + \theta h, z(x_n + \theta h)) \quad \theta \in (0,1).$$

因此
$$\begin{aligned}\Phi(x_n, z_n, h) - \Delta(x_n, z(x_n), h) =& \Phi(x_n, z_n, h) - \Phi(x_n, z(x_n), h) \\ &+ \Phi(x_n, z(x_n), h) - \Phi(x_n, z(x_n), 0) \\ &+ g(x_n, z(x_n)) - g(x_n + \theta h, z(x_n + \theta h)).\end{aligned}$$

根据定理的条件，有
$$|\Phi(x_n,z_n,h) - \Phi(x_n,z(x_n),h)| \leqslant L|\varepsilon_n|,$$
$$|\Phi(x_n,z_n,h) - \Phi(x_n,z(x_n),0)| \leqslant L_0 h,$$

$$|g(x_n,z(x_n)) - g(x_n+\theta h,z(x_n+\theta h))| \leqslant |g(x_n,z(x_n)) - g(x_n+\theta h,z(x_n))|$$
$$+ |g(x_n+\theta h,z(x_n)) - g(x_n+\theta h,z(x_n+\theta h))|$$
$$\leqslant L_1 h + L|z(x_n)z(x_n+\theta h)| \leqslant L_1 h + L L_2 h,$$

其中 L, L_0, L_1 分别是 $\Phi(x,y,h)$ 关于 x, y, h 的 Lipschitz 常数，$L_2 = \max|z'(x)|$. 于是
$$|\varepsilon_{n+1}| \leqslant |\varepsilon_n| + h(L|\varepsilon_n| + L_0 h + L_1 h + L L_2 h),$$
即
$$|\varepsilon_{n+1}| \leqslant (1+hL)|\varepsilon_n| + h^2(L_0 + L_1 + L L_2). \tag{9.45}$$

反复使用式 (9.45) 可得
$$|\varepsilon_n| \leqslant \mathrm{e}^{L(b-a)}|\varepsilon_0| + h\frac{L_0+L_1+LL_2}{L}(\mathrm{e}^{l(b-a)}-1), \quad n=1,2,\cdots.$$

由于 $\varepsilon_0 = \eta - z(a) = 0$，因此，当 $h \to 0$ 时，$|\varepsilon_n| \to 0$. 这说明 $z_n \to z(x_n)$.

充分性. 若相容条件成立，则
$$g(x,y) = \Phi(x,y,0) = f(x,y).$$

于是，初值问题 (9.42) 变成
$$\begin{cases} \dfrac{\mathrm{d}z}{\mathrm{d}x} = f(x,z), \\ z(a) = \eta, \end{cases} \tag{9.46}$$

从而 $z(x)$ 是初值问题 (9.1) 的解.

必要性. 设单步法 (9.37) 的解 y_n 收敛于初值问题 (9.1) 的解，前面已证明 y_n 收敛于 $z(x)$，因此，$y(x) = z(x)$，从而
$$f(x,y(x)) = y'(x) = z'(x) = g(x,z(x)) = \Phi(x,y(x),0),$$

由于初始值 η 是任意的，因而对任何点 (x,y) 都有
$$f(x,y) = \Phi(x,y,0).$$

定理 9.3 设单步法 (9.37) 具有 p 阶精度，$\Phi(x,y,h)$ 关于 y 满足 Lipschitz 条件
$$|\Phi(x,y,h) - \Phi(x,\tilde{y},h)| \leqslant L_\Phi |y - \tilde{y}|, \tag{9.47}$$
$y_0 = y(x_0)$，则其整体截断误差为
$$R(x,h) = y(x_n) - y_n = O(h^p). \tag{9.48}$$

证明 设 $\tilde{y}_{n+1}$ 表示取 $y_n = y(x_n)$，用公式 (9.37) 求得的结果，即
$$\tilde{y}_{n+1} = y(x_n) + h\Phi(x_n, y(x_n), h), \tag{9.49}$$
则 $y(x_{n+1}) - \tilde{y}_{n+1}$ 为局部截断误差，由于所给方法具有 p 阶精度，由定义 (9.1) 存在一个常数 M，使
$$|y(x_{n+1}) - \tilde{y}_{n+1}| = Mh^{p+1}.$$
又由式 (9.49) 与式 (9.37)，得
$$|\tilde{y}_{n+1} - y_{n+1}| \leqslant (1 + hL_\Phi)|y(x_n) - y_n|,$$
从而有
$$|y(x_{n+1}) - y_{n+1}| \leqslant |\tilde{y}_{n+1} - y_{n+1}| + |y(x_{n+1}) - \tilde{y}_{n+1}|$$
$$\leqslant (1 + hL_\Phi)|y(x_n) - y_n| + Mh^{p+1}.$$
由此不等式反复递推，可得
$$|e_n| \leqslant (1 + hL_\Phi)^n |e_0| + \frac{Mh^p}{L_\Phi}((1 + hL_\Phi)^n - 1). \tag{9.50}$$
又当 $x_n - x_0 = nh \leqslant T$ 时
$$(1 + hL_\Phi)^n \leqslant (e^{hL_\Phi})^n \leqslant e^{TL_\Phi},$$
于是得估计
$$|e_n| \leqslant |e_0| e^{TL_\Phi} + \frac{Mh^p}{L_\Phi}(e^{TL_\Phi} - 1). \tag{9.51}$$
因此，如果初值是准确的，即 $e_0 = 0$，则式 (9.48) 成立.

定理 9.4 在定理 9.2 的条件下，若单步法 (9.37) 的局部离散误差满足式 (9.48)，则其整体离散误差 $\varepsilon_n = y(x_n) - y_n$ 满足估计式
$$|\varepsilon_n| \leqslant e^{L(b-a)} |\varepsilon_0| + h^p \frac{M}{L}(e^{L(b-a)} - 1), \tag{9.52}$$
其中 L 是 $\Phi(x,y,h)$ 关于 y 满足 Lipschitz 条件的常数.

9.4 单步法的相容性、收敛性与稳定性

证明 把 $x = x_n$ 代入 (9.40) 得

$$y(x_{n+1}) - y(x_n) = h\Phi(x_n, y(x_n), h) + R(x_n, h), \tag{9.53}$$

把式 (9.37) 改写成

$$y_{n+1} - y_n = h\Phi(x_n, y_n, h) + R(x_n, h), \tag{9.54}$$

从式 (9.53) 减式 (9.54) 得

$$\varepsilon_{n+1} = \varepsilon_n + h(\Phi(x_n, y(x_n), h) - \Phi(x_n, y_n, h)) + R(x_n, h),$$

从而根据定理的条件,有

$$|\varepsilon_{n+1}| \leqslant (1 + Lh)|\varepsilon_n| + Mh^{p+1}.$$

反复使用该不等式可得 (9.52).

9.4.3 稳定性

鉴于误差传播对计算结果影响的严重性,下面讨论单步法 (9.37) 的数值稳定性. 如果误差积累的不大,不至于影响计算结果的可靠性,或者误差积累可以受到控制,则说明相应的数值方法是稳定的,否则说明该数值方法不稳定.

定义 9.4 单步算法稳定性

如果存在常数 h_0, C,使对任意的初始值 $y_0, \widetilde{y}_0$,单步法 (9.37) 的相应精确解 y_n 和 $\widetilde{y}_n$ 对所有的 $h \in (0, h_0]$,恒有

$$|y_n - \widetilde{y}_n| \leqslant C|y_0 - \widetilde{y}_0| \quad (nh \leqslant b - a), \tag{9.55}$$

则称单步算法稳定.

定理 9.5 若 $\Phi(x, y, h)$ 对于 $x \in [a, b], h \in (0, h_0], y \in \mathbb{R}$,关于 y 满足 Lipschitz 条件,则单步法 (9.37) 是数值稳定的.

证明 设 $y_n, \widetilde{y}_n$ 分别是以 y_0 和 $\widetilde{y}_0$ 为初值的差分方程 (9.37) 的解,则有等式

$$y_{n+1} = y_n + h\Phi(x_n, y_n, h), \tag{9.56}$$

$$\widetilde{y}_{n+1} = \widetilde{y}_n + h\Phi(x_n, \widetilde{y}_n, h). \tag{9.57}$$

令 $e_n = y_n - \widetilde{y}_n$,从式 (9.56) 减式 (9.57) 得

$$e_{n+1} = e_n + h(\Phi(x_n, y_n, h) - \Phi(x_n, \widetilde{y}_n, h)),$$

从而

$$|e_{n+1}| \leq |e_n| + h|\Phi(x_n, y_n, h) - \Phi(x_n, \tilde{y}_n, h)|$$
$$\leq |e_n| + hL|e_n| = (1+hL)|e_n| \leq (1+hL)^{n+1}|e_0|,$$

即有

$$|e_n| \leq (1+hL)^n |e_0|,$$

其中 L 为 Lipschitz 常数. 因此, 当 $nh \leq b - a$ 时, 有

$$e_n \leq e^{nhL}|e_0| \leq e^{L(b-a)}|e_0|.$$

令 $C = e^{L(b-a)}$, 便得式 (9.55)

> **定义 9.5 单步算法绝对稳定性**
> 对给定的微分方程和给定的步长 h, 如果由单步法计算 y_n 时有大小为 δ 的误差, 即计算得 $\tilde{y}_n = y_n + \delta$, 而引起其后值 $y_m(m > n)$ 的变化小于 $\delta(|\tilde{y}_m - y_m| < |\delta|)$, 则称该**单步算法绝对稳定**.

一般只考虑典型微分方程 $y' = \mu y$ 数值方法的稳定性, 其中 μ 为复数常数 (这里只考虑 μ 是实数情况). 若对于所有 $\mu h \in (\alpha, \beta)$, 单步法都是绝对稳定的, 则称 (α, β) 为绝对稳定域.

例 9.13 求 Euler 方法

$$\begin{cases} y_{n+1} = y_n + h(t_n, y_n), \\ y_0 = \eta \end{cases}$$

的绝对稳定区间.

解 对方程 $y' = \mu y$ 有

$$y_{m+1} = y_m + \mu h y_m = (1 + \mu h) y_m.$$

如果在 y_n 引进摄动 δ, 即 $\tilde{y}_n = y_n + \delta$, 计算得

$$\tilde{y}_{m+1} = (1 + \mu h)\tilde{y}_m \quad m \geq n.$$

因此, 对 $m \geq n - 1$, 有

$$|\tilde{y}_{m+1} - y_{m+1}| = |1 + \mu h||\tilde{y}_m - y_m| = |1 + \mu h|^2 |\tilde{y}_{m-1} - y_{m-1}|$$
$$= |1 + \mu h|^{m+1-n}|\tilde{y}_n - y_n|.$$

于是, 若 $|1 + \mu h| < 1$, 有

$$|\tilde{y}_{m+1} - y_{m+1}| < |\tilde{y}_n - y_n| = |\delta|.$$

故当 $\mu h \in (-2, 0)$ 时, Euler 方法是绝对稳定的. 所以得绝对稳定区间为 $(-2, 0)$, 若 $\mu > 0$, 则

不可能选取 $h > 0$ 使得 $\mu h \in (-2, 0)$；若 $\mu < 0$，则取 $h < -2/\mu$ 时，Euler 方法是绝对稳定的.

例 9.14 求梯形方法
$$y_{n+1} = y_n + \frac{h}{2}(f(x_n, y_n) + f(x_{n+1}, y_{n+1}))$$
的绝对稳定区间.

解 对方程 $y' = \mu y$，有
$$y_{n+1} = y_n + \frac{h}{2}(\mu y_n + \mu y_{n+1}),$$
即
$$y_{n+1} = \left(\frac{1 + \frac{\mu}{2}h}{1 - \frac{\mu}{2}h}\right) y_n.$$

若要梯形法稳定，必使
$$\left|\frac{1 + \frac{\mu}{2}h}{1 - \frac{\mu}{2}h}\right| < 1,$$

解得 $\mu h < 0$. 故梯形法的稳定区间为 $(-\infty, 0)$.

9.5 线性多步法

在此之前介绍的微分方程数值解法，在计算 y_{n+1} 时只用到了前面一步 y_n 的值 (这种方法通常称为单步法)，实际上，在计算 y_{n+1} 之前，已经得到了 $y_0, y_1, \cdots, y_n$ 的近似值，如果充分利用这些信息，来计算 y_{n+1} 可能得到精度更高的计算结果. 这就是线性多步法的基本思路.

构造多步法的主要途径是通过数值积分法和 Taylor 方法，前者可直接由方程 (9.1) 两端积分后利用插值求积公式得到. 本节主要介绍基于 Taylor 展开的构造方法.

9.5.1 线性多步法的一般公式

线性多步法的一般表述.

> **定义 9.6 线性多步法**
> 如果计算 y_{n+k} 时，除了用 y_{n+k-1} 的值还用到了 $y_{n+i}(i = 0, 1, \cdots, k-2)$ 的值，则称此方法为 **线性多步法**.

一般地，线性多步法的公式可表示为
$$y_{n+1} = \sum_{i=0}^{k-1} \alpha_i y_{n+i} + h \sum_{i=0}^{k} \beta_i f_{n+i}, \tag{9.58}$$

其中 y_{n+i} 为 $y(x_{n+i})$ 的近似，$f_{n+i} = f(x_{n+i}, y_{n+i})$，$x_{n+i} = x_0 + ih$，$\alpha_i, \beta_i$ 为常数，α_0, β_0 不同时为零，则称式 (9.58) 为线性 k 步法。计算时需要给出前面 k 个近似值 $y_0, y_1, \cdots, y_k$，再由式 (9.58) 逐次求出 $y_k, y_{k+1}, \cdots$。如果 $\beta_k = 0$，则称式 (9.58) 为显式 k 步法，求解时与梯形法式 (9.9) 相同，要用迭代法方可算出 y_{n+k}。式 (9.58) 中的系数 α_i, β_i 可根据方法的局部截断误差和阶确定。

> **定义 9.7 相容性**
>
> 设 $y(x)$ 是初值问题 9.1 的精确解，线性多步法 (9.58) 在 x_{n+k} 上的局部误差为
>
> $$T_{n+k} = L(y(x_n), h) = y(x_{n+1}) - \sum_{i=0}^{k-1} \alpha_i y(x_{n+i}) - h \sum_{i=0}^{k} \beta_i y'(x_{n+i}). \tag{9.59}$$
>
> 若 $T_{n+k} = O(h^{p+1})$，则称方法 (9.58) 是 p 阶的，$p \geqslant 1$ 与初值问题 (9.1) 是**相容**的。

由定义 9.7，将 T_{n+k} 在 x_n 处作 Taylor 展开，由于

$$y(x_n + ih) = y(x_n) + ihy'(x_n) + \frac{(ih)^2}{2!} y''(x_n)$$
$$+ \frac{(ih)^3}{3!} y'''(x_n) + \cdots,$$
$$y'(x_n + ih) = y'(x_n) + ihy''(x_n) + \frac{(ih)^2}{2!} y'''(x_n) + \cdots,$$

代入式 (9.59) 得

$$T_{n+k} = c_0 y(x_n) + c_1 h y'(x_n) + c_2 h^2 y''(x_n) + \cdots + c_p h^p y^{(p)}(x_n) + \cdots, \tag{9.60}$$

其中

$$\begin{cases} c_0 = 1 - (\alpha_0 + \cdots + \alpha_{k-1}), \\ c_1 = k - (\alpha_1 + 2\alpha_2 + \cdots + (k-1)\alpha_{k-1}) - (\beta_0 + \beta_1 + \cdots + \beta_k), \\ c_p = \dfrac{1}{q!}(k^p - (\alpha_1 + 2^q \alpha_2 + \cdots + (k-1)^q \alpha_{k-1}) \\ \qquad - \dfrac{1}{(q-1)!}(\beta_1 + 2^{q-1}\beta_2 + \cdots + k^{q-1}\beta_k), \quad q = 2, 3, \cdots. \end{cases} \tag{9.61}$$

在公式 (9.58) 中选取适当的 α_i, β_i，使

$$c_0 = c_1 = \cdots = c_p = 0, \quad c_{p+1} \neq 0.$$

由定义知所构造的多步法是 p 阶的，且

$$T_{n+k} = c_{p+1}h^{p+1}y^{p+1}(x_n) + O(h^{p+2}), \tag{9.62}$$

称右端第一项为**局部截断误差主项**，c_{p+1} 称为误差常数.

根据相容性定义，$p \geqslant 1$，即 $c_0 = c_1 = 0$，由式 (9.61)得

$$\begin{cases} \alpha_0 + \alpha_1 + \cdots + \alpha_k = 1, \\ \sum_{i=1}^{k-1} i\alpha_i + \sum_{i=0}^{k} \beta_i = k, \end{cases} \tag{9.63}$$

故方法 (9.58)与初值问题 (9.1)相容的充要条件是 (9.63)成立.

当 $k=1$ 时，若 $\beta_1 = 0$，则由式 (9.63)得

$$\alpha_0 = 1, \beta_0 = 1,$$

此时公式 (9.58)为

$$y_{n+1} = y_n + hf_n,$$

是 Euler 方法.

对 $k=1$，若 $\beta_1 \neq 0$，此时为隐式公式，为了确定 $\alpha_0, \beta_0, \beta_1$，可由 $c_0 = c_1 = c_2 = 0$ 解得 $\alpha_0 = 1, \beta_0 = \beta_1 = \dfrac{1}{2}$. 于是得到公式

$$y_{n+1} = y_n + \frac{h}{2}(f_n + f_{n+1}),$$

是梯形公式.

9.5.2 Adams 公式及 MATLAB 程序

1. Adams 显式及隐式公式

> **定义 9.8　Adams 显式及隐式公式**
>
> 形如
>
> $$y_{n+k} = y_{n+k-1} + h\sum_{i=0}^{k}\beta_i f_{n+i} \tag{9.64}$$
>
> 的 k 步方法，称为 **Adams 方法**. $\beta_k = 0$ 为显式格式，$\beta_k \neq 0$ 为隐式格式.

这类方法可直接由初值问题 (9.1) 两端从 x_{n+k-1} 到 x_{n+k} 积分得. 下面利用式 (9.61) 推出. 由 $c_1 = c_2 = \cdots = c_p = 0$, 可得 $\beta_0, \beta_1, \cdots, \beta_k$; 若 $\beta_k = 0$, 则令 $c_1 = c_2 = \cdots = c_k = 0$ 来求得 $\beta_0, \beta_1, \cdots, \beta_{k-1}$. 下面以 $k = 3$ 为例.

由 $c_0 = c_1 = c_2 = c_3 = 0$, 根据公式 (9.61) 得

$$\begin{cases} \beta_0 + \beta_1 + \beta_2 + \beta_3 = 1, \\ 2(\beta_1 + 2\beta_2 + 3\beta_3) = 5, \\ 3(\beta_1 + 4\beta_2 + 9\beta_3) = 19, \\ 4(\beta_1 + 8\beta_2 + 27\beta_3) = 65. \end{cases}$$

若 $\beta_3 = 0$, 则由前面三个方程解得

$$\beta_0 = \frac{5}{12}, \quad \beta_1 = -\frac{16}{12}, \quad \beta_2 = \frac{23}{12},$$

得到 $k = 3$ 的 Adams 显式公式

$$y_{n+3} = y_{n+2} + \frac{h}{12}(23 f_{n+2} + 16 f_{n+1} + 5 f_n). \tag{9.65}$$

由式 (9.61) 得, $c_4 = \frac{3}{8}$, 所以式 (9.65) 是三阶方法, 局部截断误差为

$$T_{n+3} = \frac{3}{8} h^4 y^{(4)}(x_n) + O(h^5).$$

若 $\beta_3 \neq 0$, 则解得

$$\beta_0 = \frac{1}{24}, \quad \beta_1 = -\frac{5}{24}, \quad \beta_2 = \frac{19}{24}, \quad \beta_2 = \frac{3}{8},$$

于是, 得 $k = 3$ 的 Adams 隐式公式

$$y_{n+3} = y_{n+2} + \frac{h}{24}(23 f_{n+3} + 19 f_{n+2} - 5 f_{n+1} + f_n), \tag{9.66}$$

是四阶方法, 其局部截断误差是

$$T_{n+3} = -\frac{19}{720} h^5 y^{(5)}(x_n) + O(h^6).$$

用类似的方法可得 Adams 的其他方法. 表 9.1 和表 9.2 分别列出了 Adams 显示格式和隐式格式公式.

表 9.1　Adams 显式公式

h	p	公式	c_{p+1}
1	1	$y_{n+1} = y_n + h f_n$	$\dfrac{1}{2}$
2	2	$y_{n+2} = y_{n+1} + \dfrac{h}{2}(3f_{n+1} - f_n)$	$\dfrac{5}{12}$
3	3	$y_{n+3} = y_{n+2} + \dfrac{h}{12}(23f_{n+2} - 16f_{n+1} + 5f_n)$	$\dfrac{3}{8}$
4	4	$y_{n+4} = y_{n+3} + \dfrac{h}{24}(55f_{n+3} - 59f_{n+2} + 37f_{n+1} - 9f_n)$	$\dfrac{251}{720}$

表 9.2　Adams 隐式公式

h	p	公式	c_{p+1}
1	2	$y_{n+1} = y_n + \dfrac{h}{2}(f_{n+1} + f_n)$	$-\dfrac{1}{12}$
2	3	$y_{n+2} = y_{n+1} + \dfrac{h}{12}(f_{n+2} + 8f_{n+1} - f_n)$	$-\dfrac{1}{24}$
3	4	$y_{n+3} = y_{n+2} + \dfrac{h}{24}(9f_{n+3} + 19f_{n+2} - 5f_{n+1} + f_n)$	$-\dfrac{19}{720}$
4	5	$y_{n+4} = y_{n+3} + \dfrac{h}{720}(251f_{n+4} + 646f_{n+3} - 264f_{n+2} + 106f_{n+1} - 19f_n)$	$-\dfrac{3}{160}$

2. Adams 方法 MATLAB 程序

MATLAB 程序 9.12　Adams 二阶预报校正系统求解常微分方程

```
function A=Adams(f,a,b,n,ya)
% f:微分方程右端函数,a,b:自变量取值区间的两个端点
% n:区间等分的个数, ya:函数初值 y(a), A=[x',y']:自变量 X 和解 Y 所组成的矩阵
h=(b-a)/n;
x=zeros(1,n+1);
y=zeros(1,n+1);
x=a:h:b;
y(1)=ya;
for i=1:n
    if i==1
        y1=y(i)+h*feval(f,x(i),y(i));
        y2=y(i)+h*feval(f,x(i+1),y1);
        y(i+1)=(y1+y2)/2;
```

```
            dy1=feval(f,x(i),y(i));
            dy2=feval(f,x(i+1),y(i+1));
    else
            y(i+1)=y(i)+h*(3*dy2-dy1)/2;
            P=feval(f,x(i+1),y(i+1));
            y(i+1)=y(i)+h*(P+dy2)/2;
            dy1=dy2;
            dy2=feval(f,x(i+1),y(i+1));
    end
end
A=[x',y'];
```

MATLAB 程序 9.13　　Adams 四阶预报校正系统求解常微分方程

```
function A=CAdams4PC(f,a,b,n,ya)
% f:微分方程右端函数,  a,b:自变量取值区间的两个端点
% n:区间等分的个数,  ya:函数初值 y(a)
% A=[x',y']:自变量 X 和解 Y 所组成的矩阵
if n<4
    break:
end
h=(b-a)/n;
x=zeros(1,n+1);
y=zeros(1,n+1);
x=a:h:b;
y(1)=ya;
F=zero(1,4);
for i=1:n
    if i<4
        k1=feval(f,x(i),y(i));
        k2=feval(f,x(i)+h/2,y(i)+(h/2)*k1);
        k3=feval(f,x(i)+h/2,y(i)+(h/2)*k2);
        k4=feval(f,x(i)+h,y(i)+h*k3);
        y(i+1)=y(i)+(h/6)*(k1+2*k2+2*k3+k4);
    elseif i==4
            F=feval(f,x(i-3:i),y(i-3:i));
            py=y(i)+(h/24)*(F*[-9,37,-59,55]');
            p=feval(f,x(i+1),py);
            F=[F(2) F(3) F(4) p];
            y(i+1)=y(i)+(h/24)*(F*[1,5,-19,9]');
```

```
            p=py;c=y(i+1);
    else
            F=feval(f,x(i-3:i),y(i-3:i));
            py=y(i)+(h/24)*(F*[-9,37,-59,55]');
            my=py-251*(p-c)/270;
            m=feval(f,x(i+1),my);
            F=[F(2) F(3) F(4) m];
            cy=y(i)+(h/24)*(F*[1,5,-19,9]');
            y(i+1)=cy+19*(py-cy)/270;
            p=py;c=cy;
    end
end
A=[x',y'];
```

9.5.3 Milne 方法与 Simpson 方法及 MATLAB 程序

1. Milne 方法与 Simpson 方法

对于 $k=4$, 设

$$y_{n+4} = y_n + h(\beta_3 f_{n+3} + \beta_2 f_{n+2} + \beta_1 f_{n+1} + \beta_0 f_n),$$

由公式9.61知 $c_0 = 0$, 再令 $c_1 = c_2 = c_3 = c_4 = 0$, 得

$$\begin{cases} \beta_0 + \beta_1 + \beta_2 + \beta_3 = 4, \\ 2(\beta_1 + 2\beta_2 + 3\beta_3) = 16, \\ 3(\beta_1 + 4\beta_2 + 9\beta_3) = 64, \\ 4(\beta_1 + 8\beta_2 + 27\beta_3) = 256. \end{cases}$$

解得

$$\beta_0 = 0, \quad \beta_1 = \frac{8}{3}, \quad \beta_2 = -\frac{4}{3}, \quad \beta_3 = \frac{8}{3}.$$

于是, 得四步显式

$$y_{n+4} = y_n + \frac{4h}{3}(2f_{n+3} - f_{n+2} + 2f_{n+1}), \tag{9.67}$$

称为 **Milne 方法**. 由于 $c_5 = \dfrac{14}{45}$, 故方法为四阶的, 其局部截断误差为

$$T_{n+4} = \frac{14}{45} h^5 y^{(5)}(x_n) + O(h^6). \tag{9.68}$$

Milne 方法也可以通过对方程 (9.1) 两端积分得到:

$$y(x_{n+4}) - y(x_n) = \int_{x_n}^{x_{n+4}} f(x,y(x))\mathrm{d}x$$

若对方程 (9.1) 两端从 x_n 到 x_{n+2} 积分可得

$$y(x_{n+2}) - y(x_n) = \int_{x_n}^{x_{n+2}} f(x,y(x))\mathrm{d}x,$$

右端如果用 Simpson 公式则有

$$y_{n+2} = y_n + \frac{h}{3}(f_n + 4f_{n+1} + f_{n+2}), \tag{9.69}$$

称为 **Simpson 方法**. 这是隐式二步四阶方法，其局部截断误差为

$$T_{n+2} = -\frac{1}{90}h^5 y^{(5)}(x_n) + O(h^6). \tag{9.70}$$

2. Milne-Simpson 方法 MATLAB 程序

用

$$\begin{cases} \text{预测：} p(k+1) = y(k-3) + (4h/3)(2f(k) - f(k-1) + 2f(k-2)), \\ \text{求值：} y(k+1) = y(k-1) + (h/3)(f(k-1) + 4f(k) + f(k+1)). \end{cases}$$

求解初值问题

$$\begin{cases} \dfrac{\mathrm{d}y}{\mathrm{d}x} = f(x,y(x)), \quad x \in [a,b], \\ y(a) = y_0. \end{cases}$$

MATLAB 程序 9.14　　**Milne-Simpson 方法**

```
function M=miline(f,X,Y)
% f是目标函数,X,Y是横纵坐标,
% M=[X' Y'] 所求结果
n=length(X);
if n<5,break;end
F=zeros(1,4);
F=feval(f,X(1:4),Y(1:4));
h=X(2)-X(1);
pold=0;
yold=0;
for k=4:n-1
    pnew=Y(k-3)+(4*h/3)*(F(2:4)*[2 -1 2]');
    pmod=pnew+28*(yold-pold)/29;
    X(k+1)=X(1)+h*k;
    F=[F(2) F(3) F(4) feval(f,X(k+1),pmod)];
    Y(k+1)=Y(k-1)+(h/3)*(F(2:4)*[1 4 1]');
    pold=pnew;
    yold=Y(k+1);
```

```
    F(4)=feval(f,X(k+1),Y(k+1));
end
M=[X' Y'];
```

9.5.4 Hamming 方法及 MATLAB 程序

1. Hamming 方法

设
$$y_{n+3} = \alpha_0 y_n + \alpha_1 y_{n+1} + \alpha_2 y_{n+2} + h(\beta_1 f_{n+1} + \beta_2 f_{n+2} + \beta_3 f_{n+3}),$$

若取 $\alpha_1 = 1$ 则得 Simpson 公式. 若取 $\alpha_1 = 0$, 由式 (9.61), 令 $c_0 = c_1 = c_2 = c_3 = c_4 = 0$, 可得

$$\begin{cases} \alpha_0 + \alpha_2 = 1, \\ 2\alpha_2 + \beta_1 + \beta_2 + \beta_3 = 3, \\ 4\alpha_2 + 2(\beta_1 + 2\beta_2 + 3\beta_3) = 9, \\ 8\alpha_2 + 3(\beta_1 + 4\beta_2 + 9\beta_3) = 27, \\ 16\alpha_2 + 4(\beta_1 + 8\beta_2 + 27\beta_3) = 81. \end{cases}$$

解得

$$\alpha_0 = -\frac{1}{8}, \quad \alpha_2 = \frac{9}{8}, \quad \beta_1 = -\frac{3}{8}, \quad \beta_2 = \frac{6}{8}, \quad \beta_3 = \frac{3}{8}.$$

于是有

$$y_{n+3} = \frac{1}{8}(9y_{n+2} - y_n) + \frac{3h}{8}(f_{n+3} + 2f_{n+2} - f_{n+1}), \tag{9.71}$$

称为 **Hamming 方法**. 由于 $c_5 = -\frac{1}{40}$, 故它是四阶方法, 且局部截断误差为

$$T_{n+3} - -\frac{1}{40}h^5 y^{(5)}(x_n) + O(h^6). \tag{9.72}$$

2. Hamming 方法 MATLAB 程序

用
$$\begin{cases} \text{预测}: p(k+1) = y(k-3) + (4h/3)(2f(k) - f(k-1) + 2f(k-2)), \\ \text{求值}: y(k+1) = (9y(k) - y(k-2))/8 + (3h/8)(f(k+1) + 2f(k) - f(k-1)). \end{cases}$$

求解初值问题

$$\begin{cases} \dfrac{\mathrm{d}y}{\mathrm{d}x} = f(x, y(x)), \quad x \in [a, b], \\ y(a) = y_0. \end{cases}$$

MATLAB 程序 9.15　　Hamming 方法 MATLAB 程序

```
function H=hamming(f,X,Y)
%   f 是目标函数，X,Y是横纵坐标
%   H=[X' Y'] 是所求结果
n=length(X);
if n<5,break;end
F=zeros(1,4);
F=feval(f,X(1:4),Y(1:4));
h=X(2)-X(1);
pold=0;
cold=0;
for k=4:n-1
    pnew=Y(k-3)+(4*h/3)*(F(2:4)*[2 -1 2]');
    pmod=pnew+112*(cold-pold)/121;
    X(k+1)=X(1)+h*k;
    F=[F(2) F(3) F(4) feval(f,X(k+1),pmod)];
    cnew=(9*Y(k)-Y(k-2)+3*h*(F(2:4)*[-1 2 1]'))/8;
    Y(k+1)=cnew+9*(pnew-cnew)/121;
    pold=pnew;
    cold=cnew;
    F(4)=feval(f,X(k+1),Y(k+1));
end
H=[X' Y'];
```

9.5.5 预估校正方法

对于隐式的线性多步法，计算时要进行迭代，计算量较大，为了避免进行迭代，通常用显式公式给出 y_{n+k} 的一个预测值 $y_{n+k}^{(0)}$，接着计算 f_{n+k} 的值，再用隐式公式计算 y_{n+k} 的值。例如用 Euler 公式预测，用梯形公式校正，得改进的 Euler 公式。一般地，用同阶显式公式预测，用同阶隐式公式校正。

下面用四阶显式 Adams 公式预测，用四阶隐式 Adams 公式校正，得

$$\begin{cases} \text{预测：} y_{n+4}^p = y_{n+3} + \dfrac{h}{24}(55f_{n+3} - 59f_{n+2} + 37f_{n+1} - 9f_n); \\ \text{求值：} f_{n+4}^p = f(x_{n+4}, y_{n+4}^p); \\ \text{校正：} y_{n+4} = y_{n+3} + \dfrac{h}{24}(9f_{n+4}^p + 19f_{n+3} - 5f_{n+2} + f_{n+1}); \\ \text{求值：} f_{n+4} = f(x_{n+4}, y_{n+4}). \end{cases} \quad (9.73)$$

称为四阶 Adams 校正公式。

对预测步，有
$$y(x_{n+4}) - y_{n+4}^p \approx \frac{251}{720} h^5 y^{(5)}(x_n).$$

对校正步，有
$$y(x_{n+4}) - y_{n+4} \approx \frac{19}{720} h^5 y^{(5)}(x_n),$$

两式相减得
$$h^5 y^{(5)}(x_n) \approx -\frac{720}{270}(y_{n+4}^p - y_{n+4}).$$

于是有下列事后误差估计
$$y(x_{n+4}) - y_{n+4}^p \approx -\frac{251}{270}(y_{n+4}^p - y_{n+4}),$$
$$y(x_{n+4}) - y_{n+4} \approx \frac{19}{270}(y_{n+4}^p - y_{n+4}).$$

容易看出
$$\begin{cases} y_{n+4}^{pm} = y_{n+4}^p - \frac{251}{270}(y_{n+4}^p - y_{n+4}), \\ \tilde{y}_{n+4} = y_{n+4} + \frac{19}{270}(y_{n+4}^p - y_{n+4}). \end{cases} \tag{9.74}$$

比 y_{n+4}^p, y_{n+4} 更好．但 y_{n+4}^{pm} 的表达式 y_{n+4} 是未知的，因此计算时用上步替代，从而得修正预测校正格式

$$\begin{cases} \text{预测：} y_{n+4}^p = y_{n+3} + \frac{h}{24}(55f_{n+3} - 59f_{n+2} + 37f_{n+1} - 9f_n); \\ \text{修正：} y_{n+4}^{pm} = y_{n+4}^p + \frac{251}{270}(y_{n+3}^c - y_{n+3}^p); \\ \text{求值：} f_{n+4}^{pm} = f(x_{n+4}, y_{n+4}^{pm}); \\ \text{校正：} y_{n+4}^c = y_{n+3} + \frac{h}{24}(9f_{n+4}^{pm} + 19f_{n+3} - 5f_{n+2} + f_{n+1}); \\ \text{修正：} y_{n+4} = y_{n+4}^c - \frac{19}{270}(y_{n+4}^c - y_{n+4}^p); \\ \text{求值：} f_{n+4} = f(x_{n+4}, y_{n+4}). \end{cases} \tag{9.75}$$

利用 Milne 公式 (9.68)和 Hamming 公式 (9.71)及截断误差式 (9.69)和式 (9.72)，改进计算结果可得

$$\begin{cases} \text{预测：} y_{n+4}^p = y_n + \dfrac{4h}{3}(2f_{n+3} - f_{n+2} + 2f_{n+1}); \\ \text{修正：} y_{n+4}^{pm} = y_{n+4}^p + \dfrac{112}{121}(y_{n+3}^c - y_{n+3}^p); \\ \text{求值：} f_{n+4}^{pm} = f(x_{n+4}, y_{n+4}^{pm}); \\ \text{校正：} y_{n+4}^c = \dfrac{1}{8}(9y_{n+3} - y_{n+1}) + \dfrac{3h}{8}(f_{n+4}^{pm} + 2f_{n+3} - f_{n+2}); \\ \text{修正：} y_{n+4} = y_{n+4}^c - \dfrac{9}{121}(y_{n+4}^c - y_{n+4}^p); \\ \text{求值：} f_{n+4} = f(x_{n+4}, y_{n+4}). \end{cases} \qquad (9.76)$$

9.6 微分方程组与高阶微分方程数值解

前面介绍了一阶微分方程初值问题的各种数值解法，这些解法同样适用于一阶微分方程组与高阶方程．为方便起见，下面仅以两个未知数的微分方程组和二阶微分方程为例，来讨论各种方法的计算公式．

9.6.1 一阶微分方程组

设有一阶微分方程组初值问题

$$\begin{cases} \dfrac{\mathrm{d}y}{\mathrm{d}x} = f(x,y,z), \quad y(x_0) = y_0, \\ \dfrac{\mathrm{d}z}{\mathrm{d}x} = g(x,y,z), \quad z(x_0) = z_0. \end{cases} \qquad (9.77)$$

1. Euler 公式

$$\begin{cases} y_{n+1} = y_n + hf(x_n, y_n, z_n), \\ z_{n+1} = z_n + hg(x_n, y_n, z_n), \\ y_0 = y(x_0), \quad z_0 = z(x_0). \end{cases} \qquad (9.78)$$

2. 改进的 Euler 公式

对 $n = 1, 2, 3, \cdots$ 计算

$$\begin{cases} y_{n+1}^{(0)} = y_n + hf(x_n, y_n, z_n), \\ z_{n+1}^{(0)} = z_n + hf(x_n, y_n, z_n), \\ y_{n+1}^{(k+1)} = y_n + \dfrac{h}{2}(f(x_n, y_n, z_n) + f(x_n, y_n^{(k)}, z_n^{(0)})), \\ z_{n+1}^{(k+1)} = y_n + \dfrac{h}{2}(f(x_n, y_n, z_n) + f(x_n, y_n^{(k)}, z_n^{(0)})), \end{cases} \quad k = 0, 1, 2, \cdots. \qquad (9.79)$$

当连续两次迭代结果之差的绝对值小于给定的精度 ε，即

$$|y_{n+1}^{(k+1)} - y_{n+1}^{(k)}| < \varepsilon, \quad |z_{n+1}^{(k+1)} - z_{n+1}^{(k)}| < \varepsilon$$

时，取 $y_{n+1} = y_{n+1}^{(k+1)}, z_{n+1} = z_{n+1}^{(k+1)}$，然后转入下一步计算.

3. 四阶 Runge-Kutta 公式

$$\begin{cases} y_{n+1} = \dfrac{1}{6}(k_1 + 2k_2 + 2k_3 + k_4), \\ z_{n+1} = \dfrac{1}{6}(m_1 + 2m_2 + 2m_3 + m_4), \\ k_1 = hf(x_n, y_n, z_n), \\ m_1 = hg(x_n, y_n, z_n), \\ k_2 = hf(x_n + \dfrac{h}{2}, y_n + \dfrac{k_1}{2}, z_n + \dfrac{m_1}{2}), \\ m_2 = hg(x_n + \dfrac{h}{2}, y_n + \dfrac{k_1}{2}, z_n + \dfrac{m_1}{2}), \\ k_3 = hf(x_n + \dfrac{h}{2}, y_n + \dfrac{k_2}{2}, z_n + \dfrac{m_2}{2}), \\ m_3 = hf(x_n + \dfrac{h}{2}, y_n + \dfrac{k_2}{2}, z_n + \dfrac{m_2}{2}), \\ k_4 = hf(x_n + h, y_n + k_3, z_n + m_3), \\ m_4 = hf(x_n + h, y_n + k_3, z_n + m_3), \end{cases} \quad n = 0, 1, 2, \cdots . \quad (9.80)$$

4. 四阶显式 Adams 公式

$$\begin{cases} y_{n+1} = y_n + \dfrac{h}{24}(55f_n - 59f_{n-1} + 37f_{n_2} - 9f_{n-3}), \\ z_{n+1} = z_n + \dfrac{h}{24}(55g_n - 59g_{n-1} + 37g_{n_2} - 9g_{n-3}), \end{cases} \quad n = 4, 5, 6, \cdots . \quad (9.81)$$

其中

$$\begin{cases} f_{n-i} = f(x_{n-i}, y_{n-i}, z_{n-i}), \\ g_{n-i} = g(x_{n-i}, y_{n-i}, z_{n-i}), \end{cases} \quad i = 0, 1, 2, 3.$$

5. 微分方程组四阶 Runge-Kutta 解法 MATLAB 程序

$$\begin{cases} x_1'(t) = f_1(t, x_1(t), \cdots, x_n(t)), \\ x_2'(t) = f_2(t, x_1(t), \cdots, x_n(t)), \\ \quad \vdots \\ x_n'(t) = f_n(t, x_1(t), \cdots, x_n(t)). \end{cases}$$

MATLAB 程序 9.16　微分方程组四阶 Runge-Kutta 解法

```
function [T,Z]=rks4(F,a,b,Za,M)
% f是目标函数,a,b是左右端点,Za=[x(a) y(a)] 是初始值
% M 是步长,T是步长矢量,Z=[x1(t) ......xn(t)]，xk(t)是第k个自变量的近似值
h=(b-a)/M;
T=zeros(1,M+1);
Z=zeros(M+1,length(Za));
T=a:h:b;
Z(1,:)=Za;
for i=1:M
    k1=h*feval(F,T(i),Z(i));
    k2=h*feval(F,T(i)+h/2,Z(i,:)+k1/2);
    k3=h*feval(F,T(i)+h/2,Z(i,:)+k2/2);
    k4=h*feval(F,T(i)+h,Z(i,:)+k3);
    Z(i+1,:)=Z(i,:)+(k1+2*k2+2*k3+k4)/6;
end
```

9.6.2　高阶微分方程及 MATLAB 程序

1. 高阶微分方程

设有二阶微分方程初值问题

$$\begin{cases} y'' = g(x, y, y'), \\ y(x_0) = y_0, y'(x_0) = y_0', \end{cases} \tag{9.82}$$

令 $z = y'$，则式 (9.82) 可化为一阶微分方程初值问题

$$\begin{cases} \dfrac{\mathrm{d}y}{\mathrm{d}x} = z, \\ \dfrac{\mathrm{d}z}{\mathrm{d}x} = g(x, y, z), \\ y(x_0) = y_0, \quad z(x_0) = y'(x_0). \end{cases} \tag{9.83}$$

令式 (9.83) 中的 $\dfrac{\mathrm{d}y}{\mathrm{d}x} = z = f(x,y,z)$，于是应用四阶 Runge-Kutta 公式 (9.80)，有

$$\begin{cases} k_1 = hz_n = hy'_n, \\ k_2 = h(x_n + \dfrac{m_1}{2}) = hy'_n + \dfrac{hm_1}{2}, \\ k_3 = h(x_n + \dfrac{m_2}{2}) = hy'_n + \dfrac{hm_2}{2}, \\ k_4 = h(z_n + m_3) = hy'_n + h\dfrac{hm_2}{2}, \end{cases}$$

则

$$y_{n+1} = y_n + \dfrac{1}{6}(k_1 + 2k_2 + 2k_3 + k_4) = y_n + hy'_n + \dfrac{h}{6}(m_1 + m_2 + m_3).$$

又

$$z_n = y'_n, \quad z_{n+1} = y'_{n+1},$$
$$z_{n+1} = z_n + \dfrac{1}{6}(m_1 + 2m_2 + 2m_3 + m_4),$$

于是得初值问题 (9.82) 的计算公式：

$$\begin{cases} y_{n+1} = y_n + hy' + \dfrac{h}{6}(m_1 + m_2 + m_3), \\ y'_{n+1} = y'_n + \dfrac{h}{6}(m_1 + 2m_2 + 2m_3 + m_4), \\ m_1 = hg(x_n, y_n, y'_n), \\ m_2 = hg(x_n + \dfrac{h}{2}, y_n + \dfrac{1}{2}hy'_n, y'_n + \dfrac{1}{2}m_1), \\ m_3 = hg(x_n + \dfrac{h}{2}, y_n + \dfrac{1}{2}hy'_n + \dfrac{1}{4}m_1, y'_n + \dfrac{1}{2}m_2), \\ m_4 = hg(x_n + h, y_n + hy'_n + \dfrac{1}{2}m_2, y'_n + m_3). \end{cases}$$

2. 高阶微分方程的有限差分解法

设有边值问题

$$\begin{cases} y'' = p(x)y' + q(x)y + r(x), \quad x \in [a,b], \\ y(a) = \alpha, y(b) = \beta. \end{cases}$$

将求解区间 $[a,b]$ N 等分，取节点 $x_i = a + ih$ $(i = 0, \cdots, N)$，在每一个节点处将 y' 和 y'' 离散化 (用 Taylor 展开)

$$y'' = \frac{\frac{y(x+h)-y(x)}{h} - \frac{y(x)-y(x-h)}{h}}{h} - \frac{h^2}{12}y^{(4)}(\xi)$$

$$= \frac{y(x+h) - 2y(x) + y(x-h)}{h^2} + O(h^2),$$

$$y' = \frac{y(x+h) - y(x-h)}{2h} + O(h^2),$$

$$\begin{cases} \dfrac{y_{i+1} - 2y_i + y_{i-1}}{h^2} = p(x_i)\dfrac{y_{i+1} - y_{i-1}}{2h} + q(x)y_i + r(x_i), & (i = 1, 2, \cdots, N-1), \\ y_0 = \alpha, y_N = \beta. \end{cases}$$

3. 高阶微分方程有限差分解法的 MATLAB 程序

MATLAB 程序 9.17 有限差分方法

```
function F=linsht(p,q,r,a,b,alpha,beta,N)
% p,q和r是目标函数,a,b是左右端点
% alpha=x(a) ,beta=x(b) 是边界条件,N 是步长
% F=[X' Y'] , X'是行向量, Y'是列向量
X=zeros(1,N+1);Y=zeros(1,N+1);
Va=zeros(1,N-2);Vb=zeros(1,N-1);Vc=zeros(1,N-2);Vd=zeros(1,N-1);
h=(b-a)/N;
Vt=a+h:a+h(N-1);
Vb=-h^2*feval(r,Vt);
Vb(1)=Vb(1)+(1+h/2*feval(p,Vt(1)))*alpha;
Vb(N-1)=Vb(N-1)+(1-h/2*feval(p,Vt(N-1)))*beta;
Vd=2+h^2*feval(q,Vt);
Vta=Vt(1,2:N-1);
Va=-1-h/2*feval(p,Vta);
Vtc=Vt(1,1:N-2);
Vc=-1+h/2*feval(p,Vtc);
Y=trisys(Va,Vd,Vc,Vb);
X=[a,Vt,b];
Y=[alpha,Y,beta];
F=[X' Y];
```

9.6.3 刚性方程

微分方程数值解问题已经发展地相当完善,但是在常微分方程初值问题的数值解法中,有一类问题在实际求解时困难极大,这类方程的解既含衰竭十分迅速地分量,也含变化相对缓慢

9.6 微分方程组与高阶微分方程数值解

地分量，从数值求解的观点来看，当解变化快时应用小步长积分，当衰竭微不足到时，应用大步长积分，但实践和理论均表明，很多数值解法，特别是显式方法其步长不能放大，否则便会出现数值不稳定性，以致使计算结果严重失真，甚至使计算无法进行，称这类问题为 **刚性问题**.

作为例子，考察 m 维线性系统

$$\begin{cases} \boldsymbol{y}'(\boldsymbol{x}) = \boldsymbol{A}\boldsymbol{y}(\boldsymbol{x}) + \boldsymbol{\phi}(\boldsymbol{x}), \\ \boldsymbol{y}(a) = \boldsymbol{\eta}, \end{cases} \tag{9.84}$$

其中 $\boldsymbol{A}$ 为 m 阶对角化矩阵. 若 $\boldsymbol{A}$ 的特征值为 $\lambda_i(i=1,2,3,\cdots)$，相应的特征向量为 $\boldsymbol{x}_i$，则式 (9.84) 的解为

$$\boldsymbol{y}(\boldsymbol{x}) = \sum_{i=1}^{m} c_i \mathrm{e}^{\lambda_i(\boldsymbol{x}-a)} \boldsymbol{x}_i + \boldsymbol{\phi}(\boldsymbol{x}). \tag{9.85}$$

若设 $\mathrm{Re}\lambda_i < 0 (i=1,2,\cdots,m)$，则有

$$\sum_{i=1}^{m} c_i \mathrm{e}^{\lambda_i(\boldsymbol{x}-a)} \boldsymbol{x}_i \to 0 \quad (\boldsymbol{x} \to \infty).$$

称 $\sum_{i=1}^{m} c_i \mathrm{e}^{\lambda_i(\boldsymbol{x}-a)} \boldsymbol{x}_i$ 为瞬时解，其中 $\mathrm{Re}\lambda_i, Im\lambda_i$ 分别表示解向量衰竭特性与振荡特性. 若

$$\max_{1 \leqslant i \leqslant m} |\mathrm{Re}\lambda_i| \gg \min_{1 \leqslant i \leqslant m} |\mathrm{Re}\lambda_i|, \tag{9.86}$$

则问题呈现刚性. 事实上，由于积分形如式 (9.84) 的刚性系统时，要求其稳状态解，因此至少要积分到暂状态解衰竭的可以忽略不计的时刻，在此瞬状态，由于解的分量的迅速衰竭变化，出于对计算精度的考虑，不得不采用小步长积分，当积分到稳状态阶段后，从计算精度和速度考虑，步长可适当放大，但此时从稳定性考虑，步长仍需使所有的 $h\lambda_i$ 落入稳定区域内，而传统方法的稳定域往往是一个有限域，导致其步长量级为 $\dfrac{1}{\max\limits_{1 \leqslant i \leqslant m} |\mathrm{Re}\lambda_i|}$，即此时仍需采用小步长积分，这会使计算量增大而导致误差急剧增加，从而使计算结果呈现 "病态".

为讨论方便引入下列概念.

定义 9.9 方法稳定性

若数值方法的绝对稳定域为 S，且

$$S \supset C^{-1} = \{\lambda \in \mathbb{C} | \mathrm{Re}\lambda < 0\},$$

则称该数值方法为 **A-稳定的**.

从定义可知一个 A-稳定的方法对步长没有限制，因此特别适合于求解刚性问题，但 A-稳定方法要求太苛刻，Dahlhquist 已证明所有显式方法都不是 A-稳定的，而隐式的多步法阶数最

高为 2，且以梯形误差常数为最小，通常求解刚性方程的高阶线性多步法是 Gear 方法，隐式 Runge-Kutta 方法，这些方法在下一节中有介绍，这里不再讨论。

9.7 求微分方程数值解的 MATLAB 函数

9.7.1 MATLAB 中微分方程数值解函数

MATLAB 为解决微分方程数值解，提供了配套齐全、结构严谨的指令，包括：微分方程解算指令、被解算指令调用的 ODE 文件格式指令、积分算法与参数选项 options 处理指令以及输出指令等，各解算指令的特点见表9.3。

表 9.3 常微分方程数值解指令

指令	含义和特点
ode45	非刚性，采用单步法 4，5 阶 Runge-Kutta 算法，精度较高，较常用
ode23	非刚性，采用单步法 2，3 阶 Runge-Kutta 算法，精度低，用 10^{-3}
ode113	非刚性，采用多步 Adams 算法，高低精度均可，适用 ode45 计算时间较长时
ode23t	适度刚性，采用梯形算法
ode15s	刚性，多步法，采用 Cear 算法，精度中等
ode23s	刚性，单步法，采用 2 阶 Rosenbrock 算法，精度低
ode23tb	刚性，梯形算法 -反向数值微分两阶段算法

下面详细介绍两个常用指令的使用格式：

[x,y]=ode45(odefun,tspan,y0)

[x,y]=ode23(odefun,tspan,y0)

ode45()和 ode23()是两个求解微分方程的命令函数，ode45 应用最广，两者比较，ode45()精度高，效率低，ode23 精度低，但效率高。

x,y 分别表示微分方程的解的两个变量的数值序列，odefun 是代解微分方程表达式的函数文件名，tspan 表示运算的起止时刻，是行向量，y0 是初始状态，用列向量表示，其元素分别表示微分方程组各个表达式的初始状态值。

9.7.2 应用实例

例 9.15 求解初值问题

$$\begin{cases} \dfrac{dy}{dx} = y - \dfrac{2x}{y}, & x \in [0,1], \\ y(0) = 1. \end{cases}$$

解 先建立 M 文件 m915.m 存放函数 $\dfrac{dy}{dx} = y - \dfrac{2x}{y}$：

```
function f=m915(x,y)
        f=y-2*x/y;
```

在 MATLAB 命令窗口执行

```
tspan=0:0.1:1; y0=1;
[x,y]=ode45('m915',tspan,y0);
plot(x,y)
```

或者在 MATLAB 命令窗口执行

```
[x,y]=ode45(@m915,[0,1],1);
plot(x,y)
```

得到 (图略)

```
[x,y]=0         1.000 0
      0.100 0   1.095 4
      0.200 0   1.183 2
      0.300 0   1.264 9
      0.400 0   1.341 6
      0.500 0   1.414 2
      0.600 0   1.483 2
      0.700 0   1.549 2
      0.800 0   1.612 5
      0.900 0   1.673 3
      1.000 0   1.732 1
```

习　题　9

1. 在区间 $[0,1]$ 上用 Euler 法解下列初值问题，取步长 $h=0.1$，保留到小数点后 4 位.

(1) $\begin{cases} y' = -10(y-1)^2, \\ y(0) = 2; \end{cases}$
(2) $\begin{cases} y' = \sin x + e^x, \\ y(0) = 0; \end{cases}$

(3) $\begin{cases} y' = x^2 + 100y^2, \\ y(0) = 0; \end{cases}$
(4) $\begin{cases} y' = -y, \\ y(0) = 2. \end{cases}$

2. 在区间 $[0,1]$ 上用 Euler 方法、改进的 Euler 方法和梯形法解初值问题，取步长 $h=0.1$，精确到小数点后 4 位，并比较三种算法计算结果的误差.

(1) $\begin{cases} y' = y - \dfrac{2x}{y}, \\ y(0) = 1; \end{cases}$
(2) $\begin{cases} y' = xy^2, \\ y(0) = 1. \end{cases}$

3. 用四阶 Runge-Kutta 法求解下列初值问题，$h = 0.1$,精确到小数点后 4 位.

(1) $\begin{cases} y' = y^2 e^{-x}, \\ y(1) = 1, \quad x \in [1, 2]; \end{cases}$

(2) $\begin{cases} y' = \dfrac{3y}{1+x}, \\ y(0) = 1, \quad x \in [0, 1]; \end{cases}$

(3) $\begin{cases} y' = x^2 + x^3 y, \\ y(1) = 1, \quad x \in [1, 2]; \end{cases}$

(4) $\begin{cases} y' = x + y, \\ y(0) = 1, \quad x \in [0, 1]. \end{cases}$

4. 用四阶 Runge-Kutta 法求解初值问题

$$\begin{cases} y' = x^2 - y^2, \\ y(-1) = 0, \quad x \in [-1, 0], \end{cases}$$

$h = 0.1$,精确到小数点后 4 位.

5. 利用第 4 题的结果，分别用 Adams 显式公式和预估 -校正公式求解初值问题

$$\begin{cases} y' = x^2 - y^2, \\ y(-1) = 0, \quad x \in [-1, -0.4], \end{cases}$$

$h = 0.1$,精确到小数点后 4 位.

6. 用 Euler 方法和预估 -校正方法求解初值问题

$$\begin{cases} y' = x + y, \\ y(0) = 0, \quad x \in [0, 1], \end{cases}$$

$h = 0.1$,精确到小数点后 5 位，并与精确解 $y = -x - 1 + 2e^x$ 相比较.

7. 用 Adams 预估 -校正方法求解初值问题

$$\begin{cases} y' = 1 - y, \\ y(0) = 0, \quad x \in [0, 1], \end{cases}$$

$h = 0.1$，精确到小数点后 5 位.

8. 利用 Euler 方法计算积分 $\int_0^x e^{x^2} dx$ 在点 $x = 0.1, 1, 1.5, 2$ 处的函数值.

9. 用四阶 Runge-Kutta 法求解初值问题

$$\begin{cases} y'' - 2y^3 = 0, \\ y(1) = y'(1) = -1, \quad x \in (1, 1.5), \end{cases}$$

$h = 0.1$,精确到小数点后 5 位,计算 $x = 1.5$ 时的近似值，并与精确解 $y = \dfrac{1}{x-2}$ 相比较.

10. 用至少三种方法导出线性的两步法

$$y_{n+2} = y_n + 2hf_{n+1}.$$

11. 用梯形方法解初值问题

$$\begin{cases} y' = -y, \\ y(0) = 1, \end{cases}$$

证明其近似解为

$$y_n = \left(\frac{2-h}{2+h}\right)^n,$$

并证明当 $h \to 0$ 时，它收敛于原初值问题的精确解 $y = e^x$.

12. 对于初值问题

$$\begin{cases} y' = -100(y - x^2) + 2x, \\ y(0) = 1. \end{cases}$$

(1) 用 Euler 方法求解，步长 h 取什么范围的值才能使计算稳定？

(2) 若用四阶 Runge-Kutta 方法计算，步长 h 如何选取？

(3) 若用梯形公式计算，步长 h 有无限制？

13. 求经典的四阶 Runge-Kutta 方法的绝对稳定区间.

14. 求 Euler 方法 (中点方法)

$$y_{n+1} = y_n + hf(x_n + \frac{h}{2}, y_n + \frac{h}{2}f(x_n, y_n))$$

和改进的 Euler 方法的绝对稳定区间.

15. 应用第 14 题的公式解初值问题

$$y' = -10y, \quad y(0) = y_0.$$

为保证绝对稳定性，问步长 h 应加什么限制？

16. 应用 Heun 方法

$$y_{n+1} = y_n + \frac{h}{4}\left(f(x_n, y_n) + 3f\left(x_n + \frac{2}{3}h, \frac{2}{3}hf(x_n, y_n)\right)\right)$$

解初值问题

$$y' = -y, \quad y(0) = y_0.$$

问步长应如何取值方能保证方法的绝对稳定性？

17. 试用待定系数法导出 Milne 方法的校正公式

$$y_{n+1} = y_{n-1} + \frac{h}{3}(f(x_{n+1}, y_{n+1}) + 4f(x_n, y_n) + f(x_{n-1}, y_{n-1})).$$

部分习题答案

习 题 1

1. 有 7 位有效数字
2. 816.96, 6.000 0, 17.323, 1.235 7, 93.182, 0.015 236.
3. 5 位,3 位,6 位,4 位. 4. 2 位有效数字. 5. 0.020 68 5. 6. 3 位,3 位.
7. 0.5×10^{-4}, 0.8×10^{-2}.

8. (1) $\ln \dfrac{x_1}{x_2}, x_1 \approx x_2$; (2) $\dfrac{3x - x^2}{1 - x^2}, |x| \ll 1$;

   (3) $\dfrac{2}{x\sqrt{x + \dfrac{1}{x}} + \sqrt{x - \dfrac{1}{x}}}, 1 \ll x$; (4) $\dfrac{x}{1 + \cos x}, x \neq 0, |x| \ll 1$;

   (5) $\dfrac{x}{3}, x \neq 0, |x| \ll 1$; (6) $\arctan \dfrac{1}{1 + n(n+1)}, n$ 充分大时.

习 题 2

1. (1) 3.632 0, (3) 1.324 7, (4) 1.259 9, (5) 0.641 2, (6) 0.257 5.
10. $x_2 = 1.365\,230\,013$. 14. $0.257\,530\,286$.

习 题 3

2. $x_1 = 2, x_2 = 1, x_3 = 0.5$.
4. $x_1 = 0.833\,333\,3, x_2 = 0.666\,666\,6, x_3 = 0.499\,999\,9, x_4 = 0.333\,333\,3, x_5 = 0.166\,666\,6$.
5. 30.
6. $\begin{pmatrix} 1 & 0 & 0 \\ 2 & 1 & 0 \\ 3 & -1 & 1 \end{pmatrix} \begin{pmatrix} -2 & 4 & 8 \\ 0 & 10 & -32 \\ 0 & 0 & -76 \end{pmatrix} \begin{pmatrix} x_1 \\ x_2 \\ x_3 \end{pmatrix} = \begin{pmatrix} 5 \\ 8 \\ 7 \end{pmatrix}$.

习 题 4

1. (1) $5, \left(-\dfrac{13}{50}, 1, -\dfrac{6}{25}\right)^{\mathrm{T}}$; (2) $\dfrac{17}{5}, \left(\dfrac{10}{17}, \dfrac{3}{17}, 1\right)^{\mathrm{T}}$

(3) 9.6058, $(1, 0.6056, -0.3945)^{\mathrm{T}}$; (4) 8.86951, $(-0.50422, 1, 0.15094)^{\mathrm{T}}$.

2. $\dfrac{252}{101}$.

3. $\begin{pmatrix} 2 & \sqrt{2} & 0 \\ \sqrt{2} & 1 & 0 \\ 0 & 0 & 3 \end{pmatrix}$, $0, 3, 3$.

4. $\begin{pmatrix} 2 & 1 & 0 \\ 1 & -1 & 2 \\ 0 & 2 & 3 \end{pmatrix}$.

6. $\begin{pmatrix} 1 & -3 & 0 & 0 \\ -3 & \dfrac{7}{3} & -\dfrac{\sqrt{2}}{3} & 0 \\ 0 & -\dfrac{\sqrt{2}}{3} & \dfrac{7}{6} & -\dfrac{3}{2} \\ 0 & 0 & -\dfrac{3}{2} & \dfrac{1}{2} \end{pmatrix}$.

7. 7.288, $(1, 0.5229, 0.2422)^{\mathrm{T}}$.

9. $\boldsymbol{A}_1 = \begin{pmatrix} 1 & 0 & 0 \\ 0 & -\dfrac{3}{5} & -\dfrac{4}{5} \\ 0 & -\dfrac{4}{5} & \dfrac{3}{5} \end{pmatrix}$, $\boldsymbol{A}_2 = \begin{pmatrix} 1 & -5 & 0 \\ -5 & \dfrac{77}{25} & \dfrac{14}{25} \\ 0 & \dfrac{14}{25} & -\dfrac{23}{25} \end{pmatrix}$.

10. (1) $\dfrac{1}{2} + \dfrac{\sqrt{33}}{2}, 2, \dfrac{1}{2} - \dfrac{\sqrt{33}}{2}$; (2) $2 + \sqrt{3}, 2, 2 - \sqrt{3}$.

习 题 5

10. $\dfrac{5x^2}{6} + \dfrac{3x}{2} - \dfrac{7}{2}$.

11. $-0.620\,219$, $-0.616\,839$.

习 题 6

1. $B_1(f, x) = x$, $B_3(f, x) = 1.5x - 0.402x^2 - 0.098x^3$.

3. (1) $\dfrac{3}{4}, \dfrac{3}{4} + \dfrac{\sqrt{2}}{2} - \dfrac{1}{2}x$; (2) $P_2(x) = -1.1430 + 1.3828x - 0.2335x^2$.

5. $P_1(x) = (\mathrm{e} - 1)x + \dfrac{1}{2}(\mathrm{e} - (\mathrm{e} - 1)\ln(\mathrm{e} - 1))$.

6. $P(x) = 3x^3 + x^2 + \dfrac{3}{4}$.

7. $P_3^*(x) = 5x^3 - \dfrac{5}{4}x^2 + \dfrac{1}{4}x - \dfrac{129}{128}$.

8. $P(x) = \dfrac{4}{15} + \dfrac{4}{5}x$.

9. (1) $s_1 = -0.295\,8x + 1.141\,0$; (2) $s_1 = 0.187\,8x + 1.624\,4$;
   (3) $s_1 = -0.243\,17x + 1.215\,9$; (4) $s_1 = 0.682\,2x - 0.637\,1$.

10. (2) $P_2(x) = -1.143\,0 + 1.382\,8x - 0.233\,5x^2$.

11. $S_3^*(x) = 1.553\,191\,3x - 0.562\,228\,5x^3$.

12. $\dfrac{1}{4} + \dfrac{1}{2}\sqrt{2} - \dfrac{1}{2}x$.

13. $P_3(x) = 0.201\,83(x - 0.382\,68)(x + 0.382\,68)(x + 0.923\,88)$
    $\quad + 0.238\,77(x - 0.923\,88)(x + 0.382\,68)(x + 0.923\,88)$
    $\quad + 0.238\,77(x - 0.923\,88)(x - 0.382\,68)(x + 0.923\,88)$
    $\quad + 0.201\,83(x - 0.923\,88)(x - 0.382\,68)(x + 0.382\,68)$.

14. $P_2(x) = -0.232\,0x^2 + 1.382\,3x - 1.145\,9$.

15. $R_{22}(x) = 2 - \dfrac{4}{x+0.5} + \dfrac{1.25}{x+1.5}$.

16. $\dfrac{2}{\pi} + \sum\limits_{j=1}^{\infty} \dfrac{4(-1)^{j-1}}{(2j-1)(2j+1)} T_j(x)$.

17. $1 - \dfrac{\pi}{2} + \sum\limits_{j=1}^{\infty} \dfrac{2}{j^2\pi}((-)^{j-1}+1)T_j(x)$.

18. $y = 2.014 + 2.25x$, $y = 1.998\,3 + 2.25x + 0.031\,4x^2$.

19. $y = 11.436 e^{0.291\,2x}$.

20. $y = 0.050\,035 + 0.972\,555x^2$, $\|r\|_2 = 0.122\,6$.

21. $y = \dfrac{x}{2.015\,8x + 1.006\,1}$.

22. $y = 2.973 + 0.531 \ln x$.

习 题 7

1. (1) $T_8 = 0.111\,40, S_4 = 0.111\,57$; (2) $T_{10} = 1.391\,48, S_5 = 1.454\,71$;
   (3) $T_4 = 17.222\,774, S_2 = 17.322\,22$; (4) $S_1 = 0.632\,33$，误差为 $0.000\,35$.

2. (1) $T_8 = 0.834\,7, S_4 = 0.835\,7$; (2) $T_6 = 1.635\,5, S_3 = 1.636\,0$.

3. (1) $0.946\,1$；(2) $0.746\,8\,245$.

4. (1) 0.843；(2) 0，(3) $10.151\,743\,4$.

8. $n = 2, I = 10.948\,4$；$n = 3, I = 10.950\,14$；精确值 $I = 10.951\,703\,2$.

11.
$$a_0 = \dfrac{5}{9}, a_1 = \dfrac{8}{9}, a_2 = \dfrac{5}{9},$$

$$\int_{-1}^{1} f(x)\mathrm{d}x \approx \frac{5}{9}f\left(-\sqrt{\frac{3}{5}}\right) + \frac{8}{9}f(0) + \frac{5}{9}f\left(\sqrt{\frac{3}{5}}\right),$$

$$x = 2\left(t - \frac{1}{2}\right),$$

$$\int_0^1 \frac{\sqrt{t}}{(1+t)^2}\mathrm{d}t = \sqrt{2}\int_{-1}^1 \frac{\sqrt{1+x}}{(x+3)^2}\mathrm{d}x$$

$$\approx \sqrt{2}\left(\frac{5}{9}\frac{\sqrt{-\sqrt{\frac{3}{5}}+1}}{\left(-\sqrt{\frac{3}{5}}+3\right)^2} + \frac{8}{9}\frac{1}{3^2} + \frac{5}{9}\frac{\sqrt{\sqrt{\frac{3}{5}}+1}}{\left(\sqrt{\frac{3}{5}}+3\right)^2}\right)$$

$$= 0.288\,5.$$

12. $\int_{-1}^{1} f(x)\mathrm{d}x \approx f\left(-\frac{1}{\sqrt{3}}\right) + f\left(\frac{1}{\sqrt{3}}\right),\quad I \approx 1.398\,7.$

习 题 8

1. 三点公式：-0.247, -0.217, -0.187. 2. 五点公式：$2.644\,225$.

习 题 9

1.

表 1 第 1 题计算结果

	x	0.1	0.2	0.3	⋯	0.8	0.9	1.0
(1)	y	1.000 0	0.200 5	0.302 2	⋯	0.845 8	0.962 5	1.081 5
(2)	y	1.000 0	1.000 0	1.000 0	⋯	1.000 0	1.000 0	1.000 0
(3)	y	0.001 0	0.005 0	0.014 3	⋯	0.422 4	2.270 3	53.892 0
(4)	y	1.800 0	1.620 0	1.458 0	⋯	9.860 9	0.774 8	0.697 4

2.

表2　第2题(2)计算结果

x	0.1	0.2	0.3	...	0.8	0.9	1.0
Euler 显式 y	1.000 0	1.010 0	1.030 4	...	1.360 1	1.508 1	1.712 9
改进 Euler y	1.005 0	1.020 4	1.047 0	...	1.468 4	1.675 8	1.988 1
梯形方法 y	1.005 1	1.020 5	1.047 4	...	1.476 6	1.692 6	2.026 4

3.

表3　第3题(1)(3)计算结果

	x	1.1	1.2	1.3	...	1.8	1.9	2.0
(1)	y	1.000 0	1.036 3	1.071 4	...	1.254 00	1.279 30	1.303 00
(3)	y	1.000 0	1.240 1	1.587 3	...	18.030 6	34.438 3	72.812 4

表4　第3题(2)(4)计算结果

	x	0.1	0.2	0.3	...	0.8	0.9	1.0
(2)	y	1.000 0	1.105 2	1.221 4	...	1.822 1	2.013 7	2.225 5
(4)	y	1.000 0	1.110 3	1.242 8	...	2.651 1	3.019 2	3.436 6

4.

表5　第4题计算结果

x	−1.000 0	−0.900 0	−0.800 0	...	−0.200 0	−0.100 0	0.000 0
y	0.000 0	0.090 0	0.160 7	...	0.288 2	0.282 3	0.274 9

5.

表6　第5题计算结果

x_n	y_n	
	Adams 显式方法	预估-校正法
−0.6	0.250 6	0.250 5
−0.5	0.274 1	0.273 9
−0.4	0.286 6	0.286 3

部分习题答案

6.

表 7 第 6 题计算结果

x_n	y_n		
	Euler 方法	预估-校正法	精确解
0.0	1.000 00	1.000 00	
0.1	1.100 00	1.110 00	1.110 00
0.2	1.220 00	1.242 05	1.110 00
0.3	1.362 00	1.398 47	1.243 81
0.4	1.528 20	1.581 81	1.399 71
0.5	1.721 02	1.794 90	1.583 65
0.6	1.943 12	1.040 86	1.797 44
0.7	2.197 43	1.323 15	2.044 24
0.8	2.487 18	1.645 58	2.327 51
0.9	2.815 89	1.012 37	3.019 21
1.0	3.187 48	1.428 17	3.436 56

8.

表 8 第 8 题计算结果

x	0	0.500 0	1.000 0	1.500 0	2.000 0
y	0	0.500 0	1.142 0	2.501 2	7.245 0

14. 中点公式的稳定区间是 $(-2,0)$，改进 Euler 公式的稳定区间是 $(-2,0)$.

15. $0 < h < \dfrac{1}{5}$

16. $0 < h < 2$

参 考 文 献

[1] 魏毅强,张建国,张洪斌,等. 数值计算方法 [M]. 北京:科学出版社,2004:8.
[2] 黄铎,陈兰平,王凤. 数值分析 [M]. 北京:科学出版社,2004:3.
[3] 华中理工大学数学系. 计算方法 [M]. 北京:高等教育出版社,1999:9.
[4] 姜健飞,胡良剑,唐俭. 数值分析及其 MATLAB 实验 [M]. 北京:科学出版社,2004:6.
[5] 薛毅. 数值分析与实验 [M]. 北京:北京工业大学出版社,2005:3.
[6] 张可村,赵英良. 数值计算的算法与分析 [M]. 北京:科学出版社,2004:6.
[7] 石瑞民,许志刚,孙靖. 数值计算 [M]. 北京:高等教育出版社,2004:6.
[8] 黄明游,刘播,徐涛. 数值计算方法 [M]. 北京:科学出版社,2005:8.
[9] 李庆杨,王能超,易大义. 数值分析 [M]. 北京:清华大学出版社,2001:8.
[10] 沈剑华. 数值计算基础 [M]. 上海:同济大学出版社,1999:5.
[11] 李庆扬,关治,白峰杉. 数值计算原理 [M]. 北京:清华大学出版社,2000:9.
[12] 吴勃英,王德明,丁效华,李道华. 数值分析原理 [M]. 北京:科学出版社,2004:2.
[13] 林成森. 数值计算方法 [M]. 北京:科学出版社,2005:1.
[14] 蔺小林,蒋耀林. 现代数值分析 [M]. 北京:国防工业出版社,2004:9.
[15] 崔国华. 计算方法 [M]. 武汉:华中理工大学出版社,2001:3.
[16] 合肥工业大学数学与信息科学系. 数值计算方法 [M]. 合肥:合肥工业大学出版社,2004:3.
[17] 张铮,杨文平,石博强,等. MATLAB 程序设计与应用 [M]. 北京:中国铁道出版社,2003:11.
[18] 张志涌,等. 精通 MATLAB[M]. 北京:北京航空航天大学出版社,2003:8.
[19] 清源计算机工作室. MATLAB 高级应用 [M]. 北京:机械工业出版社,2000:6.
[20] 马富明,等. 数值分析 (上)[M]. 北京:高等教育出版社,2007:5.
[21] 马富明,等. 数值分析 (下)[M]. 北京:高等教育出版社,2008:2.
[22] 张平文,陈铁军. 数值分析 [M]. 北京:北京大学出版社,2007:1.
[23] 易大义,陈道琦. 数值分析引论 [M]. 杭州:浙江大学出版社,1998:9.
[24] 吕同富. 高等数学及应用 [M]. 2 版. 北京:高等教育出版社,2012:4.
[25] 吕同富. 经济数学及应用 [M]. 北京:中国人民大学出版社,2011:11.